智能制造领域高素质技术技能型人才培养方案精品教材
高职高专院校机械设计制造类专业“十四五”系列教材

机械制造技术

（第2版）

JIXIE ZHIZAO JISHU

主　编 ◎ 莫持标　张旭宁
副主编 ◎ 申世起　汪冬冬　邝锦富　罗　贤
参　编 ◎ 黄国星

華中科技大學出版社
http://www.hustp.com
中国·武汉

图书在版编目(CIP)数据

机械制造技术/莫持标,张旭宁主编. —2 版. —武汉:华中科技大学出版社,2021.1
ISBN 978-7-5680-6845-1

Ⅰ.①机… Ⅱ.①莫… ②张… Ⅲ.①机械制造工艺-高等职业教育-教材 Ⅳ.①TH16

中国版本图书馆 CIP 数据核字(2021)第 019459 号

机械制造技术(第 2 版)
Jixie Zhizao Jishu(Di er Ban)

莫持标　张旭宁　主编

策划编辑:张　毅
责任编辑:张　毅
封面设计:孢　子
责任监印:朱　玢
出版发行:华中科技大学出版社(中国·武汉)　电话:(027)81321913
武汉市东湖新技术开发区华工科技园　邮编:430223
录　排:武汉市洪山区佳年华文印部
印　刷:武汉市籍缘印刷厂
开　本:787mm×1092mm　1/16
印　张:19
字　数:490 千字
版　次:2021 年 1 月第 2 版第 1 次印刷
定　价:49.80 元

前言 QIANYAN

制造技术是现代科学技术的重要组成部分，机械制造业更是现代物质文明和现代科学技术得以不断发展、创新的重要基础。许多专家学者都在呼吁，在我国经济高速发展的今天，要更加重视机械制造业的发展与技术进步。因此，机械制造技术已成为机械类专业学生知识结构中的重要组成部分。

本书是校企合作编写的高职高专院校机械类专业的教材，是按照高等职业教育的基本要求，以及职业教育专业课程综合化的趋势，结合有关院校教学改革、课程改革的经验而编写的。本书注重体现机械制造领域的新成就和发展趋势，注重多学科间的知识交叉与渗透，注重培养学生科学的思维方法，以提高学生综合运用知识解决实际问题的能力。本书较好地贯彻了综合性、职业性和实践性的编写原则，精简理论内容，进一步突出实践教学，每个模块都有相应的实训内容。

本书分为五个模块，模块 1 为机械制造过程与工艺系统，模块 2 为金属切削原理，模块 3 为常用机械加工方法与装备，模块 4 为机械制造工艺规程设计与典型零件加工，模块 5 为现代制造技术简介，共有十五章。本书的参考学时数为 72 学时，各院校可根据不同的教学要求选讲。

本书由江门职业技术学院莫持标、张旭宁担任主编，西安航空职业技术学院申世起、河南中烟工业有限责任公司驻马店卷烟厂汪冬冬、广东今科机床有限公司邝锦富、武汉市仪表电子学校罗贤担任副主编，江门职业技术学院黄国星参编。其中：莫持标编写第 1 章～第 3 章、第 5 章～第 7 章、第 14 章，张旭宁编写第 10 章、第 11 章，申世起编写第 8 章、第 9 章，汪冬冬编写第 4 章，罗贤编写第 13 章，黄国星编写第 12 章、第 15 章，邝锦富参加部分章节编写，并对本书的编写提出了很多宝贵意见。全书由莫持标统稿。本书可提供参考教学课件、参考教学大纲和重点难点辅助教学视频，有需要的可联系主编，QQ：2521186079。

本书可作为高等职业教育应用型、技术技能型人才培养的机械类、机电类专业的教材，也可作为相近专业的教材，同时可供有关工程技术人员和自学人员参考。

本书的编写参考了国内兄弟院校的有关资料和文献，并得到同行专家的大力支持和帮助，在此表示衷心感谢。由于编者水平有限，编写时间仓促，书中错误及不当之处在所难免，恳切希望广大读者给于批评指正。

编　者

目录 MULU

模块1 机械制造过程与工艺系统

模块2 金属切削原理

模块3 常用机械加工方法与装备

模块4　机械制造工艺规程设计与典型零件加工

模块5　现代制造技术简介

模块 1

机械制造过程与工艺系统

第1章 绪论

1.1 机械制造技术概述

一、机械制造技术的概念

1. 制造

制造是人类最主要的生产活动之一。它是指人类按照所需目的，运用主观掌握的知识和技能，通过手工或可以利用的客观的物质工具与设备，采用有效的方法，将原材料转化为有使用价值的物质产品并投放市场的全过程。这是广义制造的概念。它包括从市场分析、经营决策、工程设计、加工装配、质量控制、销售运输至售后服务的全过程。

但在某些情况下，制造及制造过程被理解为从原材料或半成品经加工或装配后形成最终产品的具体操作过程，包括毛坯制作、零件加工、检验、装配、包装、运输等。这是狭义制造的概念，主要考虑企业内部生产过程中的物质流，而较少涉及生产过程中的信息流。

2. 制造业与机械制造业

制造业是将制造资源通过制造过程转化为可应用产品的工业的总称。制造业是一个国家经济发展的重要支柱，是一个国家的经济命脉，其整体能力和发展水平标志着一个国家的经济实力、国防实力、科技水平和人民生活水平，也决定着一个国家，特别是发展中国家实现现代化和民族复兴的进程。制造业也是一个国家的立国之本，没有强大的制造业，一个国家将无法实现经济的快速、健康、稳定发展，人民的生活水平也难以提高。在工业化国家中，以各种形式从事制造活动的人员约占全国从业人数的四分之一。美国约68%的财富来源于制造业，日本国民生产总值的约50%由制造业创造，我国制造业的产值在工业总产值中约占40%。

机械制造业是为用户创造和提供机械产品的行业，它包括从机械产品的开发、设计、制造生产、流通到售后服务全过程。机械制造业的产品是用制造方法获得的各种具有机械功能的产品。机械制造业是制造业的最主要组成部分，也是制造业的核心。机械制造业是国民经济的装备部，它将各种机械设备供应和装备国民经济的各个部门，并使其不断发展。同时也是消费品的主要生产部门，是高科技发展的重要平台。国民经济各部门的生产水平和经济效益在很大程度上取决于机械制造业所提供装备的技术性能、质量和可靠性，国民经济的发展速度在很大程度上取决于机械制造工业技术水平的高低和发展速度。从总体上来讲，机械制造业是国民经济中的一个重要组成部分，是关系国计民生和国家安全的战略性产业，是一国崛起可依靠的基础性产业，是一个国家或地区实现先进工业化的重要保证，是衡量一个国家科技创新能力、国防实力和国际竞争力的重要标志，是决定国家兴衰的关键因素之一。

3. 制造技术与机械制造技术

制造技术就是按照人们的要求，运用知识和技能，利用客观物质工具，使原材料转变为产品的技术总称。制造技术具有普遍性和基础性，同时也具有特殊性和专业性。

机械制造技术是以表面成形理论、金属切削理论和加工工艺系统的基本理论为基础，以各种加工方法、加工装备的特点及应用为主体，以机械加工工艺和机械装配工艺的制订为主线，以实现机械产品的优质、高效、低成本和绿色制造为目的的综合技术。其中机械加工工艺是机械制造技术的核心。机械制造技术是机械制造科学的核心，是一门研究各种机械制造过程和方法的科学。机械制造技术支撑着机械制造业的发展，机械制造技术水平的提高与进步不仅决定了相关产业的质量、效率和竞争力的高低，而且是传统产业借以实现产业升级的基础和根本手段。

4. 机械制造系统

在传统的机械制造过程中，由机床-夹具-刀具-工件组成的系统称为机械加工工艺系统。随着机械制造技术、计算机技术、信息技术等的发展，为了能更有效地对机械制造过程进行控制，大幅度地提高加工质量和加工效率，人们在机械加工工艺系统的基础上提出了机械制造系统的概念。由为完成机械制造过程所涉及的硬件（如原材料、辅料、设备、工具、能源等）、软件（如制造理论、工艺、技术、信息和管理等）和人员（如技术人员、操作工人、管理人员等）组成的，通过制造过程将制造资源（如原材料、能源等）转变为产品（包括半成品）的有机整体，其称为机械制造系统。

二、机械制造业的发展

1. 世界机械制造业的发展

人类文明的发展与制造业的进步是密切相关的。机械制造业的发展过程，是一个不断提高机械制造产品的加工精度和加工表面质量，不断提高和完善制造过程的自动化水平，不断降低制造成本，不断提高生产效率的过程。

人类的制造活动最早可追溯到新石器时代。在新石器时代，人们利用石器作为劳动工具，制造处于一种萌芽阶段。到了青铜器和铁器时代，制造业主要是以利用人力进行纺织、冶炼和铸造各种农耕器具为主的原始制造活动，并以手工作坊的形式出现，形成了以分工为基础的协作工场手工制造业，较好地满足了以农业为主的自然经济的需要。

18世纪中叶，自瓦特发明了蒸汽机，制造业取得了历史性的进步。机械技术与蒸汽动力技术相结合，标志着机器-蒸汽动力时代的到来，产生了第一次工业革命。手工劳动逐渐被机器生产所代替，出现了火车、轮船、由动力驱动的纺织机械和金属切削机床等，为制造提供了机械加工的基础装备，并制造出满足机械制造、纺织、矿山、农业、化工、原材料、交通运输和建筑等不同行业需求的各种机器。机械制造业逐渐形成规模，近代工业化大生产开始出现。

19世纪中叶，电磁场理论的建立为发电机和电动机的产生奠定了基础，从而迎来了电气时代。以电力作为动力源，使机械结构和生产效率发生了重大变化。与此同时，互换性原理和公差制度应运而生。所有这些都使机械制造业发生了重大变革，机械制造业从而进入了快速发展时期。

20世纪初，内燃机的发明又引发了制造业的革命，生产规模逐渐扩大，制造业进入了以汽车为代表的大批量生产方式和技术（零件互换技术等）。流水生产线的出现和泰勒科学管理理论的产生，标志着机械制造业进入了大批量生产时代，实现了以刚性自动化为特征的大量生产方式和规模效益第一的生产方式，产生了工业技术的革命和创新，形成了以机械-电力技术为核心的各类技术相互连接和依存的制造工业技术体系。

20世纪70年代，随着工业市场竞争的不断加剧，大批量的生产方式开始逐步向多品种、中小批量生产方式转变。大规模集成电路的出现以及运筹学、现代控制论、系统工程等软科学的产生和发展，使机械制造业产生了一次新的飞跃。制造业逐步实现了柔性自动化生产，形成了面向制造的设计、满足用户要求的设计/制造及准时生产的制造理念。

20世纪80年代，信息产业的崛起和通信技术的发展加速了市场的全球化进程，市场竞争更加激烈，消费者的需求日趋主体化、个性化和多样化。市场竞争的焦点集中在以最短的时间开发出高质量、低成本的产品，投放市场，并提供用户好的服务。

20世纪90年代，计算机网络技术的发展给制造业带来了巨大的变化，全球经济一体化进程打破了传统的地域经济发展模式，市场变得更加广阔。市场竞争的焦点已集中在快速响应、瞬息万变的市场需求上，制造业逐步向柔性化、集成化、智能化和网络化发展，产生了许多先进的制造模式。

进入21世纪，随着全球环境的日益恶化，制造业对环境所产生的影响已成为当前所必须解决的重大问题，以绿色制造为代表的环保型制造受到广泛的关注。它的实施将带来21世纪制造业的一系列重大变革和技术创新。

2. 我国机械制造业的发展

我国是世界文明古国，是世界上最早使用和发展机械的国家之一，机械制造具有悠久的历史。早在远古时代就已开始使用石器和钻木取火的工具。前16世纪—前11世纪的商代，已出现可转动的琢玉工具，车(旋)削加工和车床雏形在我国的出现先于欧洲近千年。春秋时代，随着农业和手工业的发展，我国已应用了各种机械作为生产工具，如青铜刀、锯、锉等，并制成了纺织机械；260年左右，发明并使用了木制齿轮，应用轮系原理制成了水力驱动的谷物加工机械；1668年(明代)，在古天文仪器加工中，已采用铣削和磨削加工方法，并出现了铣床、磨床和刀具刃磨机床的雏形。

近代历史中，由于封建制度的腐败和帝国主义的侵略，我国机械制造业落后了。据统计，直到1915年，上海荣昌泰机器厂才制造出国产的第一台车床。1947年，民用机械工业只有三千多家，拥有机床两万多台。我国的机械制造工业长期处于停滞状态。

中华人民共和国成立以来，机械工业成为我国工业生产中发展最快的行业之一，有了很大的发展，开始拥有了自己独立的汽车工业、航天航空工业等技术难度较大的机械制造工业。我国机械制造业大约经历了全面引进苏联先进技术、自力更生和全方位引进跟踪三个阶段。特别是改革开放以来，我国机械制造业充分利用国外的资金和技术，进行了较大规模的技术改造，制造技术、产品质量和水平及经济效益有了很大的提高，为推动国民经济的发展起了重要作用。

面对越来越激烈的国际市场竞争，我国机械制造业面临着严峻的挑战与机遇。为此我们必须面对挑战，抓住机遇，深化改革，奋发图强，使“中国制造”变成“中国创造”，把机械制造大国变成机械制造强国。

1.2 机械制造技术课程的性质、内容、要求及学习方法

一、本课程的性质、内容及要求

机械制造技术是机械类专业的主干专业课程和机电类专业的主干专业基础课程，主要介绍

机械产品的生产过程及生产活动的组织，机械加工过程及其系统，内容包括机械制造与制造方法、金属切削过程的基本问题、机械加工方法及设备、机床夹具基础、机械加工质量、机械加工工艺规程、机械装配基础、机械制造技术的新发展等。

通过本课程的学习，学生应能对整个机械制造活动有一个总体、全面的了解与把握，具体要求如下。

(1) 认识制造业，特别是机械制造业在国民经济中的作用，了解机械制造技术的发展趋势。

(2) 掌握金属切削过程中的诸多现象及其变化规律，如切屑形成机理，切削力、切削热及温度，刀具磨损规律等。

(3) 熟悉金属切削机床的结构、工作原理，初步掌握分析机床运动和传动系统的方法，正确选用金属切削机床设备。

(4) 初步掌握常用的金属切削刀具的材料、结构及应用，能够结合生产实际正确选用和使用刀具。

(5) 掌握机械加工的基本知识，能正确选择加工方法及工艺装备，初步具有编制零件加工工艺规程、设计机床夹具的能力。

(6) 掌握机械制造工艺、机械加工质量的基本理论和基本知识，初步具有分析、解决现场生产过程中的质量、生产效率、经济性问题的能力。

(7) 了解当今先进制造技术和先进制造模式，了解制造系统、制造模式的选择。

二、本课程的学习方法

机械制造技术课程是以机械加工方法为主线，涉及加工设备与刀具的一门应用性技术学科，具有综合性、实践性、灵活性。

基于以上特点，在本课程的学习过程中：要特别注意紧密联系与综合应用以往所学过的知识，应用多种学科的理论和方法来解决机械制造过程中的实际问题；要特别注意理论联系生产实际，重视实践环节，仅学习课堂上教师讲授的知识或自学教材上的内容是远远不够的，必须通过一定的实训、企业生产实习及调研、课程设计等环节来更好地体会和理解所学知识，其中本课程学习前的金工实习、学习中的实训和学习后的课程设计尤其不可缺少；要特别注意理解机械制造技术的基本概念，牢固掌握机械制造技术的基本理论和基本方法，并通过实践学会思考、分析、总结和应用，培养自己解决实际问题的能力，以适应工作岗位的需要。

【思考与练习题1】

1. 什么是机械制造技术？

2. 机械制造技术课程的性质、内容和要求是什么？

第2章 机械制造过程概述

2.1 机械制造的过程与生产类型

一、机械制造工艺过程与工艺方法

1. 机械产品的生产过程

机械产品的生产过程是指制造中从原材料开始到成品出厂的全部过程，它既包括毛坯的制造，零件的机械加工和热处理，机器的装配、检验、测试和涂装等主要劳动过程，还包括专用工具、夹具、量具和辅具的制造，机器的包装，工件和成品的储存与运输，加工设备的维修，以及动力供应等辅助劳动过程。

2. 机械制造工艺过程

机械制造工艺过程是机械产品生产过程的一部分，它是指用传统与现代机械制造方法来改变制造对象的形状、尺寸、相对位置、表面粗糙度和力学、物理性能等，使其达到图样规定的技术要求，成为成品或半成品的过程，简称为工艺过程。其中，采用机械加工的方法，逐步改变毛坯的形状尺寸和表面质量，使其成为合格零件的过程，称为机械加工工艺过程。

3. 机械制造工艺方法

机械制造工艺是各种机械制造方法和过程的总称，它包含了制造方法、机器设备、刀具、夹具、量具、工艺参数等的选用与安排及工艺阶段划分。对一个技术人员而言，掌握机械制造技术的一个重要方面就是要熟悉各种机械制造方法，这样，在工艺设计时才能列出多种机械制造方案进行选优，在遇到工艺难题时才能迅捷提出采用其他机械制造方法的建议。

机械制造工艺方法就是制造机械产品的各种方法。《机械制造工艺方法分类与代码　总则》(JB/T 5992.1—1992)中，将机械制造工艺方法划分为铸造、压力加工、焊接、切削加工、特种加工、热处理、覆盖层、装配与包装、其他工艺方法等九大类。传统的机械制造分类方法按照制造时原材料的温度将其分成热加工、冷加工两大类。随着新技术的不断涌现和互相渗透，人们对机械制造方法有了更加深层次的理解，现在一般把机械制造方法归纳为去除加工、结合加工、变形加工和改性加工四大类。

1）去除加工

去除加工又称分离加工、分离成形。它是从工件表面去除（分离）部分材料而成形的加工方法。去除加工将工件上多余的材料，像做“减法”一样去除掉，使工件的质量由大变小，同时外形、体积都发生变化。因此，损耗原材料是去除加工的固有弱点。但它加工精度高、质量稳定、容易控制，一直是机械制造的主要方法，也是机械制造技术基础课程主要的研究对象。去除加工的方法主要有切削加工（如车削、铣削、刨削、插削、钻削、镗削、拉削、锯切、砂轮磨削、砂带磨削、珩磨、研磨、超精加工、钳工、气体火焰切割、气体放电切割等），特种加工（如电火花加工、电子束加工、离子束加工、等离子加工、激光加工、超声波加工、电解加工、化学铣削、电解磨削、加热机械切割、振动切削、超声研磨、超声电火花加工、高压水切割、爆炸索切割等）。

2）结合加工

结合加工是指利用物理和化学方法，像做“加法”一样，将相同材料或不同材料结合在一起的累加成形制造方法。结合加工过程中，工件外形体积由小变大。目前结合加工的方法主要有连接加工（如焊接、铆接、胶接、快速成形制造），表层附着（沉积）加工（如涂覆、电镀、化学镀、刷镀、气相沉积、热浸涂、热喷涂、涂装、电铸、晶体生长等）。

3）变形加工

变形加工是指利用力、热、分子运动等手段，使工件材料产生变形，改变其形状、尺寸和性能的加工方法。它是使工件外形产生变化，但体积不变的“等量”加工，是典型的“少无切屑”加工方法。变形加工的方法主要有聚集成形（如铸造、粉末冶金、非金属材料成形），转移成形（包括压力加工，如锻造、轧制、冲压、挤压、旋压、拉拔；冷作，又称钣金，如变形、收缩、整形等；表面喷砂粗化与光整，如作表面预处理的表面喷砂粗化、作表面强化处理的滚光、挤光等；缠绕和编织，如弹簧缠绕加工、筛网编织等）。

4）改性加工

改性加工是指工件外形、体积不变，但其力学、物理或化学特性（如形态、化学成分、组织结构、应力状态等）发生改变的加工方法。改性加工的方法主要有热处理（包括整体热处理、表面热处理、化学热处理等），化学转化膜（包括发蓝膜、磷化膜、草酸盐膜、铝阳极膜等），表面强化（包括喷丸强化、挤压强化、离子注入等），退磁。

二、机械加工工艺过程的组成

由于零件加工表面的多样性、生产设备和加工方法的局限性以及零件精度和产量要求的不同，通常零件的加工工艺过程可划分为若干个按一定顺序排列的工序。工序是组成工艺过程的基本单元，又可分为安装、工步、走刀和工位。

工序指一个（或一组）工人，在一个工作地点（或设备上）对一个（或同时对几个）工件所连续完成的那部分工艺过程。判别是否为同一工序的主要依据是工作地点是否改变和加工过程是否连续。如图2.1所示的阶梯轴，其工艺过程包括三个工序，如表2.1所示。

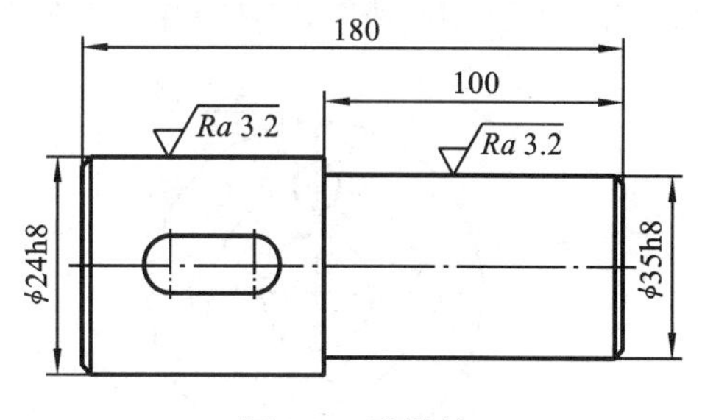

图2.1 阶梯轴

表2.1 单件小批生产阶梯轴的工艺过程

工序号	工序内容	设备
1	车一端面，打中心孔；调头车另一端面，打中心孔	车床
2	车大外圆及倒角；调头车小外圆及倒角	车床
3	铣键槽，去毛刺	铣床

零件加工工艺过程中工序的划分与零件的产量和生产条件密切相关，如图 2.1 所示的阶梯轴，单件小批生产时工艺过程可划分为表 2.1 所示的三个工序；大批大量生产时可划分为表2.2所示的五个工序。

表 2.2 大批大量生产阶梯轴的工艺过程

工序号	工 序 内 容	设 备
1	铣端面，打中心孔	打中心孔机床
2	车大外圆及倒角	车床
3	车小外圆及倒角	车床
4	铣键槽	铣床
5	去毛刺	钳工台

1. 安装

同一道工序中，工件经一次装夹所完成的那一部分工序内容称为安装。一道工序中可包含一次或多次安装。如表 2.1 所示，工序 1 和工序 2 中都有两次安装，表 2.2 所示各个工序中都只有一次安装。应尽量减少装夹次数，以减少辅助时间和减小装夹误差。

2. 工步

同一道工序中，在加工表面不变、切削刀具不变、切削用量中的进给量和切削速度不变的情况下，所完成的那部分工序内容，称为工步。构成工步的任一因素改变，即形成新的工步。一道工序可包括一个或多个工步。如表 2.1 所示的工序 1 包含 4 个工步。

需要注意，为简化工艺文件，对于一次安装中连续进行的几个相同的工步，通常视为一个工步。如图 2.2 所示，用一把钻头连续钻削四个 $\phi15$ mm 的孔，可看做一个工步——钻 $4\times\phi15$ mm孔。有时为提高生产率，常用几把刀具同时加工一个工件的几个表面，这种情况称为复合工步，复合工步通常也看做一个工步。复合工步多见于采用多刀车床和转塔车床的加工中，如图 2.3 所示，用一把车刀和一个钻头同时加工外圆和孔，就是一个复合工步。

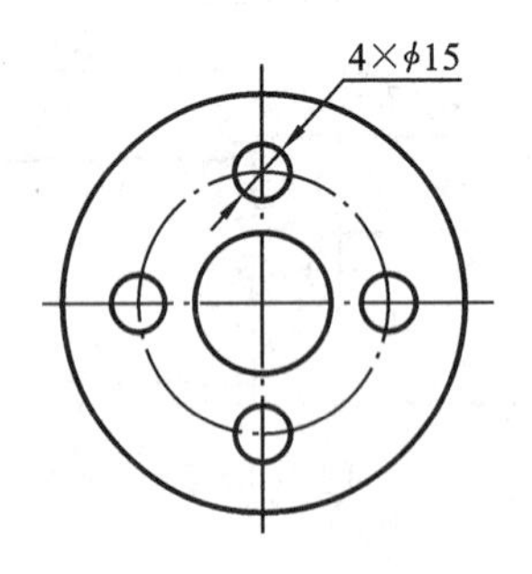

图 2.2 相同加工表面的工步

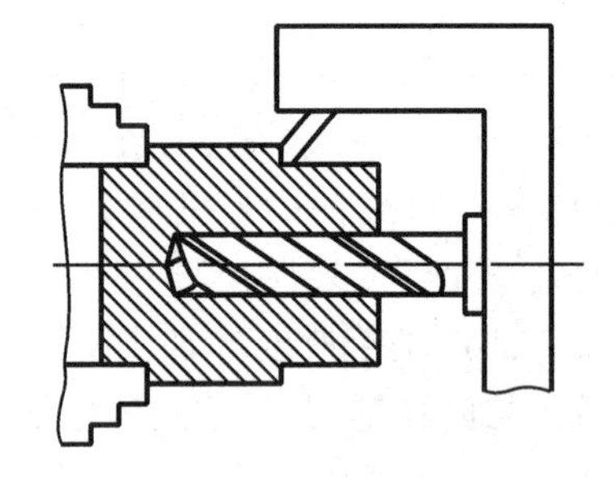

图 2.3 复合工步

3. 走刀

同一工步中，若需切去的金属层较厚，则可分为几次切削，每进行一次切削就是一次走刀，如图 2.4 所示。一个工步可以包括一次或几次走刀。走刀是工艺过程的最小单元。

4. 工位

为了减少工序中安装的次数，常采用可转位(或移位)工作台或夹具，使工件经一次装夹后，依次处于几个不同的加工位置，在每个位置上所完成的那一部分工序内容称为工位。如图2.5所示，采用回转工作台，可在一次安装中依次完成装卸工件、钻孔、扩孔、铰孔四个工位的加工。采用多工位加工，既可以减少安装次数，提高加工精度和生产率，又能减轻劳动强度。

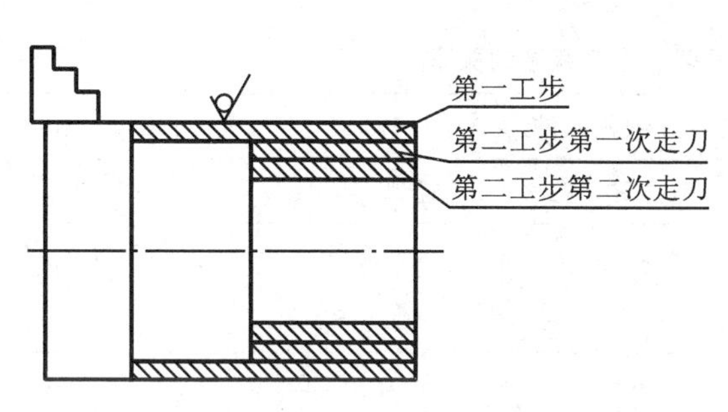

图2.4 车削阶梯轴的多次走刀

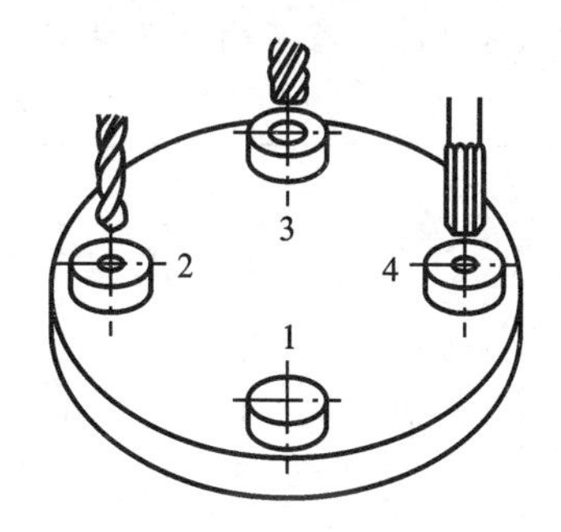

图2.5 多工位加工

三、生产纲领和生产类型

零件的机械加工工艺过程与生产类型密切相关，而生产类型又主要取决于其生产纲领。所以在制订工艺规程时，首先要确定生产纲领和生产类型。

1. 生产纲领

生产纲领指企业在计划期限内应当生产的产品产量和进度计划。计划期限通常为一年，所以生产纲领也称为年产量。零件的生产纲领（或年产量）的计算公式为

$$N = Qn(1+\alpha+\beta)$$

式中：N——零件的生产纲领（件/年）；

Q——产品的生产纲领（台/年）；

n——每台产品中该零件的数量（件/台）；

α——备品率（%）；

β——废品率（%）。

2. 生产类型

生产类型是企业（或车间、工段、班组、工作地）生产专业化程度的分类，一般分为以下三种类型。

1）单件生产

产品产量很少、品种多，各工作地的加工对象很少重复甚至不重复，这种生产称为单件生产。如新产品试制、专用机械和重型机械的制造等即属于单件生产。

2）大量生产

同一产品产量很大，大多数工作地重复进行某零件的某道工序的加工，这种生产称为大量生产。如汽车、轴承等的制造通常属于大量生产类型。

3）成批生产

一年中分批轮流制造几种不同的产品，工作地点的加工对象周期性地重复，这种生产称为成批生产。如通用机床、电动机等的制造通常是按成批生产的方式进行的。

成批生产中，同一产品（或零件）每批投入生产的数量称为批量。根据批量的大小，成批生产又可分为小批生产、中批生产和大批生产三种。小批生产的工艺特点与单件生产的相

似,也可合称为单件小批生产;大批生产的工艺特点与大量生产相似,也可合称为大批大量生产。

生产类型的划分主要由生产纲领确定,同时还与产品及零件的特征或工作地每月负担的工序数有关,具体可参考表2.3和表2.4确定。

表2.3　生产类型与生产纲领的关系

生产类型		零件的生产纲领/(件/年)			工作地每月负担的工序数
		重型零件	中型零件	轻型零件	
单件生产		≤5	≤20	≤100	不作规定
成批生产	小批生产	5～100	20～200	100～500	>20～40
	中批生产	100～300	200～500	500～5000	>10～20
	大批生产	300～1000	500～5000	5000～50000	>1～10
大量生产		>1000	>5000	>50000	1

表2.4　不同机械产品的零件质量

机械产品类别	零件的质量/kg		
	重型零件	中型零件	轻型零件
电子机械	>30	4～30	≤4
机床	>50	15～50	≤15
重型机械	>2000	100～2000	≤100

生产类型不同,则生产组织、生产管理、车间管理、毛坯选择、设备工装、加工方法以及工人技术要求等方面均有所不同,即不同的生产类型具有不同的工艺特点。制订零件的机械加工工艺规程时,应首先确定生产类型,根据不同生产类型的工艺特点,制订出合理的工艺规程。表2.5列出了各种生产类型的工艺特点。

表2.5　各种生产类型的工艺特点

工艺特点	生产类型		
	单件小批生产	中批生产	大批大量生产
零件的互换性	配对制造,钳工修配,缺乏互换性	大部分具有互换性,少数用钳工修配	全部具有互换性,有些高精度的配合件采用分组装配
毛坯的制造方法及加工余量	铸件用木模手工造型;锻件用自由锻;毛坯精度低,加工余量大	部分铸件用金属模造型;部分锻件用模锻;毛坯精度中等,加工余量中等	铸件广泛采用金属模机器造型;锻件广泛采用模锻及其他高效方法;毛坯精度高,加工余量小
机床设备及其布置形式	采用通用机床;按机床类别和规格采用机群式排列	部分通用机床,部分专用机床及高效自动机床;按零件类别分工段排列	广泛采用高生产率的专用机床和自动机床;按流水线形式排列

续表

工艺特点	生产类型		
	单件小批生产	中批生产	大批大量生产
夹具	多采用通用夹具，很少用专用夹具，用划线和试切法达到精度要求	广泛采用专用夹具，部分用划线法达到精度要求	广泛采用高效专用夹具，用调整法达到精度要求
刀具与量具	采用通用刀具和量具	较多采用专用刀具和专用量具	广泛采用高生产率的刀具和量具
对工人的要求	需要技术熟练的工人	需要一定熟练程度的技术工人	对调整工人技术要求高，对操作工人技术要求较低
工艺文件	有简单的工艺过程卡	有详细的工艺过程卡，关键工序有详细的工序卡	有详细的工艺过程卡和工序卡，关键工序有调整卡和检验卡等详细的工艺文件
生产率	低	中	高
成本	高	中	低
发展趋势	采用成组技术、数控机床、加工中心及柔性制造单元	采用成组技术、柔性制造系统或柔性自动线	用计算机控制的自动化制造系统、车间或数字化工厂，实现自适应控制

2.2 机械零件表面的成形方法

不论其如何复杂，零件的形状都不外乎是由几种基本表面——平面、圆柱面、圆锥面和各种成形（特性）面所组成的。机械零件的任何表面都可以看成是一条线（母线）沿着另一条线（导线）运动所形成的轨迹。母线和导线统称为成形表面的发生线，如图 2.6 所示。零件的切削加工实际上是表面成形的问题。

由图 2.6 可以看出，有些表面的两条发生线（母线和导线）功能可以互换而不会改变成形表面的形状，如图 2.6(a)、(b)、(c)所示，这些表面称为可逆表面。而有些表面，其两条发生线（母线和导线）功能不可以互换，如图 2.6(d)、(e)、(f)、(g)所示，这些表面称为不可逆表面。

在切削加工中，发生线是由刀具的切削刃和工件的相对运动得到的，这种相对运动称为表面成形运动。形成表面所需要的成形运动就是形成其母线及导线所需要的成形运动的总和。由于在加工中使用的刀具切削刃形状和采取的加工方法不同，形成发生线的方法可归纳为轨迹法、成形法、相切法、展成法四种，即零件表面的成形方法。

一、轨迹法

它是利用刀具作一定规律的轨迹运动对工件进行加工的方法。切削刃与工件表面为点接触，发生线为接触点的轨迹线。如图 2.7(a)所示母线（直线）和导线（曲线）均由刨刀的轨迹运动形成。车削加工中 90% 的表面所采用的成形方法都是轨迹法。采用轨迹法形成发生线需要一个成形运动。

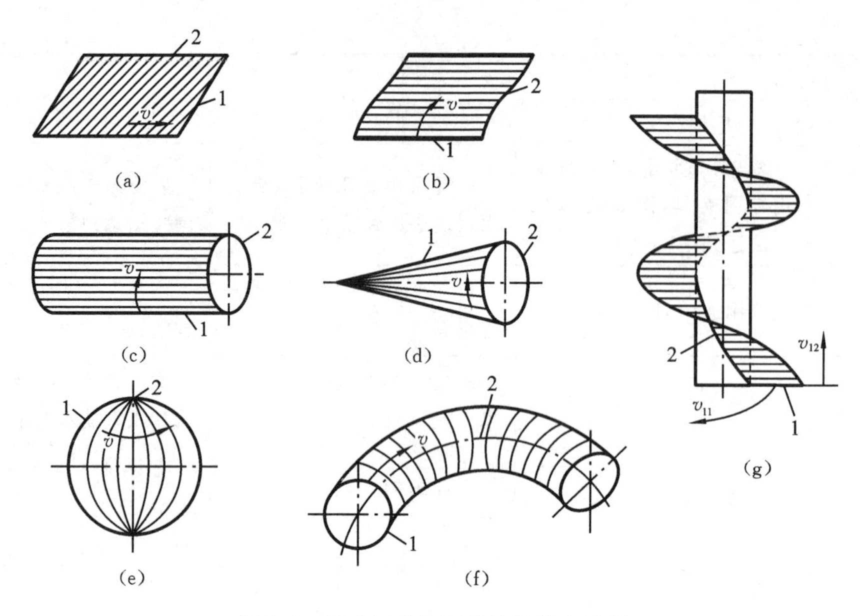

图 2.6 组成工件轮廓的几种基本表面

(a) 平面 (b) 直线成形表面 (c) 圆柱面 (d) 圆锥面 (e) 球面 (f) 圆环面 (g) 螺旋面

1—母线;2—导线

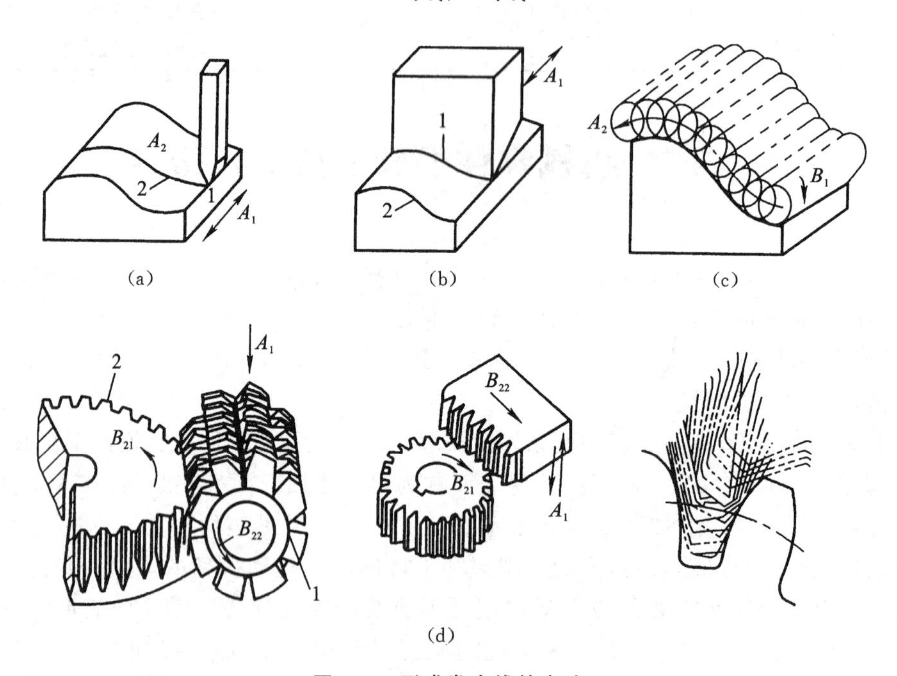

图 2.7 形成发生线的方法

(a) 轨迹法 (b) 成形法 (c) 相切法 (d) 展成法

二、成形法

它是利用成形刀具对工件进行加工的方法。刀具切削刃的形状与长度与所需形成的发生线(母线)完全重合。图 2.7(b)中,曲线形母线由成形刨刀的切削刃直接形成,直线形的导线则用轨迹法来实现。利用成形法形成发生线不需要成形运动。

三、相切法

它是利用刀具边旋转边作轨迹运动对工件进行加工的方法。如图 2.7(c)所示，采用铣刀、砂轮等旋转刀具进行加工时，在垂直于刀具旋转轴线的截面内，切削刃可看做点，当切削点绕着刀具轴线作旋转运动 B_1，同时刀具轴线沿着发生线的等距线作轨迹运动 A_2 时，切削点运动轨迹的包络线便是所需的发生线。为了用相切法得到发生线，需要两个成形运动，即刀具的旋转运动和刀具中心按一定规律的轨迹运动。

四、展成法

它是利用工件和刀具作展成切削运动进行加工的方法。切削加工时，刀具与工件按确定的运动关系作相对运动(展成运动或展成运动)，切削刃与工件表面相切(点接触)，切削刃各瞬时位置的包络线便是所需要的发生线。如图 2.7(d)所示，用齿条形插齿刀加工圆柱齿轮时，刀具作直线运动 A_1，形成直线母线(轨迹法)，而工件的旋转运动 B_{21} 和直线运动 B_{22}，使刀具能不断地对工件进行切削，其切削刃的一系列瞬时位置的包络线便是所需要的渐开线形导线。用展成法形成发生线需要一个成形运动(展成运动)。

【思考与练习题 2】

一、选择题

1. 为了提高生产率，用几把刀具同时加工工件上的几个表面，称为复合工步，在工艺文件上复合工步应作为(　　)。

A. 一道工序　　B. 一个工步　　C. 一个工位　　D. 一项安装

2. 阶梯轴的加工过程中“调头继续车”属于变换了一个(　　)。

A. 工序　　B. 工步　　C. 走刀　　D. 安装

3. 车削加工中，四方刀架的每次转位意味着变换了一个(　　)。

A. 工序　　B. 工步　　C. 走刀　　D. 安装

4. 单件小批生产，毛坯铸件应选用(　　)。

A. 精密铸造　　B. 木模铸造　　C. 压铸　　D. 都可以

5. 安装次数越多，则(　　)。

A. 生产率越高　　B. 精度越高

C. 生产率和精度越低　　D. 不能确定

二、简答题

1. 什么是生产过程？什么是机械制造工艺过程？什么是机械加工工艺过程？
2. 什么是工序、安装、工位、工步、走刀？
3. 什么是生产纲领？生产组织类型分哪几种？
4. 发生线形成方法有哪些？

第3章 机械加工工艺系统

3.1 机械加工运动与切削用量

一、零件表面的成形运动

由形成发生线的四种方法可知，除成形法外，发生线的形成均是靠刀具与工件作相对运动，即表面成形运动实现的。按其组成情况不同，表面成形运动分为简单的成形运动和复合成形运动两种。

1. 简单成形运动

把形成发生线所需要的各运动单元之间不需要保持准确的速比关系的成形运动称为简单成形运动。如图3.1所示，车削外圆柱面时，工件的旋转运动 B_1 产生母线(圆)，刀具的纵向直线运动 A_2 产生导线(直线)。运动 B_1 和 A_2 就是两个简单的成形运动，下标1、2表示简单成形运动次序。

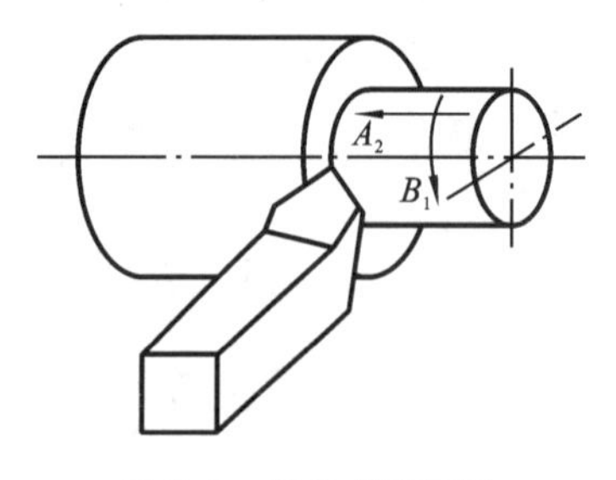

图3.1　简单成形运动

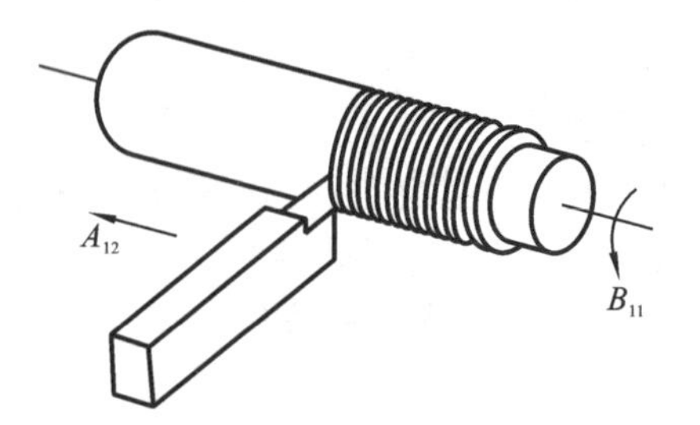

图3.2　复合成形运动

2. 复合成形运动

一个独立的成形运动中，形成发生线所需要的各运动单元之间需要保持严格的相对运动关系，相互依存，而不是独立的，则称此成形运动为复合成形运动，如图3.2所示。车削螺纹时，为简化机床结构和较易保证精度，通常将形成螺旋形发生线所需的刀具和工件之间的相对螺旋轨迹运动，分解为 B_{11} 和刀具的等速直线移动 A_{12}。B_{11} 和 A_{12} 不能彼此独立，它们之间必须保持严格的运动关系，即工件每转一周时，刀具直线移动的距离应等于螺纹的导程，从而使 B_{11} 和 A_{12} 两个单元运动组成一个复合成形运动。复合运动组成部分符号的下标，第一位数字表示成形运动的序号，第二位数字表示同一个复合运动中单元运动的序号。

复合成形运动也可以分解为三个甚至多个运动。随着现代数控技术的发展，多轴联动数控机床的出现，可分解为更多运动的复合成形运动已在机床上实现。每个运动由机床的一个坐标轴实现。复合成形运动虽然可以分解成几个运动(旋转或直线运动)，但这些运动之间保持着严格的相对运动关系，是相互依存而不是独立的。所以复合成形运动是一个运动，而不是两个或两个以上的简单运动。

二、零件表面成形的辅助运动

机床上除表面成形运动外，还需要辅助运动，以实现机床的各种辅助动作。辅助运动的种类很多，主要有以下几种。

1. 各种空行程运动

空行程运动是指进给前后的快速运动和各种调位运动。例如，装卸工件时为了便于操作且避免刀具碰伤操作者，刀具和工件之间一般应有一段距离，在进给开始前应有快速引进运动，使刀具与工件接近；进给结束后，应有快退运动。车床的刀架或铣床的工作台在进给前后的快进或快退运动就属此类。调位运动是调整机床的过程中把机床的有关部件移到要求位置的运动。例如：摇臂钻床上，为使钻头对准被加工孔的中心，主轴箱与工作台间的相对运动；龙门刨床、龙门铣床的横梁为适应工件不同厚度的升降运动；车削时，两次走刀间车刀的复位运动等。

2. 切入运动

切入运动是指刀具相对于工件切入一定的深度，以保证被加工表面获得所需要的尺寸的运动。

3. 分度运动

当加工若干个完全相同、均匀分布的表面时，使表面成形运动得以周期性地连续进行的运动称为分度运动。例如车削多头螺纹时，在车完一条螺纹后，工件相对于刀具要回转 $1/K$ 周（K 为螺纹头数）才能车削另一条螺纹表面，这个工件相对于刀具的旋转运动就是分度运动。还有多工位机床的多工位工作台或多工位刀架，铣花键轴时工件的旋转等都需分度运动，这时分度运动是由工作台或刀架完成的，有时也需要配备专门的分度仪器设备来完成。

4. 操纵及控制运动

它包括启动、停止、变速、换向、部件与工件的夹紧与松开、转位与自动换刀、自动测量、自动补偿等运动。

三、切削运动

前面介绍了表面成形运动，即在机床上加工各种表面时，必须形成一定形状的发生线（母线与导线）。通常情况下，切削加工中发生线是由刀具的切削刃和工件的相对运动获得的，这种相对运动就是表面成形运动。因为切削加工中的各种成形运动是由机床来实现的，所以又称为机床的切削运动。表面成形运动中各单元运动（即切削运动），按其在切削运动中所起的作用不同，又分为主运动和进给运动。

1. 主运动

主运动是指在成形运动中切下切屑所需要的最基本的运动。它使刀具切削刃及其邻近的刀具表面切入工件材料，使被切削层转变为切屑。在一般情况下，主运动是切削运动中速度最高、消耗功率最大的运动。任何切削过程必须有一个，也只有一个主运动。它可以是旋转运动，也可以是直线运动。车削加工时工件的旋转运动，钻削和铣削加工时刀具的旋转运动，牛头刨床刨削时刀具的直线往复运动等都是主运动。主运动可以由工件完成（如车削、龙门刨床上的刨削等），也可以由刀具完成（如钻削、铣削、牛头刨床上刨削及磨削加工等）。

2. 进给运动

进给运动是指使把金属层不断投入切削，配合主运动加工出工件完整表面所需的运动。一般情况下，进给运动的速度较低，功率消耗也较少。其数量可以是一个，如钻削时钻头的轴向进给；也可以是多个，如外圆磨削时的轴向进给、圆周进给和径向进给；甚至可以没有进给运动（如拉削）。进给运动可以是连续进行的，如钻孔、车外圆、铣平面等；也可以是断续进行的，如刨平面、车外圆时的横向进给等。进给运动可以由工件完成，如铣削、磨削等；也可以由刀具完成，如车削、钻削等。

主运动和进给运动可由刀具和工件分别完成，也可由刀具单独完成。

各种切削加工机床都是为实现某些表面的加工而设计的，因此其切削运动都有其各自的特点。常见加工方法的切削运动如图3.3所示。

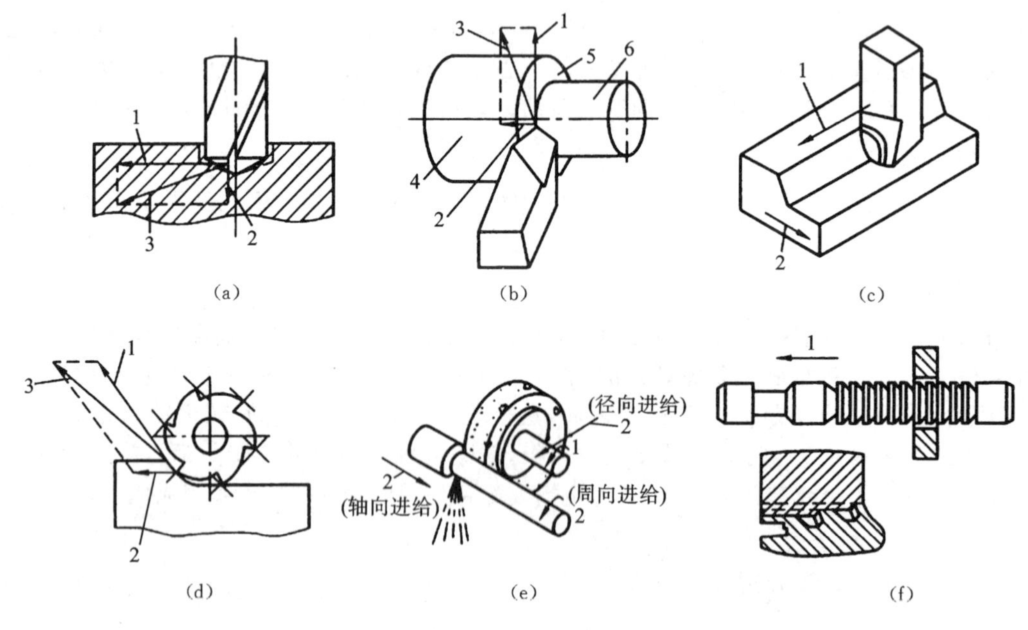

图3.3　各种切削加工的切削运动

(a) 钻削　(b) 车削　(c) 刨削　(d) 铣削　(e) 磨削　(f) 拉削

1—主运动；2—进给运动；3—合成运动；4—待加工表面；5—过渡表面；6—已加工表面

四、零件的加工表面

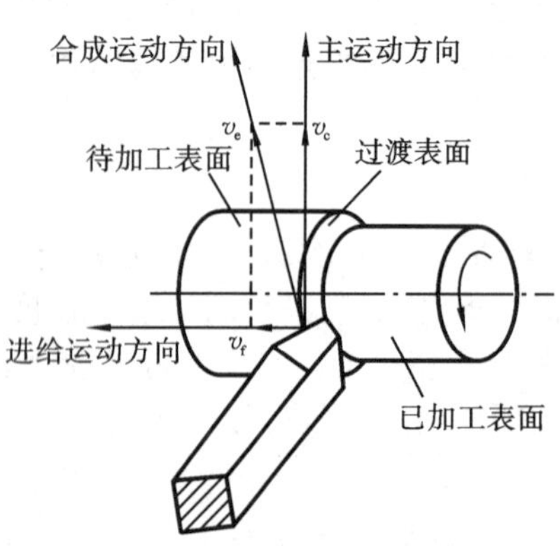

在表面成形过程(切削过程)中，刀具将工件上的加工余量不断切除，从而加工出所需要的新表面。在新表面的形成过程中，工件上有三个依次变化着的表面，如图3.4所示，它们分别是待加工表面、过渡表面、已加工表面。

合成运动方向
主运动方向
v_e
v_c
待加工表面
过渡表面
进给运动方向
v_f
已加工表面

图3.4　外圆车削运动、工件表面及合成速度

1. 待加工表面

待加工表面即在切削过程中将要被切除金属层的表面。随着切削过程的进行，它将逐渐减小，直至全部消失。

2. 已加工表面

已加工表面即在切削过程中形成的新表面。随着切削过程的进行，它将逐渐扩大，直至全部取代待加工表面。

3. 过渡表面

过渡表面(加工表面、切削表面)即切削刃正在切削的表面。它总是处在待加工表面和已加工表面之间。

五、切削用量

切削用量是描述切削过程中主运动、进给运动的基本参数,它包括切削速度、进给量和背吃刀量三个要素。这三个要素又称切削用量三要素,如图3.5所示。

1. 切削速度(v_c)

切削速度是指切削刃选定点相对于工件的主运动的瞬时速度,单位为m/s。若主运动为旋转运动(如车削、钻削、镗削、铣削、磨削等),切削速度为其最大线速度。

当主运动为旋转运动时,切削速度的计算公式为

$$v_c = \frac{\pi d n}{1000 \times 60} \tag{3.1}$$

式中:d ——完成主运动的工件或刀具在切削处的最大直径(mm);

n ——主运动的转速(r/min)。

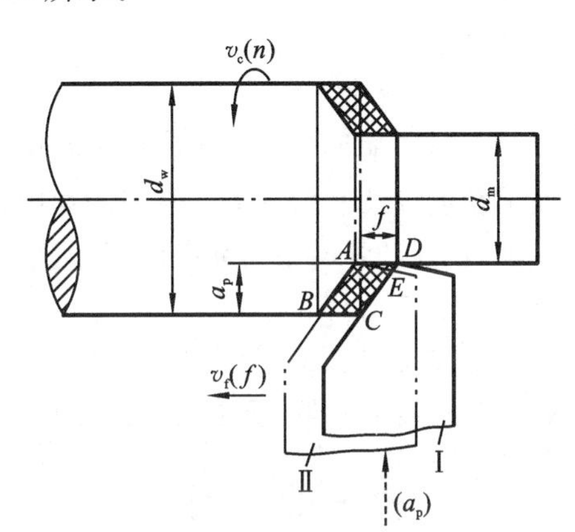

图3.5 切削用量三要素

若主运动为往复直线运动(如刨削、插削等),则常以其平均速度为切削速度,即

$$v_c = \frac{2Ln_r}{1000 \times 60} \tag{3.2}$$

式中:L ——刀具或工件作往复直线运动的行程长度(mm);

n_r ——主运动每分钟往复次数(str/min)。

2. 进给量(f)

进给量是指主运动的一个循环内,刀具在进给方向相对于工件的位移量,单位是mm/r或mm/str。可用刀具或工件每转一周或每行程的位移量来表述和度量,车削外圆时,进给量f是指工件每转一周时车刀相对于工件在进给方向上的位移量,单位是mm/r。而在牛头刨床上刨削平面时,进给量f是指刨刀往复一次,工件在进给运动方向上相对于刨刀的位移量,其单位为mm/str。

对于铰刀、铣刀等多齿刀具,常要规定出每齿进给量f_z,含义为多齿刀具后一个刀齿相对于前一个刀齿的进给量,单位是mm/z(毫米/齿),有

$$f = zf_z \tag{3.3}$$

式中:z ——刀具齿数。

进给量的大小反映了进给速度v_f的大小。进给速度v_f是指切削刃上的选定点相对于工件的进给运动的瞬时速度,是单位时间的进给量,单位是mm/s,有

$$v_f = fn \tag{3.4}$$

3. 背吃刀量(a_p)

背吃刀量(切削深度)是指工件上已加工表面与待加工表面间的垂直距离,单位是mm。车削外圆时,有

$$a_p = \frac{d_w - d_m}{2} \tag{3.5}$$

式中:d_w ——工件待加工表面直径(mm);

d_m ——工件已加工表面直径(mm)。

平面加工时背吃刀量为该次加工的加工余量,孔加工时,在式(3.5)中的 d_w 与 d_m 需互换位置。

3.2 金属切削机床

金属切削加工是机械制造工业中的一种基本加工方法,其目的是使被加工工件获得规定的加工精度以及表面质量。不同的切削加工方法有不同的切削加工设备,典型的切削加工方法有车削、铣削、磨削、钻削和镗削等,它们是在相应的金属切削机床——车床、铣床、磨床、钻床和镗床等上进行的。

金属切削机床(简称机床)是用切削的方法将金属毛坯(或半成品)加工成机器零件的设备,是制造机器的机器,所以又称工作母机或工具机。

一、机床的分类

按照国家标准《金属切削机床　型号编制方法》(GB/T 15375—2008),机床按加工性质共分为11大类,分别为车床、钻床、镗床、磨床、齿轮加工机床、螺纹加工机床、铣床、刨插床、拉床、锯床和其他机床等。在每一类机床中,又按工艺范围、布局形式、结构性能等的不同,分为10个组。每一组中,又细分为若干个系(系列)。同时还可根据机床其他特征进一步细分。

在上述基本分类方法的基础上,还有其他几种分类方法。

(1) 按应用范围(通用性程度),机床可分为通用机床、专门化机床和专用机床。

通用机床的工艺范围较宽,可用于加工一定尺寸范围内多种零件的不同工序,通用性较大,但结构比较复杂,主要适用于单件小批生产。典型机床如卧式车床、万能升降台铣床、万能外圆磨床等。

专门化机床的工艺范围较窄,专门用于加工不同尺寸的某一类或几类零件的某一道(或几道)特定工序。典型机床如丝杠车床、曲轴车床、凸轮轴车床等。

专用机床的工艺范围最窄,通常只能用于加工某一类特定零件的某一道特定工序,适用于大批大量生产。典型机床如加工机床主轴箱体孔的专用镗床、加工机床导轨的专用导轨磨床等,汽车、拖拉机制造中使用的各种组合机床也属于专用机床。

(2) 按工作精度,机床可分为普通精度机床、精密机床和高精度机床。

(3) 按自动化程度不同,机床可分为手动、机动、半自动和自动机床。自动机床具有完整的自动工作循环,包括自动装卸工件,能够连续地自动加工出工件。半自动机床也有完整的自动工作循环,但装卸工件还需人工完成,因此不能连续地加工。

(4) 按质量和尺寸不同,机床可分为仪表机床、中型机床(一般机床)、大型机床(质量大于10 t)、重型机床(质量大于30 t)和超重型机床(质量在100 t以上)。

(5) 按机床主要工作部件的数目不同,机床可分为单轴、多轴或单刀、多刀机床等。

通常,机床根据加工性质进行分类,再根据其某些特点进一步描述,如多刀半自动车床、高精度外圆磨床等。

随着机床的发展，其分类方法也将不断发展。现代机床正向数控化方向发展，数控机床的功能日趋多样化，工序更加集中。一台数控机床往往集中了多种传统机床的功能。例如：数控车床在卧式车床功能的基础上，又集中了转塔车床、仿形车床、自动车床等多种车床的功能；车铣复合加工中心在数控车床功能的基础上，又加入了钻、铣、镗等机床的功能。又如，具有自动换刀功能的数控镗铣机床（习惯上称“加工中心”），集中了钻、镗、铣等多种类型机床的功能；有的加工中心的主轴还能实现立卧转换，同时集中了立式加工中心和卧式加工中心的功能。可见，机床数控化引起了机床传统分类方法的变化，这种变化主要表现在机床品种不是越分越细，而是趋向综合。

二、机床的型号编制

机床的型号是赋予每种机床的一个代号，用于简明地表示机床的类型、通用特性和结构特性、主要技术参数等内容。国家标准规定，机床型号由汉语拼音字母和阿拉伯数字按一定的规律组合而成，它适用于各类通用机床和专用机床（不包括组合机床和特种加工机床）。

通用机床型号由主要部分和辅助部分组成，中间用“/”隔开。主要部分由国家标准统一规定、统一管理，辅助部分可由企业自定是否纳入机床型号。机床型号的具体构成如下：

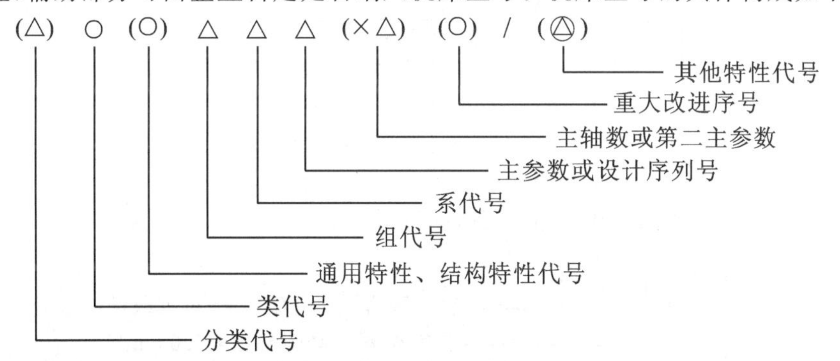

注：① 有“()”的代号或数字，若无内容时则不表示，若有内容则不带括号；
② “○”符号表示该代号为大写的汉语拼音字母；
③ “△”符号表示该代号为阿拉伯数字；
④ “◬”符号表示该代号为大写的汉语拼音字母或阿拉伯数字，或两者兼有。

1. 机床的类别及分类代号

机床的类别用汉语拼音大写字母表示。例如，“车床”用“C”表示。当需要时，每类又可分为若干类别。分类代号用阿拉伯数字表示，它在类代号之前，居于型号的首位，但第一分类不予表示，如磨床类分为M、2M、3M三个类别。常用机床的类别和分类代号如表3.1所示。

表3.1 机床的类别和分类代号

类别	车床	钻床	镗床	磨床			齿轮加工机床	螺纹加工机床	铣床	刨插床	拉床	锯床	其他机床
代号	C	Z	T	M	2M	3M	Y	S	X	B	L	G	Q
读音	车	钻	镗	磨	二磨	三磨	牙	丝	铣	刨	拉	割	其

2. 通用特性、结构特性代号

机床的通用特性代号表示机床所具有的特殊性能，有统一的固定含义，在各类机床的型号中表示的含义相同,如表3.2所示。当某类型机床除有普通型的功能外,还具有如表3.2所列的某种通用特性时,在类别代号之后要加上相应的特性代号。例如,"CK"表示数控车床。如同时具有两种通用特性,则可用两个代号同时表示,如"MBG"表示半自动高精度磨床。如某类型机床仅有某种通用特性型,而无普通型,则通用特性不必表示。如C1107型单轴纵切自动车床,由于这类自动车床没有"非自动"型,所以不必用"Z"表示通用特性。

表3.2 机床的通用特性代号

通用特性	高精度	精密	自动	半自动	数控	加工中心(自动换刀)	仿形	轻型	加重型	简式或经济型	柔性加工单元	数显	高速
代号	G	M	Z	B	K	H	F	Q	C	J	R	X	S
读音	高	密	自	半	控	换	仿	轻	重	简	柔	显	速

为了区分主参数相同而结构不同的机床,在型号中采用结构特性代号。结构特性代号用汉语拼音字母表示,排在类代号之后。结构特性的代号字母是根据各类机床的情况分别规定的,在不同型号中的含义可以不一样。

通用机床型号的编制方法举例如下。

例3.1 CA6140型卧式车床,型号中的字母及数字含义如下:

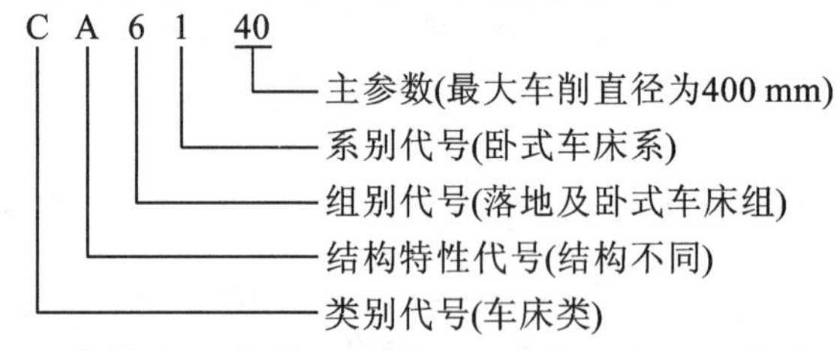

例3.2 MG1432A型高精度万能外圆磨床,型号中的字母及数字含义如下:

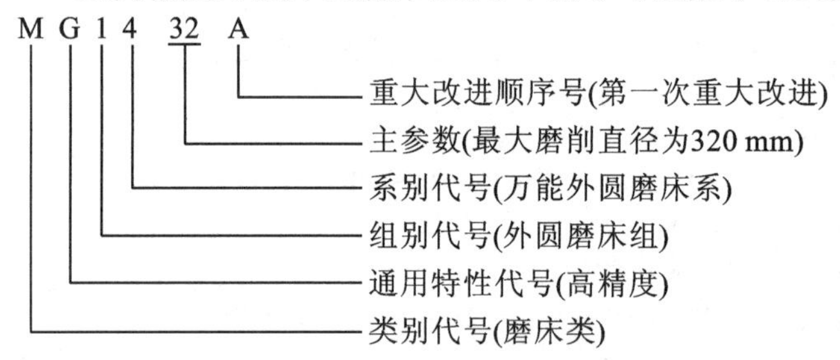

三、机床的基本组成

为了实现加工过程中所需的各种运动,机床必须具备以下三个基本组成部分。

1. 执行件

它是执行机床运动的部件,如主轴、刀架、工作台等,其任务是带动工件或刀具完成一定形式的运动(旋转或直线运动)和保持准确的运动轨迹。

2. 动力源

它是提供运动和动力的装置,是执行件的运动来源。普通机床通常都采用三相异步电动机作为动力源,现代数控机床的动力源采用直流或交流调速电动机和伺服电动机。

3. 传动装置

它是传递运动和动力的装置,它可将动力源的运动和动力传给执行件。通常,传动装置同时还需完成变速、变向、改变运动形式等任务，使执行件获得所需的运动速度、运动方向和运动形式。

四、机床的精度和技术性能

1. 机床的精度

机床本身的精度直接影响到零件的加工精度。因此，机床的精度必须满足加工的要求。机床的精度主要包括几何精度、传动精度和位置精度。

机床的几何精度包括车身导轨的直线度、工作台面的平面度、主轴的回转精度、刀架和工作台等移动的直线度、车床刀架移动方向与主轴轴线的平行度等，这些都决定着刀具和工件之间的相对运动轨迹的准确性，从而也就决定了被加工零件表面的形状精度以及表面之间的相对位置精度。机床传动精度是指机床内联系传动链两端件之间运动关系的准确性，它决定了复合运动轨迹的精度，从而直接影响被加工表面的形状精度（如螺纹的螺距误差）。机床位置精度是机床运动部件（如工作台、刀架和主轴箱等），从某一起始位置运动到预期的另一位置时所到达的实际位置的准确程度，如坐标镗床对位置精度有很高要求。

机床的精度还可分为静态精度和动态精度。静态精度是在无切削载荷以及机床不运动或运动速度很低的情况下检测的。动态精度是机床在载荷、温升、振动等作用下的精度。动态精度除了与静态精度密切有关外，很大程度上还取决于机床的刚度、抗振性和热稳定性等。

2. 机床的技术性能

为了能正确选择和合理使用机床，必须很好地了解机床的技术性能。机床的技术性能是指有关机床加工范围、使用质量和经济性的性能指标，包括工艺范围、技术规格、加工精度和表面粗糙度、生产率、自动化程度和精度保持性等。

机床的工艺范围是指其适应不同生产要求的能力，即可以完成的工序种类、能加工的零件类型、毛坯和材料种类，以及适应的生产规模等；机床的技术规格是反映机床尺寸大小和工作性能的各种技术数据，包括主参数和影响机床工作性能的其他各种尺寸参数，运动部件的行程范围，主轴、刀架、工作台等执行件的运动速度，电动机功率，机床的轮廓尺寸和质量等。加工精度和表面粗糙度是指在正常工艺条件下，机床上加工的零件所能达到的尺寸精度、几何精度以及所控制的表面粗糙度。机床的生产率通常是指在单位时间内机床所能加工的工件数量，它直接影响到生产效率和生产成本。在实际生产中，在满足加工质量等条件下，应尽量提高生产率。

机床自动化程度可以用机床自动工作时间与全部工作时间的比值表示。自动化程度高，有利于提高劳动生产率，提高加工精度，减轻工人劳动强度，保证产品质量的稳定。目前数控技术的发展和广泛应用，使各类机床的自动化程度有所提高。

精度保持性是指机床保持其规定的加工质量的时间长短。精度保持性差的机床常因精度降低而影响加工精度，使设备利用率降低。因此，精度保持性是机床，特别是精密机床重要的技术性能指标。

五、机床的传动联系和传动原理图

1. 机床的传动链

为了得到所需要的运动，机床需要通过一系列的传动件把执行件和动力源（如主轴和电动机），或者把执行件和执行件（如主轴和刀架）连接起来，以构成传动联系。构成一个传动联系的一系列传动件,称为传动链。根据传动联系的性质,传动链可以区分为两类。

1) 外联系传动链

外联系传动链是联系动力源(如电动机)和机床执行件(如主轴、刀架、工作台等)的传动链,可使执行件运动,而且能改变运动的速度和方向,但不要求动力源和执行件之间有严格的传动比关系。例如,车削螺纹时,从电动机传到车床主轴的传动链就是外联系传动链,它只决定车螺纹速度的快慢,而不影响螺纹表面的成形。再如,在卧式车床上车削外圆柱表面时,由于工件旋转与刀具移动之间不要求严格的传动比关系,两个执行件的运动可以互相独立调整,所以,传动工件和传动刀具的两条传动链都是外联系传动链。

2) 内联系传动链

内联系传动链联系复合运动之内的各个分解部分,因而传动链所联系的执行件相互之间的相对速度(及相对位移量)有严格的要求,用来保证运动的轨迹。例如,在卧式车床上用螺纹车刀车螺纹时,为了保证所需螺纹的导程,主轴(工件)转一周时,车刀必须移动一个导程。联系主轴与刀架的螺纹传动链,就是一条对传动比有严格要求的内联系传动链。在内联系传动链中,各传动副的传动比必须准确不变,不应有摩擦传动或是瞬时传动比变化的传动件(如链条与链轮传动)。

2. 传动原理图

通常传动链中包括各种传动机构,如带传动机构、定比齿轮副、齿轮齿条、丝杠螺母、蜗轮蜗杆、滑移齿轮变速机构、离合器变速机构、交换齿轮或挂轮架以及各种电的、液压的、机械的无级变速机构等。在考虑传动路线时,可以先撇开具体机构,把上述各种机构分成两大类:固定传动比的传动机构(简称“定比机构”)和变换传动比的传动机构(简称“换置机构”)。定比传动机构有定比齿轮、丝杠螺母副、蜗轮蜗杆副等,换置机构有变速器、挂轮架、数控机床中的数控系统等。为了便于研究机床的传动联系,常用一些简明的符号把传动原理和传动路线表示出来,这就是传动原理图。图 3.6 所示为传动原理图常用的一部分符号。其中,表示执行件的符号还没有统一的规定,一般采用直观的图形表示。为了把运动分析的理论推广到数控机床,图 3.6 中引入了数控机床传动原理图时所要用到的一些符号,如脉冲发生器等符号。

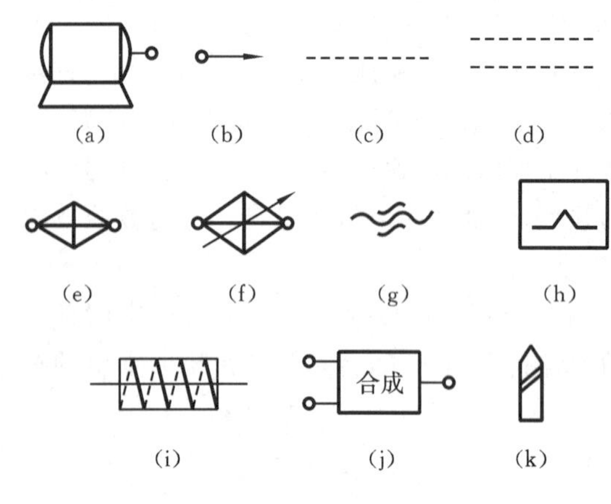

图 3.6 传动原理图常用符号

(a) 电动机 (b) 主轴 (c) 机械定比联系 (d) 电联系 (e) 换置机构 (f) 数控系统 (g) 丝杠螺母传动 (h) 脉冲发生器 (i) 滚刀 (j) 合成机构 (k) 车刀

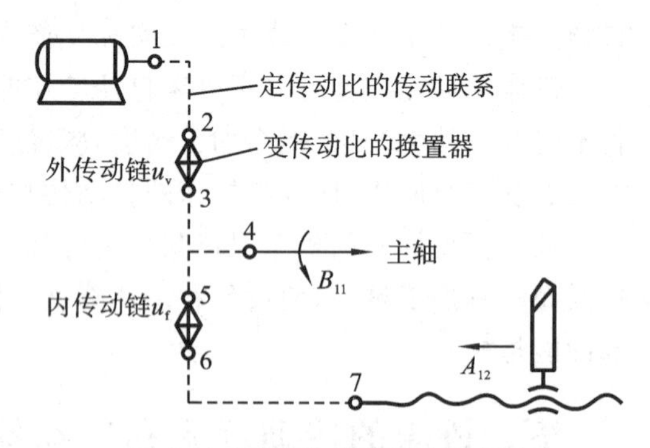

图 3.7 卧式车床的传动原理图

如图 3.7 所示,下面以卧式车床为例说明传动原理图的画法和所表示的内容。卧式车床在形成螺旋表面时需要一个运动——刀具与工件间相对的螺旋运动。这个复合运动可分解为两部分:主轴的旋转运动 B_{11} 和车刀的纵向移动 A_{12}。联系这两个运动的传动链(主轴—4—5—u_f—6—7—刀架)是内联系传动链,在这个传动链中,为了保证主轴旋转运动 B_{11} 与刀具移动 A_{12} 之间严格的比例关系,主轴每转一周,刀具应移动一个导程。此外,这个复合运动还应与动力源相联系,即应有外联系传动链。

车床在车削圆柱面或端面时,主轴的旋转运动 B 和刀具的移动 A(车端面时为横向移动)是两个互相独立的简单运动,不需保持严格的比例关系,运动比例的变化不影响表面的性质,只是影响生产率或表面粗糙度。如图 3.7 所示,两个简单运动通过不同的外联系传动链与动力源相联系:一条是电动机—1—2—u_v—3—4—主轴,另一条是电动机—1—2—u_v—3—5—u_f—6—7—丝杠,其中电动机—1—2—u_v—3 是公共段。这样的传动原理图的优点是既可用于车螺纹,也可用于车削圆柱面等。

六、数控机床

1. 数控机床及其组成

数控机床也称数字程序控制机床,是一种以数字化的代码作为指令信息形式,通过计算机或专用电子计算装置控制的机床。数控机床上加工工件时,预先把加工过程所需要的全部信息(如各种操作、工艺步骤和加工尺寸等)利用数字或代码化的数字量表示出来,编写控制程序,输入计算机。计算机对输入的信息进行处理与运算,发出各种指令来控制机床的各个执行元件,使机床按照给定的程序,自动加工出所需要的工件。当加工对象改变时,只需更换加工程序。数控机床是实现柔性生产自动化的重要设备。数控机床一般由下列几个部分组成。

(1) 主机。主机是数控机床的主体,包括床身、立柱、主轴、进给机构等机械部件。它是用于完成各种切削加工的机械部件。

(2) 数控装置。数控装置是数控机床的核心,包括硬件以及相应的软件,用于输入数字化的零件程序,并完成输入信息的存储、数据的变换、插补运算以及实现各种控制功能。

(3) 驱动装置。驱动装置是数控机床执行机构的驱动部件,包括主轴驱动单元、进给单元、主轴电动机及进给电动机等。它在数控装置的控制下通过电气或电液伺服系统实现主轴和进给驱动。当几个进给联动时,可以完成定位及直线、平面曲线和空间曲线的加工。

(4) 辅助装置。辅助装置是数控机床的一些必要的配套部件,用于保证数控机床的运行,如冷却、排屑、润滑、照明、监测等。它包括液动和气动装置、排屑装置、交换工作台、数控转台和数控分度头,还包括刀具及监控检测装置等。

(5) 编程及其他附属设备。这些设备可用来在机外进行零件的程序编制、存储等。

2. 数控系统的组成

图 3.8 所示为数控机床框图,其中数控系统由信息输入、数控装置和伺服机构三部分组成。

1) 信息输入

将指令信息输入数控装置的方式有两种:一种是由穿孔带、穿孔卡、磁带、磁盘等信息载体

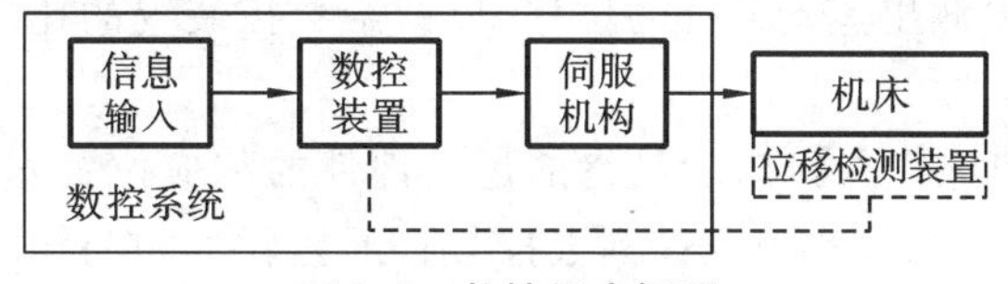

图 3.8 数控机床框图

通过信息输入装置输入;另一种是由操作人员通过数控装置面板上的键盘将指令信息输入。目前在计算机数控机床上,常用键盘输入指令信息。

2) 数控装置

数控装置是数控系统的核心部件,通常由输入装置、控制器、运算器和输出装置四部分组成。

3) 伺服机构

伺服机构的作用是把来自数控装置的脉冲信号转换为机床相应部件的机械运动。数控装置每发出一个脉冲,伺服机构驱动机床运动部件沿某一坐标轴进给一步,产生一定的位移量,这个位移量称为脉冲当量。数控装置发出的脉冲数量,决定了机床部件的位移量;单位时间内发出的脉冲数(称脉冲频率),则决定了部件运动的速度。

3. 数控机床的分类

数控机床的种类繁多,根据数控机床的功能和组成不同,可以从多个角度对数控机床进行分类。

1) 按工艺用途分类

(1) 金属切削类数控机床,包括数控车床、数控钻床、数控铣床、数控磨床、数控镗床及加工中心。这些机床都适用于单件小批和多品种零件加工,具有很好的加工尺寸的一致性,很高的生产率和自动化程度,以及很高的设备柔性。

(2) 金属成形类数控机床,包括数控折弯机、数控组合冲床、数控弯管机、数控回转头压力机等。

(3) 数控特种加工机床,包括数控线(电极)切割机床、数控电火花加工机床、数控火焰切割机、数控激光切割机床、专用组合机床等。

(4) 其他类型的数控设备。这是采用数控技术的非加工设备,如自动装配机、多坐标测量机、自动绘图机和工业机器人等。

2) 按运动方式分类

(1) 点位控制数控机床。点位控制数控机床的特点是机床的运动部件只能够实现从一个位置到另一个位置的精确运动,在运动和定位过程中没有任何加工工序,如数控钻床、数控坐标镗床、数控焊机和数控弯管机等。

(2) 直线控制数控机床。直线控制数控机床的特点是,机床的运动部件不仅能实现一个坐标位置到另一个位置的精确移动和定位,而且能实现平行于坐标轴的直线进给运动或控制两个坐标轴实现斜线进给运动。

(3) 轮廓控制数控机床。轮廓控制数控机床的特点是机床的运动部件能够对两个坐标轴同时进行联动控制。它不仅要求控制机床运动部件的起点与终点坐标位置,而且要求控制整个加工过程中每一点的速度和位移量,即要求控制运动轨迹,将零件加工成在平面内的直线、曲线或在空间中的曲面。

3) 按控制方式分类

(1) 开环控制数控机床。即采用步进电动机进行驱动,不带位置反馈装置的数控机床。

(2) 半闭环控制数控机床。在开环控制伺服电动机轴上装有角位移检测装置,通过检测伺服电动机的转角间接地检测出运动部件的位移,反馈给数控装置的比较器,与输入的指令进行比较,用差值控制运动部件。

(3) 闭环控制数控机床。在机床的最终的运动部件的相应位置安装直线或回转式检测装置,将直接测量到的位移或角位移值反馈到数控装置的比较器中与输入指令位移量进行比较,用差值控制运动部件,使运动部件严格按实际需要的位移量运动。

4）按数控机床的性能分类

按性能分类，数控机床可分为经济型数控机床、中档数控机床及高档数控机床等。

4. 数控加工对刀具的要求

进入21世纪以来，自动化加工技术迅猛发展。工具生产者由过去单一生产刀具而扩展为同时进行工具系统、工具识别系统、刀具状态在线监测系统以及刀具管理系统的开发与生产。自动化加工对刀具有以下要求。

（1）具有很高的可靠性和很长的寿命。这是对自动化刀具最基本的要求，特别在无人看管条件下，对保证加工质量和使自动化生产顺利进行，显得尤为重要。

（2）具有高的生产效率。现代机床向着高速度、高刚度和大功率方向发展，要求刀具有承受高速切削和大进给量的能力，以提高生产效率。

（3）在结构上满足快速更换的要求，同时刀具能够预调，安装定位精度高，刚度高，以保证高精度的加工要求。

（4）具有高复合性，特别在品种多、数量少的加工情况下，不致造成刀具数量繁多而难以管理。

（5）有对加工过程中刀具磨损、破损等进行在线监测、预报及补偿的系统。这样，在自动化加工中，可主动掌握刀具工作状态和对产品质量进行控制，避免废品和突发事故发生。

（6）刀具应符合标准化、系列化、通用化的要求，尽可能减少刀具、辅助工具的数量，以便管理。

七、加工中心

加工中心是一种具有自动换刀功能的高效、高精度数控铣床，它除了能完成铣床的各项功能外，还集中了镗床和钻床的功能，是各类数控机床中应用范围最广的机床。

1. JCS-018型加工中心

1）JCS-018型加工中心的外形和传动系统

JCS-018型立式镗铣加工中心是一种具有自动换刀装置的计算机数控机床，它是在一般数控机床的基础上发展起来的工序更加集中的加工中心。机床上附有刀库和自动换刀机械手，配备有各种类型和不同规格的刀具。把工件一次装夹以后，可自动连续地对工件多个表面完成铣、镗、钻、锪、铰和攻螺纹等多种加工，适用于小型板类、盘类、模具类和箱体类等复杂零件的多品种小批量加工。

（1）加工中心的外形。JCS-018型加工中心的外形如图3.9所示，它类似于立式铣床。在床身上有滑座，作横向运动（y轴方向）。工作台在滑座上作纵向运动（x轴方向）。床身后部有框式立柱。主轴箱在立柱导轨上作垂直升降运动（z轴方向）。在立柱的左后部是数控装置，左前部装有刀库和自动换刀机械手，左下方安装有润滑装置。刀库中共装有16把刀具，可以完成各种孔的加工和铣削加工。操作面板悬挂在操作者右前方，以便于操作。机床各工作状态显示在操作面板上。

（2）加工中心的传动系统。传动系统如图3.10所示，主轴由交流变频调速电动机驱动，主电动机额定功率为5.5 kW，采用变频调速实现无级调速，经一级带传动减速，当经$\frac{\phi 183.6\ \text{mm}}{\phi 183.6\ \text{mm}}$带传动时，主轴转速为45～4500 r/min。当经$\frac{\phi 119\ \text{mm}}{\phi 239\ \text{mm}}$带传动时，主轴转速为22.5～2250 r/min。

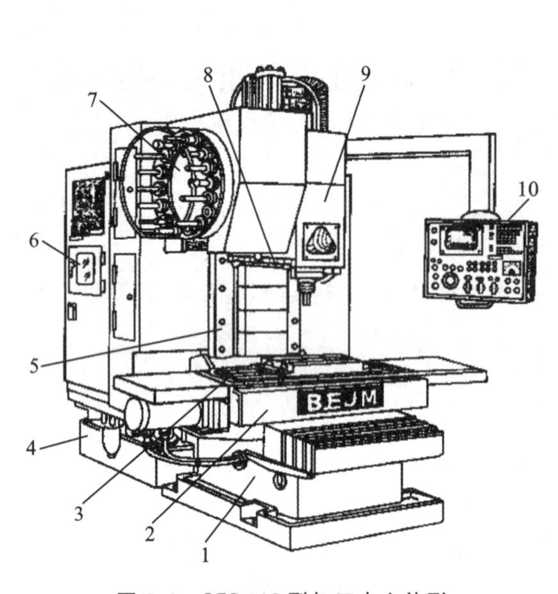

图 3.9 JCS-018 型加工中心外形

1—床身;2—滑座;3—工作台;4—润滑装置;
5—立柱;6—数控装置;7—刀库;8—换刀机械手;
9—主轴箱;10—操作面板

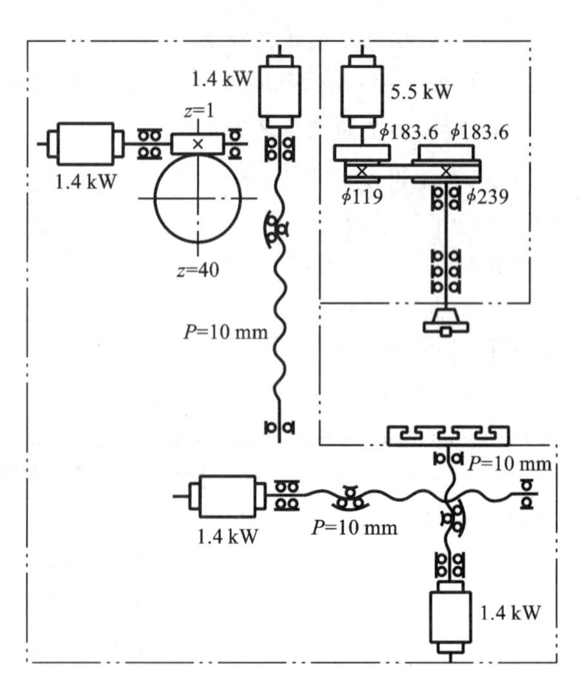

图 3.10 JCS-018 型加工中心传动系统

加工中心的三个轴各有一套相同的伺服进给系统,进给速度均为 1～4000 mm/min。三个宽幅直流伺服电动机均与滚珠丝杠直接连接,分别由计算机按数控指令发出的脉冲信号进行控制,任意两个轴都可以实现联动。

刀库的回转由一个直流伺服电动机经蜗杆蜗轮$\left(\frac{1}{40}\right)$减速后直接驱动。

2) JCS018 型加工中心的典型结构

(1) 主轴内的刀杆自动拉紧机构和切屑清除装置。图 3.11 所示为 JCS-018 型加工中心主轴结构,刀杆自动拉紧机构装于主轴内孔中,拉紧机构是由液压缸、螺旋弹簧、拉杆、钢球和碟形弹簧等组成的。图示位置为刀柄夹紧状态,当需要松开刀柄时,压力油通入液压缸的上腔,其活

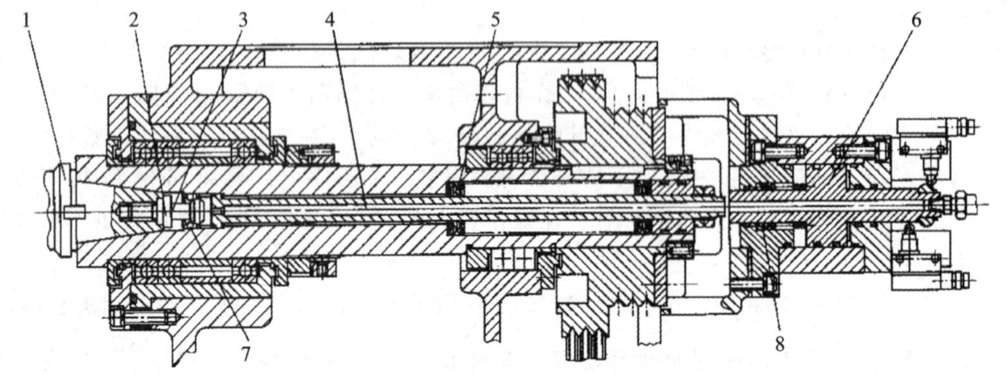

图 3.11 JCS-018 型加工中心主轴结构

1—刀柄;2—拉钉;3—主轴;4—拉杆;5—碟形弹簧;6—液压缸;7—钢球;8—螺旋弹簧

塞向下移动，压缩螺旋弹簧，推动拉杆向下移动并压缩碟形弹簧，当钢球移至主轴孔径较大处时，便松开刀柄，刀柄由机械手取下。当需要夹紧刀柄时，液压缸卸除压力油，在螺旋弹簧的弹力作用下活塞向右移，拉杆在碟形弹簧作用下向右移动，钢球被迫收拢，卡紧在拉钉的环槽中使刀具夹紧。这种靠油压力松刀、靠弹簧力夹紧刀具的工作方式，在机床失电情况下，仍能将刀具夹紧，确保工作安全可靠。

在液压缸内活塞杆孔的上端接有压缩空气，每次换上的新刀具在装入主轴的锥孔前，压缩空气自动地进入刀柄和主轴锥孔，使新刀具装入主轴孔中能紧密地贴合，保证有高的定位精度。

(2) 主轴的定向准停机构。此机构的作用是使主轴能准确地停在圆周方向的一定位置上，保证固定在主轴前端上的两个端面键对准刀具刀柄上的两个缺口(键槽)，在自动换刀时主轴上的端面键正好嵌入缺口内，把主轴转矩传至刀具。此机构的周向定位原理如图 3.12 所示。在主轴的旋转带轮上装一个固定在盖板上的永磁块，在静止壳体的准停位置处，装一个磁传感器。在数控系统发出主轴停转信号后，主轴减速，以很低的转速转动，至永磁块对准磁传感器，磁传感器发出准停信号，电动机制动，主轴便准确停在规定的周向位置上。主轴停止的角度位置精度可达±1°。

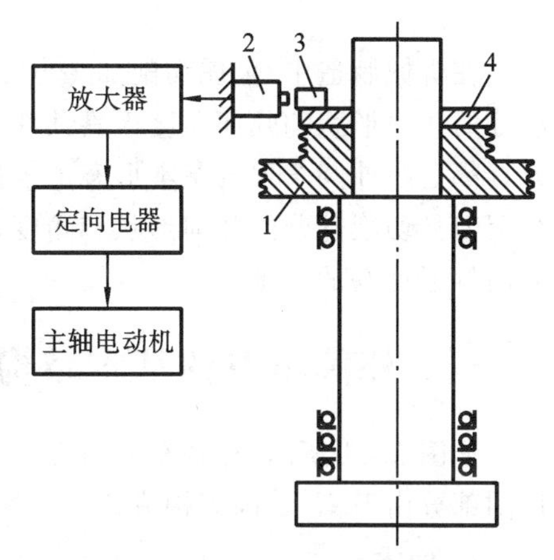

图 3.12 定向准停机构

1—带轮；2—磁传感器；3—永磁块；4—盖板

2. 卧式铣镗加工中心

铣镗加工中心就是计算机数控的、具有刀库的、自动换刀的铣镗床。这是一种高度自动化的多工序机床。一般它能储存几十把刀具的刀库。刀库中的刀具已根据工件的加工工艺要求事先精确调整好，用机械手按数控程序自动更换，完成各道工序的加工。图 3.13 所示为卧式铣

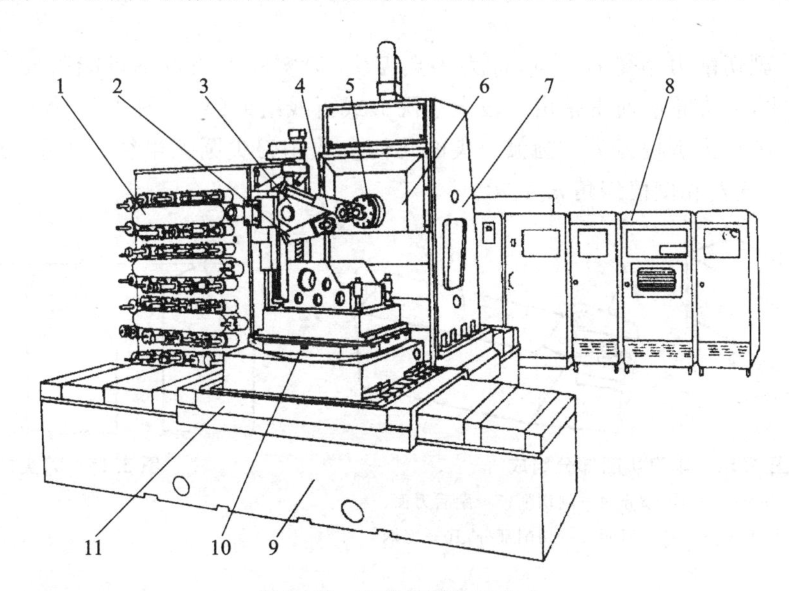

图 3.13 卧式铣镗加工中心

1—刀库；2—装刀机械手；3—机械手架；4—卸刀机械手；5—主轴头；6—垂直移动主轴箱；7—横向移动立柱；8—数控装置；9—床身；10—可旋转工作台；11—纵向移动工作台

镗加工中心。工件一次安装后，加工中心能自动连续地对工件的各加工面进行镗、铣、钻、锪、铰和攻螺纹等多种工序加工。

3.3 金属切削刀具

在机械制造中，金属切削加工方法所采用的金属切削刀具形状各异、种类繁多，但它们切削部分的几何形状和几何角度极具共性。其中外圆车刀的结构最简单，也最具代表性，其他各类刀具都是在外圆车刀的基本形态上根据各自的工作特点演变而来的。本节以外圆车刀为代表，介绍刀具切削部分的几何形状和角度，从而为读者学习金属切削原理，进而掌握刀具的设计与使用打下良好的基础。

一、外圆车刀的基本结构

如图3.14所示，外圆车刀由刀头、刀柄两部分组成。刀头用于切削，刀柄用于装夹。刀具切削部分由刀面、切削刃构成。

1. 刀面

(1) 前刀面 A_γ：刀具上切屑流过的表面。

(2) 主后刀面 A_α：刀具上与工件过渡表面相对的表面。

(3) 副后刀面 A_α'：与工件上已加工表面相对的表面。

2. 切削刃

(1) 主切削刃 S：前刀面与主后刀面的交线，承担主要的切削工作，在工件上加工过渡表面。

(2) 副切削刃 S'：前刀面与副后刀面的交线，配合主切削刃切除余量并形成已加工表面。

3. 刀尖

刀尖是主、副切削刃相交的一点，称为尖点刀尖，但实际上该点不可能磨成一个理论上的点。实际应用中，刀尖轮廓通常是由一段微小圆弧或折线组成的，如图3.15所示。前一种称为圆弧刀尖，后一种称为倒棱刀尖。圆弧刀尖的几何参数用刀尖圆弧半径 r_ε 表示；倒棱刀尖的几何参数用倒棱长度 b_ε 和倒棱偏角 $\kappa_{r\varepsilon}$ 表示。

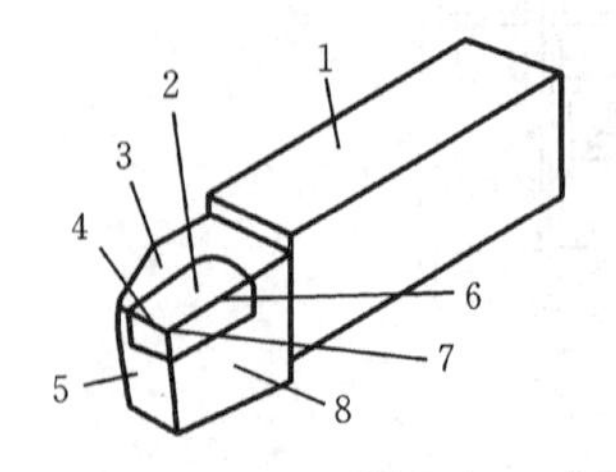

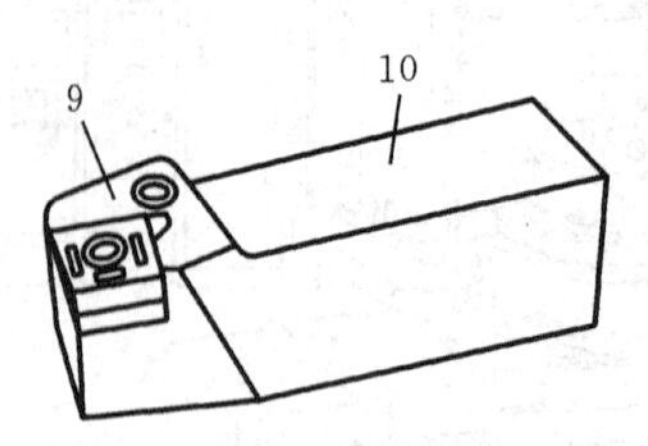

图3.14 车刀切削部分组成

1—刀柄；2—前刀面；3—切削部分；4—副切削；5—副后刀面；6—主切削刃；7—刀尖；8—主后刀面；9—切削部分；10—刀柄

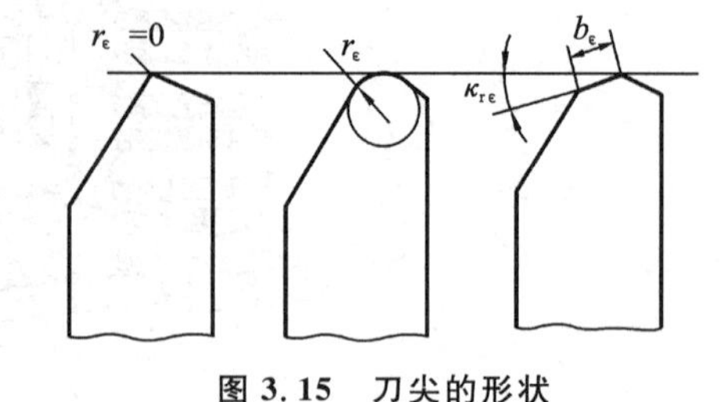

图3.15 刀尖的形状

二、刀具角度的静止参考系

刀具角度是用来确定刀具切削部分各刀面和刀刃在空间相互位置和相互关系的方位角度，

也即确定刀具切削部分几何结构的角度。为了便于确定刀具上的几何角度，必须将刀具置于某一参考坐标系中进行度量。这些参考坐标系分为两类：一类称为静止参考系（也称标注参考系），它是刀具设计计算、绘图标注、制造刃磨及测量时用来确定各刀面、刀刃的定位基准，在此参考系中定义的刀具角度称为刀具标注角度；另一类称为动态参考系（也称工作参考系），它是确定刀具上各刀面、刀刃相对于工件的几何位置的基准，在此参考系中定义的角度称为刀具工作角度。两者的区别在于前者是在一定的假设条件下建立的，而后者是根据生产中的实际状况建立的。

1. 建立静止参考系的条件

(1) 假设运动条件。用主运动速度向量v_c代替相对运动合成速度向量v_e（即 $v_f=0$）。

(2) 假设安装条件。规定刀具的安装基面与切削速度方向垂直，切削刃上选定点与工件中心线等高；刀杆中心线与进给运动方向垂直。

2. 静止参考系的种类

参照近年来ISO的规定，刀具静止参考系（标注参考系）有正交平面参考系（常用）、法平面参考系和假定工作平面参考系三种。构成静止参考系的平面称为参考坐标平面，每一种静止参考系都由三个参考坐标平面构成。

3. 正交平面参考系

它由基面 P_r、切削平面 P_s和正交平面 P_o构成，如图 3.16 所示。过主切削刃选定点或副切削刃选定点都可以建立正交平面参考系。

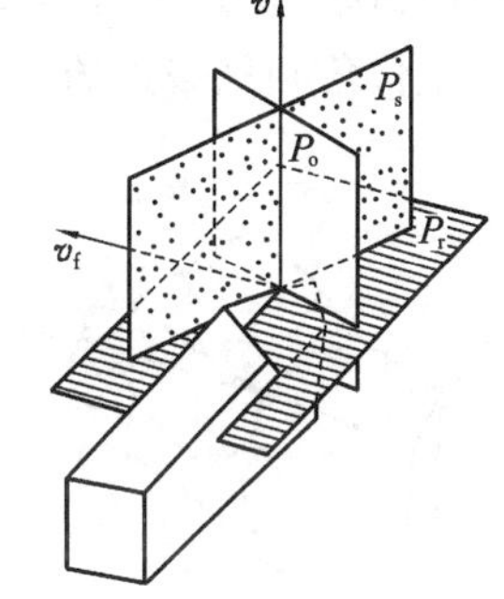

图 3.16 正交平面参考系

三、刀具的标注角度

刀具的几何角度是指刀具上的刀面、刀刃与参考系中各参考平面间的夹角。用于确定刀具上各刀面、刀刃的空间位置，在静止参考系中度量和标注的角度称为刀具的标注角度，如图3.17所示。切削刃选定点不同，各点的主运动方向可能不同，据此建立的参考系方位也可能变化，因此定义角度一般需指明切削刃选定点，凡未注明的，均指切削刃上与刀尖毗连那一点的角度。

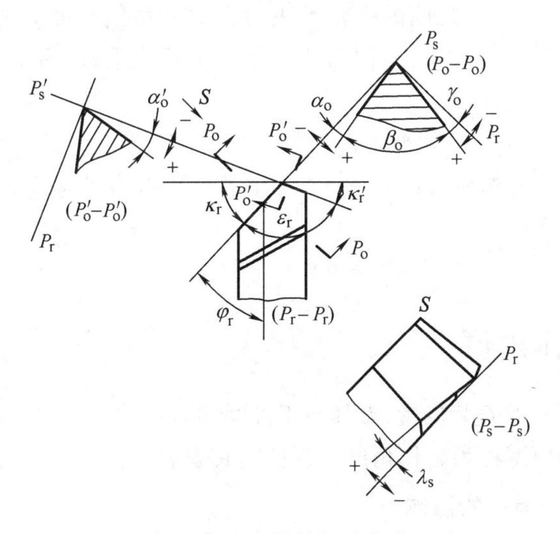

图 3.17 刀具的标注角度

1. 基面 P_r 内的标注角度

刀具在基面 P_r 内的标注角度有主偏角 κ_r、副偏角 κ_r' 和刀尖角 ε_r。

1）主偏角 κ_r

主偏角是在基面 P_r 内度量的主切削平面 P_s 与假定工作平面 P_f 之间的夹角，也即主切削刃在基面上的投影与进给运动方向之间的夹角。

2）副偏角 κ_r'

副偏角是在基面 P_r 内度量的副切削平面 P_s' 与假定工作平面 P_f 之间的夹角，也即副切削刃在基面上的投影与进给运动反方向之间的夹角。

3）刀尖角 ε_r（派生角）

刀尖角是在基面 P_r 内度量的主切削平面 P_s 与副切削平面 P_s' 之间的夹角，也即主切削刃与副切削刃在基面上的投影之间的夹角。刀尖角的大小会影响刀具切削部分的强度和传热性能。它与主偏角和副偏角的关系为

$$\varepsilon_r = 180° - (\kappa_r + \kappa_r')$$

2. 切削平面 P_s 内的标注角度

刃倾角 λ_s 是在切削平面 P_s 内度量的主切削刃与基面之间的夹角。如图 3.18 所示，刃倾角正负的规定为：刀尖处于切削刃最高点时刃倾角为正，反之为负，切削刃平行于基面时刃倾角为零。

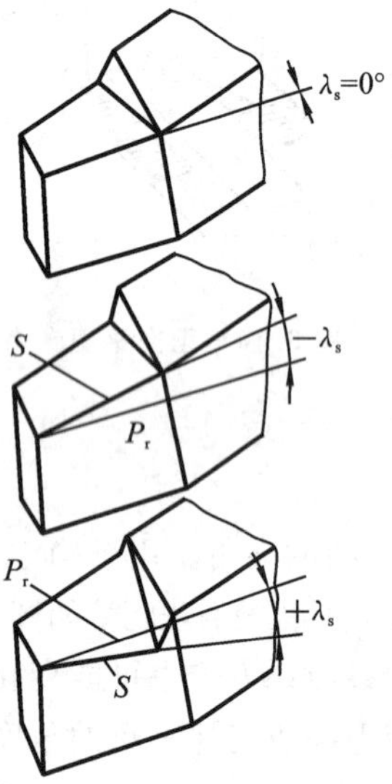

图 3.18　λ_s 的正负规定

3. 正交平面 P_o 内的标注角度

1）前角 γ_o

前角是在正交平面 P_o 内度量的前刀面 A_γ 与基面 P_r 之间的夹角。前刀面在基面下方，前角为正；反之取负；前刀面与基面平行或重合，前角为零。

2）后角 α_o

后角是在正交平面 P_o 内度量的主后刀面 A_α 与切削平面 P_s 之间的夹角。主后刀面在切削平面右边，后角为正；反之取负；主后刀面与切削平面平行或重合，后角为零。

3）楔角 β_o（派生角）

楔角是在正交平面 P_o 内度量的前刀面 A_γ 与主后刀面 A_α 之间的夹角。

楔角的大小将影响切削部分截面的大小，决定着切削部分的强度，它与前角 γ_o 和后角 α_o 的关系为

$$\beta_o = 90° - (\gamma_o + \alpha_o)$$

四、刀具的工作角度

切削过程中，由于刀具的安装位置、刀具与工件间相对运动情况的变化，实际起作用的角度与标注角度有所不同，这些角度称为工作角度。现就刀具安装位置对刀具角度的影响进行分析。

1. 刀柄偏斜对主、副偏角的影响

当车刀刀杆中心线与进给运动方向不垂直时，主偏角和副偏角将发生变化，如图 3.19 所

示，有

$$\kappa_{re} = \kappa_r \pm G \qquad \kappa'_{re} = \kappa'_r \pm G \tag{3.6}$$

2. 切削刃安装高低对前角、后角的影响

切削刃选定点 A 高于或低于工件中心 h 时，工作前、后角将发生变化，如图 3.20 所示。

切削刃安装高于工件中心时，有

$$\gamma_{oe} = \gamma_o + \varepsilon \qquad \alpha_{oe} = \alpha_o - \varepsilon \tag{3.7}$$

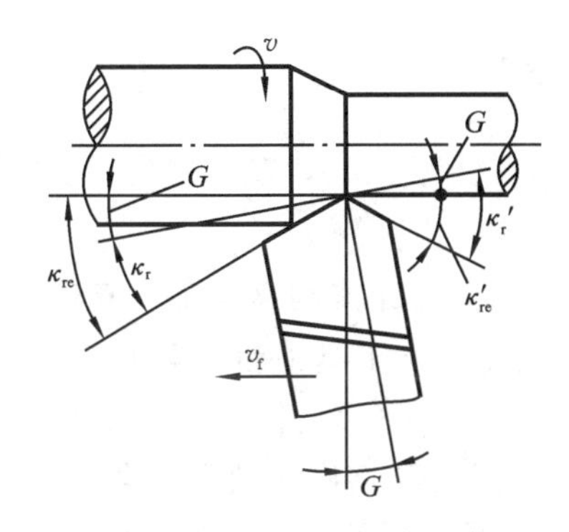

图 3.19　刀柄中心线不垂直于进给方向

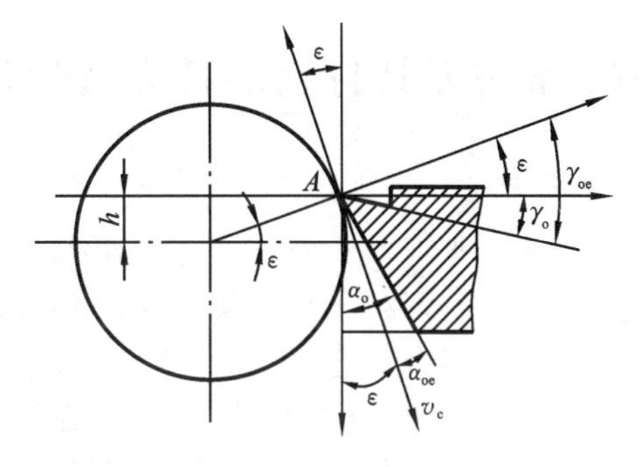

图 3.20　车刀安装高低对前角、后角的影响

切削刃安装低于工件中心时，有

$$\gamma_{oe} = \gamma_o - \varepsilon \qquad \alpha_{oe} = \alpha_o + \varepsilon \tag{3.8}$$

五、刀具材料应当具备的性能

在切削加工时，刀具切削部分与切屑、工件相互接触的表面上承受了很大的压力和强烈的摩擦，刀具在高温下进行切削的同时，还承受着切削力、冲击和振动，因此要求刀具切削部分的材料应具备以下基本条件。

1. 高硬度

刀具材料必须具有高于工件材料硬度的硬度，常温硬度应在 60 HRC 以上。

2. 高耐磨性

耐磨性表示刀具抵抗磨损的能力，通常刀具材料硬度越高，耐磨性越好；材料中硬质点的硬度越高，数量越多，颗粒越小，分布越均匀，则耐磨性越好。

3. 足够的强度和韧度

为了承受切削力、冲击和振动，刀具材料应具有足够的强度和韧度。一般用抗弯强度（σ_b）和冲击韧度（α_k）值表示。

4. 高耐热性（热硬性）

刀具材料应在高温下保持较高的硬度、耐磨性、强度和韧度，并有良好的抗扩散、抗氧化的能力，这就是刀具材料的耐热性。它是衡量刀具材料综合切削性能的主要指标，常用材料的最高使用温度来表征。一般高速钢的耐热性为 600～700 ℃，硬质合金的为 800～1000 ℃。

5. 良好的工艺性和经济性

为了便于刀具制造，要求刀具材料有较好的可加工性，包括可锻、可轧、可焊接、可切削、可磨削和热处理特性等。

此外，在选用刀具材料时，还要考虑经济性。刀具材料的选用应立足于本国资源，经济性差的刀具材料难以推广使用。

刀具材料种类很多，常用的有碳素工具钢、合金工具钢、高速钢、硬质合金、陶瓷、金刚石(天然和人造的)和立方氮化硼等。碳素工具钢(如 T10A、T12A)和合金工具钢(如 9SiCr、CrWMn)，因其耐热性较差，仅用于手工工具。陶瓷、金刚石和立方氮化硼则由于性质脆、制造工艺复杂及价格昂贵等原因，目前主要应用于高速切削及难加工材料切削场合。当今用得最多的刀具材料为高速钢和硬质合金。

六、常用刀具材料的特点及选用

1. 高速钢

高速钢是一种加入了钨(W)、钼(Mo)、铬(Cr)、钒(V)等合金元素的高合金工具钢。它的耐热性较碳素工具钢和一般合金工具钢好，允许的切削速度比碳素工具钢和合金工具钢的高2倍以上。高速钢具有较高的强度、韧度和耐磨性，耐热性为540～600 ℃。虽然高速钢的硬度和耐热性不如硬质合金，但由于用这种材料制作的刀具的刃口强度和韧度比硬质合金刀具的高，能承受较大的冲击载荷，能用于刚度较低的机床，而且这种刀具材料的工艺性能较好，容易磨出锋利的刃口，因此到目前为止，高速钢仍是应用较广泛的刀具材料，尤其是较常用于结构复杂的刀具，如成形车刀、铣刀、钻头、铰刀、拉刀、齿轮刀具、螺纹刀具等。

高速钢按其用途和性能可分为通用高速钢、高性能高速钢两类。

1）通用高速钢

通用高速钢是指加工一般金属材料用的高速钢。按其化学成分有钨系高速钢和钼系高速钢。

W18Cr4V 属于钨系高速钢，其淬火后的硬度为 63～66 HRC，耐热性可达 620 ℃，抗弯强度 σ_b =3430 MPa。其磨削性能好，热处理工艺控制方便，是我国高速钢中用得比较多的一个牌号。

W6Mo5Cr4V2 属于钼系高速钢，与 W18Cr4V 相比，它的抗弯强度、冲击韧度和高温塑性较高，故可用于制造热轧刀具，如麻花钻等。

2）高性能高速钢

为进一步提高耐热性和耐磨性，在通用高速钢中再加入一些合金元素就得到了高性能高速钢。这种高速钢的切削速度可达 50～100 m/min，具有比通用高速钢更高的生产率与刀具使用寿命，同时还能切削不锈钢、耐热钢、高强度钢等难加工的材料。

高钒高速钢(如 W12Cr4V4Mo)由于含钒(V)、碳(C)量比通用高速钢的大，耐磨性较好，刀具寿命比通用高速钢可提高 2～4 倍，但是，随着钒质量分数的提高，磨削性能变差，刃磨困难。

高钴高速钢(如 W2Mo9Cr4VCo8)和高铝高速钢(如 W6Mo5Cr4V2Al)是近年来为了加工高温合金、钛合金、难熔合金、超高强度钢、奥氏体不锈钢等难加工材料而发展起来的。它们的常温硬度、高温硬度比通用高速钢 W18Cr4V 的高，而且耐热性和耐磨性都更高，虽然抗弯强度和冲击韧度比较低，但仍是综合性能较好的材料，可以用于制作各种刀具。

2. 硬质合金

硬质合金是用粉末冶金法制造的合金材料，它是由硬度和熔点很高的碳化物(称为硬质相)和金属(称为黏结相)组成的。

硬质合金的硬度较高，常温下可达 74～81 HRC，它的耐磨性较好，耐热性较高，能耐800～1000 ℃的高温，因此能采用比高速钢高几倍甚至十几倍的切削速度。它的不足之处是抗弯强度和冲击韧度较高速钢的低，所制作刀具的刃口不能磨得像高速钢刀具那样锋利。

常用硬质合金按其化学成分和使用特性可分为四类：钨钴类（YG）、钨钛钴类（YT）、钨钛钽钴类（YW）和碳化钛基类（YN）。

1）钨钴类硬质合金

它是由硬质相碳化钨（WC）和黏结剂钴（Co）组成的，其韧度高，磨削性能和导热性好，主要适用于加工脆性材料如铸铁、非铁金属及非金属材料。这类硬质合金常用牌号和应用范围如表3.3所示，代号YG后的数值表示钴的含量。合金钴的含量越高，其韧度越高，适用于粗加工；钴含量少的用于精加工。

表3.3 硬质合金常用牌号和应用范围

牌号	应用范围	
YG3X	硬度、耐磨性、切削速度↑ 抗弯强度、韧度、进给量↓	铸铁、非铁金属及其合金的精加工、半精加工，不能承受冲击载荷
YG3		铸铁、非铁金属及其合金的精加工、半精加工，不能承受冲击载荷
YG6X		普通铸铁、冷硬铸铁、高温合金的精加工、半精加工
YG6		铸铁、非铁金属及其合金的半精加工和粗加工
YG8		铸铁、非铁金属及其合金、非金属材料的粗加工，也可用于断续切削
YG6A		冷硬铸铁、非铁金属及其合金的半精加工，也可用于高锰钢、淬硬钢的半精加工和精加工
YT30	硬度、耐磨性、切削速度↑ 抗弯强度、韧度、进给量↓	碳素钢、合金钢的精加工
YT15		碳素钢、合金钢在连续切削时的粗加工、半精加工，也可用于断续切削时精加工
YT14		同YT15
YT5		碳素钢、合金钢的粗加工，可用于断续切削
YW1	硬度、耐磨性、切削速度↑ 抗弯强度、韧度、进给量↓	高温合金、高锰钢、不锈钢等难加工材料及普通钢料、铸铁、非铁金属及其合金的半精加工和精加工
YW2		高温合金、不锈钢、高锰钢等难加工材料及普通钢料、铸铁、非铁金属的粗加工和半精加工

2）钨钛钴类硬质合金

它是由硬质相碳化钨、碳化钛（TiC）和黏结剂钴组成的，由于在合金中加入了碳化钛，从而提高了合金的硬度和耐磨性，但是抗弯强度、耐磨削性能和热导率有所下降，而且其低温脆性较大，不耐冲击，因此，这类合金适用于高速切削一般钢材。钨钛钴类硬质合金常用牌号和应用范围如表3.3所示。代号YT后的数值表示碳化钛的质量分数，当刀具在切削过程中承受冲击、振动而容易引起崩刃时，应选用碳化钛含量少的牌号，而当切削条件比较平稳，要求强度和耐磨性高时，应选用碳化钛含量高的刀具牌号。

3）钨钛钽钴类硬质合金

在钨钛钴类硬质合金中加入适量的碳化钽(TaC)或碳化铌(NbC)等稀有难熔金属碳化物，可提高合金的高温硬度、强度、耐磨性、黏结温度和抗氧化性，同时，韧度也有所增高，具有较好的综合切削性能，所以人们常称它为“万能合金”。但是，这类合金的价格比较贵，主要用于加工难切削材料。

4）碳化钛基类硬质合金

它是由碳化钛作为硬质相，镍、钼作为黏结剂而组成的，硬度高达 90～95 HRA，有较高的耐磨性。此类硬质合金刀具可在 1000 ℃以上的高温下工作，适合对较高硬度的合金钢、工具钢、淬硬钢等进行切削加工。

随着科学技术的发展，新的工程材料不断出现，对刀具材料的要求也不断提高，在进行切削加工时，必须根据具体情况综合考虑，合理选择刀具材料，既要充分发挥刀具材料的特性，又要较经济地满足切削加工的要求。值得一提的是，在加工一般材料时，仍以使用通用高速钢与硬质合金为宜，当加工难切削材料时，才有必要选用新牌号硬质合金或高性能高速钢。

七、新型刀具材料

新型刀具材料包括陶瓷、金刚石、立方氮化硼等。陶瓷的成本低，资源丰富，发展前景广阔。金刚石分为天然金刚石和人造金刚石两种。金刚石的硬度最高，可用于制作刀具和砂轮。立方氮化硼的硬度仅次于金刚石，可耐 1300～1500 ℃的高温。

3.4　机床夹具概述

一、工件的安装与基准

1. 工件的安装

工件的安装是将工件在机床上或夹具上定位并夹紧的过程，工件安装又称为工件的装夹。将工件在机床或夹具上装夹包括两层含义：一是使同一工序中工件都能在机床或夹具上占据正确的位置，称为定位；二是使工件在工艺过程中保持已经占据的正确位置保持不变，称为夹紧。

事实上，定位和夹紧是同时进行的。工件安装好后，也就确定了工件加工表面相对于机床或刀具的位置，因此，工件加工表面的加工精度与安装的准确程度有直接关系，所以必须给予高度重视。

工件的安装方式与工件的生产类型、工件的结构与尺寸有直接的关系。一般把工件的安装方式概括为以下三种形式：直接找正法、画线找正法和专用夹具法。

1）直接找正法

具体的方式是在工件直接装在机床上后，用百分表或画针以目测法校正工件的正确位置，一边校验一边找正，直至合乎要求为止。例如，在内圆磨床上磨削一个与外圆柱表面有同轴度要求的内孔时，可将工件装在四爪卡盘上，缓慢回转磨床主轴，用百分表直接找正外圆表面，使工件获得正确的位置，如图 3.21(a)所示。又如，要在牛头刨床上加工一个工件底面与右侧面有平行度要求的槽，如图 3.21(b)所示，可用百分表沿箭头方向来回移动，找正工件的右侧面与主运动方向平行，即可使工件获得正确的位置。槽与底面的平行度要求由机床的几何精度保证。

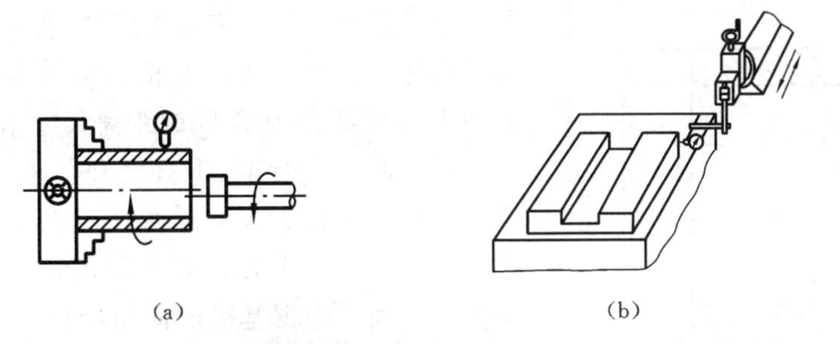

(a) (b)

图 3.21 找正法装夹工件

(a) 在内圆磨床上找正工件 (b) 在牛头刨床上找正工件

应用直接找正法时，如使用精密的量具，由技术熟练的工人操作，安装精度可达 0.01～0.005 mm。但要求工件上有可供直接找正且精度较高的加工表面，同时又受工人经验及技术水平的影响，故采用直接找正法时一般安装精度不高(0.5～0.1 mm)，且找正时间比加工时间长，生产效率不高。此法只适合单件、小批生产。

2) 画线找正法

在机床上用画针按毛坯或半成品上预先画好的线找正工件，使工件获得正确位置的方法称为画线找正法，如图 3.22 所示。

这种找正方法，需要事先在工件上画线，画线需要技术熟练的工人，而且不能保证高的加工精度(其误差在 0.2～0.5 mm)。

对于尺寸大、形状复杂、毛坯误差较大的锻件、铸件，预先画线可以使各加工面都有足够的加工余量，并使工件上加工表面与不加工表面能保持一定的相互位置要求，通过画线还可以检查毛坯尺寸几个表面间的相互位置。

3) 专用夹具法

直接找正法与画线找正法共同的缺点是安装精度不高，所以在成批大量生产中广泛采用专用夹具进行安装。如图 3.23 所示，加工轴上的键槽时，要求具有较高的对称度，此时用 V 形块，以工件外圆定位，只要事先调整好铣刀与 V 形块的位置精度，就可以实现工件的快速安装，且保证加工精度。

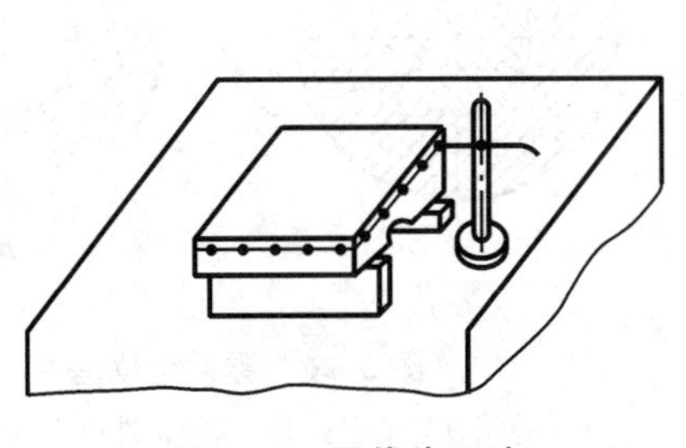

图 3.22 画线找正法

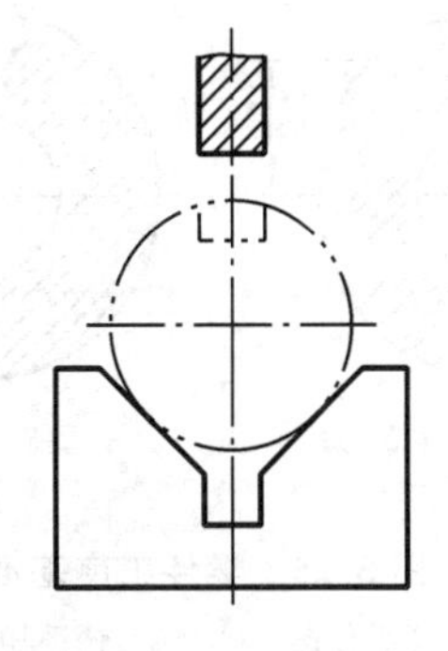

图 3.23 专用夹具

综上所述，在不同的生产条件下，工件的安装方式是不同的，因此，必须认真分析工件的结构、尺寸及加工精度，选用与生产条件相适应的工件安装方法。

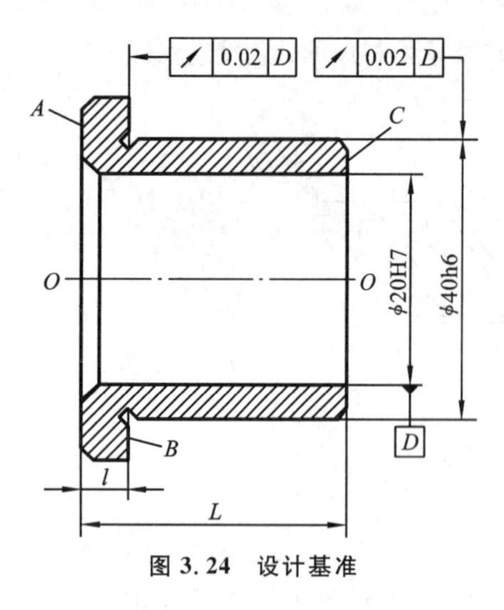

图 3.24 设计基准

2. 基准

零件总是由若干表面组成的，各表面之间有一定的尺寸和相互位置要求。对机械零件表面间的相对位置有两个方面要求：表面间的距离尺寸精度和相对位置精度（如同轴度、平行度、垂直度和圆跳动等）。研究零件表面间的相对位置关系是离不开基准的。基准就是用来确定生产对象上几何要素间的几何关系所依据的那些点、线、面。根据基准的使用场合，可将其分为设计基准和工艺基准两大类。

1）设计基准

设计基准是在设计图样上所使用的基准。如图3.24所示的零件，其轴心线 $O—O$ 是外圆和内孔的设计基准；端面 A 是端面 B 和 C 的设计基准；ϕ20H7 mm 内孔的轴线是 ϕ40h6 外圆柱面的设计基准。这些基准是从零件使用性能和工作条件要求出发适当考虑零件结构工艺性而选定的。但作为设计基准的点、线、面在工件上不一定具体存在，例如表面的几何中心、对称线、对称平面等。

2）工艺基准

零件在工艺过程中使用的基准称为工艺基准。按照不同用途，工艺基准又可分为工序基准、定位基准、测量基准和装配基准。

（1）工序基准。在工序图上为了标注本工序加工表面的尺寸和位置所采用的基准，称为工序基准。用工序基准标注的加工表面位置尺寸称为工序尺寸。如图 3.25(a)所示，设计图上键槽底部位置尺寸 S 的设计基准为轴线 $O—O$。由于工艺上的需要，在铣键槽工序中，键槽底部的位置尺寸按工序标注，轴套外圆柱面的最低母线 B 为工序基准，如图 3.25(b)所示。

选择工序基准时应注意：

① 优先考虑使用设计基准为工序基准；

② 所选工序基准尽可能用于工件的定位和工序尺寸的检查；

③ 当采用设计基准为工序基准有困难时，可另取工序基准，但需要保证零件的设计尺寸和技术要求。

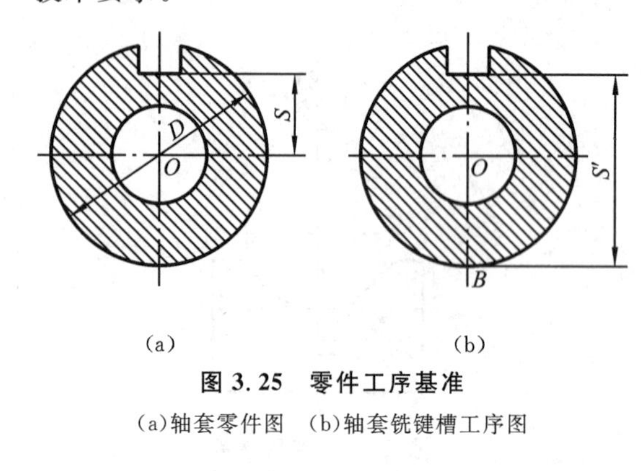

图 3.25 零件工序基准

(a)轴套零件图 (b)轴套铣键槽工序图

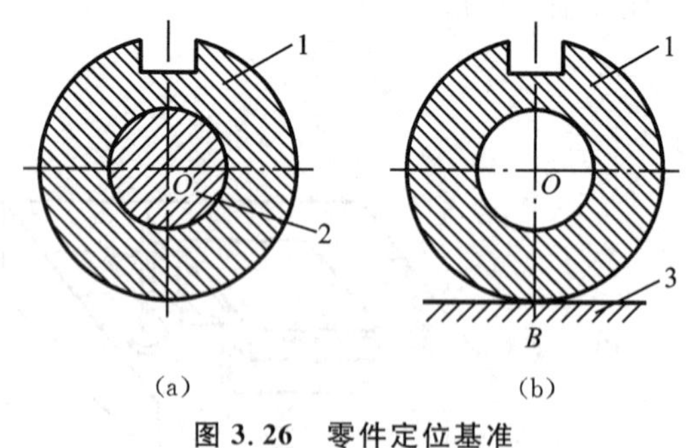

图 3.26 零件定位基准

(a)工件以心轴定位 (b)工件以支承板定位

1—轴；2—心轴；3—支承板

（2）定位基准。加工时，使工件在机床或夹具中占据正确位置（即将工件定位）所用的基准称为定位基准。如图 3.26(a)所示轴套零件，在加工键槽的工序中，工件以内孔在心轴上定位，

则孔的轴线 $O—O$ 是定位基准。若工件以外圆柱面在支承板上定位，如图 3.26(b)所示，则母线 $B—B$ 为该工序的定位基准。

(3) 测量基准。在加工中或加工后需要测量工件的形状、位置和尺寸误差，测量时所采用的基准称为测量基准。图 3.27 所示为两种测量平面 A 的方案。图 3.27(a)所示是以小圆柱面的母线为测量基准；图 3.27(b)中所示是以大圆柱面的母线为测量基准。

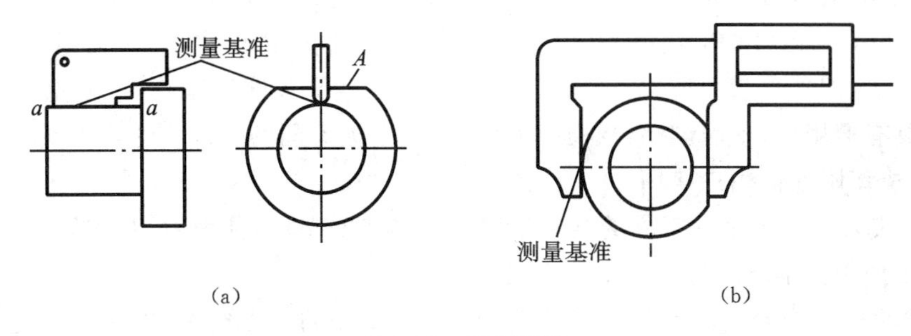

图 3.27 测量基准

(a) 以小圆柱面的母线为基准 (b)以大圆柱面的母线为基准

(4) 装配基准。装配时用来确定零件或部件在产品中的相对位置所采用的基准称为装配基准。装配基准通常就是零件的主要设计基准。如图 3.28 所示直径为 D(H7)定位环孔的轴线是设计基准，在进行模具装配时又是定位环的装配基准。

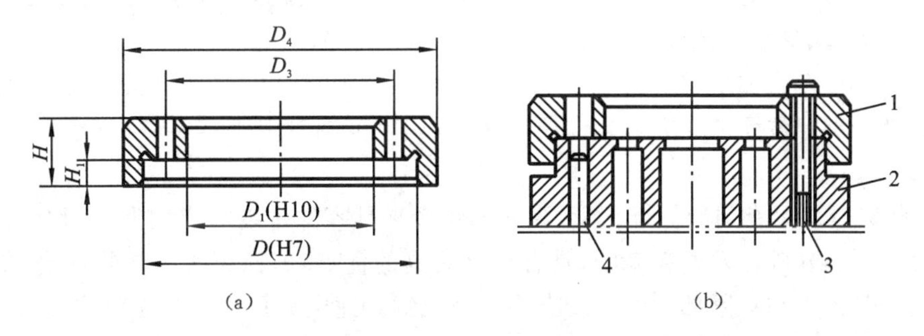

图 3.28 装配基准

(a)定位环 (b)装配好的定位环

1—定位环；2—凹模；3—螺钉；4—销

另外，需注意：① 作为基准的点、线、面在工件上不一定都具体存在，而常常是由某些具体的表面来体现的，所以基准又可说成基面；② 基准可以视为纯几何意义上的点、线、面，但是具体的基面与定位元件实际接触总是有一定的面积；③ 基准均具有方向性；④ 基准不仅涉及尺寸间的关系，还涉及表面间的相互位置关系(如平行度、垂直度等)。

二、夹具的概念和分类

1. 夹具的概念

夹具是一种装夹工件的工艺装备，广泛地应用在机械加工、装配、检验、热处理、焊接等工艺过程中。为了将工件加工成符合技术要求的零件，在加工前将工件安装到机床上所使用的夹具为机床夹具。在现代生产制造中，机床夹具是一种不可或缺的工艺装备，是机械加工工艺系统的重要组成部分。机床夹具在机械加工中起着重要的作用，它直接影响到机械加工的工件的加工精度、劳动生产率和产品的制造成本等，因此机床夹具设计是机械加工工艺装备设计中的一项重要工作。

2. 夹具的分类

夹具的种类繁多,可以从不同的角度对机床夹具进行分类。常用的分类方法有以下几种。

1) 按夹具的使用范围分

按使用范围,夹具可分为通用夹具、专用夹具、组合夹具、可调夹具、拼装夹具、随行夹具。

(1) 通用夹具。已经标准化的,可加工一定范围内不同工件的夹具,称为通用夹具,例如车床上的三爪卡盘、四爪卡盘和顶尖,铣床上的平口钳、分度头和回转工作台等,磨床用磁力工作台等。它们具有通用性,不需调整或稍加调整就可以装夹不同的工件。这类夹具一般由专业工厂生产,作为机床附件供用户使用。

(2) 专用夹具。专为某一工件的某道工序设计制造的夹具,称为专用夹具。专用夹具一般在成批生产中使用。本章着重讨论专用夹具。

(3) 组合夹具。组合夹具是指按某一工件的某道工序的加工要求,由一套事先设计制造好的标准元件和部件组装而成的专用夹具。这种夹具用过之后可以拆卸存放,或供重新组装新夹具时使用,具有组装迅速、周期短、能反复使用的特点,适用于小批生产或新产品的试制。

(4) 可调夹具。夹具的某些元件可调整或可更换,以适应同一系列、不同尺寸要求的多种工件加工的夹具,称为可调夹具。它可以分为通用可调夹具和成组夹具两类。

通用可调夹具是在通用夹具的基础上发展起来的一种可调夹具,具有适应加工范围广、可用于不同生产类型的特点。但是,通用可调夹具的调整环节较多,效率较低。

成组夹具是指专为加工成组工艺中某一族(组)零件而设计的可调夹具,加工对象明确,只需调整或更换个别定位元件或夹紧元件便可使用,调整范围只限于本零件族(组)内的工件,适用于成组加工。

(5) 拼装夹具。用专门的标准化、系列化的拼装夹具零件拼装而成的夹具,称为拼装夹具。它是在组合夹具的基础上发展起来的,具有组合夹具的优点,但比组合夹具精度高、效能高、结构紧凑。它的基础板和夹紧部件中常带有小型液压缸。此类夹具更适合在数控机床上使用。

(6) 随行夹具。这是在自动线或柔性制造系统中使用的夹具,工件安装在随行夹具上,由输送装置送往各机床,并在机床夹具或机床工作台上定位夹紧。

2) 按使用机床的类型来分

按使用机床的类型,夹具可分为车床夹具、磨床夹具、钻床夹具、镗床夹具、铣床夹具等。

3) 按用途来分

按用途来分,夹具可分为机床夹具、装配夹具、检验夹具等。

4) 按夹紧力动力来源分

按夹紧力动力来源,夹具可分为手动夹具、气动夹具、液动夹具、气液夹具、电动夹具、电磁夹具、真空夹具、自夹紧夹具(靠切削力本身夹紧)等。

三、专用夹具的组成

如图3.29所示,在钻床上钻轴套工件 ϕ6H7 mm的孔,并保证轴向尺寸(37.5±0.02) mm。工件以内孔和端面在定位销上定位,旋紧螺母,通过开口垫圈可将工件夹紧,然后装在钻模板上的快换钻套(或铰套)引导钻头(或铰刀)进行钻孔(或铰孔)。

由图3.29可知,机床夹具主要由定位元件、夹紧装置、导向元件、夹具体和其他元件组成。

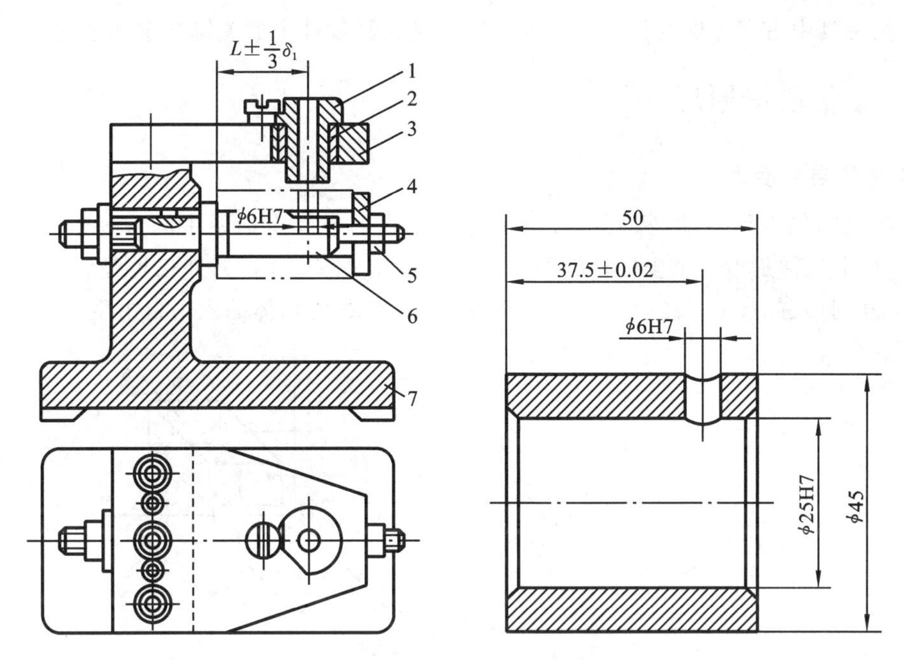

图 3.29 钻轴套径向孔的钻床夹具

1—快换钻套;2—导向套;3—钻模板;4—开口垫圈;5—螺母;6—定位销;7—夹具体

1. 定位元件

定位元件是用来确定工件在机床或夹具中正确位置的元件。图 3.29 中的定位销即为定位元件。

2. 夹紧装置

夹紧装置用于将工件压紧夹牢,保证工件在加工过程中受到外力(切削力等)作用时不离开已经占据的正确位置。图 3.29 中的螺母、开口垫圈即为夹紧装置。

3. 导向元件

导向元件用于确定刀具相对于定位元件的正确位置。如图 3.29 所示,快换钻套和钻模板组成导向装置,以确定钻头轴线相对于定位元件的正确位置。

4. 夹具体

夹具体是机床夹具的基础件,用于连接夹具各元件及装置,使之成为一个整体,并通过它将夹具安装在机床上。

5. 其他元件

除上述各部分元件和装置外,在夹具上因特殊需要还设置了其他一些元件和装置,如分度装置、连接元件、吊装元件、对刀元件及预定位装置、安全保护装置等。

3.5 工件的定位与夹紧

为了保证工件加工达到技术要求,工件必须相对刀具和机床处于正确的加工位置。对单个工件来说,工件要准确占据定位元件所规定的位置;而对一批逐次放入夹具的工件来说,则是同一批工件在夹具中占据正确的位置。工件的定位是夹具设计中的关键技术问题之一。

一、六点定位原理

1. 工件的自由度

物体在空间的任何运动，都可以分解为相互垂直的空间坐标系中的六种运动，如图3.30(a)所示。其中三种是沿三个坐标轴的移动，分别用 $\vec{x}$、$\vec{y}$、$\vec{z}$ 表示，另外三种是绕三个坐标轴的旋转运动，分别用 $\overset{\frown}{x}$、$\overset{\frown}{y}$、$\overset{\frown}{z}$ 表示。这六种运动的可能性称为物体的六个自由度。

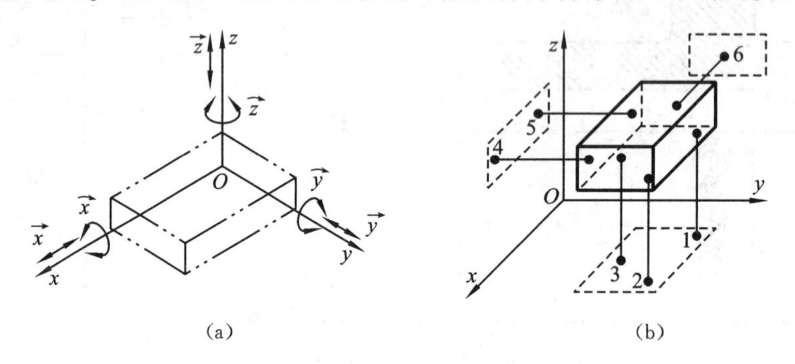

图3.30　工件的六个自由度及六点定位

2. 六点定位原理

在夹具中工件要占据正确的位置，就是要合理地对工件的自由度加以约束。将具体的定位元件抽象化，转化为相应的定位支承点，用这些定位支承点来限制工件的运动自由度，这样便于分析定位问题。工件在空间的六个自由度，可以用图3.30(b)中合理设置的六个支承点与其保持接触来限制，这种使工件在空间得到确定位置的方法称为六点定位原理。

在夹具结构中，定位支承点是以定位元件的形式体现的，与定位支承点相接触、相配合的工件的定位表面，称为定位基面。必须指出，工件的定位是在定位支承点与定位基面相接触或相配合的情况下实现的，二者一旦分离，则定位作用将被破坏。如何使工件的定位状态保持不变，是夹紧所要考虑的问题。

图3.30(b)所示为长方体工件六点定位的情况。在 Oxy 坐标平面内设置了三个定位支承点1、2、3，当工件底面与该三点接触时，限制工件的三个自由度；在 Oyz 平面内，沿平行于 y 轴方向设置两个定位支承点4和5，使它们与工件侧面接触，限制工件的两个自由度；再在 Oxz 平面内设置一个支承点6，使它与工件端面接触，可限制一个自由度。这样就限制了工件的全部自由度，使之位置完全确定。

应该注意，工件定位时定位支承点的个数是定位元件定位作用的抽象，它反映了一个或数个定位元件限制工件自由度的综合作用。

3. 定位的种类

工件在加工过程中是否对六个自由度都要加以限制呢？这与工件的加工要求有关。影响工件加工要求的自由度必须限制，不影响加工要求的自由度有时需要限制，有时不需要限制，视具体情况而定。根据工件在加工中对六个自由度限制的情况，工件的定位种类通常有如下几种。

1）完全定位

工件在夹具中定位，若六个自由度都被限制，称为完全定位。如图 3.30(b)、图 3.31、图 3.32所示的均为完全定位。

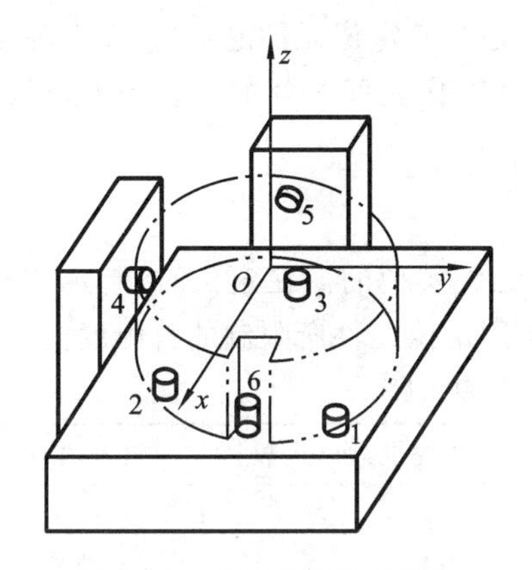

图 3.31　圆盘类工件的定位

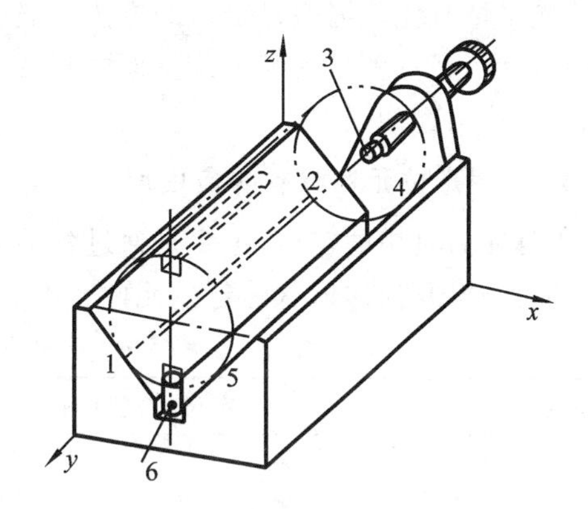

图 3.32　轴类零件的定位

2）不完全定位

工件在机床的夹具中定位，限制的自由度少于六个，但能满足加工要求，称为不完全定位，也称部分定位。图 3.33(a)所示为长圆锥定位，限制了工件 $\vec{x}$、$\vec{y}$、$\vec{z}$、$\widehat{x}$、$\widehat{z}$ 五个自由度，图 3.33(b)所示平面支承面限制了工件 $\vec{x}$、$\vec{z}$、$\widehat{x}$、$\widehat{y}$、$\widehat{z}$ 五个自由度，图 3.33(c)、图 3.33(d)所示的工件加工面相同，前者需限制工件 $\vec{x}$、$\vec{z}$、$\widehat{x}$、$\widehat{y}$、$\widehat{z}$ 五个自由度，后者无两槽之间的位置要求，则可不必限制绕 y 轴旋转自由度，只限制 $\vec{x}$、$\vec{z}$、$\widehat{x}$、$\widehat{z}$ 四个自由度。图 3.33(e)所示为用支承平板工件定位，仅限制了工件 $\vec{z}$、$\widehat{x}$、$\widehat{y}$ 三个自由度。

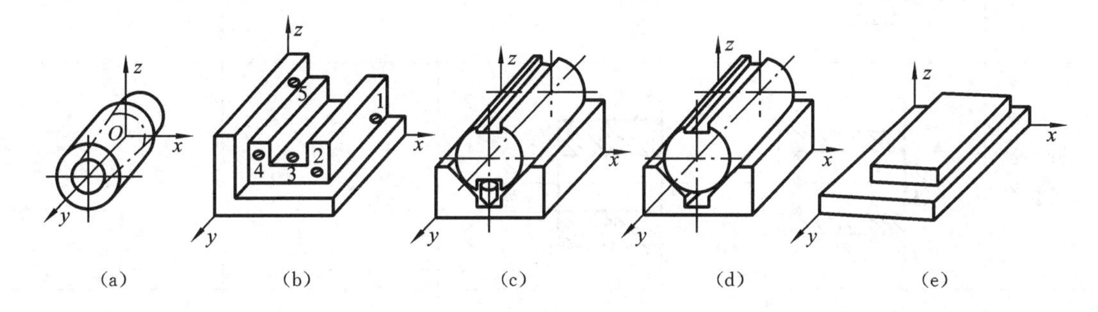

图 3.33　不完全定位

(a)用长圆锥定位　(b)用支承面定位　(c)用 V 形槽和定位销定位　(d)用 V 形槽定位　(e)用支承平板定位

3）欠定位

工件在机床上或夹具中定位时，若定位支承点数少于工序加工要求的应予以限制的自由度数，则工件定位不足，称为欠定位。图 3.33(c)所示装置中若不设置底部防转的定位销，则工件的 y 自由度就不能得到限制，也就无法保证两槽间的位置要求。

4）过定位

工件上的某一自由度同时被两个或两个以上的支承点限制的定位，称为过定位或重复定位。过定位是否允许，应根据具体情况分析。一般情况下，以毛坯面作为定位面时过定位是不允许的。如果工件的定位面经过了机械加工，并且定位面和定位元件的尺寸、形状和位置都较准确，则过定位不但对工件加工面的位置尺寸影响不大，反而可以增加加工时的刚度，这时出现过定位是允许的。例如,在车床上加工长轴时,为了减少因工件的自重而引起的变形,通常采用中心架定位,属于过定位,这是生产中允许的。

如果工件定位表面缺乏必要的加工精度,则过定位会对工件的定位与夹紧造成不良的影响,故应尽量避免。消除过定位的方法一般有两种:一种是改变定位元件的结构,以消除重复限制的自由度;另一种是提高定位基面之间及夹具定位元件工作表面之间的位置精度,以减小或消除过定位引起的误差。

4. 采用定位元件限制的自由度

工件在夹具中的定位,主要是通过各种类型的定位元件实现的。在定位时,起定位支承点作用的是一定几何体形状的定位元件。表3.4所示为常用定位元件所限制的自由度。

表3.4 常用定位元件所限制的自由度

定位元件	定位方式简图	提供约束点数	限制的自由度
支承平板	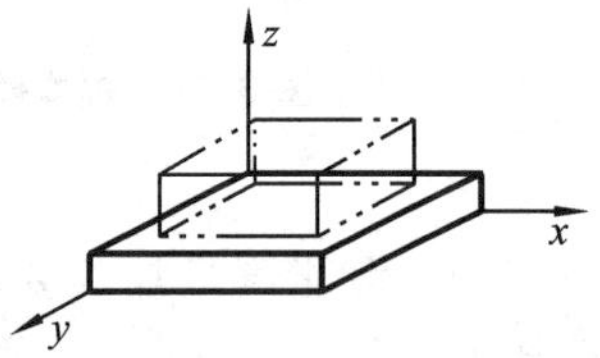	3	$\overset{\curvearrowright}{x}$,$\overset{\curvearrowright}{y}$,$\vec{z}$
短圆柱销 短定位套	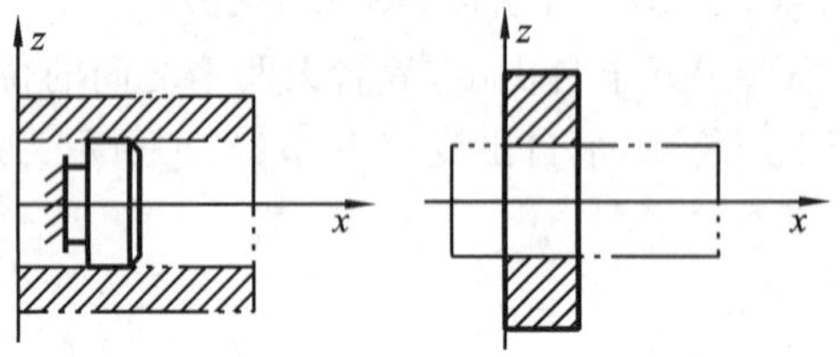	2	$\vec{y}$,$\vec{z}$
长圆柱销 长定位套	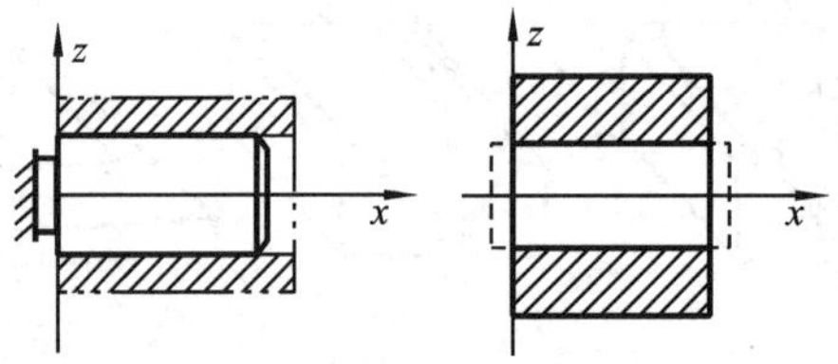	4	$\vec{y}$,$\vec{z}$,$\overset{\curvearrowright}{y}$,$\overset{\curvearrowright}{z}$
短圆锥销 短圆锥套	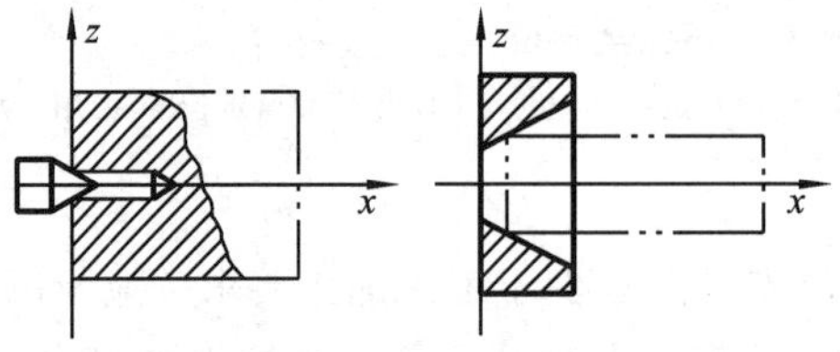	3	$\vec{x}$,$\vec{y}$,$\vec{z}$
长圆锥销 长圆锥套	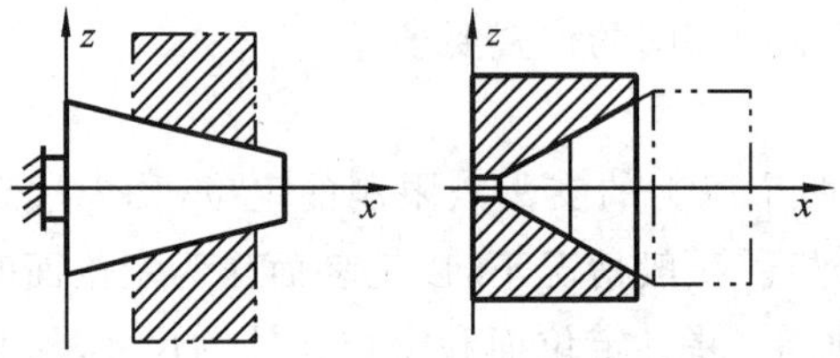	5	$\vec{x}$,$\vec{y}$,$\vec{z}$,$\overset{\curvearrowright}{y}$,$\overset{\curvearrowright}{z}$

续表

定位元件	定位方式简图	提供约束点数	限制的自由度
短V形块	z x y	2	$\vec{y}$,$\vec{z}$
长V形块	z x y	4	$\vec{y}$,$\vec{z}$,$\overset{\curvearrowright}{y}$,$\overset{\curvearrowright}{z}$

二、典型定位方式和定位元件

在机械加工中，虽然工件的种类众多，但是基本上都是由平面、圆柱面、圆锥面及各种成形表面组成的。工件在夹具中定位时，可根据工件的结构特点和工序加工精度要求，选择工件上的平面、圆柱面、圆锥面和它们之间的组合表面作为定位基准。因此常用的定位元件按定位基准面的不同，可分为以下几种。

1. 工件以平面定位时的定位元件

工件以平面为定位基准时，常常是用定位元件支承工件，故这类定位元件称为支承。按结构和用途的不同，支承可分为以下几种。

1）固定支承

在夹具上，支承点的位置固定不变的定位元件称为固定支承。根据工件上定位平面的不同，又可将固定支承分为支承钉和支承板。

（1）支承钉。图3.34所示为支承钉结构，其在生产实际中应用较广泛。图中，A型为平头支承钉，常用于工件上已经加工过的平面的定位；B型为球头支承钉，常用于工件上未经加工的毛坯表面的定位，定位时与工件形成点接触，接触应力较大，易压溃零件表面，在表面留下浅坑，

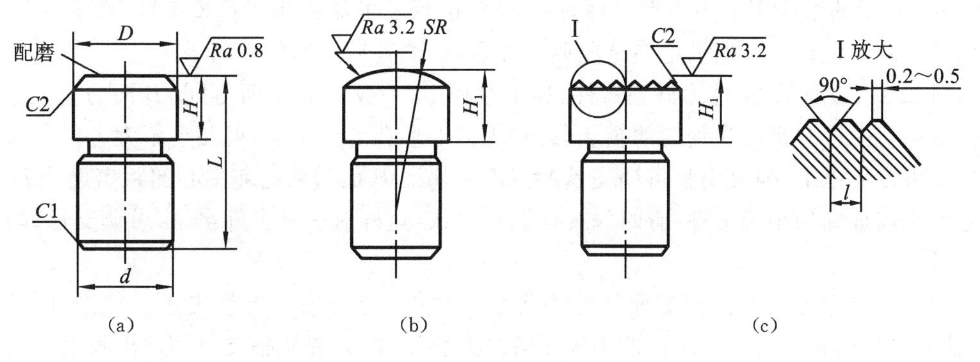

图3.34 支承钉

(a) A型支承钉 (b) B型支承钉 (c) C型支承钉

用于负荷不大的场合;C型为网纹顶面的支承钉,可防止工件在加工时的滑动,但也易损伤工件表面,常用于要求摩擦力大的工件侧平面的定位或还需精加工的工件表面定位。安装时与夹具体的孔的配合一般选用H7/r6或H7/n6。

(2) 支承板。图3.35所示为支承板结构。A型支承板结构简单,制造方便,但埋头处积屑不易清除,一般用于工件的侧平面的定位;B型支承板带有斜槽,易于清除切屑和容纳切屑,广泛用于工件上已加工过的平面的定位。对于中小型工件,当批量小时,也可以直接用夹具体上的某平面作为定位面。

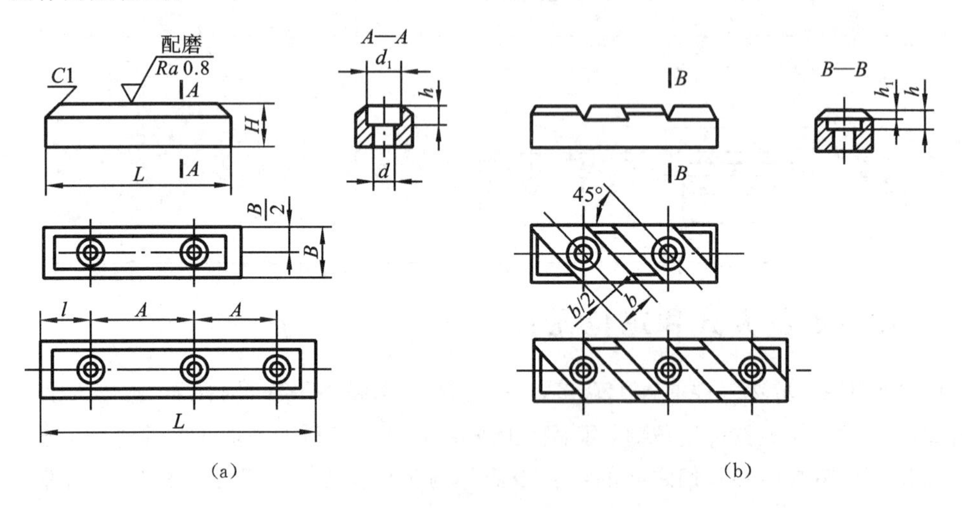

图3.35 支承板

(a) A型支承板 (b) B型支承板

支承钉与支承板的安装为固定式,不可调整,所以为保证其定位精度,A型支承板在夹具体上安装时,在其定位高度上均留磨削余量,装配后,一次磨平,保证高度一致。除采用上面介绍的标准支承钉和支承板之外,还可根据工件定位平面的具体形状设计相应的支承板。工件批量不大时,也可直接以夹具体作为限位平面。

(3) 定位销。对于既用平面又用与平面垂直的圆柱孔定位的工件,圆柱孔定位采用定位销。

2) 可调支承

可调支承是指高度可以调节的支承。图3.36所示为可调支承,主要用于工件以粗基准面定位,或定位基面的形状复杂(如台阶面、成形面等),以及各批毛坯尺寸形状变化较大的情况。图3.36(a)所示的结构用于中小型工件,图3.36(b)所示的结构用于重型工件,图3.36(c)所示的结构用于侧面定位。可根据毛坯情况调整支承钉,调整后用螺母锁紧。

如图3.37(a)所示,工件为砂型铸件,加工过程中,一般先铣B面,再以B面为基准镗双孔。为了保证镗孔工序有足够和均匀的余量,最好先以毛坯孔为粗基准,但装夹不太方便,此时可将A面置于可调支承上,通过调整可调支承的高度来保证B面与两毛坯中心的距离尺寸H_1、H_2。对于毛坯比较准确的小型工件,有时每批仅调整一次,这样对一批工件来说,可调支承即相当于固定支承。

在同一夹具上加工形状相似而尺寸不等的工件时,也常采用可调支承。如图3.37(b)所示,在轴上钻径向孔。对于孔端面的距离不等的几种工件,只要调整支承的伸出长度,该夹具便都可适用。

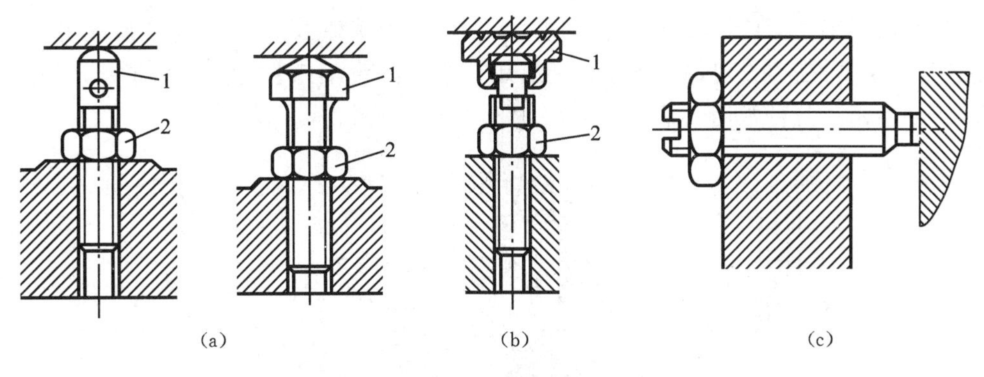

图 3.36　可调支承

(a) 中小型工件定位　(b) 重型工件定位　(c) 侧面定位

1—支承钉;2—螺母

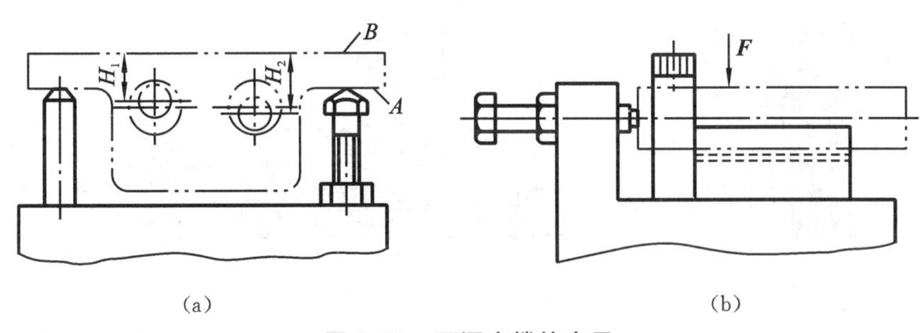

图 3.37　可调支撑的应用

(a) 砂型铸件的定位　(b) 形状相似而尺寸不等工件的定位

3) 自位支承

自位支承是指定位支承点的位置在工件定位过程中,随工件定位基准位置变化而自动与之适应的定位元件,也称为浮动支承。图 3.38 所示为自位支承的结构。自位支承与工件的接触点数虽然是两点或三点甚至更多点,但只限制工件的一个自由度。当基面有误差时,压下其中一个接触点,其余点即上升,直到全部接触为止。由于增加了接触点数,可提高工件的安装刚度和定位的稳定性,但夹具结构较复杂。自位支承适用于工件以毛坯定位或刚度不足的场合。

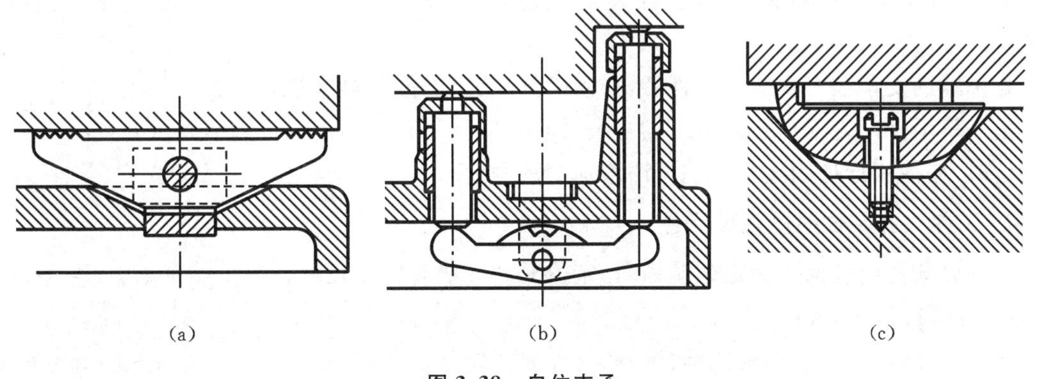

图 3.38　自位支承

(a)、(b) 两点自位支承　(c) 三点自位支承

4) 辅助支承

工件在装夹加工时,为了增加工件的刚度和稳定性,同时又避免过定位,经常采用辅助支

承。生产中,由于工件形状以及夹紧力、切削力、工件重力等原因,工件在定位后还可能产生变形或定位不稳定,常需要设置辅助支承。一般在工件定位后与工件接触,然后锁紧,不起定位作用。图 3.39 所示为几种常用的辅助支承。

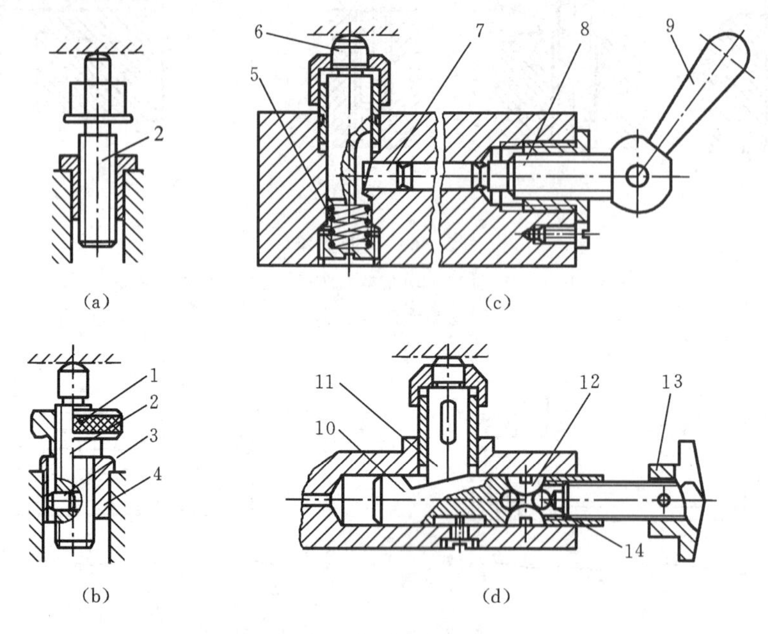

图 3.39 辅助支承

(a)、(b) 旋出式辅助支承 (c) 弹力式辅助支承 (d) 推力式辅助支承

1—旋转螺母;2—支承钉;3—止动销;4—套筒;5—弹簧;6—支承销;7—斜面顶销;

8—销紧螺钉;9、13—手柄;10—推杆;11—支承滑柱;12—半圆键;14—钢球

图 3.39(a)、(b)所示为旋出式辅助支承。图 3.39(a)所示支承结构简单,但在调整时,转动支承钉会损伤工件的定位表面,甚至带动工件转动而破坏定位;图 3.39(b)中支承销只能作上下运动,因而能避免上述缺点。图 3.39(c)所示是弹力式辅助支承,靠弹簧的弹力使支承销与工件表面接触,工件装夹后,转动手柄,将支承销锁紧。图 3.39(d)所示是推力式辅助支承,推动手轮,使支承滑柱与工件表面接触,再转动手轮,通过钢球推开两半圆键进行锁紧。

各种辅助支承在每次卸下工件后,必须松开,装上工件后再调整和锁紧。

由于采用辅助支承会使夹具结构复杂,操作时间增加,因此当定位基准面精度较高,允许重复定位时,往往用增加固定支承的方法增加支承刚度。

2. 工件以孔定位时的定位元件

工件以圆孔内表面作为定位基面时,定位元件一般有以下几种。

1) 圆柱销(定位销)

图 3.40 所示为常用固定式圆柱销的几种典型结构。当定位销直径 D 为 3~10 mm 时,为增加刚度,避免使用中折断或热处理时淬裂,通常在根部倒出圆角。夹具体上应设有沉孔,使定位销的圆角部分沉入孔内而不影响定位。一般销与孔接触面较长,切削长 L 与直径 d 之比 $L/d\geqslant 0.8$ 时为长销,$L/d\leqslant 0.4$ 时为短销,接触面较短时相当于短销。定位销的有关尺寸参数可查阅相关标准。为便于工件装入,定位销的头部有 15°倒角。直径部分与定位孔采用基孔制配合,

尾柄部分与夹具体采用 H7/r6 过盈配合。大量生产时,为了便于定位销的更换,可采用带衬套的结构形式,它与衬套孔采用 H7/h6、H7/f6 的间隙配合,再用螺纹锁紧。

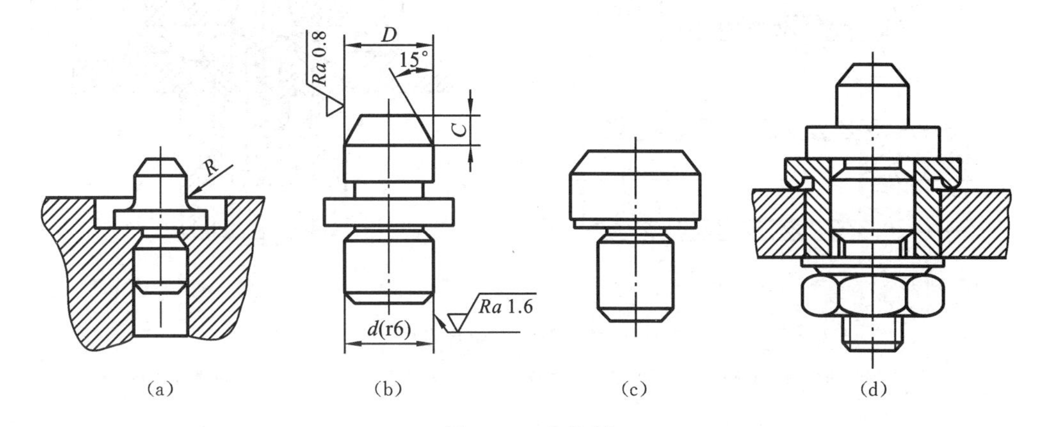

图 3.40 定位销

(a) D 在 3～10 mm 之间的定位销 (b) D 在 10～18 mm 之间的定位销 (c) D>18 mm 的定位销 (d) 带衬套的定位销

2) 圆锥销

加工套筒、空心轴类工件时也常以圆锥销定位。图 3.41 所示为圆锥销的结构。它限制了工件的 $\vec{x}$、$\vec{y}$、$\vec{z}$ 三个自由度。图 3.41(a)所示的圆锥销用于粗基准定位,图 3.41(b)所示的圆锥销用于精基准定位。

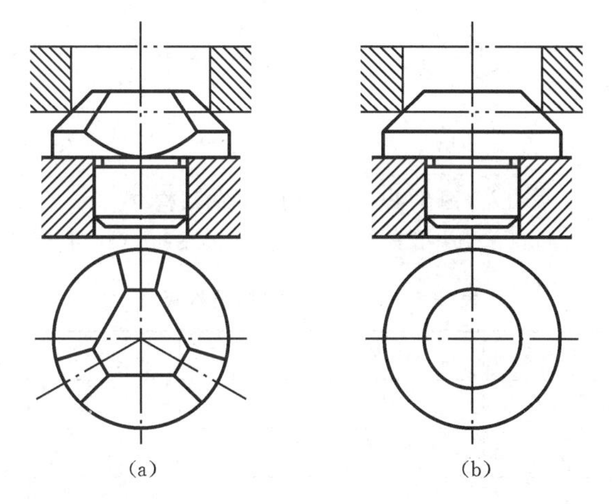

图 3.41 圆锥销

(a) 用于粗基准的定位销 (b) 用于精基准的定位销

工件以单个圆锥销定位时容易倾斜,为此,圆锥销一般与其他定位元件组合定位,如图3.42所示。图 3.42(a)所示为圆锥-圆柱组合心轴定位,锥度部分使工件准确定心,圆柱部分可减少工件倾斜;图 3.42(b)所示为工件在双圆锥销上定位;图 3.42(c)所示为以工件底面作为主要定位基面定位,圆锥销是活动的,即使工件的孔径变化较大,也能准确定位。以上三种定位方式均限制了工件的五个自由度。

3) 削边销

图 3.43 所示为常用削边销的形状,分别用于直径 D<3 mm、3 mm≤D≤50 mm、D>50 mm 工件孔的定位。标准削边销的结构尺寸可按表 3.5 所列数值直接选取。

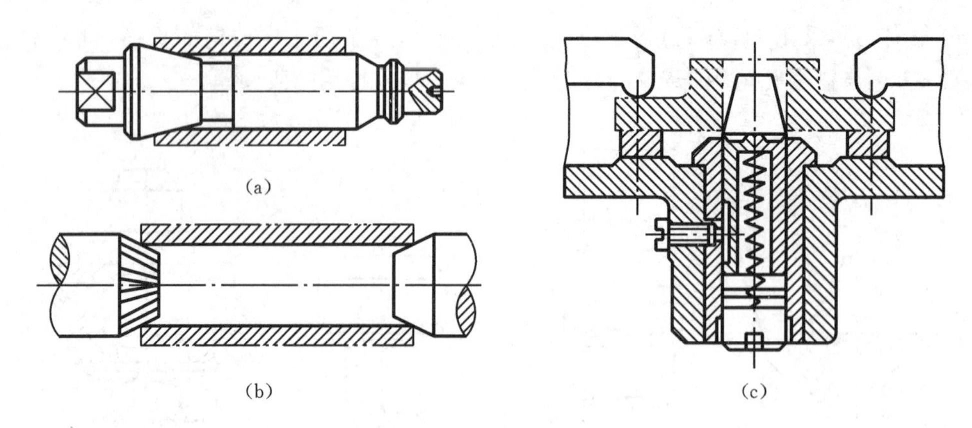

图 3.42　圆锥销组合定位

(a) 圆锥-圆柱组合心轴定位　(b) 双圆锥销定位　(c) 以工件底面作为主要定位基面定位

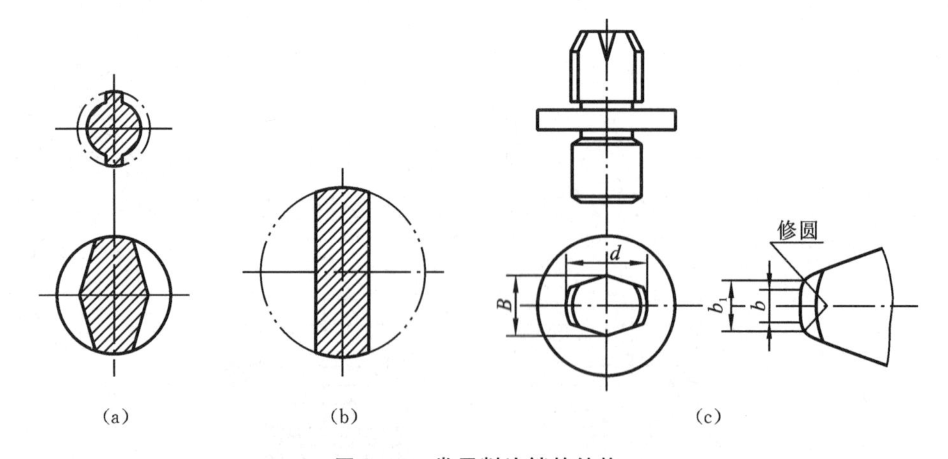

图 3.43　常用削边销的结构

(a) 用于直径 $D<3$ mm 的孔　(b) 用于直径 $D=3\sim50$ mm 的孔　(c) 用于直径 $D>50$ mm 的孔

表 3.5　标准削边销的结构尺寸　　单位:mm

d	$>3\sim6$	$>6\sim8$	$>8\sim20$	$>20\sim25$	$>25\sim32$	$>32\sim40$	$>40\sim50$
B	$d-0.5$	$d-1$	$d-2$	$d-3$	$d-4$	$d-5$	$d-6$
b	1	2	3	3	3	4	5
b_1	2	3	4	5	5	6	8

一般长圆柱定位销限制四个自由度,短圆柱销限制两个自由度,短削边销限制一个自由度。箱体类零件加工时,往往以已加工的一个面及其上的两个工艺孔作为定位基准,通称一面二销定位。平面限制三个自由度,一个短圆柱销限制两个自由度,一个削边销限制一个自由度,实现完全定位。

3. 工件以外圆柱面定位时的定位元件

以外圆柱面定位的工件有轴类、盘类、连杆类以及小壳体类工件等。以外圆柱面定位时采用的定位元件有以下几种。

1) V 形块

V 形块两斜面间的夹角 α 一般为 60°、90°、120°,以 90°应用最广,而且已经标准化(JB/T

8018.1～8018.4—1999)。设计非标准V形块时,可参照图3.44所示的有关尺寸进行设计。主要参数有:D为V形块理论圆直径,其值等于被定位工件直径的平均尺寸;α为V形块两斜面的夹角;H为V形块的高度;T为V形块的定位高度,即V形块的限位基准至V形块底面的距离;N为V形块的开口尺寸。

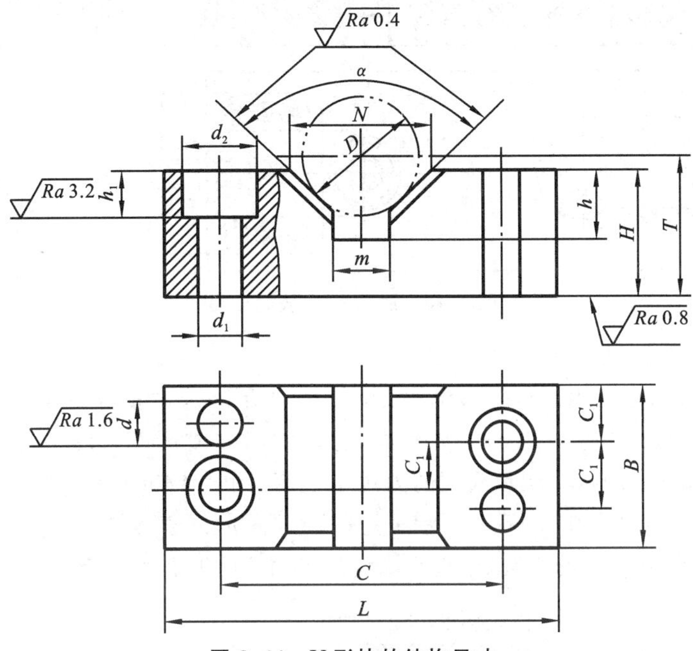

图3.44 V形块的结构尺寸

图3.45所示为常用V形块的结构形式。图3.45(a)所示的V形块适用于基准面较短的精基准定位;图3.45(b)所示的V形块适用于基准面较长的粗基准或阶梯轴的定位;图3.45(c)所示的V形块适用于较长的精基准表面或两段基准面相距较远的轴定位;图3.45(d)所示的V形块适用于直径和长度较大的重型工件的定位,该V形块采用铸铁底座镶淬硬的支承板或硬质合金的结构,以减少磨损,提高寿命和节省钢材。

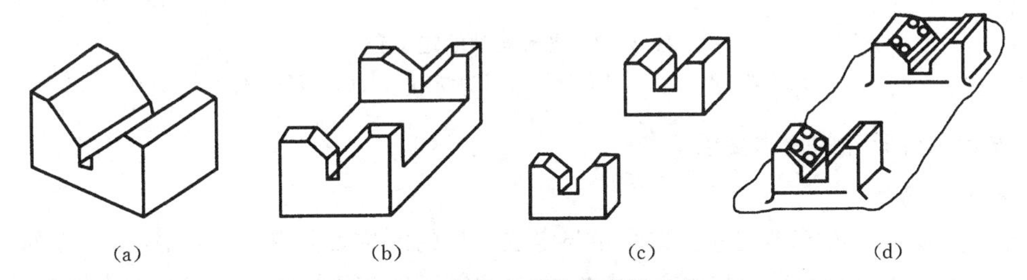

图3.45 常用V形块的结构形式

(a) 用于较短的精基准定位 (b) 用于较长的粗基准定位

(c) 用于较长的精基准或基准面相距较远的轴定位 (d) 用于重型零件的定位

V形块既能用于精基准面定位,又能用于粗基准面定位,既能用于完整的圆柱面定位,又能用于局部圆柱面定位,而且具有定心作用(即能使工件的定位基准总处在V形块两斜面的对称面上)。V形块有固定式和活动式两种。如图3.46所示,加工连杆孔时采用活动V形块定位,活动V形块限制工件一个转动自由度,其沿V形块对称面方向的移动可以补偿工件因毛坯尺寸变化而对定位的影响,同时还兼有夹紧的作用。

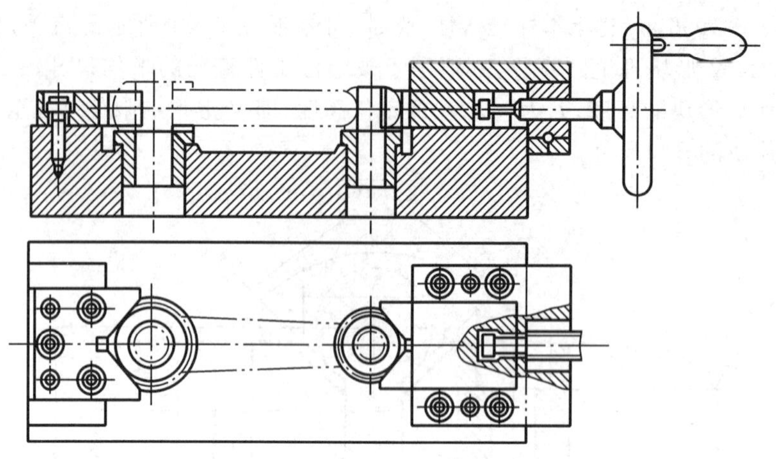

图 3.46　活动 V 形块的应用

2）定位套、半圆套、圆锥套等

外圆柱面定位时，也常用定位套定位，如图 3.47 所示。定位套常制成带肩的，其端面常用做工件端面的定位面。一般采用 H7/r6 配合压入夹具体，或用 H7/k6、h7/js6 配合装入夹具体，再用螺钉固定。图 3.47(a)所示采用的为短定位套，图 3.47(b)所示采用的为长定位套，分别限制两个和四个自由度；图 3.47(c)所示采用的为锥面定位套，限制三个自由度；图 3.47(d)所示采用的为便于装卸工件的半圆定位套，限制的自由度视其长度而定。

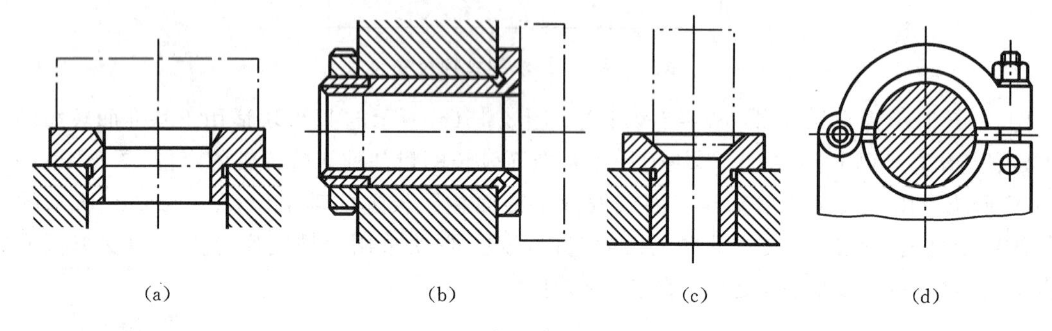

(a)　(b)　(c)　(d)

图 3.47　各种类型的定位套

(a) 短定位套　(b) 长定位套　(c) 锥面定位套　(d) 半圆定位套

4. 设计定位元件的基本要求

1）足够的精度

由于定位误差中的基准位移误差直接与定位元件的定位表面有关，因此定位元件的定位表面应有足够的精度，以保证工件的加工精度，并且通常其定位表面还应有较小的表面粗糙度。

2）足够的强度和刚度

一般设计时对定位元件的强度和刚度是不作校核的，但它也往往是影响加工精度的因素之一，因此为缩短夹具的设计周期，常用类比法来保证定位元件的强度和刚度。

3）应协调好与有关元件的关系

在定位设计时，还应处理、协调好与夹具体、夹具装置，以及对刀、引导元件之间的关系。

4）具有良好的结构工艺性

定位元件的结构应具备便于加工、装配、维修等工艺性要求。通常标准化的定位元件有良好的工艺性，设计时应优先选用标准件。

三、夹紧装置组成和基本要求

机械加工时，工件定位后，为了保证工件在加工过程中保持正确的加工位置，防止工件在切削力、惯性力、离心力及重力等外力作用下发生位移和振动，保证工件的加工质量和生产安全，就必须在机床夹具上采用夹紧装置将工件夹紧。将工件定位并使其固定，保证其正确位置不变的装置称为夹紧装置。

1. 夹紧装置的组成

夹紧装置有很多种类，通常由以下三个部分组成。

1）力源装置

力源装置是产生夹紧力的装置。夹紧力的动力源有两大类：一是人力，即靠手动夹紧；二是动力装置，即靠机动夹紧。常用的动力装置有液动、气动、电磁、电动、气-液联动装置和真空装置等。

2）夹紧元件

夹紧元件是夹紧装置的最终执行元件，直接和工件接触，把工件夹紧。

3）中间传动机构

中间传动机构即把力源装置产生的力传给夹紧元件的中间机构。其作用有：改变原始力的大小，此类机构一般为增力机构；改变原始力的方向，斜楔夹紧机构即起到这种作用；使夹紧装置具有自锁性能，以保证夹紧的可靠性，这一功能对于手动夹紧尤为重要。

2. 夹紧装置的基本要求

夹紧装置的设计和选用是否正确合理，对于保证加工质量、提高生产率、减轻工人劳动强度有很大影响。为此，对夹紧装置的设计提出如下基本要求：

（1）夹紧过程中，不改变工件定位后占据的正确位置；

（2）夹紧力的大小应适当，既可保证可靠地夹牢工件并避免变形和表面损伤，又可保证不产生振动，能在一定范围内调节；

（3）应有足够的夹紧行程；

（4）手动夹紧机构要有自锁性能；

（5）结构简单紧凑、动作灵活、操作方便、安全省力，并有足够的强度和刚度。

为满足上述要求，夹紧装置设计的核心问题是正确地确定夹紧力。

四、夹紧力的确定

夹紧力的确定就是要确定夹紧力的方向、作用点和大小三要素。根据工件的结构特点、加工要求、切削力和其他外力作用工件的情况，以及定位元件的结构和布置方式等综合考虑夹紧力。

1. 夹紧力方向的确定

夹紧力的作用方向不仅影响加工精度，而且影响夹紧的实际效果。夹紧力的方向主要与定位元件的配置情况及工件受外力的方向有关。确定夹紧力作用方向时，应考虑以下几点。

（1）夹紧力的方向应尽量垂直于主要定位基面，保证定位的稳定可靠。当工件用几个表面定位时，在各相应方向都应施加一定的夹紧力。一般来说，工件的主要定位基准面的面积较大，精度较高，限制工件的自由度较多。若夹紧力垂直于此面，有利于保证工件的准确定位。

（2）夹紧力的方向应是工件刚度较好的方向，以减小工件夹紧变形。这一原则对刚度差的工件特别重要。图3.48所示为薄壁套筒的夹紧示意图。若采用图3.48(a)所示的方式夹紧，易引起夹紧变形，镗孔后会出现圆度误差；若采用图3.48(b)所示的方式夹紧，工件形状精度就容易保证。

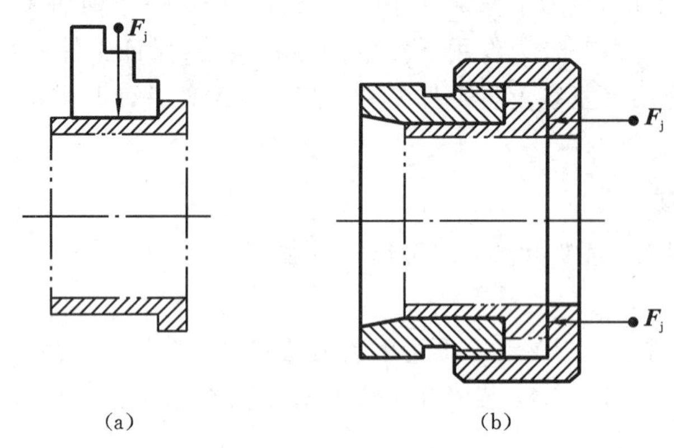

图3.48　夹紧力与工件刚度的关系

(a) 不合理　(b) 合理

(3) 在保证夹紧可靠的情况下，减小夹紧力可以提高生产效率，同时还可以使机构轻便、紧凑，减小工件变形。为此，夹紧力 F_j 的方向最好与切削力 F、工件的重力 W 方向重合，这时所需要的夹紧力最小。图3.49中夹紧力 F_j 与 W、F 的方向不同，大小也不同。图3.49(a)中的夹紧力最小；图3.49(c)中的夹紧力最大，不宜采用。

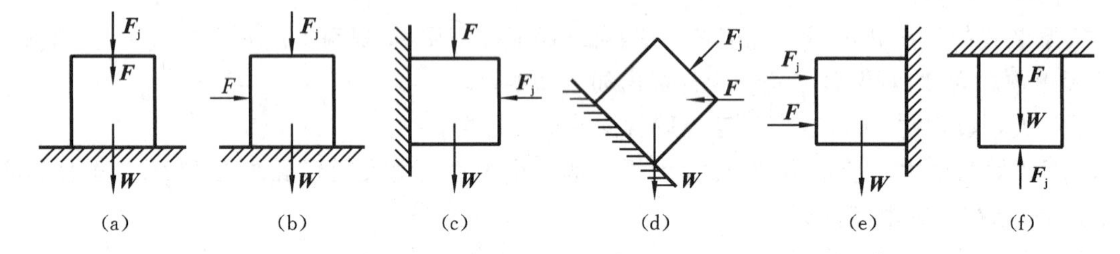

图3.49　夹紧力大小与夹紧力方向关系

(a) F_j与F、W方向相同　(b) F_j与W方向相同　(c) F_j方向垂直于F、W方向

(d) F_j方向与F、W方向相倾斜　(e) F_j与F方向相同　(f) F_j与F、W方向相反

2. 夹紧力作用点的确定

选择作用点的问题，是指在夹紧方向已定的情况下确定夹紧力作用点的位置和数目。合理选择夹紧力作用点必须注意以下几点。

(1) 夹紧力作用点应正对支承元件或位于支承元件所形成的支承面内，以保证工件的位置不变。如图3.50所示，夹紧力作用点不正对支承元件，将产生使工件翻转的力矩，破坏定位。图中双点画线箭头表示夹紧力作用点的正确位置。

(2) 夹紧力的作用点应落在工件刚度较高的方向和部位，这一原则对刚度低的工件特别重要。如图3.51所示，按图3.51(a)所示方案夹紧时连杆容易产生变形，而图3.51(b)所示的方案较合理。

(3) 夹紧力的作用点和支承点应尽量靠近被加工的部位，这样可以防止工件产生振动和变形，减小加工误差。如图3.52所示，在远离主要安装支承部位的悬臂端铣槽，为防止过大的切削振动与变形，应设置辅助支承，并对准辅助支承施加夹紧力 F_{j1}，以保证切削加工的顺利进行。

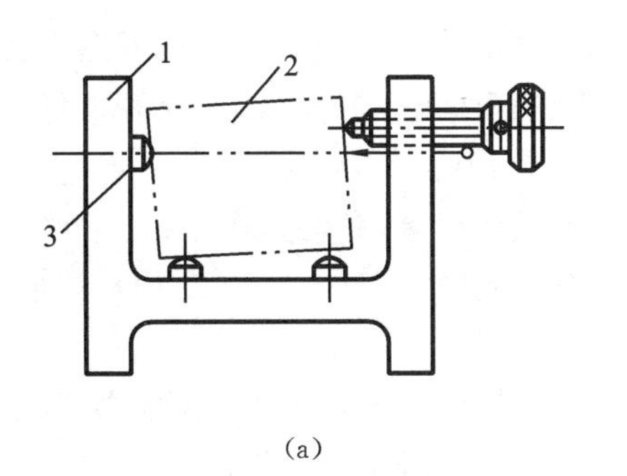

(a)

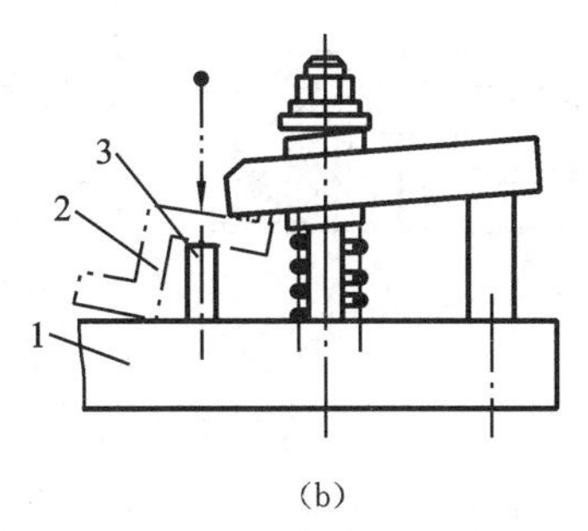

(b)

图 3.50 夹紧力作用点的位置

(a) 夹紧力偏上 (b) 夹紧力偏右

1—夹具体；2—工件；3—支承元件

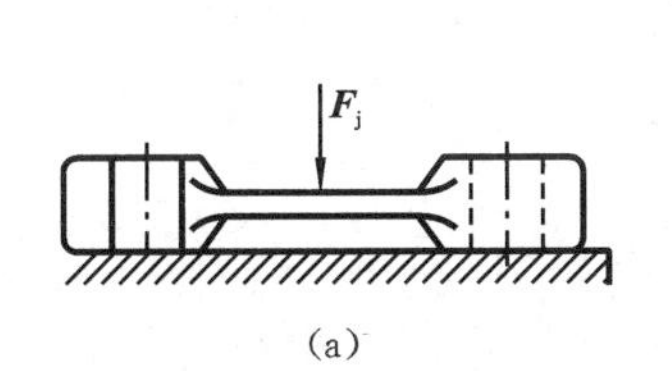

(a)

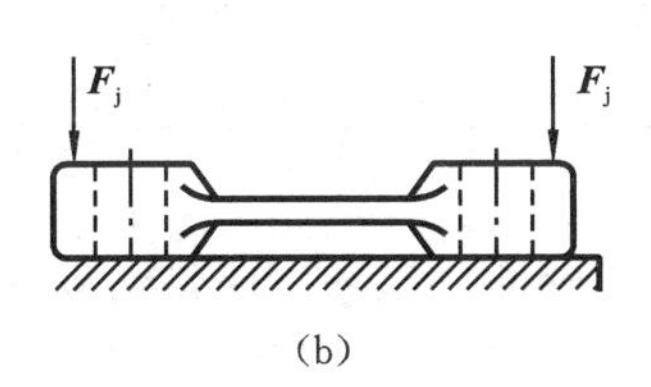

(b)

图 3.51 夹紧力作用点与工件的变形

(a) 不合理 (b) 合理

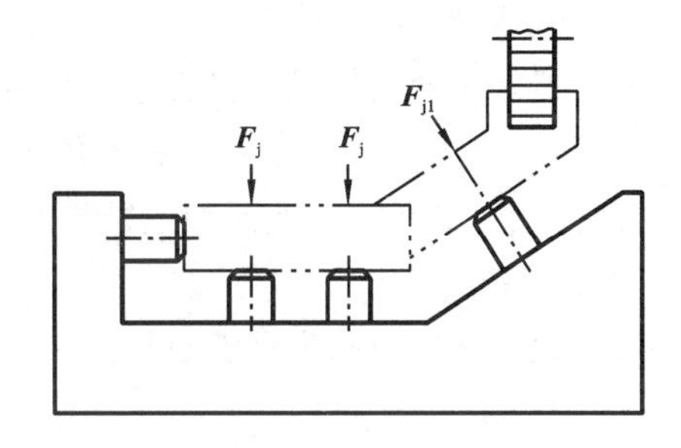

图 3.52 夹紧力作用点靠近加工表面

3. 夹紧力大小的确定

夹紧力的大小必须适当。夹紧力过小，工件可能在加工过程中移动而破坏定位，不仅影响质量，还可能造成事故；夹紧力过大，不但易使工件和夹具产生变形，对加工质量不利，而且会造成人力、物力的浪费。

加工过程中，夹紧力不但与切削力、离心力、惯性力及重力有关，而且与工艺系统的刚度、夹紧机构的传递效率等因素有关。此外，影响切削力的因素也很多，例如工件材质不匀、加工余量大小不一致、刀具的磨损程度以及切削时的冲击等都会随时使切削力发生变化。因此，准确地计算夹紧力的大小是十分困难的，一般采用估算法。为了简化计算，通常将夹具和工件看做一个刚性系统。根据工件所受切削力、夹紧力（大型工件应考虑重力、惯性力等）的作用情况，分析加工过程中对夹紧力最不利的状态，估算此状态所需的夹紧力 $\boldsymbol{F}_j$，只考虑主要因素在力系中的影响，按静力平衡原理计算出理论夹紧力，最后再乘以安全系数作为实际所需夹紧力 $\boldsymbol{F}_j$，即 $F'_Q=KF_j$。其中安全系数 K 的取值与加工阶段有关，粗加工时取 $K=2.5\sim3$，精加工时取 $K=1.5\sim2.5$。

五、夹紧机构

机床夹具中使用最普遍的是机械夹紧机构，这类机构绝大部分都是利用机械摩擦的自锁原理来夹紧工件的。斜楔夹紧机构是其中最基本的形式，螺旋偏心机构、凸轮机构等是在斜楔夹紧机构的基础上变化而来的。

1. 斜楔夹紧机构

图 3.53 所示为一斜楔夹紧机构，工件装入夹具后，用锤击斜楔大端，斜楔在斜面的楔紧作

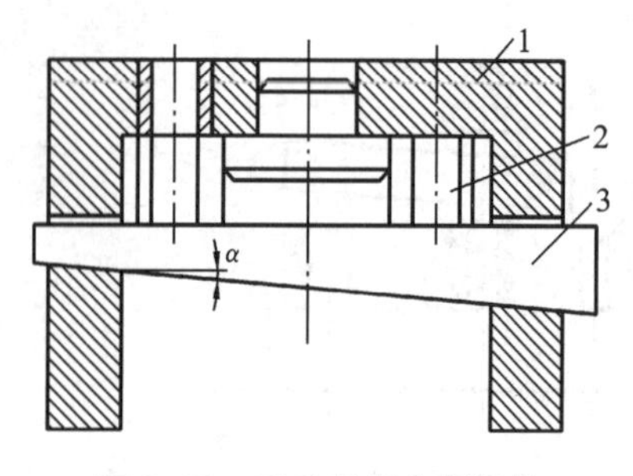

图 3.53　手动斜楔夹紧机构

1—夹具体；2—工件；3—斜楔

用下，对工件施加挤压力，而将工件楔紧在夹具中。当加工完毕后，锤击斜楔小端，斜楔退出并松开工件。

斜楔夹紧机构的特点：

(1) 斜楔机构简单，有增力作用；

(2) 斜楔的夹紧行程小，可通过增大斜角来增大行程，但这样会使自锁性变差；

(3) 夹紧和松开均要敲击大、小端，操作方便；

(4) 通常与其他机构联合使用。

斜楔一般采用 20 钢制造，表面渗碳淬火至 55～62 HRC，批量小时也可用 45 钢，淬硬至40～45 HRC。

2. 螺旋夹紧机构

螺旋夹紧机构是斜楔夹紧机构的一种转化形式。螺纹相当于绕在圆柱体上的楔块，通过转动螺旋，使绕在圆柱体上的斜楔高度发生变化从而可将工件夹紧。螺旋夹紧机构利用螺旋直接夹紧工件，或者与其他元件或结构组成复合夹紧机构来夹紧工件，是应用广泛的一种夹紧装置。

1) 螺旋夹紧机构的种类

螺旋夹紧机构由螺钉、螺母、垫圈、压板等原件组成，种类较多，应用广泛。

(1) 单个螺旋夹紧机构。直接用螺钉、螺母夹紧工件的机构，称为单个螺旋夹紧机构。其中图 3.54(a)所示为最简单的螺旋夹紧机构，直接用螺钉来压紧工件表面。其头部与工件接触面积较小，容易压伤工件表面。图 3.54(b)所示的螺旋夹紧机构在螺杆末端装有浮动压块，可扩大接触面积，使夹紧更可靠，不易压伤工件表面。螺钉旋紧时，不会带动工件偏转而破坏定位。常用的压块结构如图 3.54(c)所示。图中 A 型压块端面是光滑的，用于夹紧已加工表面；B 型压块端面有齿纹，用于夹紧毛坯面。当要求螺钉只移动不转动时，可采用其他结构。

(2) 螺旋压板机构。夹紧机构中，机构形式变化最多的是螺旋压板机构。图 3.55 所示是螺旋压板机构的四种典型结构，其中图 3.55(a)、(b)所示为移动压板，图 3.55(c)、(d)所示为回转压板。

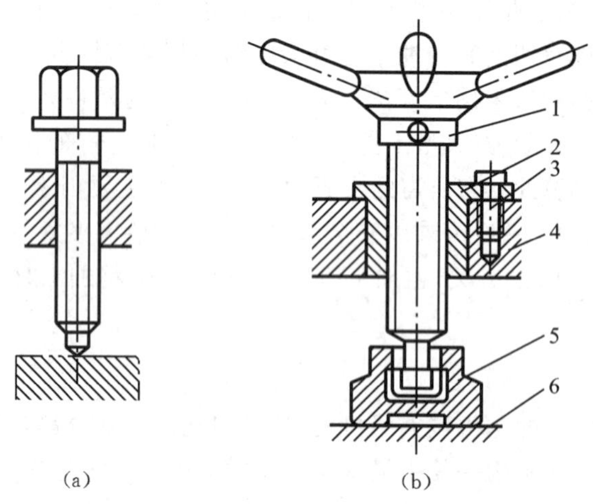

图 3.54　螺旋夹紧机构

(a) 简单螺旋夹紧　(b) 带压块的螺旋夹紧　(c) 压块的类型

1—夹紧手柄；2—螺纹衬套；3—防转螺钉；4—夹具体；5—浮动压块；6—工件

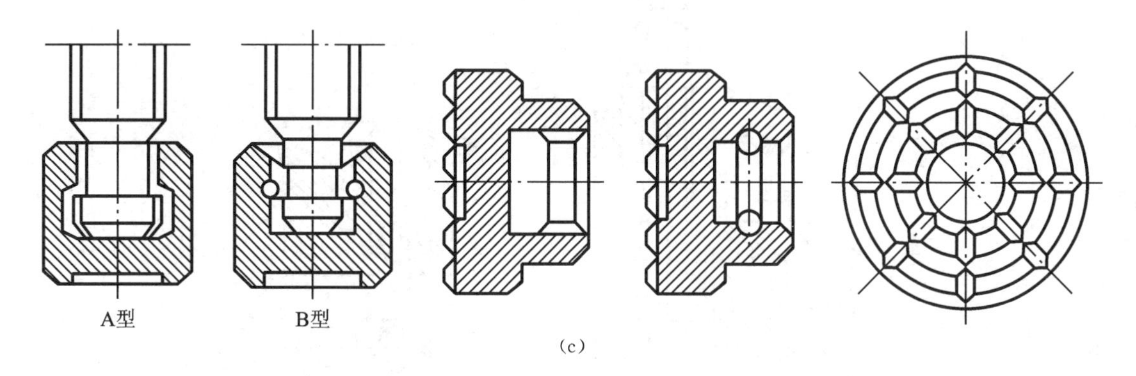

(c)

续图 3.54

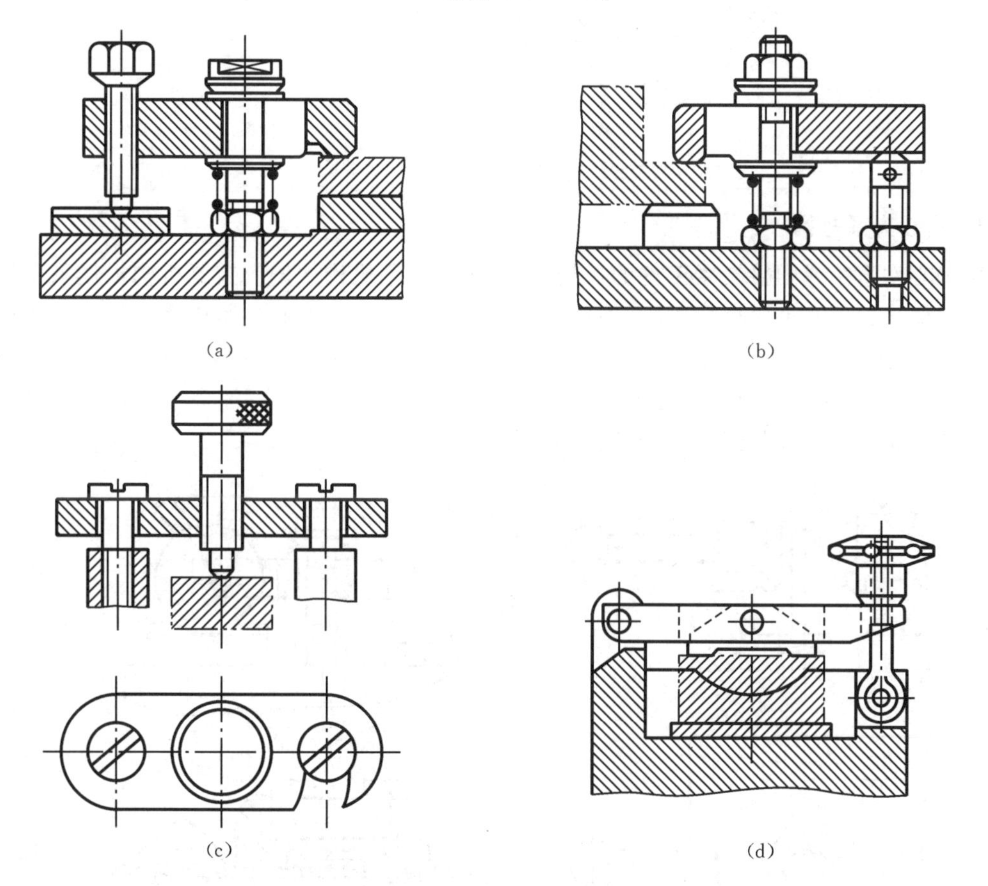

图 3.55 螺旋压板机构

(a)、(b) 移动压板 (c)、(d) 回转压板

图 3.56 所示是螺旋钩形压板机构。其特点是结构紧凑，使用方便。当图 3.56(a)所示的钩形压板妨碍工件装卸时，可采用图 3.56(b)所示的自动回转钩形压板，避免用手转动钩形压板的麻烦。

2) 螺旋夹紧机构的适用范围

尽管螺旋夹紧机构有一些缺点，但由于螺旋夹紧机构具有机构简单、制造容易、夹紧可靠、扩力比大、夹紧行程不受限制等优点，所以在手动夹紧装置中应用广泛。

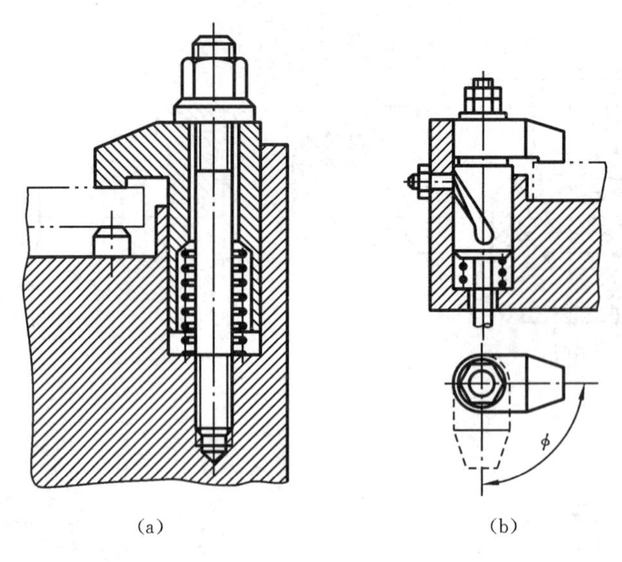

图 3.56 螺旋钩形压板

(a) 手动回转螺旋钩形压板 (b) 自动回转螺旋钩形压板

3. 偏心夹紧机构

用偏心件直接或间接夹紧工件的机构，称为偏心夹紧机构。偏心夹紧机构根据采用的偏心件分为圆偏心轮偏心夹紧机构、偏心轴偏心夹紧机构和偏心叉偏心夹紧机构。偏心夹紧机构操作方便、夹紧迅速，缺点是夹紧力和夹紧行程都较小，一般用于切削力不大、振动小、夹压面公差小的场合。图 3.57(a)所示为用圆偏心轮直接夹紧的偏心夹紧机构，图 3.57(b)、图 3.57(c)所示为圆偏心轮与其他元件组合使用的偏心夹紧机构。

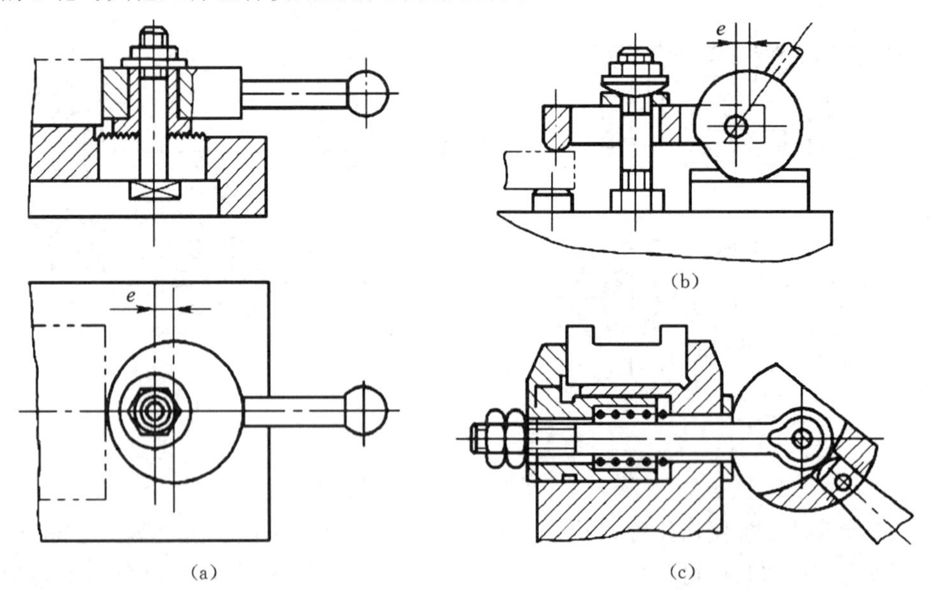

图 3.57 圆偏心夹紧机构

圆偏心轮夹紧机构的特点：

(1) 结构简单，制造容易，操作方便，夹紧迅速。

(2) 夹紧行程小、自锁性差，适合于加工负荷小、振动不大的场合。

(3) 偏心轮是增力机构,可与其他元件联合使用。

4. 定心夹紧机构

能同时实现工件定位及夹紧的机构称为定心夹紧机构。

定心夹紧机构的工作原理:定位与夹紧由同一元件完成,且各元件之间采用等速移动或均匀弹性变形的方式来消除定位副制造误差或定位尺寸对定心或对中的不利影响,使这些误差相对于所定中心位置能均匀而对称地分配在工件的定位基面上。

常见的定心夹紧机构有虎钳、三爪卡盘、弹簧夹头等。

5. 其他夹紧机构

除了斜楔、偏心、螺旋类三种最基本的夹紧机构外,还有许多利用上述基本工作原理或其他原理演化的夹紧机构。如图3.58所示的螺旋压板夹紧机构采用了杠杆工作原理,根据力臂变化可产生不同的受力效果。

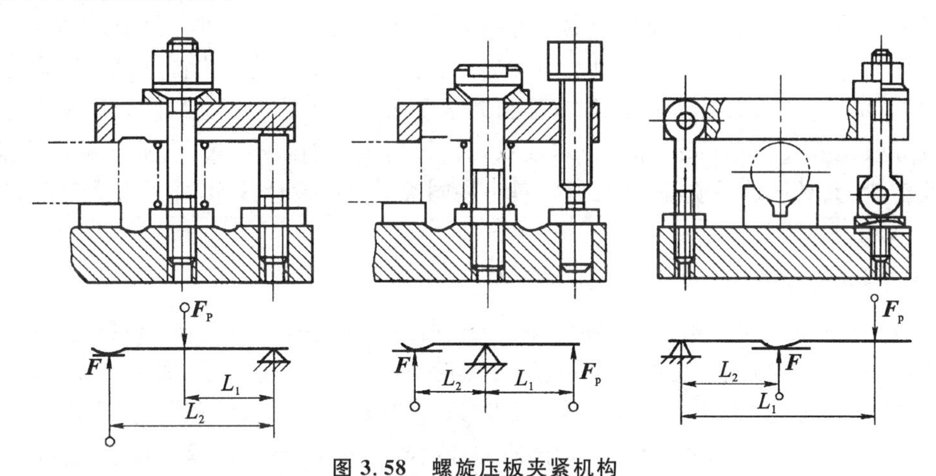

图3.58 螺旋压板夹紧机构

其他夹紧机构在此不再一一列举,读者学习时应根据工件形状、加工方法、生产类型等因素结合有关手册,确定夹紧机构的种类和具体形式。

3.6 夹具设计的要求和步骤

一、夹具设计的要求

一副好的夹具应满足如下基本要求。

(1) 能保证工件的加工质量。这是夹具设计的最基本要求,必须首先满足。保证工件加工质量的关键,在于正确地确定定位方案、夹紧方案、刀具引导装置及合理确定夹具的技术要求。必要时应进行夹具误差分析与计算。

(2) 夹具总体方案应与生产纲领相适应,以提高生产效率,降低成本。在大量生产时,应尽量采用各种快速、高效的结构,以缩短辅助时间,提高生产率。在中批、小批生产中,则要求在满足夹具功能前提下,尽可能采用标准元件和标准结构,力求夹具结构简单、容易制造,以降低夹具的制造成本。

(3) 操作方便,工作安全,能减轻工人的劳动强度。如采用气动、液压等机动夹紧装置,可减轻工人劳动强度,并可较好地控制夹紧力。另外,应使工件在夹具中装卸方便,夹具操作位置应符合工人的习惯,必要时应有安全保护装置,以确保工作安全。

(4) 便于清除切屑。切屑积聚在夹具中,会破坏工件的正确定位。切屑带来大量的热,会引起夹具和工件的热变形,影响加工质量;清除切屑会增加辅助时间,影响夹具工作效率。切屑积聚严重时,还会损伤刀具或造成工伤事故。因此,设计夹具时,应对排屑问题给予足够重视,这一点在设计高效机床夹具时尤为重要。

(5) 应有良好的结构工艺性。夹具在结构上应便于制造、装配、检验、调整和维修。

二、夹具设计的步骤

1. 明确设计任务和收集设计资料

设计夹具的第一步是在已知生产纲领的前提下,研究被加工零件的零件图、工序图、工艺规程和设计任务书,对工件进行工艺分析。其内容主要是了解工件的机构特点、材料,确定本工序的加工表面、加工要求、加工余量、定位基准和夹紧表面及所用的机床、刀具、量具等。其次是根据设计任务收集有关资料,如机床的技术参数,夹具零部件的国家标准、行业标准和企业标准,各类夹具图册、夹具设计手册等,还可以收集一些同类夹具的设计图库,并了解生产厂家的工装制造水平,以供参考。

2. 确定夹具结构方案,绘制夹具结构草图

(1) 确定工件的定位方案。根据零件加工工艺所给的定位基准和六点定位原理,确定工件的定位方法,并选择相应的定位元件。确定定位方案时,首先要保证满足工件的加工精度,尽量减小定位误差。同时还要考虑定位的稳定性、可靠性,以及定位元件的精度、耐磨性和支承刚度。

(2) 根据工件的加工方式,确定刀具的对刀和引导方式,设计引导元件或对刀装置。

(3) 确定工件的夹紧方案。确定夹紧方案时,首先要根据定位方案的不同,合理选择夹紧力的方向和作用点,进行夹紧力大小的估算,以保证工件定位稳定和防止工件在切削力、重力及惯性力作用下发生位置移动;然后设计出相应的夹紧机构,来实现对工件的夹紧。

(4) 确定夹具其他组成部分(如分度装置等)的结构形式。

(5) 考虑上述各种元件和装置的布局,确定夹具体的结构形式。

为使夹具设计得先进、合理,常需确定几种不同的结构方案进行比较,从中择优。在确定夹具结构方案时,应绘制出夹具结构草图,以帮助构思,并检验方案的合理性和可行性,同时也为后面绘制夹具总装图作好准备。

3. 绘制夹具总图

绘制夹具总图时应遵循国家制图标准,绘图比例应尽量取 1∶1,以使图形有良好的直观性。如零件尺寸大,夹具总图可按 1∶2 或 1∶5 的比例绘制;如零件尺寸过小,总图可按 2∶1 或 5∶1 的比例绘制。总图中视图的布置也应符合国家制图标准,在清楚表达夹具内部结构及各装置、元件位置关系的情况下,视图的数目应尽量少。

绘制夹具总图的顺序如下:先用假想线(双点画线)画出工件的轮廓,并画出定位面、夹紧面和被加工表面等主要表面,加工余量用网纹线或粗实线表示,把工件视为透明体;然后按工件的形状和位置,依次画出定位元件、对刀或导向元件、夹紧装置等各元件的具体结构;最后绘制夹具体,形成一个夹具整体。

总装图通常按工件的夹紧状态绘制，必要时用假想线画出夹紧装置的松开位置、刀具的最终位置及夹具与机床的连接部分等。

夹具总图上应标注零件编号，填写明细表和标题栏。

4. 标注尺寸公差及技术要求

(1) 夹具总图上应标注的尺寸和公差包括以下几类。

① 夹具的外形轮廓尺寸。夹具轮廓尺寸包括总长、总宽、总高尺寸，其中也包括夹具主要活动件的活动范围。标注这类尺寸有利于了解夹具存放的安全空间的大小。

② 各定位元件的尺寸以及各定位元件之间的联系尺寸，比如一面两销定位时，要标注两销工件部分尺寸以及两销之距。

③ 与夹具安装有关的尺寸，如车床夹具中莫氏锥柄与铣床夹具中的定向键尺寸。

④ 对刀、引导元件与定位元件之间的尺寸。这类尺寸主要指对刀面相对定位元件之间的尺寸、塞尺尺寸、钻套与定位元件之间的尺寸、各钻套孔距等。

⑤ 其他装配尺寸，比如定位销与夹具体的配合尺寸等。

(2) 公差值的确定与配合精度的选择。夹具上各元件的制造公差值的确定原则是：首先保证工件的加工精度，其次考虑夹具的制造工艺要求。在实际设计过程中一般按以下方式选取：

① 夹具上的尺寸和角度公差取工件相应尺寸公差的1/5～1/2。

② 夹具上的位置公差取工件相应位置公差的1/3～1/2。

③ 当工件上的尺寸未注公差时，取±0.1 mm。

夹具有关公差都应在工件公差带的中间位置，即不管工件公差是否对称，都将其化成对称公差，然后确定夹具的有关基本尺寸和公差。

(3) 配合精度的选择原则。对于工作时有相对运动但无精度要求的部分，可选H9/d9、H11/c11，如夹紧机构中的铰链连接；对于工作时有相对运动而且有精度要求的部分，可选H7/h6、H7/g6、G7/h6等，如快换钻套与衬套的配合、钻头与钻套的配合；对于需要固定的构件可选用H7/n6、H7/r6等，若选H7/r6、H7/m6等，则需加紧固螺钉，如衬套、支承钉、定位销与夹具体的配合。

(4) 夹具的其他要求。夹具在制造和使用上还包括其他技术要求，如夹具的密封、装配性能和要求、有关机构的调整参数、主要元件的磨损范围和极限、打印标记和编号及使用中的注意事项等，要用文字标注在夹具的总装配图上。

5. 绘制夹具零件图

夹具中的非标准零件均要画零件图，并按夹具总图的要求确定零件的尺寸、公差及技术要求。

【思考与练习题3】

一、选择题

1. 车床中的车螺纹传动链是(　　)。

A. 简单成形运动　　B. 复合成形运动

C. 简单成形运动和复合成形运动　　D. 辅助运动

2. 数控机床适宜加工(　　)零件。

A. 品种单一、结构简单的　　B. 结构简单、大批大量的

C. 多品种、小批量、结构复杂的　　　　D. 成批生产、结构简单的

3. 大批大量生产,应选用(　　)的夹具。

A. 通用夹具　　B. 组合夹具　　C. 专用夹具　　D. 以上匀可采用

二、简答题

1. 切削用量包括哪几个要素?
2. 机械加工运动有哪些运动?
3. 刀具切削部分如何组成?
4. 什么是刀具的标注角度? 什么是刀具的工作角度? 两者有什么区别?
5. 常用刀具材料有哪些? 各应用在什么场合?
6. 零件表面的形成方法有哪些?
7. 什么是定位? 什么是夹紧?

三、计算题

1. 车削直径为 60 mm 的工件的外圆,选定的车床主轴转速是 600 r/min,求切削速度。
2. 车削直径为 260 mm 的带轮外圆,选择切削速度为 90 m/min ,求车床主轴转速。

实训1　零件表面组成及加工方法的选择

一、实训题目

分析图 3.59 所示齿轮轴由哪些表面组成,选择它们的加工方法。

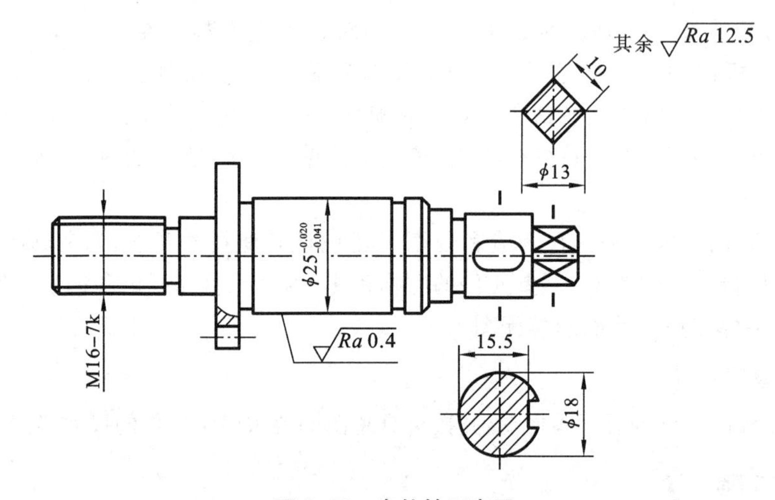

图 3.59　齿轮轴示意图

二、实训目的

掌握根据工件表面的形状选择合适的加工方法及机床、刀具、夹具、量具,并确定工件加工时的定位方法。

三、实训过程

逐一分析每一加工要素。

(1) 齿轮轴由外圆柱面、端面、外螺纹、齿轮、键槽、退刀槽和平面等表面组成。

(2) 外圆柱面的粗加工和半精加工，以及端面、外螺纹、退刀槽等可以在普通车床上加工；工件通过外圆和顶尖孔定位，装夹在三爪卡盘和后顶尖间，分别用外圆车刀、端面车刀、螺纹车刀和切槽刀加工，在单件小批生产时，除螺纹外，都可以用游标卡尺进行检验，产量大时，可用专用量具检验；螺纹可以用螺纹环规和螺纹塞规检验。

(3) 外圆柱面的精加工——磨削，可以在外圆磨床或外圆万能磨床上加工，工件通过鸡心夹，装夹在磨床两顶尖间，用百分尺检验。

(4) 键槽可以在立式铣床或万能铣床上加工，采用一夹一顶的方式将工件装夹在铣床工作台上，用键槽铣刀加工，用深度游标尺检验。

(5) 平面可以在立式铣床上加工，采用分度头一夹一顶的方式将工件装夹在铣床工作台上，用立铣刀加工，用游标尺检验。

(6) 齿面应在滚齿机或插齿机上加工，与之对应，刀具用齿轮滚刀或插齿刀，采用专用心轴夹具，用专用量仪检验。

四、实训总结

通过对齿轮轴的分析，学会对不同表面的加工方法进行选择。

模块 2

金属切削原理

第 4 章

金属切削原理与应用

4.1 金属切削基础

一、切削层参数

切削时，切削刃沿着进给方向移动一个进给量所切下的工件材料层称为切削层。车削的切削层是指工件转过一周，车刀主切削刃移动一个进给量的距离时，车刀所切下的材料层。切削层参数是指切削层的截面尺寸，如图 4.1 所示，它包括切削层公称横截面积(切削面积)、切削层公称宽度(切削宽度)、切削层公称厚度(切削厚度)。切削层参数直接决定了刀具切削部分所承受的负荷大小及切下切屑的形状和尺寸。

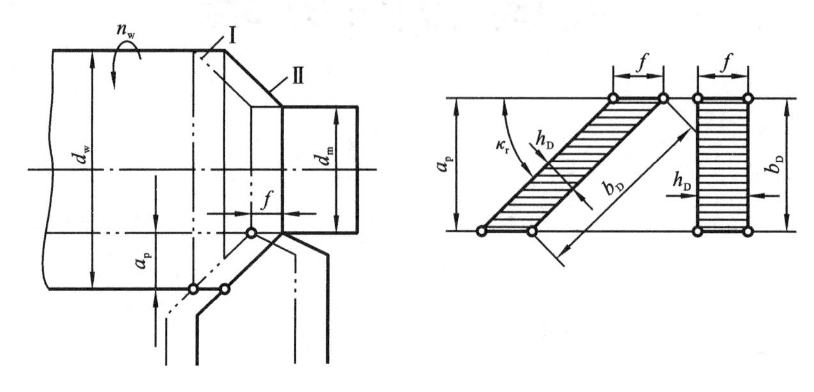

图 4.1　车削时的切削层参数

1. 切削层公称厚度 h_D

切削层公称厚度是指过切削刃上的选定点，在与该点主运动方向垂直的平面内，垂直于过渡表面度量的切削层尺寸，单位为 mm。有

$$h_D = f\sin\kappa_r \tag{4.1}$$

式中：κ_r ——车刀主偏角。

2. 切削层公称宽度 b_D

切削层公称宽度是指过切削刃上的选定点，在与该点主运动方向垂直的平面内，平行于过渡表面度量的切削层尺寸，单位为 mm。有

$$b_D = \frac{a_p}{\sin\kappa_r} \tag{4.2}$$

3. 切削层公称横截面积 A_D

切削层公称横截面积是指过切削刃上的选定点，在与该点主运动方向垂直的平面内度量的

切削层横截面积，单位为 mm^2。有

$$A_D = h_D b_D = a_p f \tag{4.3}$$

根据切削层参数三个公式可知，切削层厚度与宽度随车刀主偏角 κ_r 的变化而变化，而切削层公称横截面积只受背吃刀量 a_p 和进给量 f 的影响，不受主偏角 κ_r 大小的影响，但横截面形状与主偏角 κ_r、刀尖圆弧半径的大小有关。

二、切削方式

1. 自由切削与非自由切削

只有一条直线切削刃参加的切削，称为自由切削，如图 4.2(a)所示。自由切削时切削变形过程比较简单，切削变形基本发生在二维平面内，切削刃上各点切屑流出的方向大致相同。

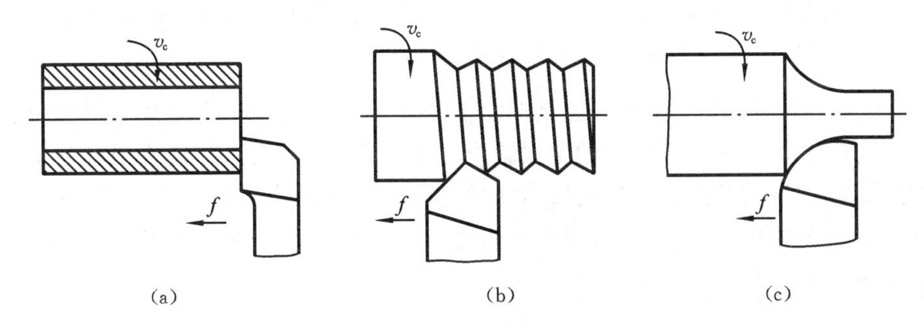

(a) (b) (c)

图 4.2 自由切削与非自由切削

(a) 自由切削 (b)、(c) 非自由切削

如切削刃为曲线或两条以上的直线刃(主、副切削刃)同时参加切削，则这种切削称为非自由切削，如图 4.2(b)、(c)所示。生产中大多数切削加工都是非自由切削。非自由切削时，由于主、副切削刃同时参加切削，在两条切削刃交接附近的金属变形会相互干涉，切削变形发生在三维空间内，从而使变形较为复杂。

2. 直角切削与斜角切削

切削刃与合成切削速度方向垂直，即刃倾角为零的切削方式，称为直角切削，又称为正交切削，如图 4.3(a)所示。切削刃与切削速度方向不垂直，刃倾角不等于零的切削方式，称为斜角切削，如图 4.3(b)所示。在实际切削加工中，大多数为斜角切削方式。

三、金属切削层的变形

金属切削过程是指工件上一层多余的金属被刀具切除的过程和已加工表面的形成过程。在这个过程中，始终存在着刀具与工件(金属材料)之间切削和抗切削的矛盾，并产生一系列重要现象，如形成切屑，产生切削力、切削热及刀具的磨损等。研究金属切削过程中这些现象的基本理论、基本规律有利于提高金属切削加工的生产率和工件表面的加工质量，减少刀具的损耗。

在对金属切削过程进行实验研究时，常用的切削模型是直角自由切削模型，所谓自由切削就是只有一个直线切削刃参加切削的过程，如图 4.4 所示。

1. 切屑的形成过程

实验研究表明，金属切削与非金属切削不同，金属切削的特点是被切金属层在刀具的挤压、摩擦作用下产生变形，以后转变为切屑和形成已加工表面。

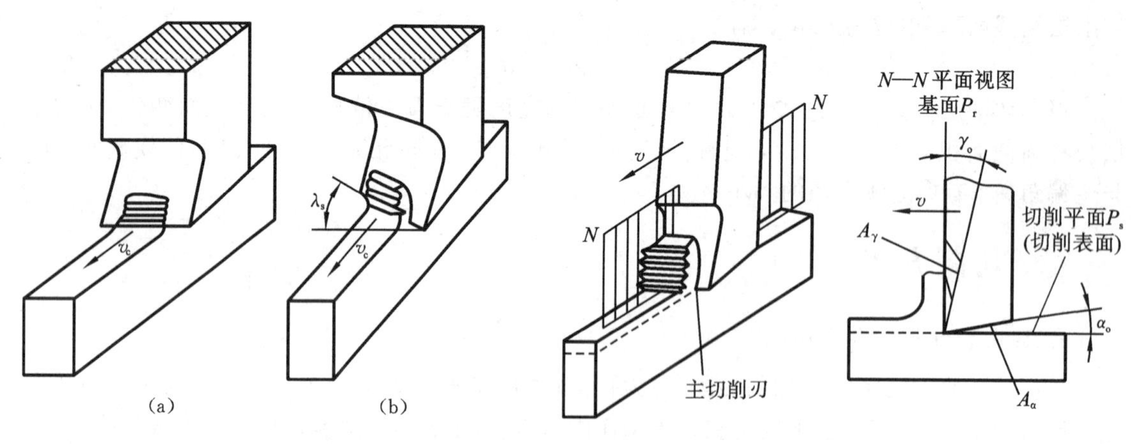

图 4.3　直角切削与斜角切削

(a) 直角切削　(b) 斜角切削

图 4.4　直角自由切削模型

图 4.5 所示为根据金属切削实验绘制的金属切削过程中的变形滑移线和流线，由图可见，在刀具的挤压作用下，沿切削刃附近的金属首先产生弹性变形，当由切应力引起的应力达到金属材料的屈服强度时，切削层金属便沿倾斜的剪切面变形区示意图所示方向滑移，产生塑性变形，然后在沿前刀面流出去的过程中，受摩擦力作用再次发生滑移变形，最后形成切屑。

2. 金属切削层的三个变形区

为了进一步分析切削层变形的规律，通常把被切削刃作用的金属层划分为三个变形区。第Ⅰ变形区位于切削刃和前刀面的前方，面积是三个变形区中最大的，为主变形区；第Ⅱ变形区是与前刀面相接触的附近区域，切屑沿前刀面流出时，受到前刀面的挤压和摩擦，靠近前刀面的切屑底层会进一步发生变形；第Ⅲ变形区是已加工表面靠近切削刃处的区域，这一区域金属受到切削刃钝圆部分和后刀面的挤压、摩擦与回弹，发生变形，造成加工硬化。

这三个变形区各有特点，又存在着相互联系、相互影响。同时，这三个变形区都在切削刃的直接作用下，是应力集中和变形比较复杂的区域，如图 4.6 所示。下面分别讨论。

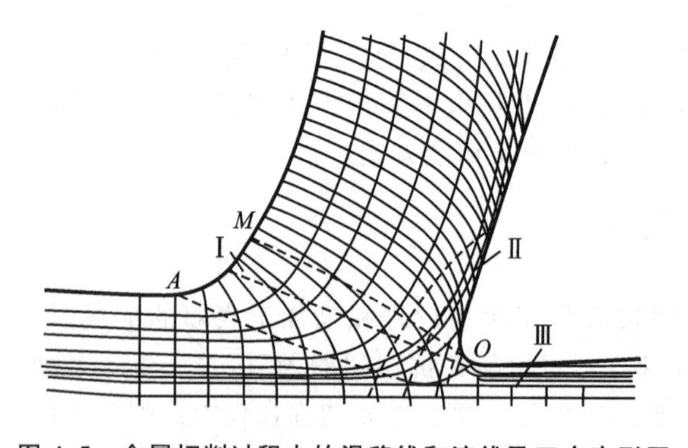

图 4.5　金属切削过程中的滑移线和流线及三个变形区

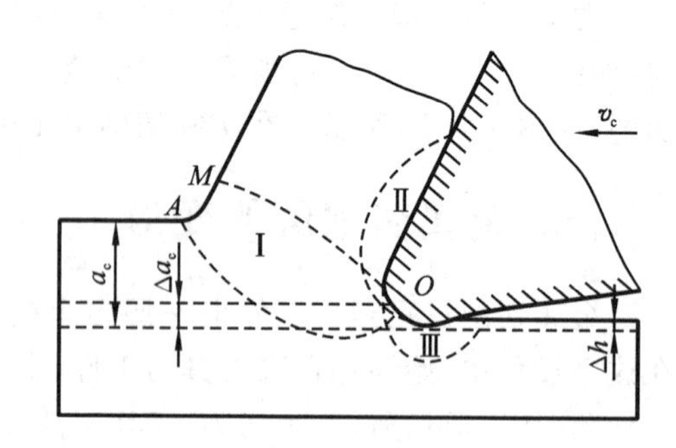

图 4.6　切削变形区

1) 第Ⅰ变形区

这一区域靠近切削刃的 OA 线处开始发生塑性变形，到 OM 线处剪切滑移变形基本完成，是形成切屑的主要变形区。OM 称为终剪切线或终滑移线，而 OA 称为始剪切线或始滑移线，从 OA 到 OM 之间的整个第一变形区内，变形的主要特征就是，被切金属层在刀具前刀面和切削刃的作用下，沿滑移线发生剪切变形，随之产生加工硬化。

2）第Ⅱ变形区

被切削层金属经过终滑移线 OM 形成切屑沿前刀面流出时，切屑底层仍受到刀具的挤压和接触面之间强烈的摩擦，继续以剪切滑移为主发生变形，切屑底层的变形程度比切屑上层剧烈，从而使切屑底层晶粒弯曲拉长，在摩擦阻力的作用下，这部分切屑流动速度减慢，称为滞流层。

在金属切削过程中，刀具前刀面和切屑底层之间存在着很大的压力，可达 2～3 GPa，切削液不易流入接触界面，再加上几百摄氏度的高温，切屑底层又总是以新生表面与前刀面接触，从而使刀具和切屑接触面间产生黏结，使该处的摩擦情况与一般的滑动摩擦不同。

3）第Ⅲ变形区

第Ⅲ变形区在刀具后刀面和已加工表面接触的区域上。

前面在分析第Ⅰ、第Ⅱ两个变形区的情况时，假设刀具的切削刃是绝对锋利的，实际上任何刀具的切削刃口都很难磨得绝对锋利，可认为切削刃具有一个钝圆半径 r_n，刀具磨损时，钝圆半径 r_n 还将增大，而且刀具开始切削不久，后刀面就会产生磨损，形成一段 $\alpha_{oe}=0°$ 的棱带，因此研究已加工表面的形成过程时，必须考虑切削刃钝圆半径 r_n 及后刀面磨损棱带的作用。

当切削层金属逐渐接近切削刃时，加工表面便发生压缩与剪切变形，切削刃附近的切削层晶粒进一步伸长，成为包围在切削刃周围的纤维层，最后在某一点断裂，断裂点以上部分金属成为切屑，沿前刀面流出，断裂点以下部分金属经过切削刃留在已加工表面上，该部分金属经过切削刃钝圆部分的作用，又受到后刀面磨损棱带的挤压和摩擦，之后沿刀具后面流出，这样已加工表面会产生变形，金属晶粒被拉伸得更长、更细，其纤维方向平行于已加工表面，使表层的金属具有和基本组织不同的性质，所以称为加工变质层，其表面粗糙度及内部应力、金相组织决定了已加工表面的质量。

3. 切屑变形程度的表示方法

1）剪切角 ϕ

在一般的切削速度范围内，第一变形区的宽度为 0.02～0.2 mm，速度越高，宽度越小，所以可以把第一变形区近似看做一个剪切面，用 OM 表示，将剪切面与切削速度之间的夹角定义为剪切角，以 ϕ 表示，如图 4.7(a)所示。

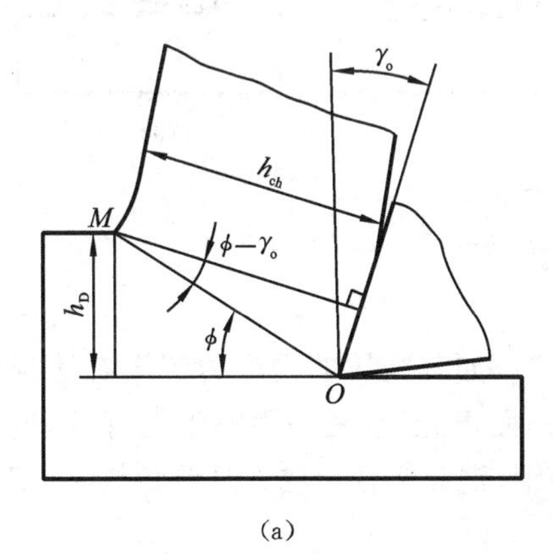

(a)

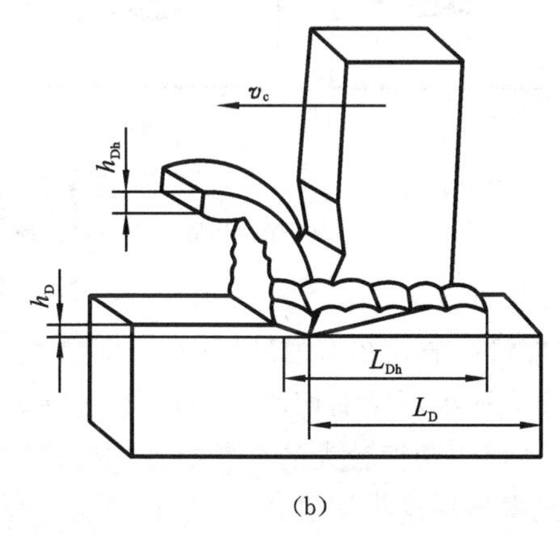

(b)

图 4.7 变形系数的计算

(a) 用剪切角表示变形程度 (b) 用切削层参数变化表示变形程度

根据纯剪切理论，可以推导出剪切角的计算公式为

$$\phi=\frac{\pi}{4}-\beta+\gamma_o \tag{4.4}$$

式中：β——前刀面与切屑底层的摩擦角。

由计算公式可知：当前角增大时，ϕ 随之增大，变形减小，可见，在保证切削刃强度的前提下增大刀具前角对改善切削过程有利；当摩擦角 β 增加时，ϕ 随之减小，变形增大，所以采用优质切削液来减小前刀面上的摩擦因数是很重要的。

2）变形系数 Λ_h

切削过程中，变形量的大小计算很复杂，所以在研究切削变形规律时，通常用切应变 ε_r 或变形系数 Λ_h 来衡量切削变形的程度。切应变是指切削层在剪切面上的滑移量；变形系数 Λ_h 是根据在金属切削中，刀具切下的切屑厚度（h_{Dh}）通常大于工件切削层的厚度（h_D），而切屑长度（L_{Dh}）却小于切削层长度（L_D）（宽度基本不变）这一事实来衡量切削变形程度，如图 4.7(b) 所示。由于工件上切削层变成切屑后宽度的变化很小，根据体积不变原理，变形系数 Λ_h 可表示为

$$\Lambda_h = \frac{L_D}{L_{Dh}} = \frac{h_{Dh}}{h_D} \tag{4.5}$$

在一定条件下，变形系数 Λ_h 值的大小能直观地反映切屑的变形程度且测量方便，Λ_h 值大，表示切屑厚而且短，切屑变形大，反之则切屑变形小。

参照图 4.7，可以推导出变形系数的计算公式为

$$\Lambda_h = \frac{\cos(\phi - \gamma_o)}{\sin\phi} \tag{4.6}$$

由此可见，影响切削变形的主要因素是前角 γ_o 和剪切角 ϕ。剪切角 ϕ 减小，切屑就变厚、变短，变形系数 Λ_h 就增大；剪切角 ϕ 增大，变形系数 Λ_h 将减小。

4. 切屑的类型及控制

工件材料和切削条件不同，切屑过程中的变形情况也不同，因而产生的切屑形状也不同，从变形的观点来看，可将切屑的形状分为四种类型，如图 4.8 所示。

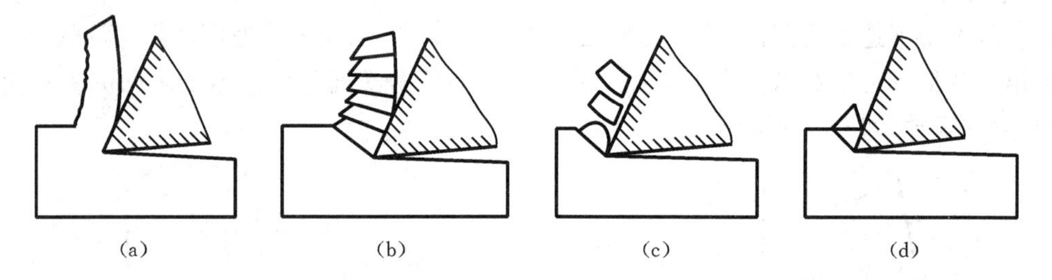

图 4.8 切屑的类型

(a) 带状切屑 (b) 挤裂切屑 (c) 粒状切屑 (d) 崩碎切屑

1）切屑的类型

(1) 带状切屑。在切削过程中，切削层变形终了时，如其金属的内应力还没有达到强度极限，就会形成连绵不断的切屑，在切屑靠近前刀面的一面很光滑，另一面略呈毛茸状，这就是带状切屑。当切削塑性较大的金属材料如碳素钢、合金钢、铜和铝合金或刀具前角较大、切削速度较高时，经常出现这类切屑。

(2) 挤裂切屑（又称节状切屑）。在切屑形成过程中，如变形较大，其剪切面上局部所受到的切应力达到材料的强度极限时，则剪切面上的局部材料就会破裂成节状，但与前刀面接触的一面常互相连接因而未被折断，这就是挤裂切屑。工件材料塑性越差或用较大进给量低速切削钢材时，较容易得到这类切屑。

(3) 粒状切屑(又称单元切屑)。在切屑形成过程中,如其整个剪切面上所受到的切应力均超过材料的破裂强度,则切屑就成为粒状切屑,形状似梯形。

(4) 崩碎切屑。切削铸铁、黄铜等脆性材料时,切削层几乎不经过塑性变形阶段就产生崩裂,得到的切屑呈现不规则的粒状,工件加工后的表面也极为粗糙。

2) 切屑的控制

带状切屑、挤裂切屑、粒状切屑是切削塑性金属时得到的。形成带状切屑时切削过程最平稳,切削力波动较小,已加工表面的表面粗糙度较小,但带状切屑不易折断,常缠在工件上,损坏已加工表面,影响生产,甚至伤人。因此要采取断屑措施,例如在前刀面上磨出卷屑槽等。形成粒状切屑时,切削力波动最大。在生产中常见的是带状切屑,当进给量增大,切削速度降低,则可由带状切屑转化为挤裂切屑。在形成挤裂切屑的情况下,如果进一步减小前角,或加大进给量、降低切削速度,就可以得到粒状切屑;反之,如果加大前角、减小进给量、提高切削速度,变形较小则可得到带状切屑。这说明切屑的形态是可以随切削条件不同而转化的。

5. 积屑瘤现象

在切削速度不高而又能形成连续性切屑的情况下,加工一般钢料或其他塑性材料时,在刀具前刀面切削处常会黏着一块剖面呈三角状的硬块(见图 4.9),这块冷焊在前刀面上的金属就称为积屑瘤。积屑瘤的硬度很高,通常是工件材料的 2～3 倍,当它处于比较稳定的状态时,能够代替切削刃进行切削而起到保护刀具的作用,而且会增大实际前角,可减少切屑变形和减小切削力,但是会引起过量切削(图中的 Δa_p),降低加工精度。当积屑瘤脱落时,其残片会黏附在已加工表面上,增大表面的表面粗糙度,如果残片黏附在切屑底层,则会划伤刀具表面。因此,在粗加工时可以利用积屑瘤的有利之处,在精加工时则应避免产生积屑瘤。

积屑瘤形成的原因是:当温度达到一定值时,在刀-屑接触长度 l_f 的 l_{f1} 段接触区间上,若切屑底层材料中切应力超过材料的剪切屈服强度,滞流层中流动速度为零的切削层就被剪切而断裂,黏结在前刀面上;由于黏结作用,切屑底层的晶粒纤维化程度很高,几乎和前刀面平行,这层金属因经受了强烈的剪切滑移作用,产生加工硬化,所以它能代替切削刃继续剪切较软的金属层,这样依次逐层堆积,高度逐渐增大就形成了积屑瘤。长而高的积屑瘤在外力或振动作用下会发生局部的破裂和脱落,继而重复生长与脱落。影响积屑瘤产生的主要因素是工件材料和切削速度。工件材料塑性越好,越易生成积屑瘤。实践证明,切削速度很高或很低时,很少生成积屑瘤,在某一速度范围内,积屑瘤容易生成,图 4.10 所示的是切削速度与积屑瘤高度 h_b 的关系曲线。此外,增大刀具前角、改善前刀面的表面粗糙度、使用合适的切削液,都可减少或避免积屑瘤的生成。

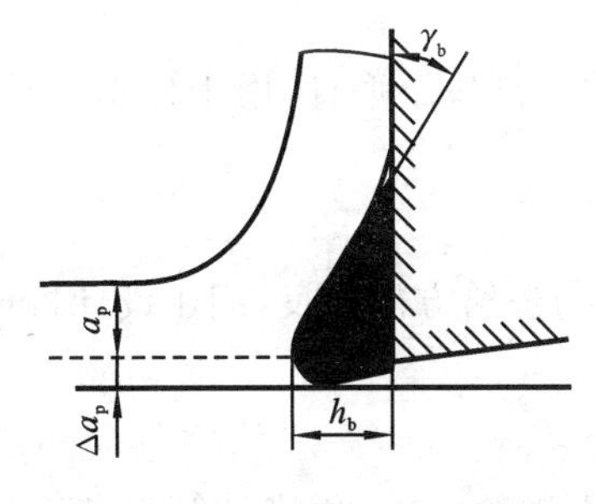

图 4.9 积屑瘤对前角的影响

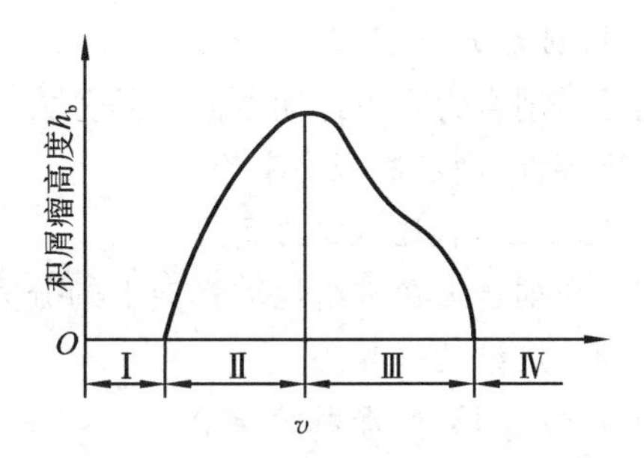

图 4.10 切削速度与积屑瘤高度的关系曲线

4.2 金属切削过程基本规律

一、切削力

金属切削时,刀具切入工件使被切金属层发生变形成为切屑所需要的力称为切削力。研究切削力对刀具、机床、夹具的设计和使用都具有很重要的意义。

1. 切削力的来源

金属切削时,力来源于两个方面:其一是在切屑形成过程中工件材料对弹性变形和塑性变形的变形抗力;其二是切屑与前刀面和后刀面的摩擦阻力。变形力和摩擦力形成了作用在刀具上的合力 $\boldsymbol{F}$。

2. 切削合力的分解

在切削时,合力 $\boldsymbol{F}$ 作用在切削刃空间某个方向,大小与方向都不易确定,为了便于测量、计算和反映实际作用的需要,常将合力 $\boldsymbol{F}$ 分解为相互垂直的 $\boldsymbol{F}_c$、$\boldsymbol{F}_f$ 和 $\boldsymbol{F}_p$ 三个分力,如图 4.11 所示。

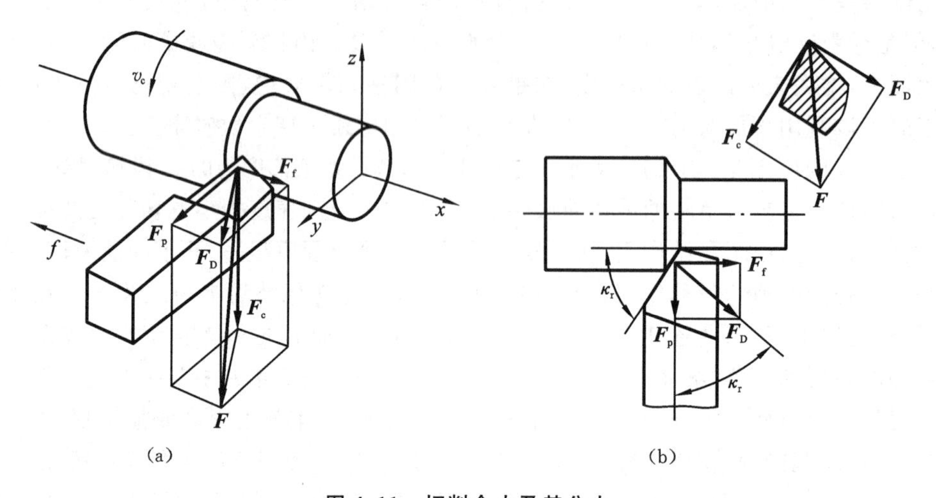

图 4.11 切削合力及其分力

(a) 切削力的分解 (b) 切削力的合成

1) 切削力 $\boldsymbol{F}_c$(主切削力 $\boldsymbol{F}_z$)

它是切削合力在主运动方向上的分力,切于加工表面,并与基面垂直,用于计算刀具强度、设计机床零件、确定机床功率等。

2) 进给力 $\boldsymbol{F}_f$(进给抗力 $\boldsymbol{F}_x$)

它是切削合力在进给运动方向上的分力,处于基面内,与进给方向相反,用于设计机床进给机构和确定进给功率等。

3) 背向力 $\boldsymbol{F}_p$(切深抗力 $\boldsymbol{F}_y$)

它是垂直于工作平面上的分力,它处于基面内并垂直于进给方向,用来计算工艺系统刚度等。它也是使工件在切削过程中产生振动的力。

由图4.11可以看出，进给力 $\boldsymbol{F}_f$ 和背向力 $\boldsymbol{F}_p$ 的合力 $\boldsymbol{F}_D$ 作用在基面上且垂直于主切削刃。$\boldsymbol{F}$、$\boldsymbol{F}_c$、$\boldsymbol{F}_D$、$\boldsymbol{F}_f$、$\boldsymbol{F}_p$ 之间的关系为

$$F = \sqrt{F_c^2 + F_D^2} = \sqrt{F_c^2 + F_f^2 + F_p^2} \tag{4.7}$$

$$F_f = F_D \sin\kappa_r \tag{4.8}$$

$$F_p = F_D \cos\kappa_r \tag{4.9}$$

3. 切削功率

在切削加工过程中，所需的切削功率 P_c(kW)可以按下式计算：

$$P_c = 10^{-3}\left(F_c v_c + \frac{F_f v_f}{1000}\right) \tag{4.10}$$

式中：F_c、F_f——切削力和进给力(N)；

v_c——切削速度(m/s)；

v_f——进给速度(mm/s)。

一般情况下，F_f 小于 F_c，且沿 F_f 方向的速度很小，因此克服 F_f 所消耗的功率远小于克服 F_c 所消耗的，可以忽略不计。因此，切削功率计算式可简化为

$$P_c = 10^{-3} F_c v_c \tag{4.11}$$

根据式(4.11)求出切削功率后，可按下式计算机床电动机功率 P_E：

$$P_E = \frac{P_c}{\eta_c} \tag{4.12}$$

式中：η_c——机床传动效率，一般取 $\eta_c = 0.75 \sim 0.85$。

4. 影响切削力的主要因素

1) 工件材料

工件材料的强度、硬度越高，抗切强度 τ_s 越高，切削时产生的切削力就越大。如加工60钢时的切削力 F_c 比加工45钢时的大4%，加工35钢的切削力 F_c 比加工45钢时的小13%。

工件材料的塑性越好、冲击韧度越高，切削变形越大，切屑与刀具间的摩擦力越大，则切削力越大。例如不锈钢07Cr19Ni11Ti的断后伸长率是45钢的4倍，切削时变形大，切屑不易折断，加工硬化严重，产生的切削力比45钢增大25%。加工脆性材料时，因塑性变形小，切屑与刀具间摩擦力小，切削力较小。

2) 刀具几何参数

前角 γ_o 增大，切削变形减小，故切削力减小。主偏角对切削力 $\boldsymbol{F}_c$ 的影响较小，而对进给力 F_f 和背向力 F_p 的影响较大，当主偏角增大时，F_f 增大，F_p 减小。

实践证明，刃倾角 λ_s 在很大范围(−40°～40°)内变化时，对 $\boldsymbol{F}_c$ 没有什么影响，但 λ_s 增大时，F_f 增大，F_p 减小。

3) 切削用量

切削用量对切削力的影响较大。背吃刀量和进给量增加，切削面积 A_D 将成正比增加，变形抗力和摩擦力加大，因而切削力随之增大。当背吃刀量 a_p 增大1倍时，切削力近似成正比增加，所以切削力经验公式中 a_p 的指数近似等于1。进给量 f 增大1倍时，切削面积也成正比增加，但变形程度减小，使切削层单位面积切削力减小，因而切削力只增大70%～80%，所以在切削力经验公式中，f 的指数小于1。

切削塑性材料时，切削速度对切削力的影响按有积屑瘤阶段和无积屑瘤阶段分为两种情

况。在低速范围内,随着切削速度的增加,积屑瘤逐渐长大,刀具实际前角增大,使切削力逐渐减小。在中速范围内,积屑瘤逐渐减小并消失,使切削力逐渐增至最大。在高速阶段,由于切削温度升高,摩擦力逐渐减小,切削力得以稳定地降低。

4)其他因素

刀具材料与工件材料之间的摩擦因数 μ 会直接影响切削力的大小。一般按立方氮化硼刀具、陶瓷刀具、涂层刀具、硬质合金刀具、高速钢刀具的顺序,切削力依次增大。

切削液有润滑作用,使切削力降低。切削液的润滑作用越大,切削力的降低就越显著。在较低的切削速度下,切削液的润滑作用更为突出。

刀具后刀面磨损带宽度越大,摩擦越强烈,切削力也越大,对背向力的影响最为显著。

二、切削热与切削温度

切削热是切削过程的重要物理现象之一。切削温度会影响工件材料的性能、前刀面上的摩擦因数和切削力的大小、刀具磨损和刀具寿命、积屑瘤的产生和加工表面质量、工艺系统的热变形和加工精度。因此,研究切削热和切削温度具有重要的实际意义。

1. 切削热的来源及传导

切削过程中所消耗的能量有98%～99%转换为热能,因此可以近似地认为单位时间内所产生的切削热为

$$Q = F_c v_c \tag{4.13}$$

切削区域产生的切削热,在切削过程中分别由切屑、工件、刀具和周围介质向外传导出去。例如,在空气冷却条件下车削时,切削热的50%～86%由切屑带走,40%～10%传入工件,9%～3%传入刀具,1%左右通过辐射传入空气。

切削温度是指前刀面与切屑接触区内的平均温度,它是由切削热的产生与传出的平衡条件所决定的。产生的切削热越多,传出得越慢,切削温度就越高。反之,切削温度就越低。凡是增大切削力和切削功率的因素都会使切削温度上升,而有利于切削热传出的因素都会降低切削温度。

2. 影响切削温度的主要因素

1)工件材料

工件材料的强度、硬度越高,切削时消耗的功就越多,产生的切削热越多,切削温度就越高。工件材料的热导率越大,通过切屑和工件传出的热量越多,切削温度下降越快。

2)刀具几何参数

前角大,切削层变形小,产生的热量少,切削温度就低;但过大的前角会使散热体积减小,当前角大于20°时,前角对切削温度的影响减少。主偏角减小,则切削宽度增大,散热面积增加,切削温度下降。

3)切削用量

对切削温度影响最大的切削用量是切削速度,其次是进给量,而背吃刀量的影响最小。当切削速度 v_c 增加时,单位时间内参与变形的金属量增加而使消耗的功率增大,提高了切削温度;当进给量 f 增加时,切屑变厚,由切屑带走的热量增多,故切削温度上升不甚明显;当背吃刀量 a_p 增加时,产生的热量和散热面积同时增大,故对切削温度的影响也小。

4）其他因素

刀具后刀面磨损量增大时，刀具与工件间的摩擦加剧，使切削温度升高。切削速度越高，刀具磨损对切削温度的影响就越显著。

浇注切削液对降低切削温度、减少刀具磨损和提高已加工表面质量有明显的效果。切削液的润滑作用可以减少摩擦和切削热的产生。

三、刀具磨损

进行金属切削加工时，刀具一方面将切屑切离工件，另一方面自身也要发生磨损或破损。磨损是连续的、逐渐的发展过程，而破损一般是随机的、突发的破坏（包括脆性破损和塑性破损）。这里仅分析刀具的磨损。

1. 刀具磨损的形式

刀具的磨损形式有以下三种，如图 4.12 所示。

1）前刀面磨损

切削塑性材料时，如果切削速度和切削厚度较大，刀具前刀面上会形成月牙洼磨损。它以切削温度最高点的位置为中心开始发生，然后逐渐向前、后扩展，深度不断增加。当月牙洼发展到其前沿与切削刃之间的棱边变得很窄时，切削刃强度降低，容易导致切削刃破损。前刀面月牙洼磨损值以其最大深度 KT 表示。

2）后刀面磨损

后刀面与工件表面实际上接触面积很小，所以接触压力很大，存在着弹性和塑性变形，因此，磨损就发生在这个接触面上。在切铸铁和以较小的切削厚度切削塑性材料时，主要也是发生这种磨损。后刀面磨损带宽度往往是不均匀的，可划分为三个区域，如图 4.13 所示。

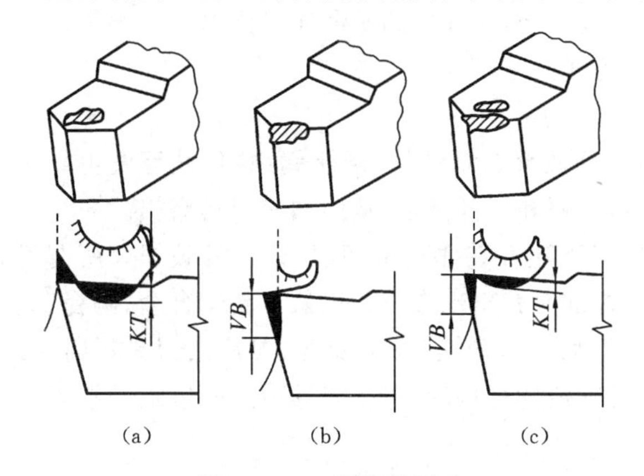

图 4.12 刀具磨损形式

（a）前刀面磨损 （b）后刀面磨损 （c）前、后刀面同时磨损

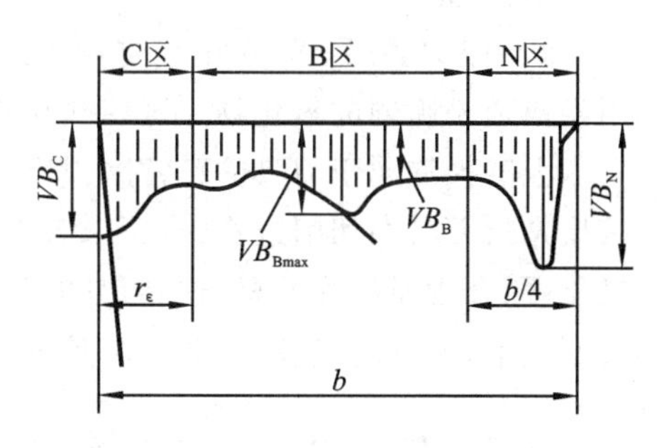

图 4.13 后刀面磨损情况

（1）C 区（刀尖磨损）。C 区强度较低，散热条件又差，磨损比较严重，磨损带宽度以 VB_C 表示。

（2）N 区（边界磨损）。切削钢料时主切削刃靠近工件待加工表面处的后刀面（N 区）上，磨成较深的沟，磨损带宽度以 VB_N 表示。它主要是工件在边界处的加工硬化和刀具在边界处的较大应力梯度和温度梯度所造成的。

（3）B 区（中间磨损）。在后刀面磨损带的中间部位磨损比较均匀，磨损带平均宽度以 VB_B

表示，而其最大宽度以 VB_{Bmax} 表示。

3）前、后刀面同时磨损

在常规条件下，加工塑性金属常常出现图 4.12 所示的前、后刀面同时的磨损情况。

2. 刀具磨损的原因

刀具磨损不同于一般的机械零件的磨损，因为与刀具表面接触的切屑底面是活性很高的新鲜表面，刀面上的接触压力很大（可达 2～3 GPa），接触温度很高（如硬质合金加工钢，可达 800～1000 ℃，甚至更高），所以刀具磨损存在着机械的、热的和化学的作用，既有工件材料硬质的刻画作用而引起的磨损，也有黏结、扩散、腐蚀等引起的磨损。

1）磨料磨损

磨料磨损是由于工件材料中的杂质、材料基体组织中的碳化物、氮化物、氧化物等硬质点对刀具表面的刻画作用而引起的机械磨损。

2）黏结磨损

在切削过程中，当刀具与工件材料的摩擦面具备高温、高压和属于新鲜表面的条件，接触面达到原子间距离时，刀具与工件就会产生吸附黏结现象，又称为冷焊。各种刀具材料都会发生黏结磨损，磨损的程度主要取决于工件材料与刀具材料的亲和力和硬度比、切削温度、压力及润滑条件等。黏结磨损是硬质合金刀具在中等偏低切削速度下磨损的主要原因。

3）扩散磨损

当切削温度很高时，刀具与工件材料中的某些化学元素能在固体下互相扩散，使两者的化学成分发生变化，从而削弱刀具材料的性能，加速磨损进程。扩散磨损是硬质合金刀具在高温（800～1000 ℃）下切削产生磨损的主要原因之一。一般从 800 ℃开始，硬质合金中的钴、碳、钨等元素会扩散到切屑中而被带走，同时切屑中的铁也会扩散到硬质合金中，使刀面的硬度和强度下降，脆性增加，磨损加剧。不同元素的扩散速度不同，例如钛的扩散速度比钴、碳、钨等元素低得多，故 YT 类硬质合金抗扩散能力比 YG 类的强。

4）氧化磨损

当切削温度为 700～800 ℃时，空气中的氧与硬质合金中的钴、碳化钨、碳化钛等发生氧化作用生成疏松脆弱的氧化物。这些氧化物容易被切屑和工件带走，从而加速刀具磨损。

以上磨损均属于刀具的正常磨损，但有些情况下还存在非正常磨损，即刀具破损。所谓刀具破损是指刀具在切削过程中，还未磨损到磨钝标准时就出现失效的现象。硬质合金、陶瓷、立方氮化硼、金刚石等脆性材料的刀具的破损形式有切削刃微崩、刀尖崩碎、刀片或刀具折断、刀片表面剥落、刀片的热裂等；对于工具钢或高速钢等塑性材料的刀具，刀具破损的形式是卷刃和烧刃。

3. 刀具磨损的过程

刀具磨损的过程可分为三个阶段。

1）初期磨损阶段

这一阶段的磨损速度较快，因为新刃磨的刀具表面较粗糙，并存在显微裂纹、氧化或脱碳等缺陷，而且切削刃较锋利，后刀面与加工表面接触面积较小，压应力较大，所以容易磨损。

2）正常磨损阶段

经过初期磨损后，刀具粗糙表面已经磨平，缺陷减少，刀具后刀面与加工表面接触面积变大，压强减小，进入比较缓慢的正常磨损阶段。后刀面的磨损量与切削时间近似地成比例增加。正常切削时，这个阶段时间较长，是刀具的有效工作时期。

3）急剧磨损阶段

在刀具的磨损带达到一定程度后，刀面与工件摩擦过大，导致切削力与切削温度均迅速增高，磨损速度急剧增加。生产中为了合理使用刀具，保证加工质量，应该在发生急剧磨损之前就及时换刀。

4. 刀具的磨钝标准

刀具磨损到一定限度后就不能继续使用，这个磨损限度称为磨钝标准。由于多数切削情况下均可能出现后刀面的均匀磨损，此外，VB_B 值比较容易测量和控制，因此常用 VB_B 值来研究磨损过程，作为衡量刀具的磨钝标准。ISO 标准统一规定以 1/2 背吃刀量处的后刀面上测定的磨损带宽度 VB_B 作为刀具的磨钝标准。自动化生产中的精加工刀具，常以沿工件径向的刀具磨损尺寸作为刀具的磨钝标准，称为径向磨损量 NB。

国家标准《单刃车削刀具寿命试验》(GB/T 16461—1996)规定的高速钢刀具、硬质合金刀具的磨钝标准如表 4.1 所示。

表 4.1 高速钢刀具、硬质合金刀具的磨钝标准

工件材料	加工性质	磨钝标准 VB_B/mm	
		高速钢	硬质合金
碳钢、合金钢	粗车	1.5～2.0	1.0～1.4
	精车	1.0	0.4～0.6
灰铸铁、可锻铸铁	粗车	2.0～3.0	0.8～1.0
	半精车	1.5～2.0	0.6～0.8
耐热钢、不锈钢	粗车、精车	1.0	1.0

5. 刀具寿命

在生产实际中，为了更加方便、快速、准确地判断刀具的磨损情况，一般以刀具寿命来间接地反映刀具的磨钝标准。刀具寿命 T 的定义为：刀具由刃磨后开始切削，到磨损量达到刀具的磨钝标准为止所经过的总切削时间(单位：min)。

刀具寿命反映了刀具磨损的快慢程度。刀具寿命长，表明刀具磨损速度慢；反之，表明刀具磨损速度快。影响切削温度和刀具磨损的因素同样影响刀具寿命。

4.3 金属切削过程基本规律的应用

一、工件材料的切削加工性

在切削加工中，有些材料容易切削，有些材料却很难切削。判断材料切削加工的难易程度、改善和提高切削加工性对提高生产率和加工质量有重要意义。

工件材料的切削加工性是指在一定的加工条件下，对工件材料进行切削加工的难易程度。材料加工的难易，不仅取决于材料本身，还取决于具体的切削条件。

1. 衡量工件材料切削加工性的指标

工件材料切削加工性的优劣,可以用以下一个或几个指标衡量,主要指标包括刀具耐用度、材料的相对切削加工性、切削力、切削温度、已加工表面质量、切屑控制和断屑难易程度。

1) 刀具耐用度 T 或一定寿命下的切削速度 v_T

一般用刀具耐用度 T 或刀具耐用度一定时切削该种材料所允许的切削速度 v_T 来衡量材料加工性的好坏。v_T 表示刀具耐用度为 T(单位为 min)时允许的切削速度,如 $T=60$ min,材料允许的切削速度表示为 v_{60}。同样地,当 $T=30$ min 或 $T=15$ min 时,可表示为 v_{30} 或 v_{15}。在相同加工条件下,切削某种材料时,若刀具耐用度 T 较长或在相同耐用度下的切削速度 v_T 较大,则该材料的切削加工性较好。

2) 材料的相对切削加工性 K_r

在一定寿命条件下,材料允许的切削速度越高,其切削加工性越好。为便于比较不同材料的切削加工性,通常以切削正火状态 45 钢的 v_{60} 作为基准,记为 v_{60j},把切削其他材料的 v_{60} 与该基准相比,其比值 K_r 称为该材料的相对切削加工性,即

$$K_r = v_{60}/v_{60j}$$

目前,把常用材料的相对加工性 K_r 分为八级,如表 4.2 所示。$K_r>1$ 的材料,其加工性较好;$K_r<1$ 的材料,其加工性较差。

表 4.2 材料切削加工性等级

加工性等级	名称及种类		相对加工性 K_r	代表性材料
1	很容易切削的材料	一般非铁金属	>3.0	ZCnSn5Pb5Zn5 铜铅合金,QAl9-4 铝铜合金,铝镁合金
2	容易切削的材料	易切削钢	2.5~3.0	退火 15Cr 钢,$\sigma_b=0.38\sim0.45$ GPa
3		较易切削钢	1.6~2.5	正火 30 钢,$\sigma_b=0.45\sim0.56$ GPa
4	普通材料	一般钢及铸铁	1.0~1.6	正火 45 钢,灰铸铁
5		稍难切削的材料	0.65~1.0	20Cr13 调质,$\sigma_b=0.85$ GPa 85 钢,$\sigma_b=0.95$ GPa
6	难切削材料	较难切削的材料	0.5~0.65	45Cr 调质,$\sigma_b=1.05$ GPa 65Mn 调质,$\sigma_b=0.95\sim1.0$ GPa
7		难切削材料	0.15~0.5	45Cr 调质,07Cr19Ni11Ti,某些钛合金
8		很难切削的材料	<0.15	某些钛合金,铸造镍基高温合金

3) 其他指标

工件材料在切削过程中,产生的切削力大、切削温度高的材料较难加工,其切削加工性差;容易获得较好的表面质量的材料,其切削加工性好;切屑容易控制或断屑容易的材料,其切削加工性较好。

2. 影响工件切削加工性的因素

影响切削加工性的主要因素包括工件材料的力学性能、化学成分和金相组织。

1) 金属材料的物理力学性能的影响

材料的硬度高,切削时刀-屑接触长度小,切削力和切削热集中在刀刃附近,刀具易磨损,刀

具耐用度低，所以切削加工性差。

材料的强度高，切削时切削力大，切削温度高，刀具易磨损，切削加工性差。

材料的塑性大，切削中塑性变形和摩擦大，故切削力大，切削温度高，刀具容易磨损，切削加工性差。

材料的热导率通过对切削温度的影响而影响材料的加工性，热导率大的材料，由切屑带走和工件传出的热量多，有利于降低切削温度，使刀具磨损率减小，所以切削加工性好。

2）金属材料化学成分的影响

材料的化学成分影响其切削加工性，如：钢中碳的含量影响钢的力学性能，进而影响其切削加工性；此外，钢中的合金成分元素如铬、镍、钼、钨、锰等虽能提高钢的强度和硬度，但却会使钢的切削加工性降低，在钢中添加少量的硫、磷、铅等，能改善钢的切削加工性。

3）金属材料热处理合金相组织的影响

金属材料采用不同的热处理，就有不同的金相组织和力学性能，其切削加工性也就不同。

低碳钢中含铁素体组织多，其塑性和韧度好，切削时与刀具黏结容易产生积屑瘤，影响已加工表面质量，故切削加工性差。

中碳钢的金相组织是珠光体和铁素体，材料具有中等强度、硬度和中等塑性，切削时刀具不易磨损，也容易获得高的表面质量，故切削加工性好。

淬火钢中的金相组织主要是马氏体，材料的强度、硬度很高，马氏体在钢中呈针状分布，切削时刀具受到剧烈磨损，故切削加工性较差。

灰铸铁中含有较多的片状石墨，硬度很低，切削时石墨还能起到润滑的作用，使切削力减小。冷硬铸铁中表层材料的金相组织多为渗碳体，具有很高的硬度，很难切削，因此切削加工性差。

3. 难加工材料

难加工材料是指强度、硬度都很高，而且塑性好、韧度很高，使切削加工困难的材料，主要包括高强度钢、不锈钢、冷硬铸铁、钛合金等。

二、刀具合理几何参数的选择

金属切削加工过程的效率、质量和经济性等问题，除了与机床设备的工作能力、操作者技术水平、工件的形状、生产批量、刀具的材料及工件材料的切削加工性有关外，还受到切削条件的影响和制约。这些切削条件包括刀具的几何参数和寿命，切削用量及切削过程的冷却润滑等。

刀具的几何参数对切削过程中的金属切削变形、切削力、切削温度、工件的加工质量及刀具的磨损都有显著的影响。选择合理的刀具几何参数，可使刀具潜在的切削能力得到充分发挥，降低生产成本，提高切削效率。

刀具几何参数包含切削刃的形状、刀具刃区的剖面形式、刀面形式和刀具几何角度四个方面。下面分别讨论刀具几何角度的合理选择，即前角、后角、主偏角、副偏角、刃倾角等的合理选择，以及刀面形式、切削刃的形状、刀具刃区的剖面形式等几何参数的选择。

1. 前角的功用及选择

前角的大小将影响切削过程中的切削变形和切削力，同时也影响工件表面粗糙度和刀具的强度与寿命。增大刀具前角，可以减小前刀面挤压被切削层的塑性变形，减小切削力和表面粗糙度，但刀具前角增大，会降低切削刃和刀头的强度，使刀头散热条件变差，切削时刀头容易崩刃。因此,合理选择前角既要保证切削刃锐利,又要有一定的强度和一定的散热体积。

对于不同材料的工件,在切削时用的前角不同。切削钢时的合理前角比切削铸铁时的大,切削中硬钢时的合理前角比切削软钢时的小。

对于不同的刀具材料,合理的前角大小也不同。例如,由于硬质合金的抗弯强度较低,冲击韧度小,所以硬质合金刀具的合理前角也就小于高速钢刀具的合理前角。

粗加工、断续切削或切削特硬材料时,为保证切削刃强度,应取较小的前角,甚至负前角。表4.3所示为硬质合金车刀合理前角的参考值,高速钢车刀的前角一般比表中的大5°~10°。

表4.3 硬质合金车刀合理前角参考值

工件材料种类	合理前角参考范围/(°)	
	粗车	精车
低碳钢	20~25	25~30
中碳钢	10~15	15~20
合金钢	10~15	15~20
淬火钢	−15~−5	
不锈钢	15~20	20~25
灰铸铁	10~15	5~10
铜或铜合金	10~15	5~10
铝或铝合金	30~35	35~40
钛合金	5~10	

2. 后角的功用及选择

后角的大小将影响刀具后刀面与已加工表面之间的摩擦状况。后角增大有利于减小后刀面与加工表面之间的摩擦,后角越大,切削刃越锋利,但是切削刃和刀头的强度越弱,散热体积越小。

粗加工、强力切削及承受冲击载荷的刀具,为增加刀具强度,后角应取小些;精加工时,增大后角可提高刀具寿命和加工表面的质量。

若工件材料的硬度与强度高,取较小的后角,以保证刀头强度;若工件材料的硬度与强度低,塑性大,易产生加工硬化,为了防止刀具后刀面磨损,后角应适当加大。加工脆性材料时,切削力集中在刃口附近,宜取较小的后角。若采用负前角,则应取较大的后角,以保证切削刃锋利。

定尺寸刀具精度高,取较小的后角,以防止重磨后刀具尺寸发生变化。

为了制造、刃磨的方便,一般刀具的副后角等于主后角。但切断刀、车槽刀、锯片铣刀的副后角受刀头强度的限制,只能取很小的数值,通常取1°30′左右。

表4.4所示为硬质合金车刀合理后角的参考值。

3. 主偏角、副偏角的功用及选择

主偏角和副偏角小,则刀头的强度高,散热面积大,刀具寿命长。此外,主偏角和副偏角小时,工件加工后的表面粗糙度小;但是,主偏角和副偏角减小,会加大切削过程中的背向力,容易引起工艺系统的弹性变形和振动。

表 4.4 硬质合金车刀合理后角参考值

工件材料种类	合理后角参考范围/(°)	
	粗车	精车
低碳钢	8～10	10～12
中碳钢	5～7	6～8
合金钢	5～7	6～8
淬火钢	8～10	
不锈钢	6～8	8～10
灰铸铁	4～6	6～8
铜或铜合金	6～8	6～8
铝或铝合金	8～10	10～12
钛合金	10～15	

(1) 主偏角的选择原则与参考值。若工艺系统的刚度较大，主偏角可取小值，如 $\kappa_r=30°\sim45°$，在加工高强度、高硬度的工件材料时，可取 $\kappa_r=10°\sim30°$，以增加刀头的强度。若工艺系统的刚度较小或强力切削，则一般取 $\kappa_r=60°\sim75°$。车削细长轴时，为减小背向力，取 $\kappa_r=90°\sim93°$。在选择主偏角时，还要视工件形状及加工条件而定，如：车削阶梯轴时，可取 $\kappa_r=90°$；用一把车刀车削外圆、端面和倒角时，可取 $\kappa_r=45°\sim60°$。

(2) 副偏角的选择原则与参考值。主要根据工件已加工表面的表面粗糙度要求和刀具强度来选择，在不引起振动的情况下，尽量取小值。精加工时，取 $\kappa_r'=5°\sim10°$；粗加工时，取 $\kappa_r'=10°\sim15°$。当工艺系统刚度较小或从工件中间切入时，可取 $\kappa_r'=30°\sim45°$。在精车时，可在副切削刃上磨出一段 $\kappa_r'=0°$、长度为$(1.2\sim1.5)f$ 的修光刃，以减小已加工表面的表面粗糙度。对于切断刀、锯片铣刀和槽铣刀等，为了保持刀具强度和重磨后宽度变化较小，副偏角宜取 $1°30'$。

4. 刃倾角的功用及选择

刃倾角的正负会影响切屑的排出方向，如图 4.14 所示。精车和半精车时刃倾角宜选用正值，使切屑流向待加工表面，防止划伤已加工表面。加工钢和铸铁，粗车时取负刃倾角 $0°\sim-5°$；车削淬硬钢时，取 $-5°\sim-15°$，使刀头强固，切削时刀尖可避免受到冲击，散热条件好，有利于延长刀具寿命。

增大刃倾角的绝对值，使切削刃变得锋利，可以切下很薄的金属层。如微量精车、精刨时，刃倾角可取 45°～75°。采用大刃倾角，可使刀具切削刃加长，切削平稳，排屑顺利，生产效率高，加工表面质量好。但工艺系统刚度低，切削时不宜选用负刃倾角。

5. 前刀面形状的选择

前刀面形状是指前刀面上的卷屑槽、断屑槽等结构形式，主要用来控制切屑的形状、卷屑、断屑和切屑流向等。

在生产上常用卷屑槽或断屑槽进行强迫卷屑。卷屑槽按截面形状可分为三种类型，如图 4.15 所示，其中全圆弧形槽适用于大前角重型刀具，这种槽形可使刀具在前角相同的情况下具有较高的强度。

槽形参数值，槽宽 l_{Bn} 和反屑角 δ_{Bn} 对断屑效果影响最大。l_{Bn} 越小、δ_{Bn} 越大，断屑效果越好，但 l_{Bn} 过小、δ_{Bn} 过大，会使切屑卷曲半径过小，切削时将产生堵屑现象，使切削力增大，引起刀具

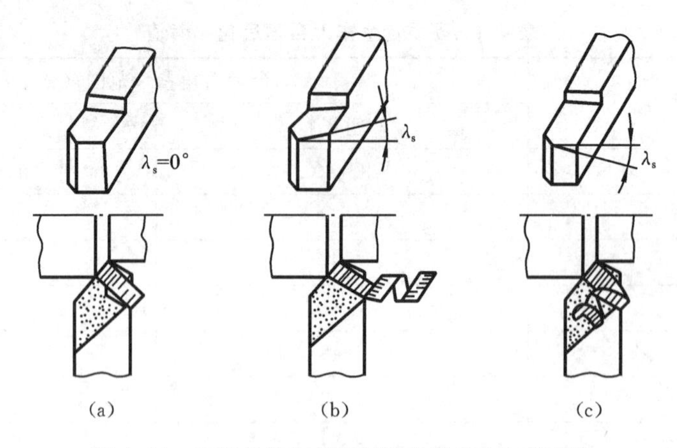

图 4.14　刃倾角的正负对切屑的排出方向的影响

(a) $\lambda_s=0°$　(b) $\lambda_s<0°$　(c) $\lambda_s>0°$

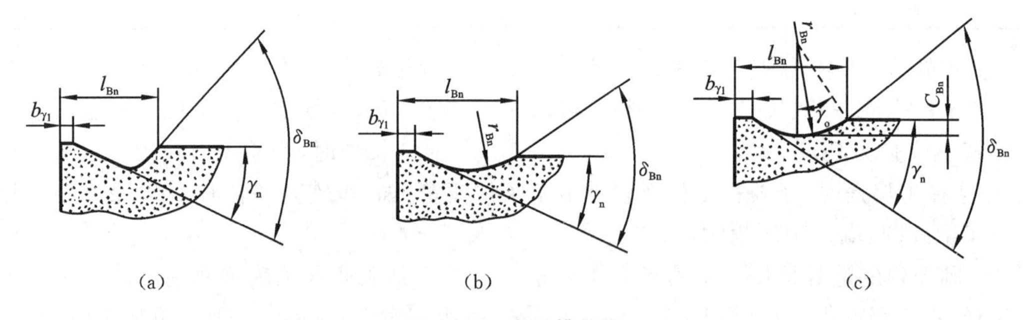

图 4.15　卷屑槽结构

(a) 折线形　(b) 直线圆弧形　(c) 全圆弧形

的损坏。

三、切削用量的选择

合理地选择切削用量,能够保证工件加工质量,提高切削效率,延长刀具使用寿命和降低加工成本。

1. 选择切削用量时应考虑的因素

切削用量三要素对切削力、刀具磨损和刀具耐用度、产品加工质量等都有直接的影响,因此,选择切削用量时要综合考虑生产率、加工质量和生产成本等因素。只有选择合适的切削用量,才能充分发挥机床和刀具的功能,最大限度地挖掘生产潜力,降低生产成本。

2. 切削用量的选择原则

选择切削用量的原则是在保证加工质量和降低生产成本的前提下,尽可能地提高效率,即 a_p、f 和 v_c的乘积最大。当 a_p、f 和 v_c的乘积最大,切除量一定时,需要的切削加工时间最少。

1) 背吃刀量的选择

粗加工的背吃刀量应根据工件的加工余量确定,应尽量用一次走刀就切除全部加工余量。当加工余量过大、机床功率不足、工艺系统刚度较低、刀具强度不够以及断续切削或冲击振动较大时,可分几次走刀。对于切削表面层有硬皮的铸、锻件,应尽量使背吃刀量大于硬皮层的厚度,以保护刀尖。半精加工和精加工的加工余量一般较小,可一次切除。有时为了保证工件的加工质量，也可分两次走刀。多次走刀时，第一次走刀的背吃刀量取得比较大，一般为总加工余量的2/3～3/4。

2）进给量的选择

粗加工时，进给量的选择主要受切削力的限制。在工艺系统的刚度和强度良好的情况下，可选用较大的进给量值。半精加工和精加工时，由于进给量对工件的已加工表面的表面粗糙度影响很大，进给量一般取得较小。通常按照工件加工表面粗糙度的要求，根据工件材料、刀尖圆弧半径、切削速度等条件来选择合理的进给量。当切削速度提高，刀尖圆弧半径增大，或刀具磨有修光刃时，可以选择较大的进给量，以提高生产率。

3）切削速度的选择

在背吃刀量和进给量选定以后，可在保证刀具合理寿命的条件下，确定合适的切削速度。粗加工时，背吃刀量和进给量都较大，切削速度受刀具寿命和机床功率的限制，一般较低。精加工时，背吃刀量和进给量都取得较小，切削速度主要受工件加工质量和刀具寿命的限制，一般取得较高。选择切削速度时，还应考虑工件材料的切削加工性等因素。例如，加工合金钢、高锰钢、不锈钢、铸铁等的切削速度应比加工普通中碳钢的切削速度低20%～30%，加工有色金属时，则应提高1～3倍。在断续切削和加工大件、细长件、薄壁件时，应选用较低的切削速度。切削速度的参考值可以在切削用量手册中查到。

四、切削液

1. 切削液的作用

切削液进入切削区，可以改善切削条件，提高工件加工质量和切削效率。与切削液有相似功效的还有某些气体和固体，如压缩空气、二硫化铝和石墨等。切削液的主要作用如下。

（1）冷却作用。切削液能从切削区域带走大量切削热，从而降低切削温度。切削液的冷却性能的好坏，取决于它的热导率、比热容、汽化热、汽化速度、流量和流速等。

（2）润滑作用。切削液能渗到刀具与切屑和加工表面之间，形成一层润滑膜或化学吸附膜，以减小它们之间的摩擦。切削液润滑的效果主要取决于切削液的渗透能力、吸附成膜的能力和润滑膜的强度等。

（3）清洗作用。大量切削液的流动，可以冲走切削区域和机床上的细碎切屑和脱落的磨粒。清洗性能的好坏，主要取决于切削液的流动性、切削液的压力和切削液的油性。

（4）防锈作用。在切削液中加入防锈剂，可在金属表面形成一层保护膜，对工件、机床、刀具和夹具等都能起到防锈作用。防锈作用的强弱，取决于切削液本身的成分和添加剂的作用。

2. 切削液的种类

（1）水溶液。它的主要成分是水，其中加入了少量的有防锈和润滑作用的添加剂。水溶液的冷却效果良好，多用于普通磨削和其他精加工。

（2）乳化液。它是将乳化油（由矿物油、表面活性剂和其他添加剂配成）用水稀释而成，用途广泛。低浓度的乳化液冷却效果较好，主要用于磨削、粗车、钻孔加工等。高浓度的乳化液润滑效果较好，主要用于精车、攻螺纹、铰孔、插齿加工等。

（3）切削油。它主要是矿物油（如机油、轻柴油、煤油等），少数采用动植物油或复合油。普通车削、攻螺纹时，可选用机油。精加工非铁金属或铸铁时，可选用煤油。加工螺纹时，可选用植物油。在矿物油中加入一定量的油性添加剂和极压添加剂，能提高其高温、高压下的润滑性能,可用于精铣、铰孔、攻螺纹及齿轮加工。

(4) 其他。其他切削液如液态二氧化碳等,用于攻螺纹。

3. 切削液的添加剂

为改善切削液的各种性能,常在其中加入添加剂。常用的添加剂有以下几种。

(1) 油性添加剂。它含有极性分子,能在金属表面形成牢固的吸附膜,在较低的切削速度下起到较好的润滑作用。常用的油性添加剂有动物油、植物油、脂肪酸、胶类、醇类和脂类等。

(2) 极压添加剂。它是含有硫、磷、氯、碘等元素的有机化合物,在高温下与金属表面起化学反应,形成耐较高温度和压力的化学吸附膜,能防止金属界面直接接触,从而减小摩擦。

(3) 表面活性剂。它是使矿物油和水乳化,形成稳定乳化液的添加剂。表面活性剂是一种有机化合物,由可溶于水的极性基团和可溶于油的非极性基团组成,可定向地排列并吸附在油水两相界面上,极性端向水,非极性端向油,将水和油连接起来,使油以微小的颗粒稳定地分散在水中,形成乳化液。表面活性剂还能吸附在金属表面上,形成润滑膜,起油性添加剂的润滑作用。常用的表面活性剂有石油磺酸钠、油酸钠皂等。

(4) 防锈添加剂。它是一种极性很强的化合物,与金属表面有很强的附着力,吸附在金属表面上形成保护膜,或与金属表面化合形成钝化膜,起到防锈作用。常用的防锈添加剂有碳酸钠、三乙醇胺、石油磺酸钡等。

4. 切削液的使用方法

切削液常用的使用方法有浇注法、高压冷却法和喷雾冷却法等。

浇注法的设备简单,使用方便,目前应用最广泛,但浇注的切削液流速较慢,压力小,切削液进入高温区域较难,冷却效果不够理想。

高压冷却法常用于深孔加工,高压下的切削液可直接喷射到切削区,起到冷却、润滑的作用,并使碎断的切屑随液流排出孔外。

喷雾冷却法主要用于难加工材料的切削和超高速切削,也可用于一般的切削加工,以提高刀具耐用度。

【思考与练习题4】

一、填空题

1. 金属切削过程的本质是______。

2. 切削层参数有:______、______、______。

3. 第______变形区是产生刀具磨损和积屑瘤的主要原因。

4. 切屑的种类有:______、______、______、______。

5. 切削液的作用有:______、______、______、______。

二、简答题

1. 如何选择切削用量?

2. 什么是刀具的寿命?

3. 什么是材料的切削加工性?什么是材料的相对加工性?

4. 什么是变形系数?

5. 切削用量中,哪一个因素对切削温度影响最大?哪一个因素对刀具耐用度影响最大?

6. 刀具的前角、后角、主偏角如何合理选择?

三、计算题

车削直径为 80 mm、长为 200 mm 的工件外圆,若选定的 $a_p=4$ mm,$f=0.5$ mm/r,$n=140$ r/min,试问切削速度 v_c 为多少?切削时间 t_m 为多少?若使用刀具主偏角 $k_r=60°$,试问切削厚度、切削宽度、切削面积为多少?

实训2 切削用量的选择和计算

一、实训题目

有一轴,加工精度为9级;表面粗糙度 Ra 为 3.2 μm,材料为45号热轧钢,$\sigma_b=0.637$ GPa,毛坯尺寸为 $\phi50$ mm×350 mm,加工尺寸为 $\phi44$ mm×300 mm。在普通卧式车床CA6140上加工,使用焊接式硬质合金YT15车刀,刀杆截面尺寸为16 mm×25 mm;几何参数:$\gamma=15°$,$a_o=8°$,$\kappa_r=75°$,$\kappa_r'=10°$,$\lambda_s=6°$,$r_\varepsilon=1$ mm,$b_{\gamma1}=0.3$ mm,$\gamma_{01}=-10°$。

其加工方案为:粗车—半精车。试确定:

(1) 粗车时合理的切削用量。

(2) 半精车时合理的切削用量。

(3) 若要磨削外圆,试确定磨削加工时的砂轮和切削液。

二、实训目的

切削用量、砂轮及切削液的合理选择。

三、实训过程

根据加工要求,选择切削用量(参考有关工艺手册)。

1. 粗车

(1) 确定背吃刀量 a_p。毛坯余量单边为 3 mm,粗车取 $a_p=2.5$ mm。

(2) 确定进给量。根据工件材料、刀杆截面尺寸、工件直径及背吃刀量,从手册查得 $f=0.4\sim0.5$ mm/r。按机床说明书中实有得进给量,取 $f=0.51$ mm/r。

(3) 确定切削进度。查手册得 $v_c=90$ m/min。计算机床主轴的转速为

$$n=\frac{1000v_c}{\pi d_{工件}}=\frac{1000\times90}{3.14\times50}\ \text{r/min}=573\ \text{r/min}$$

按机床说明书选取实际的机床转速为 560 r/min,此时的实际切削速度为

$$v_c=\frac{\pi d_{工件}n}{1000}\ \text{m/min}=\frac{3.14\times50\times560}{1000}\ \text{m/min}=87.9\ \text{m/min}$$

2. 半精车

(1) 确定背吃刀量。$a_p=0.5$ mm。

(2) 确定进给量。精加工和半精加工应根据表面粗糙度值来选,由于要求的表面粗糙度 Ra 为 3.2 μm,$r_c=1$ mm,查手册(预估切削速度 $v_c>50$ m/min)得 $f=0.3\sim0.35$ mm/r。按机

床说明书中实有的进给量,取 $f=0.3$ mm/r。

(3) 确定切削速度。根据已知条件和已确定的 a_p 和 f 值,查手册得 $v_c=130$ m/min。算出机床转速为

$$n=\frac{1000v_c}{\pi d_{工件}}\ \text{r/min}=\frac{1000\times 130}{3.14\times(50-5)}\ \text{r/min}=920\ \text{r/min}$$

按机床说明书选取机床实际转速为 900 r/min,此时的实际切削速度为

$$v_c=\frac{\pi(50-5)\times 900}{1000}\ \text{m/min}=127.2\ \text{m/min}$$

所得结果为:

粗车切削用量 $a_p=2.5$ mm,$f=0.51$ mm/r,$v_c=87.9$ m/min。

半精车切削用量 $a_p=0.5$ mm,$f=0.3$ mm/r,$v_c=127.2$ m/min。

若要磨削外圆,砂轮可用 P400×100×127A60J5V35;切削液可选普通乳化液。

四、实训总结

确定切削用量时,首先要确定机床,根据机床实有的转速,最后得出实际的切削速度。

模块3

常用机械加工方法与装备

第 5 章

车削加工

5.1 车削加工概述

在车床上进行的切削加工称为车削加工，车削加工是最基本的，也是使用最广泛的一种加工方法，在金属切削加工中所占比例最大。

一、车削加工的工艺范围

车削主要用于在车床类机床上加工各种回转表面，如内、外圆柱面，圆锥面，环槽及成形回转面和回转体端面，也可以车削螺纹面，还可以进行钻孔、扩孔、铰孔和滚花等工作，如图 5.1 所示。由于大多数机器零件都具有回转表面，车床的通用性又较广，因此在机器制造中，车床的应用极为广泛，占机床总台数的 20%～35%。

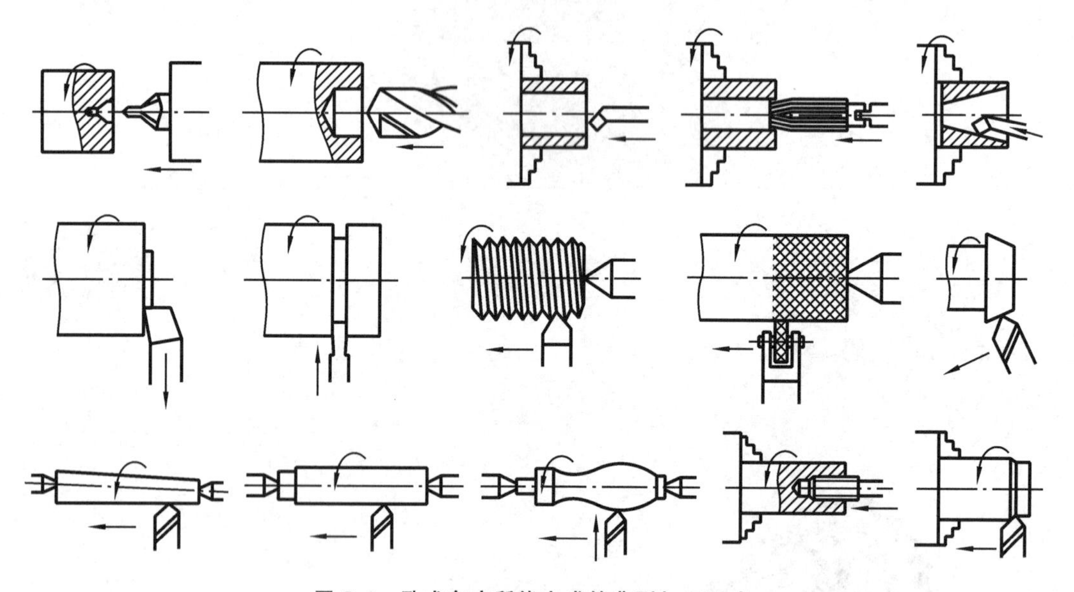

图 5.1　卧式车床所能完成的典型加工形式

车削能达到的尺寸精度为 IT10～IT7，能达到的表面粗糙度 Ra 为 6.3～0.8 μm。

二、车削加工的运动

为了加工出所要求的工件表面，车床必须使刀具和工件实现下列运动。

1. 表面成形运动

(1) 工件的旋转运动，即为车床的主运动。其转速较高，常以主轴转速 n(r/min)表示，是消耗机床功率的主要部分。

(2) 刀具的直线移动，即为车床的进给运动。刀具可作平行于工件旋转轴线的纵向进给运动（车圆柱面）或垂直于工件旋转轴线的横向进给运动（车端面），也可作相对于工件旋转轴线倾斜一定角度的斜向运动（车圆锥表面）或作曲线运动（车成形回转表面）。进给量常以f(mm/r)表示，代表主轴每转一周刀具的移动量。

车削螺纹时的运动比较特殊，虽然运动形式和车圆柱面相同，都为主轴的旋转运动和刀具的直线移动，但这两个运动是一个复合运动（螺旋运动）分解的两部分，它们之间必须具备严格的运动关系，刀具的驱动方式也有所不同，详见后述。

2. 辅助运动

为了将毛坯加工到所需要的尺寸，除了表面成形运动，车床还应有切入运动，以及刀架纵、横向的机动快移，重型车床还有尾架的机动快移等。

5.2 车　　床

一、车床的分类

车床的种类很多，按其结构和用途不同，主要可分为以下几类：① 卧式车床和落地车床；② 立式车床；③ 转塔车床；④ 单轴和多轴自动和半自动车床；⑤ 仿形车床和多刀车床；⑥ 数控车床和车削中心；⑦ 各种专门化车床，如凸轮轴车床、曲轴车床、车轮车床及铲齿车床等。

此外，在大批大量生产的工厂中还有各种各样的专用车床。在所有的车床类机床中，以卧式车床应用最广。卧式车床的通用性较大，但结构较复杂且自动化程度较低，在车削形状较复杂的工件时，换刀较麻烦，辅助时间占总加工时间的比例较大，所以较适用于单件、小批生产及修理车间等。

二、普通卧式车床

下面以 CA6140 型卧式车床为例，分析其布局、工艺特点、传动系统及主要结构。

1. 机床布局

卧式车床主要用于加工轴类零件和直径不太大的盘类、套类零件，故采用卧式布局。为了适应右手操作的习惯，主轴箱布置在左端。主轴水平安装，刀具在水平面内作纵、横向进给运动。图 5.2 所示是 CA6140 型卧式车床的外形，其主要组成部件及功用如下。

1) 主轴箱

主轴箱固定在床身的左端，内部装有主轴、变速及传动机构。主轴是空心的，中间可以穿过棒料。工件通过三爪自定心卡盘等夹具装夹在主轴前端。主轴箱的功能是支承主轴，并把动力经变速、传动机构传给主轴，使主轴带动工件旋转，以实现主运动。

2) 刀架

刀架装在床身的床鞍导轨上，可沿导轨作纵向移动。刀架的功用是安装车刀，一般可同时装四把车刀。床鞍的功用是使刀架作纵向、横向和斜向运动。刀架位于三层滑板的顶端。最底层的滑板就称为床鞍，它可沿床身导轨纵向运动，可以机动也可以手动，以带动刀架实现纵向进

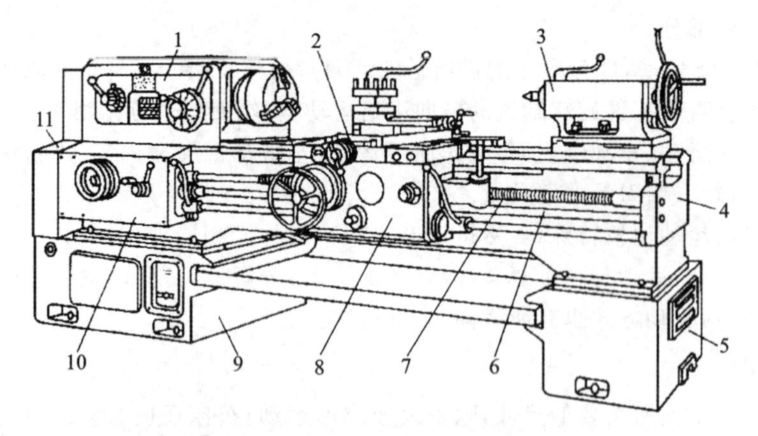

图 5.2　CA6140 型卧式车床外形

1—主轴箱；2—刀架；3—尾座；4—床身；5、9—床腿；

6—光杠；7—丝杠；8—溜板箱；10—进给箱；11—交换齿轮变速机构

给。第二层为中滑板，它可沿着床鞍顶部的导轨作垂直于主轴方向的横向运动，也可以机动或手动，以带动刀架实现横向进给。最上一层为小滑板，它与中滑板以转盘连接，因此，小滑板可在中滑板上转动，调整好某个方向后，可以带动刀架实现斜向手动进给。

3）进给箱

进给箱固定在床身的左端前侧。主轴的运动通过交换齿轮变速机构将运动传给进给箱，进给箱内装有进给运动的换置机构，用于改变机动进给的进给量或所加工螺纹的导程。

4）溜板箱

溜板箱固定在床鞍底部。它的功用是把进给箱传来的运动通过丝杠或光杠，及箱内的开合螺母和齿轮机构，传送给刀架，使刀架实现纵向和横向进给或快速移动。溜板箱表面装有各种操纵手柄和按钮，用来实现手动或机动进给，车螺纹，纵向进给或横向进给，快速进退或以工作速度移动等。

5）床身

床身固定在左床腿和右床腿上。床身用来支承和安装车床的主轴箱、进给箱、溜板箱、刀架、尾座等，使它们在工作时有准确的相对位置和运动轨迹。床身上面有两组导轨——床鞍导轨和尾座导轨。床身前方床鞍导轨下装有长齿条，与溜板箱中的小齿轮啮合，以带动溜板箱纵向移动。

6）尾座

尾座安装在床身的尾座导轨上，可沿床身导轨纵向运动以调整其位置。尾座的功用是用后顶尖支承长工件，也可以安装钻头、铰刀等刀具来进行孔加工。尾座可在其底板上作少量的横向运动，通过此项调整，可以在用后顶尖顶住的工件上车锥体。

2. 传动系统

1）主运动传动链

(1) 传动路线。主运动传动链的首、末端件分别是主电动机和主轴(Ⅵ)。如图 5.3 所示，运动由电动机(功率为 7.5 kW，额定转速为 1450 r/min)经带轮传动副($\frac{\phi130\ \text{mm}}{\phi230\ \text{mm}}$)传至主轴箱中的轴Ⅰ。在轴Ⅰ上装有双向多片式摩擦离合器 M_1，控制主轴的正转、反转或停止。当压紧离合器 M_1 左部的摩擦片时，轴Ⅰ的运动经齿轮副($\frac{56}{38}$或$\frac{51}{43}$)传给轴Ⅱ，使轴Ⅱ获得两种转速；压紧

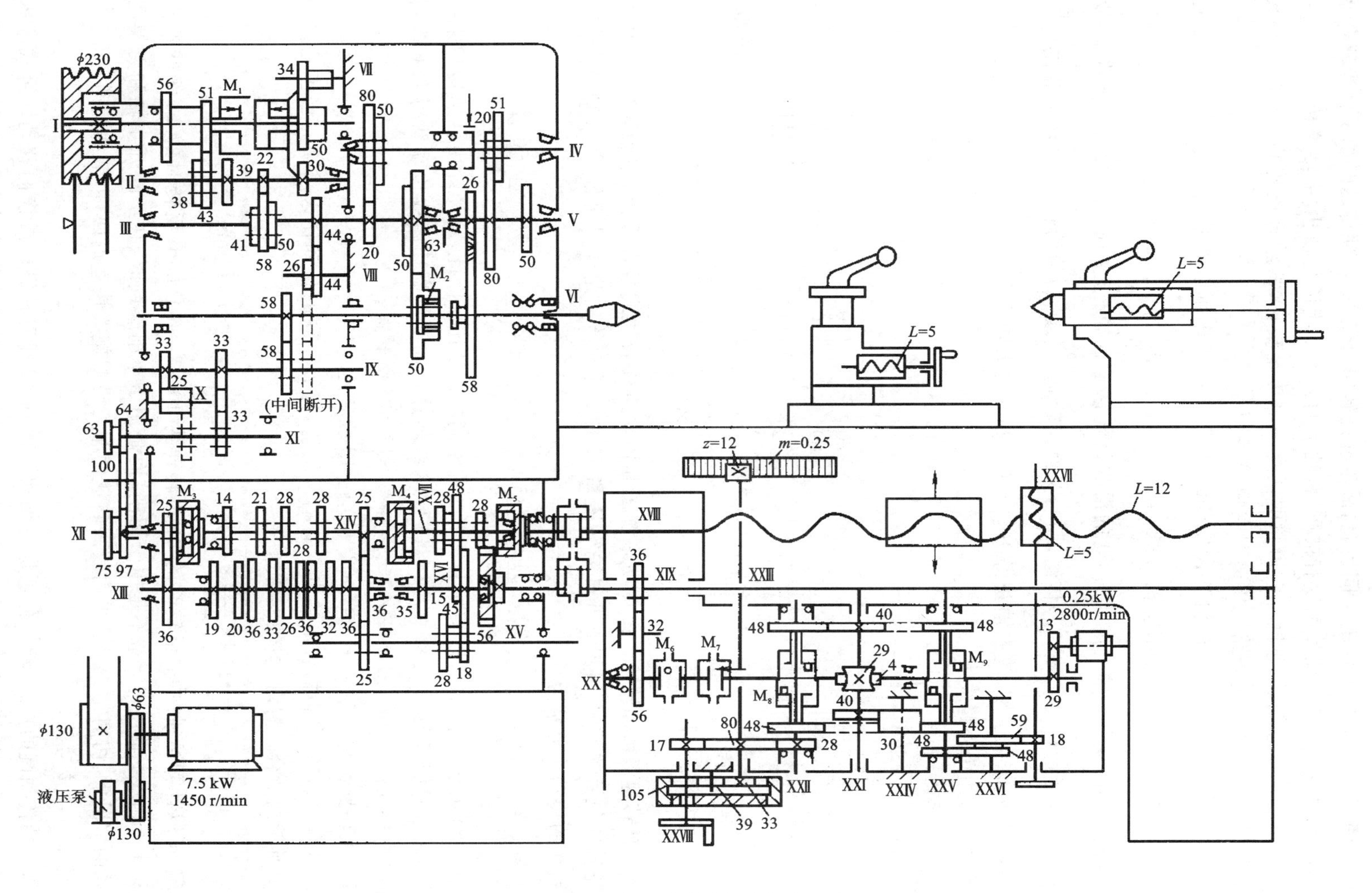

图 5.3 CA6140 型卧式车床传动系统图

右部摩擦片时，经齿数为50的齿轮、轴Ⅶ上的空套齿轮(34)传给轴Ⅱ上的固定齿轮(30)。这时轴Ⅰ至轴Ⅱ间多一个齿数为34的中间齿轮，故轴Ⅱ的转向与经 M_1 左部传动时相反。当离合器处于中间位置时，左、右部摩擦片都没有被压紧，轴Ⅰ的运动不能传至轴Ⅱ，主轴停转。

轴Ⅱ的运动可通过轴Ⅱ、Ⅲ间三对齿轮的任意一对传至轴Ⅲ，故轴Ⅲ正转共 $2\times3=6$ 种转速。轴Ⅲ的运动可以通过两条路线传递到主轴，分别为：

① 高速传动路线。主轴上的滑移齿轮(50)移至左端，与轴Ⅲ上右端的齿轮(63)啮合。运动由轴Ⅲ经齿轮副$\left(\frac{63}{50}\right)$直接传给主轴，得到450～1400 r/min的6种高转速。

② 低速传动路线。主轴上齿数为50的滑移齿轮移至右端，与主轴上的齿式离合器 M_2 啮合。轴Ⅲ的运动经齿轮副$\left(\frac{20}{80}\text{或}\frac{50}{50}\right)$传给轴Ⅳ，又经齿轮副$\left(\frac{20}{80}\text{或}\frac{51}{50}\right)$传给轴Ⅴ，再经齿轮副$\left(\frac{26}{58}\right)$和齿式离合器 M_2 传至主轴，使主轴获得10～500 r/min的低转速。

传动系统可用传动路线为

$$\underset{(7.5\ \text{kW},1450\ \text{r/min})}{\text{电动机}} - \frac{\phi 130\ \text{mm}}{\phi 230\ \text{mm}} - \text{I} -$$

$$\left\{\begin{array}{l} M_1\text{左} - \overset{(\text{正转})}{\left\{\begin{array}{c}\frac{56}{38}\\ \frac{51}{43}\end{array}\right\}} \\ M_1\text{右} - \overset{(\text{反转})}{\frac{50}{34}} - \text{VII} - \frac{34}{30}\end{array}\right\} - \text{II} - \left\{\begin{array}{c}\frac{39}{41}\\ \frac{30}{50}\\ \frac{22}{58}\end{array}\right\} - \text{III} - \left\{\begin{array}{l} \left\{\begin{array}{c}\frac{20}{80}\\ \frac{50}{50}\end{array}\right\} - \text{IV} - \left\{\begin{array}{c}\frac{20}{80}\\ \frac{51}{50}\end{array}\right\} - \text{V} - \frac{26}{58} - M_2\text{右} \\ \frac{63}{50}\ \overset{-M_2\text{左}}{\text{————————————}} \end{array}\right\} - \text{VI}(\text{主轴})$$

(2) 主轴转速级数和转速。由传动系统图和传动路线表达式可以看出，主轴正转时，利用滑移齿轮轴向位置的变化，可得到6种高转速和24种低转速传动路线。而Ⅲ-Ⅳ-Ⅴ轴之间的4条传动路线的传动比分别为

$$u_1=\frac{20}{80}\times\frac{20}{80}=\frac{1}{16},\quad u_2=\frac{20}{80}\times\frac{51}{50}\approx\frac{1}{4},\quad u_3=\frac{50}{50}\times\frac{20}{80}=\frac{1}{4},\quad u_4=\frac{50}{50}\times\frac{51}{50}\approx1$$

其中 u_2 和 u_3 基本相同，所以实际上只有3种不同的传动比。因此，运动经由低速传动路线时，主轴实际上只能得到 $2\times3\times(2\times2-1)=18$ 级转速。加上由高速路线传动获得的6级转速，主轴总共可获得 $2\times3\times[1+(2\times2-1)]=6+18=24$ 级转速。

同理，主轴反转时，有 $3\times[1+(2\times2-1)]=12$ 级转速。

主轴的各级转速，可根据各滑移齿轮的啮合位置，得到不同的传动比来求得。当齿轮在如图5.3中所示的啮合位置时，主轴的转速为

$$n_{\text{主}}=1450\times\frac{130}{230}\times\frac{51}{43}\times\frac{22}{58}\times\frac{20}{80}\times\frac{20}{80}\times\frac{26}{58}\approx10\ \text{r/min}$$

同理，可以计算得到：主轴正转时的24级转速为10～1400 r/min；反转时的12级转速为14～1580 r/min。主轴反转通常不是用于切削，而是用于车削螺纹时，在不断开主轴和刀架间传动联系的情况下，切削完一刀后采用较高转速使车刀沿螺旋线快速退回，可节约辅助时间。

2) 进给运动传动链

进给运动传动链的首、末端件分别是主轴和刀架，可实现刀具纵向或横向移动。卧式车床在切削螺纹时，进给传动链是内联系传动链，主轴每转一周，刀架的移动量应等于螺纹的导程。在切削圆柱面和端面时，进给传动链是外联系传动链，进给量也以工件每转一周刀架的移动量

为单位。

进给箱的动力源来自于主轴。运动从主轴Ⅵ开始，经轴Ⅸ或轴Ⅹ传至轴Ⅺ，然后，经交换齿轮架至进给箱。从进给箱传出的运动，一条路线经丝杠带动溜板箱，使刀架作纵向运动，接通螺纹运动传动链；另一条路线经光杠和溜板箱，使刀架作纵向或横向的机动进给，接通机动进给运动传动链。

CA6140型车床可车削公制、寸制、模数制和径节制四种标准的常用螺纹；此外，还可以车削大导程、非标准和较精密的螺纹。既可以车削右螺纹，也可以车削左螺纹。

不同标准的螺纹用不同的参数表示其螺距，表5.1列出了公制、寸制、模数制和径节制四种标准螺纹的螺距参数及其与螺距、导程之间的换算关系。

表5.1　螺距参数及其与螺距、导程的换算关系

螺纹种类	螺距参数	螺距/mm	导程/mm
公制	螺距 P/mm	P	$S=kP$
模数制	模数 m/mm	$P_m=\pi m$	$S_m=kP_m=\pi km$
寸制	每英寸牙数 a/(牙/英寸)	$P_a=\dfrac{25.4}{a}$	$S_a=kP_a=\dfrac{25.4k}{a}$
径节制	径节 DP/(牙/英寸)	$P_{DP}=\dfrac{25.4}{DP}\pi$	$S_{DP}=kP_{DP}=\dfrac{25.4k}{DP}\pi$

注：表中 k 为螺纹头数；1 in=25.4 mm。

无论车削哪一种螺纹，都必须在加工中形成母线（螺纹面形状）和导线（螺旋形）。用螺纹车刀形成母线（成形法）不需要成形运动，形成螺旋形采用轨迹法。螺纹的形成需要一个复合的成形运动。为了形成一定导程的螺旋线，必须保证主轴每转一周，刀具准确地移动被加工螺纹一个导程的距离，根据这个相对运动关系，列出车螺纹的运动平衡式为

$$1(\text{主轴})\times u_{总}\times L_{丝}=S \tag{5.1}$$

式中：1——主轴转一周；

$u_{总}$——主轴至丝杠之间的总传动比；

$L_{丝}$——机床丝杠的导程，CA6140型车床的 $L_{丝}=12$ mm；

S——被加工螺纹的导程(mm)。

车削不同标准和不同导程的各种螺纹时，必须对螺纹进给传动链进行适当调整，改变传动比 $u_{总}$，这样就可得到以上四种标准螺纹的任意一种。

3. 机床主要结构

1) 主轴箱

机床主轴箱是一个比较复杂的传动部件，它的功用是支承主轴和传递其旋转运动，并使其实现启动、停止、变速和换向等功能。因此，主轴箱中不仅装有主轴组件，还有卸荷式带轮、双向多片式摩擦离合器、制动器、变速操纵机构等典型机构。图5.4所示为CA6140型卧式车床主轴箱展开图。展开图基本上是按各传动轴传递运动的先后顺序，沿其轴心线剖开，并展开在一个平面上而形成的装配图。

(1) 卸荷式带轮。主电动机通过带传动使轴Ⅰ旋转，为了提高轴Ⅰ的旋转稳定性，轴Ⅰ上的带轮采用了卸荷机构。如图5.5所示，带轮1通过螺栓与花键套连成一体，支承在卸荷轴承座内的两个深沟球轴承上，而卸荷轴承座则固定在主轴箱体上。这样，带轮可通过花键套的内花键带动轴Ⅰ旋转，而带传动产生的径向拉力则经轴承和法兰直接传至箱体(卸下了径向载

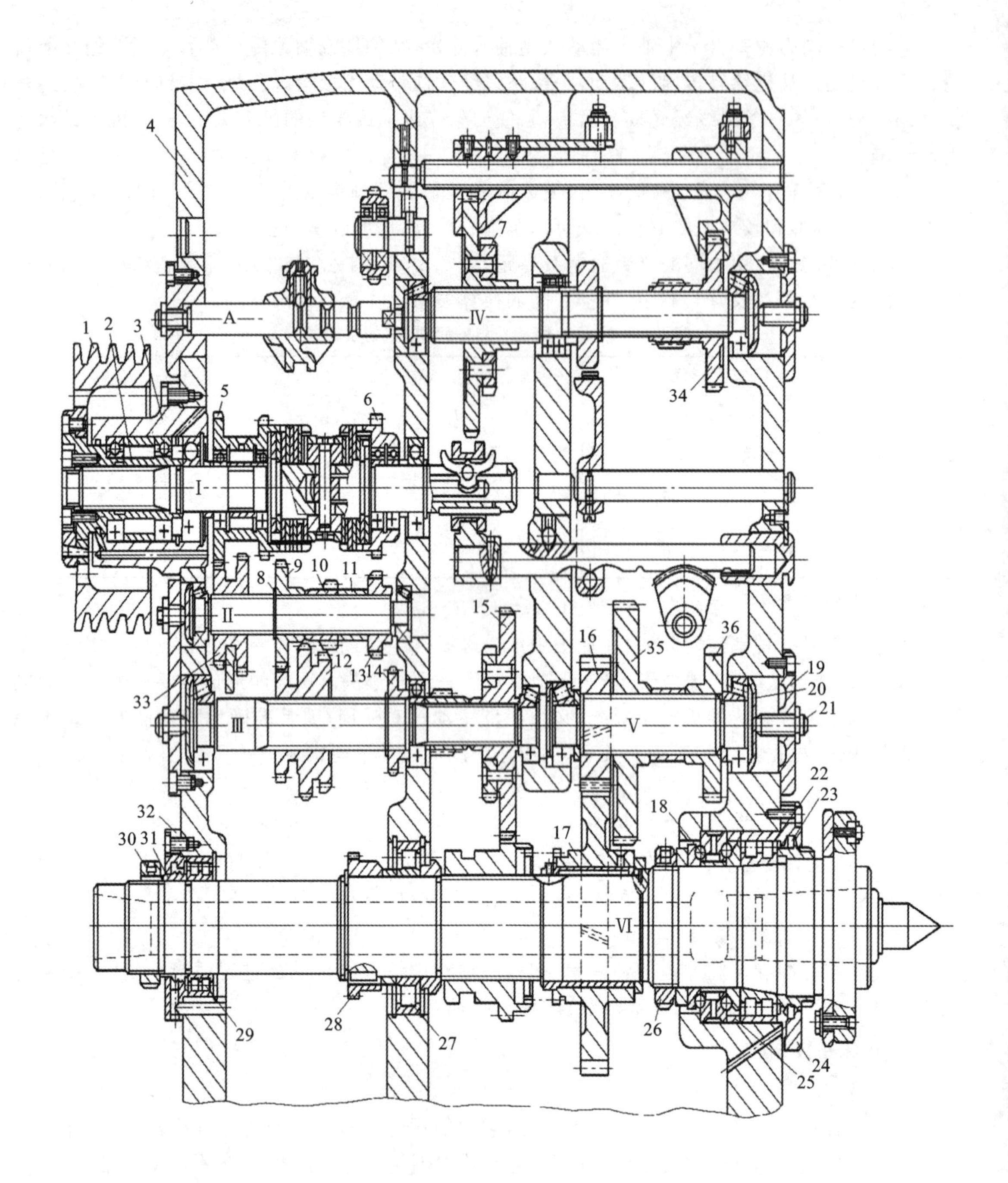

图 5.4　CA6140 型卧式车床主轴箱展开图

1—带轮;2—花键套;3—卸荷轴承座;4—主轴箱体;5—双联空套齿轮;6—空套齿轮;
7、33、34—双联齿轮;8—轴用挡圈;9、10、13、14、28、35、36—固定齿轮;11、25—隔套;
12—三联滑移齿轮;15—三联固定齿轮;16、17—斜齿轮;18—双向推力角接触球轴承;
19—盖板;20—轴承压盖;21—调整螺钉;22、29—双列圆柱滚子轴承;
23—密封;24、32—轴承端盖;26、30—螺母;27—圆柱滚子轴承;31—套筒荷)。轴Ⅰ的花键部分只传递转矩,从而避免了轴Ⅰ因带拉力产生的径向力而产生弯曲变形,提高了传动平稳性。卸荷式带轮特别适用于要求传动平稳性高的精密机床。图5.5所示为主轴箱各轴空间位置示意图。

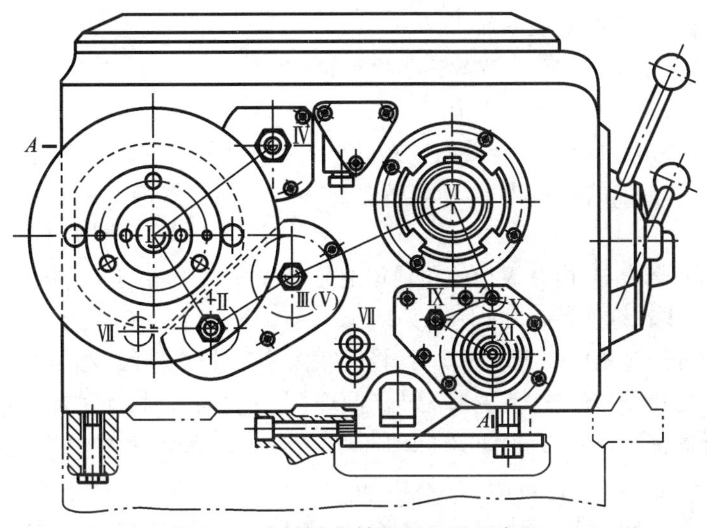

图5.5 主轴箱各轴空间位置示意图

(2) 主轴组件。CA6140型卧式车床的主轴是一个空心阶梯轴。其内孔用于通过长棒料及气压、液压或电气等夹紧装置的管道、导线,也用于穿入钢棒、卸下顶尖。CA6140型车床的主轴组件为三支承结构,采用滚动轴承,主轴轴承应在无间隙(或少量过盈)条件下运转,故主轴组件在结构上应保证能够调整轴承间隙。如图5.4所示,前支承采用NN3021K型锥孔双列短圆柱滚子轴承和两个60°角接触双向推力球轴承,前者用于承担径向力,后者用于承担轴向力。调整主轴轴向间隙和径向间隙是靠转动带有锁紧螺钉的调整螺母实现的。后支承采用NN3015K锥孔双列向心短圆柱滚子轴承,其间隙调整靠转动螺母实现。中间支承采用单列向心短圆柱滚子轴承。后支承和中间支承只承受径向力,在轴向可以浮动,主轴受热变形时可以自由伸缩。

CA6140型卧式车床主轴的前端采用短锥法兰式结构,用于安装卡盘或拨盘。如图5.6所示,卡盘(拨盘)座由主轴端部的短圆锥面和法兰端面定位,由卡口垫和插销螺栓紧固,由螺钉锁

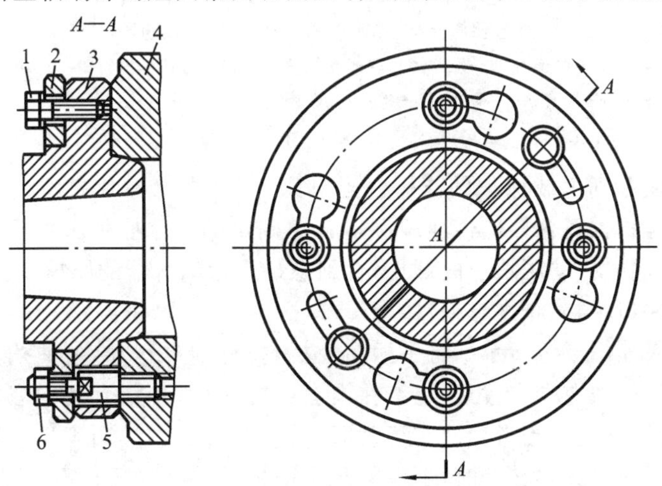

图5.6 卡盘或拨盘的安装

1—螺钉;2—卡口垫;3—主轴端部;4—卡盘座;5—插销螺栓;6—螺母

紧。这种结构装卸方便，工作可靠，定心精度高，主轴前端的悬伸长度较短，有利于提高主轴组件的刚度，应用很广。主轴前端锥孔采用莫氏 6 号锥度，用来安装顶尖及顶尖套，也可安装心轴，利用锥面配合的摩擦力直接带动心轴和工件转动。主轴尾部的圆柱面是安装各种辅具(如气压、液压或电气装置等)的安装基面。

2）双向多片式摩擦离合器、制动器及其操纵机构

双向多片式摩擦离合器装在轴Ⅰ上，如图 5.7 所示。摩擦离合器由内摩擦片、外摩擦片、止推片、压块及空套齿轮等组成。离合器左、右两部分结构是相同的。左离合器用来传动主轴正转，用于切削加工，需传递的转矩较大，所以片数较多。右离合器传动主轴反转，主要用于退回，片数较少。

图 5.7 所示为左离合器，内摩擦片的孔是花键孔，装在轴Ⅰ的花键上，随轴旋转。外摩擦片的孔是圆孔，直径略大于花键外径，外圆上有 4 个凸起的部分，嵌在空套齿轮的缺口中。内、外摩擦片相间安装。当拉杆通过销向左推动压块时，将内摩擦片与外摩擦片互相压紧。轴Ⅰ的转矩便通过摩擦片间的摩擦力矩传给齿轮，使主轴正转。同理，当压块向右时，使主轴反转。压块处于中间位置时，左、右离合器都脱开，这时轴Ⅰ虽然转动，但离合器不传递运动，主轴处于停止状态。

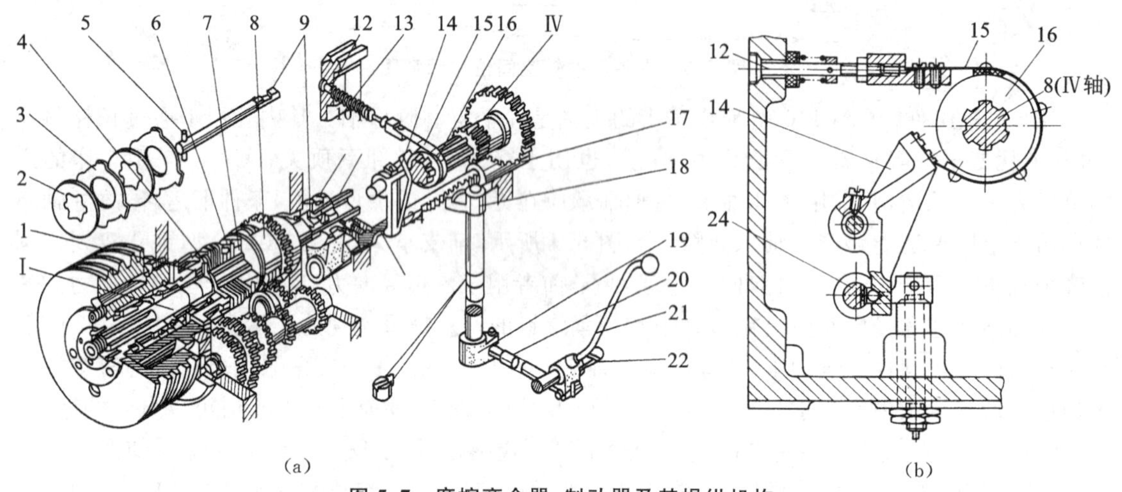

图 5.7 摩擦离合器、制动器及其操纵机构

(a) 摩擦离合器、制动器、操纵机构 (b) 制动器

1—空套齿轮；2—内摩擦片；3—外摩擦片；4—止推片；5—销；6—调节螺母；7—压块；8—齿轮；9、20—拉杆；10—滑套；11—摆杆；12—螺钉；13—弹簧；14—杠杆；15—制动带；16—制动轮；17—齿条轴；18—齿扇；19—曲柄；21—手柄；22—轴；23—拨叉；24—齿条

摩擦离合器还能起到过载保护的作用。当机床过载时，摩擦片打滑，就可避免损坏机床。摩擦片间的压紧力是根据离合器应传递的额定转矩确定的。摩擦片磨损后，压紧力减小，可用一字旋具将销按下，同时拧动压块上的螺母，直到螺母压紧离合器的摩擦片。调整好位置后，使销重新卡入螺母的缺口中，防止螺母松动。

离合器位置操纵如图 5.7 所示。将手柄向上扳，拉杆向外运动，使曲柄和齿扇作顺时针转动。齿条向右移动。齿条左端有拨叉，它卡在滑套的环槽内，使滑套也向右移动。滑套内孔的两端为锥孔，中间为圆柱孔。当滑套向右移动时，就将摆杆的右端向下压。摆杆的回转中心轴装在轴Ⅰ上。摆杆顺时针方向转动时，下端的凸缘便推动装在轴Ⅰ内孔中的拉杆向左移动，压紧左摩擦片，主轴正转。同理，将手柄扳至下端位置时，右离合器压紧，主轴反转。当手柄处于中间位置时，离合器脱开，主轴停止转动。

制动器装在轴Ⅳ上，在离合器脱开时制动主轴，以缩短辅助时间。制动器的结构如图5.7(b)所示。制动轮是一个钢制圆盘，与Ⅳ轴用花键连接。制动轮的周边围着制动带15，制动带为一钢带，内侧固定一层酚醛石棉。制动带的一端与杠杆连接，另一端通过调节螺钉等与箱体相连。为了操纵方便并避免出错，制动器和摩擦离合器共用一套操纵机构，也由手柄操纵。当离合器脱开时，齿条处于中间位置。这时齿条上的凸起部分正处于与杠杆下端相接触的位置，使杠杆逆时针摆动，将制动带拉紧，使Ⅳ轴和主轴迅速停转。齿条凸起部分的左、右两边都是凹槽，左、右离合器中任一个接合时，杠杆都顺时针摆动，使制动带放松，主轴旋转。制动带的拉紧程度由调节螺钉调整。调整后应检查在压紧离合器时制动带是否松开。

5.3 车 刀

在车床上使用的刀具，主要是各种形式的车刀，有的车床还可以采用各种孔加工刀具，如钻头、铰刀、丝锥、板牙等。这里主要介绍各种车刀的形式。车刀的种类很多。按用途不同车刀可分为外圆车刀、端面车刀、切断车刀、镗刀和成形车刀等多种类型；按切削部分材料不同可分为高速钢车刀、硬质合金车刀、陶瓷车刀等类型；按结构不同可分为整体车刀、焊接车刀、焊接装配式车刀、机夹重磨车刀和机夹可转位车刀。

一、按用途不同分类

1. 外圆车刀

外圆车刀用于纵向车削外圆，如图5.8所示，它又可分为以下三种。

(1) 直头外圆车刀(见图5.8中5号刀)，这种车刀制造简单，但只能加工外圆，加工端面时必须转动刀架。

(2) 弯头外圆车刀(见图5.8中4号刀)，用于纵向车削外圆，也可用于横车端面及内外圆倒角，但其副偏角κ_r'较大，加工的表面粗糙度较大且刀具寿命较短。

(3) 宽刃精车刀(见图5.8中7号刀)，它采用平头、直线刃形成，能获得表面粗糙度较小的工件表面，主要用于精车工作。

2. 端面车刀

端面车刀用于车端面，进给方向可以是纵向也可以是横向，因此又分为以下两种。

(1) 纵切端面车刀，又称劈刀，实际上就是$\kappa_r=90°$的外圆车刀。按进给方向不同纵切端面车刀分为左偏刀和右偏刀，用于加工不大的台肩端面。在车削阶梯轴及细长轴时，也常使用。

(2) 横切端面车刀(见图5.8中的9号刀)，这种刀具可以由外圆向内进给，也可以由中心向外进给。在这两种情况下，主、副切削刃及主、副偏角均不相同：前者的轴向切削分力有可能使车刀压入端面，得到逐渐加深的内凹锥面(如图5.9(a)中虚线所示)，会造成不可修复的废品；后者受切削力外推(见图5.9(b))，可能会车出逐渐变浅的凸面，但能修复，故车端面时对此要加以考虑。

3. 切断车刀

切断车刀又称割刀，用于切断工件或车槽(见图5.8中的1号刀)时，刀头长度和宽度由工件直径及槽宽尺寸决定。用于切断时，刀头长度应比切断处外圆半径略大一些，而在选择宽度的时候，既要考虑减少工件材料消耗，又要保证刀具本身强度，通常取在2～6 mm之间。割刀有两个副切削刃，一般取副偏角$\kappa_r'=1°\sim2°$，以减少与工件侧面之间的摩擦。

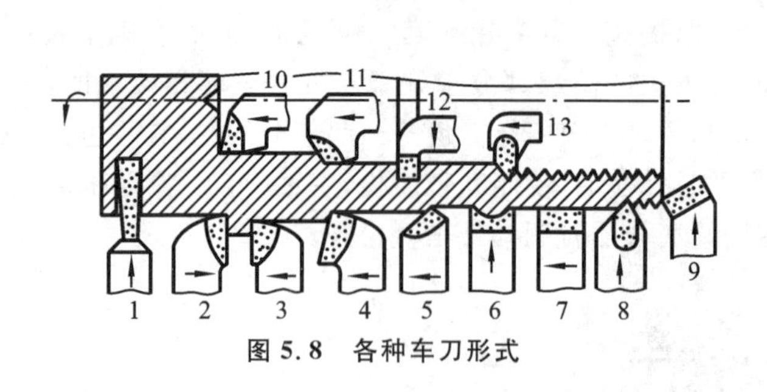

图5.8　各种车刀形式

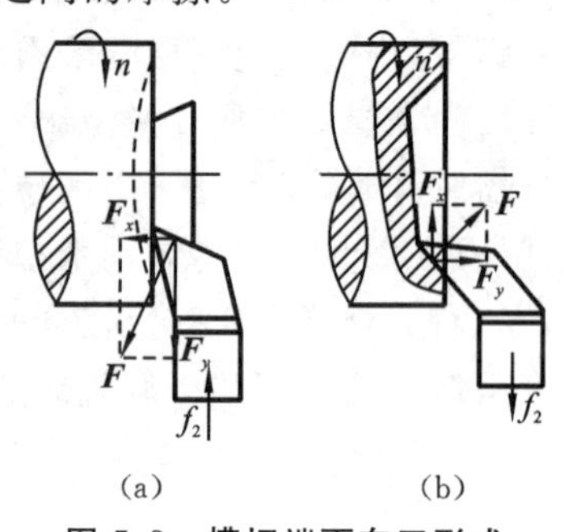

图5.9　槽切端面车刀形式

(a) 车出内凹锥面　(b) 车出凸面

4. 内孔车刀

内孔车刀又称镗刀，用于在车床上加工通孔、不通孔、孔内的槽或端面(见图5.8中10、11、12号刀)。镗刀刀杆尺寸受孔径和孔深的限制，而且伸出较长，刚度相应较低，特别是在加工小直径的深孔时，切削条件很不利，生产率很低。

5. 成形车刀

成形车刀是根据工件外形加工出其型面轮廓而设计的专用车刀，主要用于在卧式车床、转塔车床、半自动和自动车床上加工工件内、外表面的回转型面。

用普通车刀加工固然可车削工件的复杂型面，但这样不仅操作费力，生产率低，而且很难保证所加工零件的精度一致性，特别是大批生产时困难更大。所以，常采用仿型装置或成形车刀加工，前者适用于长度较大的型面，后者主要用于长度较小的型面。在仪表制造中，常有形状复杂、精度高而生产批量很大的零件，往往用成形车刀在转塔车床或自动车床上加工。

成形车刀按车刀形状可分为平体、棱体和圆体成形车刀三种。

(1) 平体成形车刀。它相当于切削刃磨成特定形状的普通车刀(见图5.8中的6号刀)。杆形成形车刀构造简单，但用钝后为保持切削刃形状不变，只能沿车刀前面刃磨，可磨次数不多，常用的螺纹车刀(见图5.8中的8、13号刀)和铲齿车刀即属此类。

(2) 棱体成形车刀。如图5.10(a)所示，其外形为棱柱体，刀头厚，可磨次数多，切削刃强度和加工精度较高。但其制造复杂，且不能加工内表面。常用的棱体成形车刀进给方向在工件的径向上，它与切断刀的进给方向相同。

(3) 圆体成形车刀。如图5.10(b)所示，其外形为回转体，沿圆周开缺口磨出切削刃，可重磨次数较棱体成形车刀更多，其制造较为简单，且可加工内、外成形表面。

二、按结构不同分类

1. 整体车刀

整体车刀主要是高速钢车刀，俗称“白钢刀”，截面为正方形或矩形，使用时可根据不同用途进行修磨。

2. 焊接车刀

焊接车刀是在普通碳钢刀杆上镶焊(钎焊)硬质合金刀片，经过刃磨而成(见图5.11)。其优点是结构简单，制造方便，并且可以根据需要进行刃磨，硬质合金的利用也较充分，故目前在车刀中占相当大的比重。

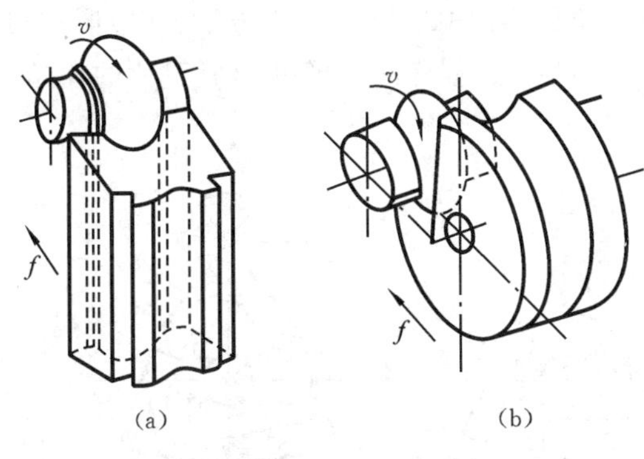

图5.10 棱形和圆形成形车刀

(a) 棱形车刀 (b) 圆形车刀

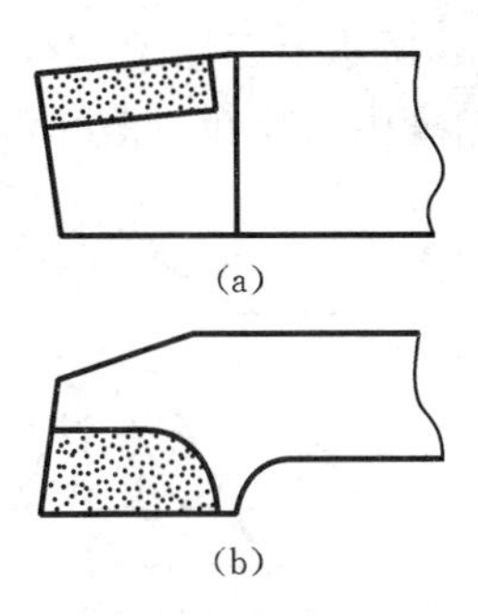

图5.11 焊接车刀

(a) 直头车刀 (b) 弯头车刀

3. 焊接装配式车刀

焊接装配式车刀是将硬质合金刀片钎焊在小刀块上，再将小刀块装配到刀杆上而形成的。焊接装配式结构多用于重型车刀。重型车刀体积和重量较大，采用焊接装配式结构以后，只需装卸小刀块，刃磨省力，刀杆也可重复使用。

4. 机夹重磨车刀

机夹重磨车刀是将硬质合金刀片用机械夹固的方法安装在刀杆上而形成的，如图5.12所示。机夹重磨车刀只有一个主切削刃，用钝后必须修磨，而且可修磨多次。其优点是刀杆可以重复使用，刀具管理简便；刀杆也可进行热处理，以提高硬质合金刀片支承面的硬度和强度，减小打刀的危险性，延长刀具的使用寿命；刀片不经高温焊接，排除了产生焊接裂纹的可能性。机夹车刀在结构上要保证刀片夹固可靠，结构简单，刀片在重磨后能够调整尺寸，有时还要考虑断屑的要求。

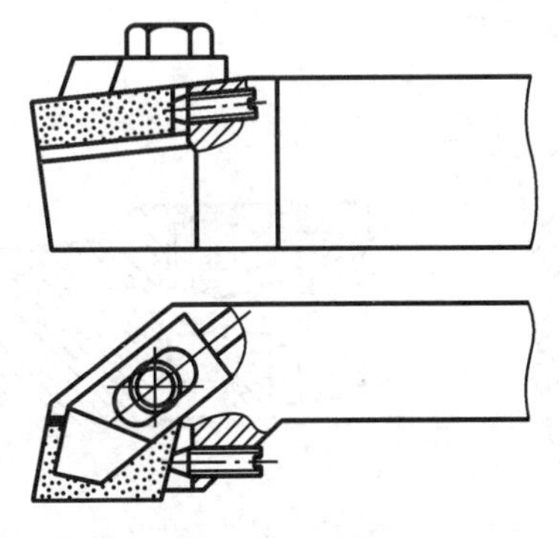

图5.12 机夹重磨车刀

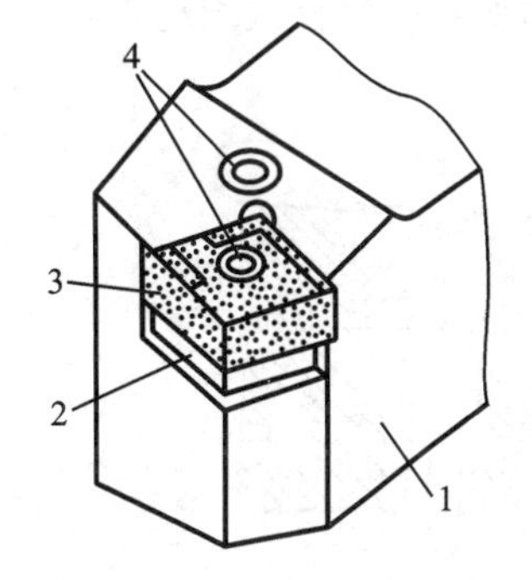

图5.13 机夹可转位车刀

1—刀杆；2—刀垫；3—刀片；4—夹固元件

5. 机夹可转位车刀

机夹可转位车刀又称机夹不重磨车刀，将可转位刀片用机械夹固的方法安装在刀杆上，如图5.13所示。它与机夹重磨车刀的不同点在于刀片为多边形，每一边都可作为切削刃，用钝后只需将刀片转位，使新的切削刃投入工作即可。当每个切削刃都用钝后，再更换新刀片。可转位车刀除具备机夹重磨车刀的优点外，其最大优点在于几何参数完全由刀片和刀槽保证，不受工人技术水平的影响，因此切削性能稳定，适合现代化生产的要求。

硬质合金可转位刀片形状很多，常用的有三角形、各种凸三角形、正方形、五边形和圆形等，如图5.14所示。刀片大多不带后角，但在每个切削刃上做有断屑槽并形成刀片的前角。刀具的实际角度由刀片和刀槽的角度组合确定。

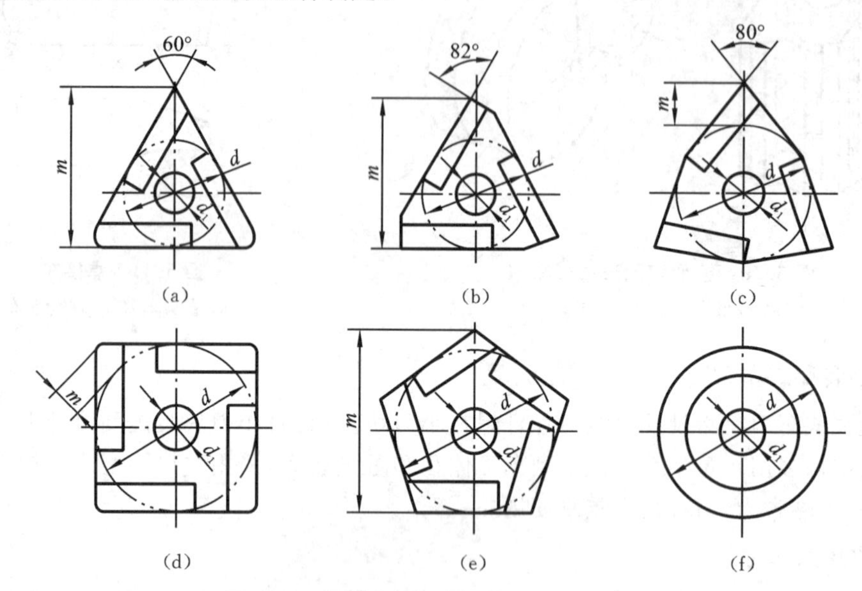

图5.14　硬质合金可转位刀片的常用形状

(a) 三角形　(b)、(c) 凸三角形　(d) 正方形　(e) 五边形　(f) 圆形

可转位车刀多利用刀片上的孔对刀片进行夹固，典型的夹固结构如下。

(1) 偏心式夹固结构。如图5.15所示，它以螺钉作为转轴，螺钉上端为偏心圆柱销，偏心量为e。当转动螺钉时，偏心销就可以夹紧或松开刀片。

(2) 杠杆式夹固结构。该结构是利用螺钉带动杠杆转动而将刀片夹固在定位侧面上的。图5.16(a)所示为直杆式结构，图5.16(b)所示为曲杆式结构。

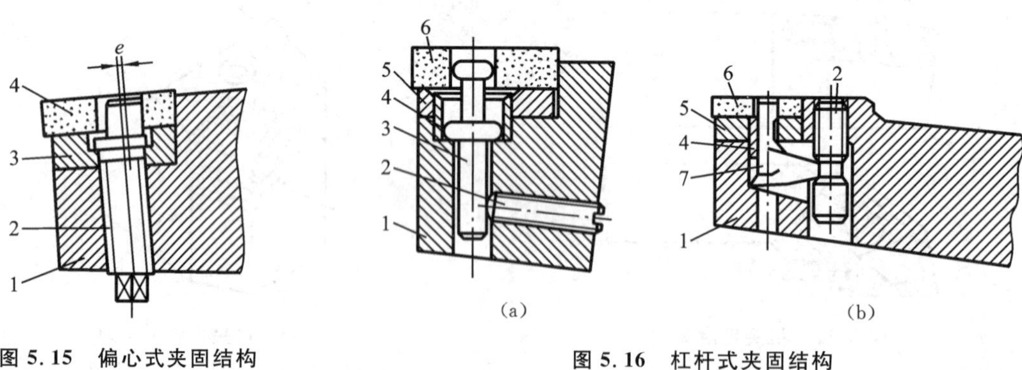

图5.15　偏心式夹固结构

1—刀杆；2—偏心销；

3—刀垫；4—刀片

图5.16　杠杆式夹固结构

(a) 直杆式　(b) 曲杆式

1—刀杆；2—螺杆；3—杠杆；4—弹簧片；5—刀垫；6—刀片；7—曲杆

(3) 上压式夹固结构。如图5.17所示，这种结构中螺钉的压板尺寸小，不需要多大的压紧力，夹固元件的位置易避开切屑流出方向。一般用于夹固不带孔的刀片。

(4) 楔销式夹固结构。如图5.18所示，刀片由柱销在孔中定位，楔块向下运动时将刀片夹固在内孔的销子上，松开螺钉时，弹簧垫圈自动抬起楔块。

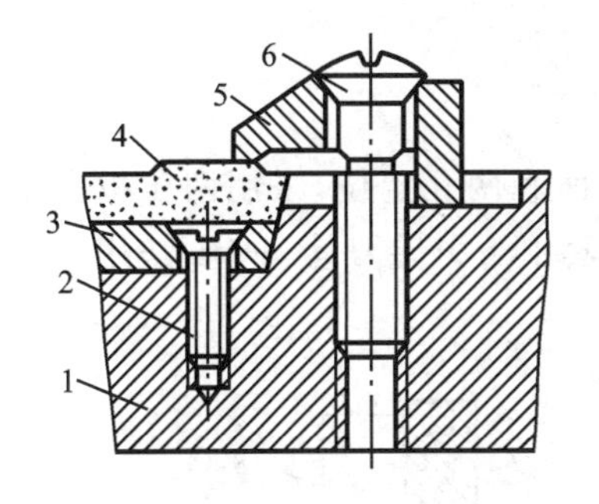

图 5.17 上压式夹固结构

1—刀杆；2、6—螺钉；3—刀垫；
4—刀片；5—压板

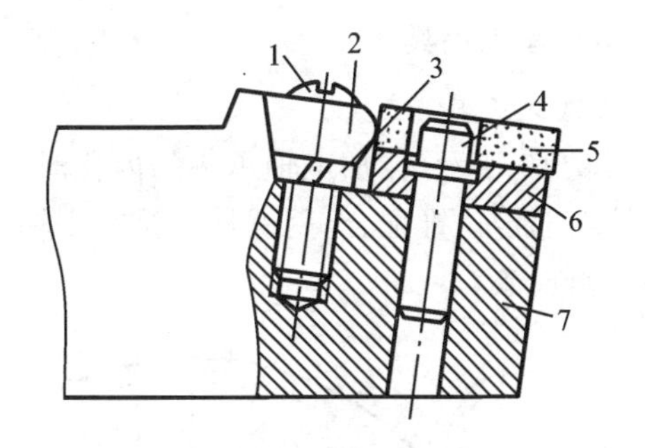

图 5.18 楔销式夹固结构

1—螺钉；2—楔块；3—弹簧垫圈；4—柱销；
5—刀片；6—刀垫；7—刀杆

5.4 车削夹具

一、车削夹具的分类与用途

车床夹具是用于保证被加工工件在车床上与刀具之间相对正确位置的专用工艺装备。通常安装在车床的主轴前端部，与主轴一起旋转。由于夹具本身处于旋转状态，因而车床夹具在保证定位和夹紧的基本要求前提下，还必须有可靠的防松结构，并考虑夹具的动平衡问题。

车削夹具一般可分为通用夹具、专用夹具和组合夹具三类。

在车床上常用的通用夹具有三爪自定心卡盘、四爪单动卡盘、顶尖，此外还有中心架、鸡心夹头等，一般作为机床附件供应。通用夹具的适应性强，操作也比较简单，但效率较低。一般用于单件小批生产。

专用夹具是针对某一种工件的某一工序的加工要求而专门设计制造的夹具。可以设计得结构紧凑，操作迅速、方便，并能满足零件的特定形状和特定表面加工的需要。这种夹具不具有通用性，成本较高。多用于大批大量生产或必须采用专用夹具的场合。

组合夹具是采用预先制造好的标准夹具元件，根据设计好的定位夹紧方案组装而成的专用夹具。它既具有专用夹具的优点，又具有标准化、通用化的优点。产品变换后，夹具的组成元件可以拆开清洗入库，不会造成浪费，适用于新产品试制和多品种小批量的生产。在普遍采用数控机床、应用 CAD/CAM/CAPP 技术的现代企业机械产品生产过程中具有独特的优点和广泛的用途。

二、典型车削夹具

1. 车削夹具的组成

车削夹具的基本组成包括夹具体、定位元件、夹紧装置、辅助装置等部分。在车床夹具中，夹具体一般为回转体形状，并通过一定的结构与车床主轴定位连接。定位元件和夹紧装置安装在夹具体上。辅助装置包括用于消除偏心力的平衡块和用于高效快速操作的气动、液动和电动操作机构。

2. 典型车削夹具

1) 角铁式夹具

如图5.19所示,在加工轴承座的内孔时,工件以底面和两孔定位,采用两压板夹紧。夹具体与主轴端部定位锥配合,用螺栓连接在主轴上。导向套用于引导刀具。平衡块用于消除回转时的不平衡现象。

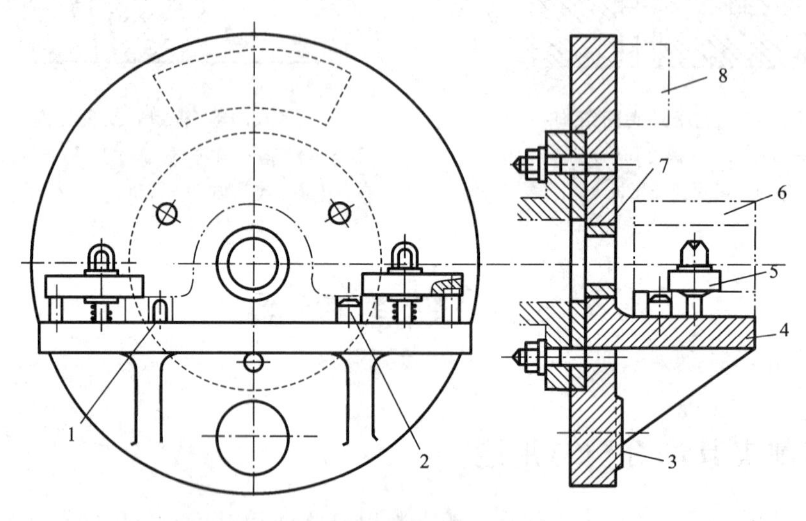

图5.19 角铁式车削夹具

1—削边销;2—圆柱销;3—夹具体;4—支承板;5—压板;6—工件;7—导向套;8—平衡块

2) 定心夹紧夹具

回转体工件或以回转体表面定位的工件可采用定心夹紧夹具,常用的有弹簧套筒、液性塑料夹具等。在图5.20所示的夹具中,工件以内孔定位夹紧,采用了液性塑料夹具。工件套在定位圆柱上,轴向由端面定位,旋紧螺钉,经过柱塞和液性塑料使薄壁定位套产生变形,使工件同时定心夹紧。

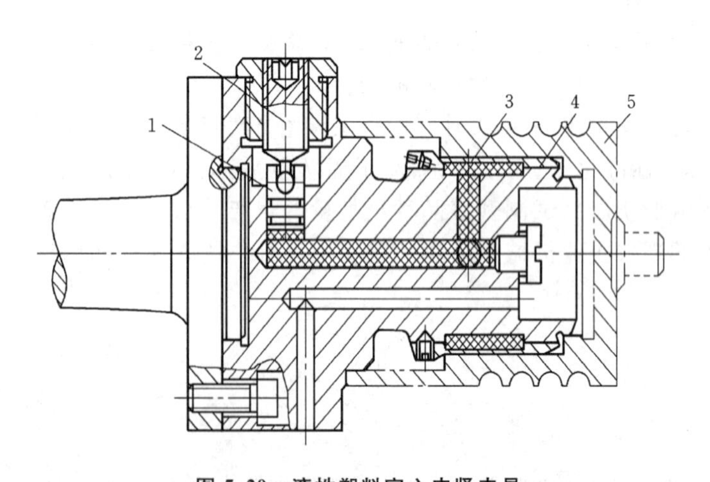

图5.20 液性塑料定心夹紧夹具

1—柱塞;2—螺钉;3—液性塑料;4—薄壁定位套;5—工件

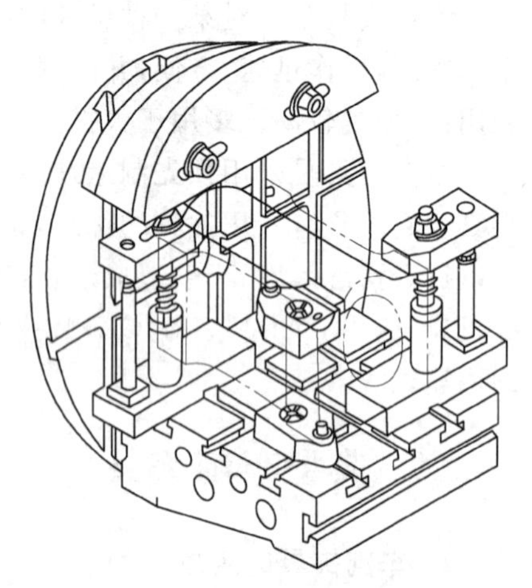

图5.21 组合夹具

3）组合夹具

图5.21所示是一个典型的车削组合夹具。工件用已加工的底面和两个孔定位，用两个压板夹紧。图中夹具体、定位销、压板、底座等均为通用元件。

4）自动车削夹具

在数控车床上，为提高加工生产率，一般采用的是自动夹具，实现对工件的自动夹紧，常见的有气动、液压和电动卡盘。

3. 车削夹具的技术要求

除一般的技术要求外，车削夹具要特别注意以下几方面技术要求：

(1) 定位元件表面对夹具回转轴线或找正圆环面的圆跳动。

(2) 定位元件表面对顶尖或者锥柄轴线的圆跳动。

(3) 定位元件表面对夹具安装基面的垂直度或者平行度。

(4) 定位元件表面间的垂直度或平行度。

(5) 定位元件的轴线相对夹具轴线的对称度。

【思考与练习题5】

简答题

1. 简述车床的类型及各自的特点。
2. 普通车床由哪几部分组成？各部分的作用是什么？
3. 车床有哪几条传动链？车床可以加工哪几类螺纹？
4. 车床主轴部件有什么特点？
5. 卸荷式带轮有什么作用？
6. 数控车床的传动系统有什么特点？
7. 按结构分，车刀有哪些类型？
8. 车削夹具有哪几类？典型车床夹具有哪些种类？

第 6 章

铣削加工

6.1 铣削加工概述

用旋转的铣刀作为刀具，对工件表面进行切削加工的方法称为铣削。铣削一般是在铣床上进行的。

一、铣削的适用范围

铣削是金属切削加工常用的方法之一。铣削可以加工平面、台阶面、沟槽（如键槽、T 形槽、燕尾槽）、分齿零件（如齿轮、链轮、棘轮、花键轴）、螺旋形表面（如螺纹、螺旋槽）及各种曲面等，如图 6.1 所示。

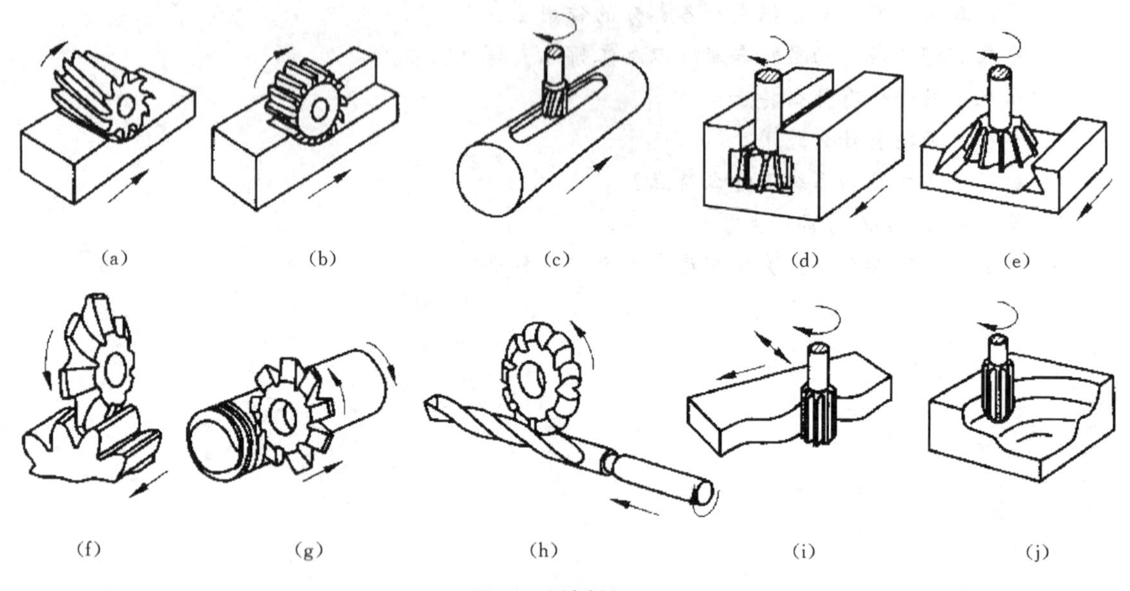

图 6.1 铣削加工

(a) 铣平面 (b) 铣台阶面 (c) 铣键槽 (d) 铣 T 形槽 (e) 铣燕尾槽
(f) 铣齿轮齿形面 (g) 铣螺纹 (h) 铣螺旋槽 (i)、(j) 铣曲面

近年来，已有用精铣刀加工导轨面的，加工的表面粗糙度 Ra 可以达到 0.8～0.4 μm，代替了导轨加工中的精刨和磨削工艺，大大提高了生产率。

二、铣削加工的工艺特点

(1) 工艺范围广。通过合理地选用铣刀和铣床附件，铣削不仅可以加工平面、沟槽、成形面、台阶面，还可以进行切断和刻度加工。

(2) 生产效率高。铣削时，同时参加铣削的刀齿较多，进给速度快，铣削的主运动是铣刀的旋转，有利于进行高速切削。因此，铣削生产效率比刨削高。

(3) 刀齿散热条件较好。由于是间断切削，每个刀齿依次参加切削。在切离工件的一段时间内，刀齿可以得到冷却，这样有利于减小铣刀的磨损，延长使用寿命。

(4) 容易产生振动。铣削过程是多刀齿的不连续切削，刀齿的切削厚度和切削力随时变化，容易引起振动，对加工质量有一定影响。另外，铣刀刀齿安装高度的误差，会影响工件的表面粗糙度。

三、铣削用量

铣削用量包括铣削速度、进给量、背吃刀量和侧吃刀量四个要素。

1. 铣削速度 v_c

它指的是铣刀切削刃选定点相对工件的主运动的瞬时速度(m/min)，由式(6.1)计算：

$$v_c = \frac{\pi d_0 n}{1000} \tag{6.1}$$

式中：d_0——铣刀直径，指刀齿回转轨迹的直径(mm)；

n——铣刀转速(r/min)。

2. 进给量

它是指铣刀旋转时，轴线和工件的相对位移。进给量有三种表示法：

(1) 每齿进给量 a_f，指铣刀每转一个齿间角时，工件与铣刀的相对位移量，单位为 mm/Z。

(2) 每转进给量 f，指铣刀每转一周，工件与铣刀的相对位移量，单位为 mm/r。

(3) 进给速度 v_f，指单位时间内工件与铣刀沿进给方向的相对位移量，单位为 mm/min。

上述三种进给量之间的关系为

$$v_f = nf = za_f n \tag{6.2}$$

式中：z——铣刀齿数。

3. 背吃刀量 a_p

它是沿平行于铣刀轴线方向测量的切削层尺寸(铣刀与工件的接触长度)。如图 6.2 所示，端铣时，a_p 为切削层深度，而周铣时，a_p 为被加工表面的宽度。

4. 侧吃刀量 a_e

它是沿垂直于铣刀轴线方向测量的切削层尺寸。如图 6.2 所示，端铣时，a_e 为被加工表面的宽度，圆周铣削时，a_e 为切削层深度。

四、铣削方式

铣削方式是指铣削时铣刀相对于工件的运动和位置关系。铣削一般分为圆周铣削(周铣)和端面铣削(端铣)两种方式。周铣的切削刃分布在铣刀的圆柱面上，而端铣的切削刃分布在铣刀的端部。在铣削过程中，刀齿依次切入和切离工件，切削厚度与切削面积随时在变化，容易引起振动和冲击，对铣刀寿命、工件加工表面粗糙度、铣削过程平稳性及切削加工生产率都有较大的影响。

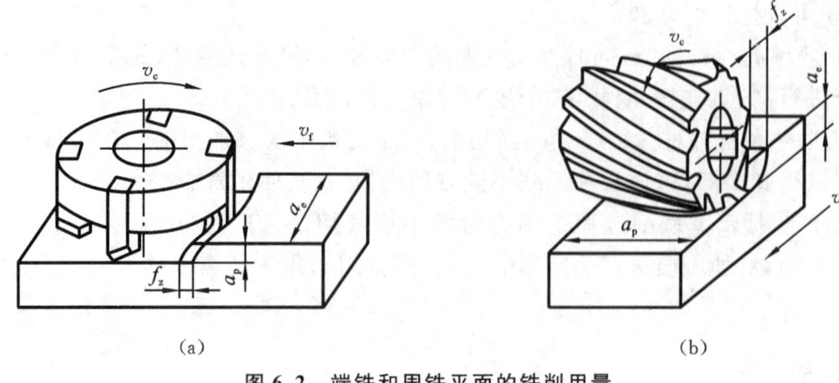

图 6.2　端铣和周铣平面的铣削用量

(a) 端铣　(b) 周铣

1. 周铣

周铣是用铣刀圆周上的切削刃来铣削工件的表面。铣削时，根据铣刀旋转方向和工件移动方向的相互关系，可分为逆铣和顺铣两种，如图 6.3 所示。

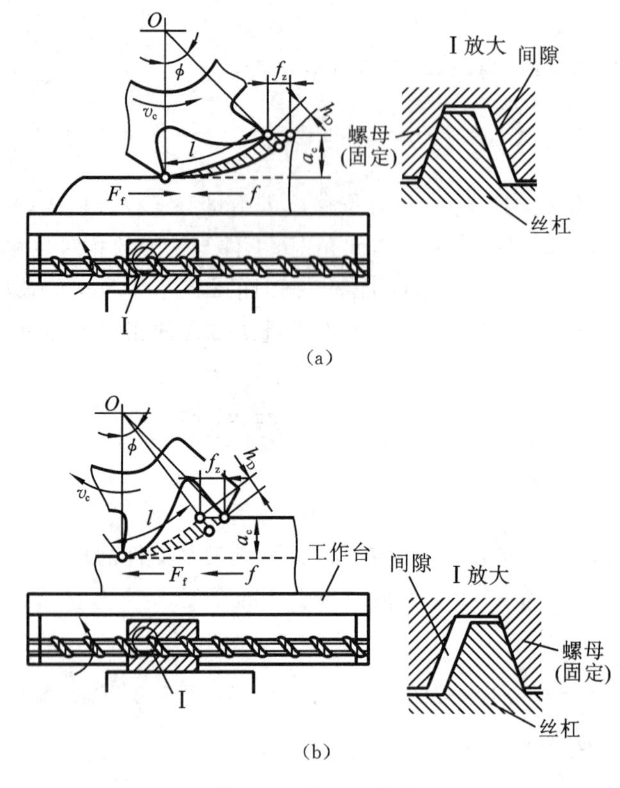

图 6.3　逆铣与顺铣

(a) 逆铣　(b) 顺铣

1) 逆铣

铣刀切入工件时的切削速度方向和工件的进给方向相反，称为逆铣，如图6.3(a)所示。切削过程中，切削厚度从零逐渐增至最大值。开始切削时，由于切削厚度为零，小于铣刀刃口钝圆半径，刀齿在加工表面上打滑，产生挤压、滑移和摩擦，使这段表面产生严重冷硬层，直到切削厚度大于刃口钝圆半径时，才能切下切屑。采用这种切削方式时工件表面粗糙度值大，且刀齿容易磨损。

逆铣时，在刀齿初切入工件时由于与工件的挤压摩擦，垂直分力 F_v 可能向下；当刀齿切离工件时，F_v 可能向上。在切削过程中，垂直分力方向时上时下，容易引起振动，从而影响加工精度。

铣床工作台的纵向进给运动一般是依靠工作台下面的丝杠和螺母来实现的，螺母固定不动，丝杠一面转动、一面带动工作台移动。在逆铣时，工件所受的水平分力方向与纵向进给方向相反，使丝杠与螺母间传动面紧贴，故工作台不会发生窜动现象，铣削较平稳。

2）顺铣

铣刀切出工件时的切削速度方向与工件的进给方向相同，称为顺铣，如图6.3(b)所示。切削时，切削厚度从最大开始逐渐减小至零，已加工表面不容易产生冷硬层，刀齿也不会产生挤压、滑移现象，从而使工件表面粗糙度较小，铣刀寿命可延长2～3倍。顺铣时，在切削过程中垂直分力 F_v 方向始终向下，不会产生振动，可获得比较好的表面质量。但顺铣不宜用于铣削带硬皮的工件。

顺铣时，工件所受水平分力 F_f 的方向与纵向进给方向相同。纵向进给运动是由铣床工作台下面的丝杠和螺母实现的，本来应当由螺母螺纹表面推动丝杠前进，但由于丝杠、螺母之间螺纹有轴向间隙，所以螺母与螺纹只能在右侧面接触。在切削过程中，当水平分力 F_f 超过工作台摩擦力时，会使工作台带动丝杠向左窜动，丝杠与螺母传动右侧面出现间隙。在切削过程中，水平分力 F_f 可能不稳定，致使工作台带动丝杠左右窜动，造成工作台颤动和进给不均匀，严重时会使铣刀崩刃。因此，在没有丝杠与螺母间隙消除装置的铣床上，是无法采用顺铣的。

2. 端铣

端铣是用端铣刀端面上的刀齿铣削工件表面的一种加工方式。端铣可分为对称铣、不对称逆铣和不对称顺铣。

1）对称铣

工件安装在端铣刀的对称位置上，如图 6.4(a)所示。在这种方式下，切入、切出时切削厚度相同，能获得比较均匀的已加工表面。铣削淬硬钢时，宜采用这种方式。

2）不对称逆铣

工件安装偏向端铣切入一边，如图 6.4(b)所示。端铣刀从最小的切削厚度切入，从较大的切削厚度切出。切入时切削厚度最小，可减少切入时的冲击力。当铣削碳钢和一般合金钢时，硬质合金端铣刀寿命可延长1倍左右，也可减小工件已加工表面粗糙度值。

3）不对称顺铣

工件安装偏向端铣刀切出一边，如图 6.4(c)所示。端铣刀从最大的切削厚度切入，从最小的切削厚度切出，减少了对刀具切削刃的冲击磨损，适合铣削不锈钢和耐热合金钢。

3. 端铣与周铣加工的特点

端铣与周铣均可加工平面，但端铣比周铣的生产率高，表面质量好，故一般采用端铣。周铣时可以同时装几把刀加工组合平面等。铣削平面时应根据具体情况，决定使用何种铣削方式。端铣和周铣的区别具体如下。

(1) 端铣时同时参与切削的刀齿数较多，铣削过程比较平稳，且形成已加工表面是靠主切削刃、过渡刃和副切削刃有修光的作用，有利于提高加工表面的质量。周铣仅由主切削刃形成加工表面，特别是逆选时切削厚度从零开始，刀齿容易产生滑移，使刀具磨损加剧，加工表面粗糙度高。

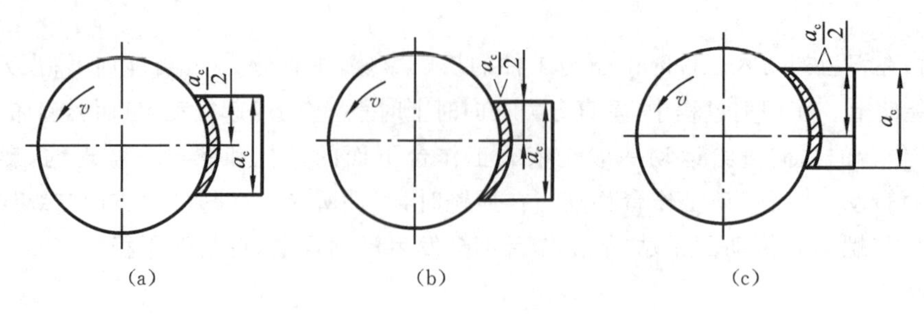

图 6.4　三种端铣方式

(a) 对称铣　(b) 不对称逆铣　(c) 不对称顺铣

(2) 端铣时每齿切下的切削层厚度变化较小,故切削力变化较小,不会使切削过程有较大的振动。周铣切削层厚度变化大,切削力变化也大,使切削过程振动较大。

6.2　铣　　床

铣床是用铣刀加工各种表面的机床。铣床的主运动是铣刀的旋转运动,进给运动是铣刀或工作台的移动。铣床的应用范围很广,在大多数场合替代了刨床。铣床的种类很多,根据它的结构形式和用途可分为卧式升降台铣床(简称卧式铣床)、立式升降台铣床(简称立式铣床)、数控铣床、工具铣床和龙门铣床等。

一、升降台铣床

1. 卧式升降台铣床

卧式万能升降台铣床是目前应用最广泛的铣床之一,图 6.5 所示为 X62W 型卧式万能铣

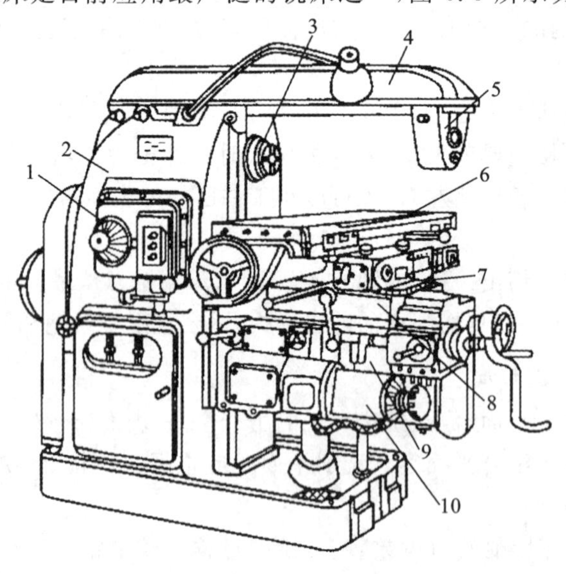

图 6.5　X62W 型卧式升降台铣床

1—主轴变速机构;2—床身;3—主轴;4—横梁;5—刀杆支架;
6—工作台;7—回转盘;8—横溜板;9—升降台;10—进给变速机构

床。床身固定在底座上，在床身内部装有主轴变速机构及主轴等。床身顶部的导轨上装有横梁，可沿水平方向调整其前后位置。刀杆支架用于支承刀杆的悬伸端，以提高刀杆刚度。升降台安装在床身前侧的垂直导轨上，可上下垂直移动。升降台内装有进给变速机构，用于实现工作台的进给运动和快速移动。在升降台的横向导轨上装有回转盘，它可绕垂直轴在±45°范围内调整一定角度。工作台安装在回转盘上的床鞍导轨内，可作纵向移动。横溜板可带动工作台沿升降台横向导轨作横向移动。这样固定在工作台上的工件，可以在三个方向实现任一方向的调整或进给运动。

卧式万能升降台铣床的主轴是一根空心的阶梯轴（见图 6.6），前端内部有 7∶24 锥孔（A 处），用来安装铣刀轴。前端外部还有一段精确的外圆柱面（B 处），在安装大直径面铣刀时用来定心。无论安装铣刀轴或面铣刀时，都用两个端面键来传递转矩，并用穿过主轴中间孔的拉杆和锁紧螺母在轴向拉紧。卧式万能升降台铣床主要用于铣削平面、沟槽和多齿零件等。图 6.7 所示为卧式万能升降台铣床的传动系统。

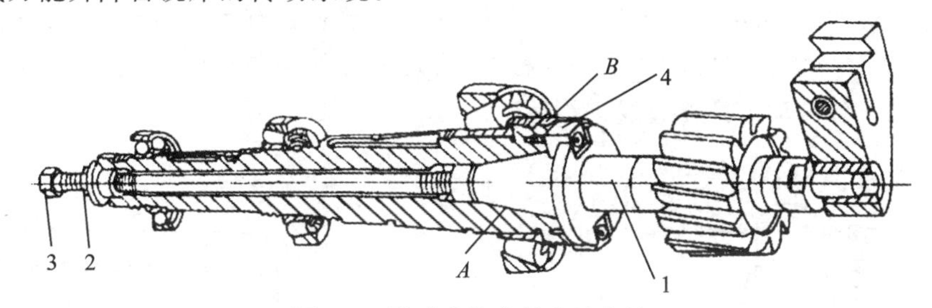

图 6.6 卧式升降台铣床的主轴

1—铣刀轴；2—拉杆；3—锁紧螺母；4—端面键

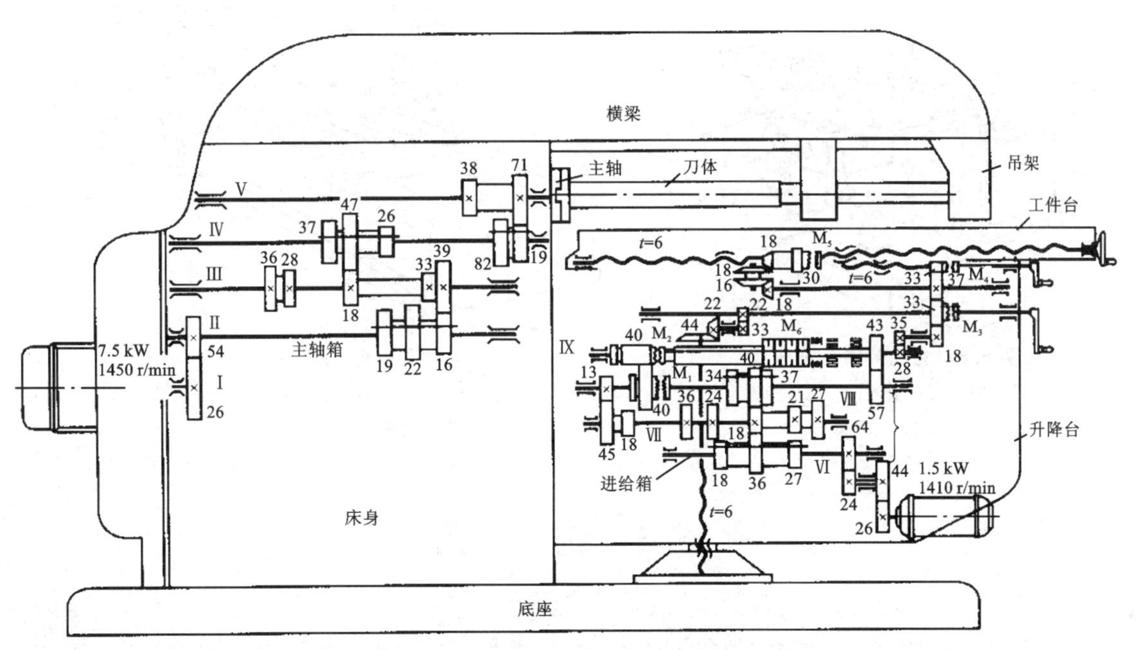

图 6.7 卧式万能升降台铣床的传动系统

2. 立式升降台铣床

立式升降台铣床与卧式升降台铣床的主要区别在于它的主轴是竖直安装的，可用各种端铣刀或立铣刀加工平面、斜面、沟槽、台阶、齿轮、凸轮以及封闭轮表面等。图 6.8 所示为立式升降台铣床的外形,其工作台、床鞍及升降台与卧式升降台铣床相同。立铣头可根据加工要求在竖直平面内调整角度,主轴可沿轴线方向进行调整。

二、工具铣床

工具铣床常配备有可倾斜工作台、回转工作台、平口钳、分度头、立铣头、插削头等附件,所以万能工具铣床除能完成卧式与立式铣床的加工内容外,还有更多的功能,故适用于工具、刀具及各种模具加工,也可用于仪器、仪表等行业加工形状复杂的零件。

三、龙门铣床

龙门铣床是一种大型高效的通用机床,主要加工各类大型工件的平面、沟槽等。图6.9所示为龙门铣床的外形,工作台位于床身上,立柱固定在床身的两侧。横梁可沿立柱导轨上下移动,横梁上有立式铣头,可沿横梁导轨水平移动,立柱下部安装有卧式铣头,可沿立柱导轨上下移动。各铣削头都可沿各自的轴线作轴向移动,实现铣刀的切削运动。铣削时,铣刀的旋转运动为主运动,工作台带动工件作直线进给运动。

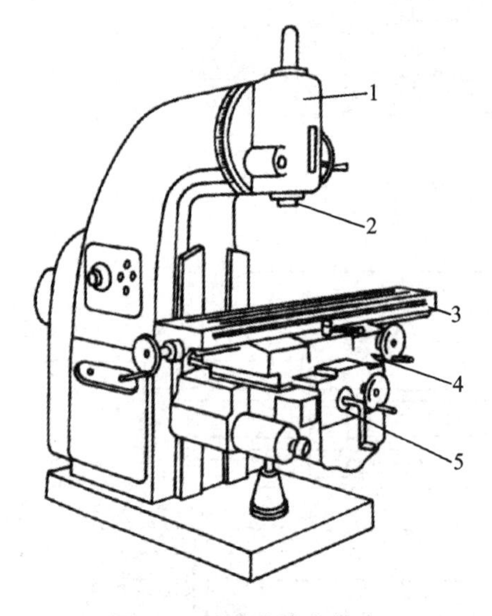

图6.8 立式升降台铣床

1—立铣头;2—主轴;3—工作台;4—床鞍;5—升降台

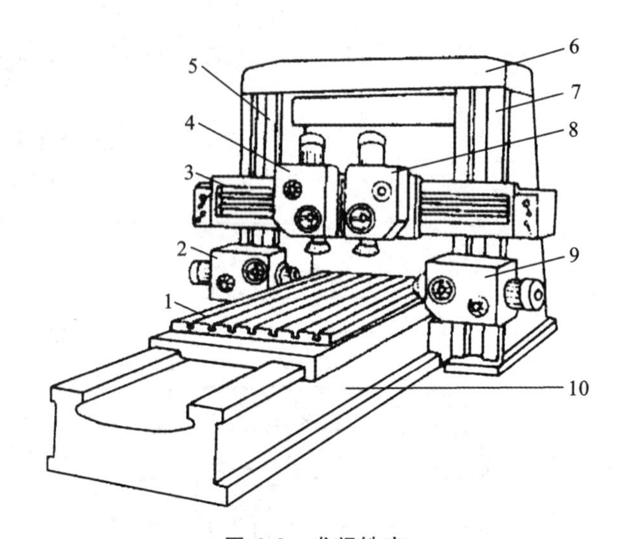

图6.9 龙门铣床

1—工作台;2、9—卧式铣头;3—横梁;4、8—立式铣头;5、7—立柱;6—顶梁;10—床身

6.3 铣 刀

铣刀是一种具有一个或多个刀齿的旋转刀具,工作时各刀齿依次间歇地切去工件的余量。一般情况下,铣削加工的生产率比用单刃刀具的切削加工(如刨削、插削)为高,但铣刀的制造和刃磨较困难。铣刀的种类很多,按其用途可分为加工平面用铣刀、加工沟槽用铣刀、加工成形面用铣刀等三大类。还可按结构形状、铣刀安装结构和齿背形式分类。通用规格的铣刀已标准化,一般均由专业工具厂生产。

一、按铣刀的形状和用途分类

1. 圆柱铣刀

圆柱铣刀如图 6.10 所示，一般都是用高速钢制成整体刀具，螺旋形切削刃分布在圆柱表面上，没有副切削刃，主要用在卧式铣床上加工宽度小于铣刀长度的狭长平面。根据加工要求不同，圆柱铣刀有粗齿、细齿之分。粗齿的容屑槽大，用于粗加工，细齿用于精加工。铣刀外径较大时，常制成镶齿式的。

2. 端铣刀

端铣刀如图 6.11 所示，主切削刃分布在圆柱或圆锥表面上，端面切削刃为副切削刃，铣刀的轴线垂直于被加工表面。按刀齿材料的不同可分为高速钢和硬质合金两大类，多制成套式镶齿结构。主要用在立式铣床和卧式铣床上加工台阶面和平面，特别适合较大平面的加工，主偏角为 90°的端铣刀可铣底部较宽的台阶面。用端铣刀加工平面，同时参与切削的刀齿较多，又有副切削刃的修光作用，加工表面粗糙度较小，因此可以采用较大的切削用量，生产率较高，应用广泛。

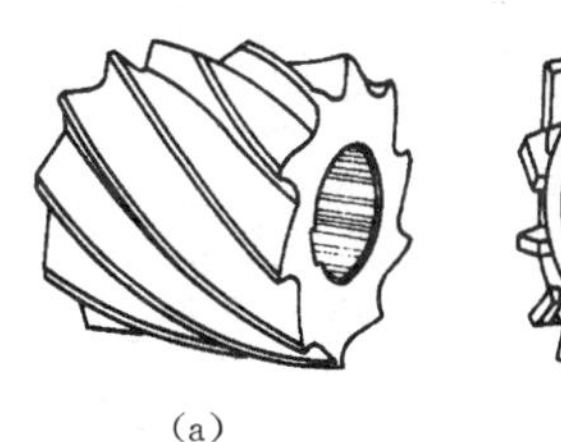

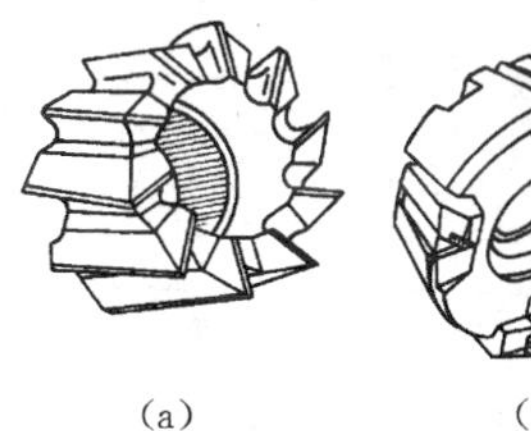

(a)　(b)

图 6.10　圆柱铣刀

(a) 整体式　(b) 镶齿式

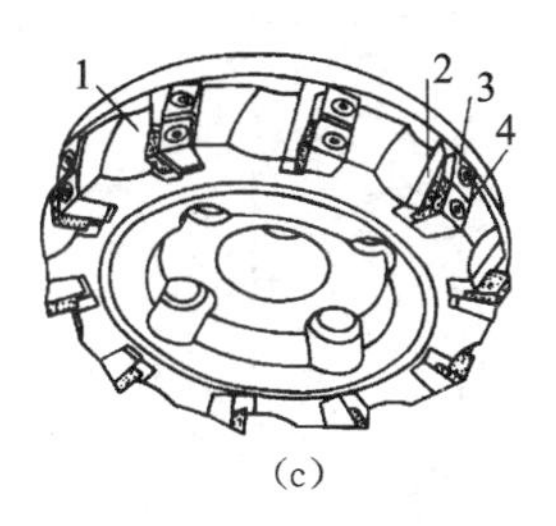

(a)　(b)　(c)

图 6.11　端铣刀

(a) 整体式刀片　(b) 镶焊接式硬质合金刀片

(c) 机械夹固式可转位硬质合金刀片

1—不重磨可转位夹具；2—定位座；3—定位座夹具；4—刀片夹具

3. 立铣刀

立铣刀如图 6.12 所示，一般由 3～4 个刀齿组成，圆柱面上的切削刃是主切削刃，端面上分布着副切削刃，工作时不能沿铣刀轴线方向作进给运动。它主要用于加工凹槽、台阶面以及利用靠模加工成形面。另外有粗齿大螺旋角立铣刀、玉米铣刀、硬质合金波形刃立铣刀等，它们的直径较大，可以采用大的进给量，生产率很高。

4. 三面刃铣刀

三面刃铣刀如图 6.13 所示，可分为直齿三面刃、交错齿三面刃和镶齿三面刃铣刀。它主要用在卧式铣床上加工台阶面和一端或两端贯穿的浅沟槽。三面刃铣刀除圆周上有主切削刃外，两侧面也有副切削刃，从而改善切削条件，提高切削效率，降低表面粗糙度。不过，重磨后宽度尺寸变化较大，镶齿三面刃铣刀则可避免这一个问题。

5. 锯片铣刀

锯片铣刀如图 6.14 所示，锯片铣刀本身很薄，只在圆周上有刀齿，用于切断工件和铣窄槽。为了避免夹刀，其厚度由边缘向中心减薄，使两侧形成副偏角。

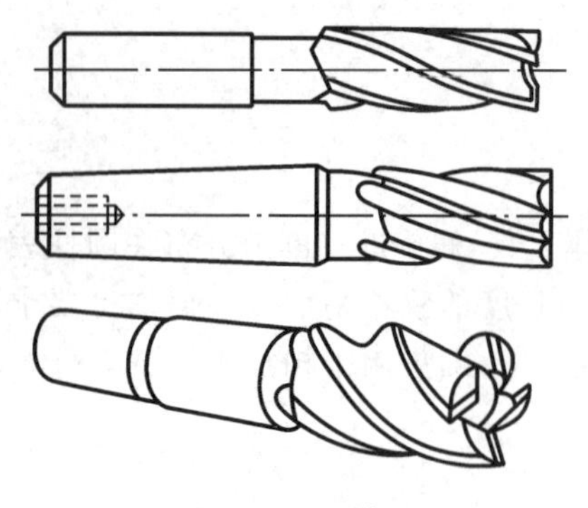

图 6.12　立铣刀

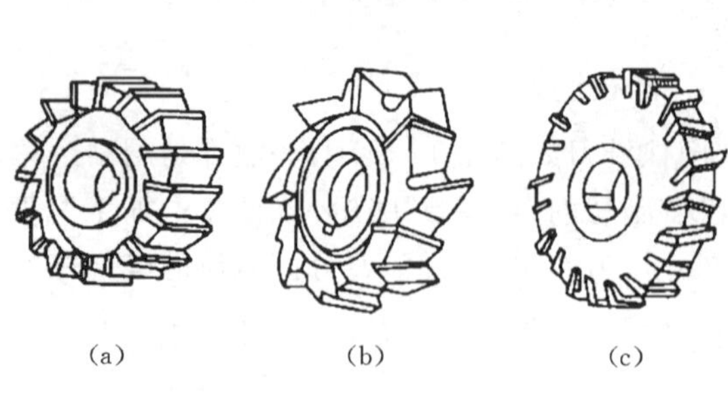

图 6.13　三面刃铣刀

(a) 直齿　(b) 交错齿　(c) 镶齿

6. 键槽铣刀

图 6.15 所示为铣平键的键槽铣刀。它与立铣刀形似,但只有两个刃瓣,端面切削刃直达中心。它的直径就是平键的宽度。键槽铣刀兼有钻头和立铣刀的功能,铣平键时,先沿铣刀轴线对工件钻平底孔,然后沿工件轴线铣出键槽的全长。半圆键铣刀(见图 6.16)相当于一把盘铣刀,它的宽度就是半圆键的宽度。

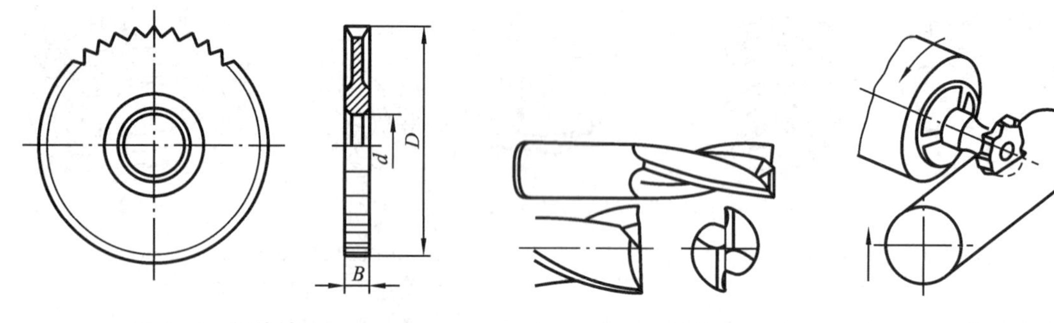

图 6.14　锯片铣刀　　图 6.15　铣平键的键槽铣刀　　图 6.16　半圆键铣刀

其他的还有角度铣刀、成形铣刀、T 形槽铣刀、燕尾槽铣刀和仿形铣用的指形铣刀等,如图 6.17 所示。

二、按铣刀安装结构分类

1. 带柄铣刀

带柄铣刀有直柄铣刀和锥柄铣刀之分。一般直径小于 20 mm 的较小铣刀做成直柄的,直径较大的铣刀多做成锥柄的,如图 6.18 所示。带柄铣刀多用于立铣加工。

2. 带孔铣刀

带孔铣刀如图 6.17(a)~(f)所示。这种铣刀适用于卧式铣削加工,能加工各种表面,应用范围较广。

三、按齿背加工形式分类

1. 尖齿铣刀

尖齿铣刀的特点是齿背经铣制而成,并在切削刃后面磨出一条窄的刃带以形成后角,铣刀

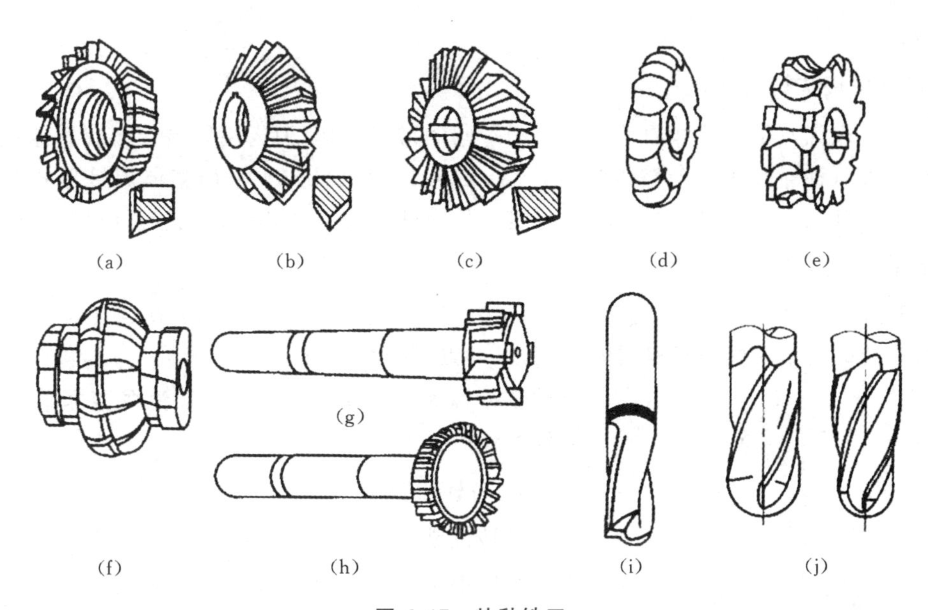

图 6.17　特种铣刀

(a)、(b)、(c) 角度铣刀　(d)、(e)、(f) 成形铣刀

(g) T 形槽铣刀　(h) 燕尾槽铣刀　(i) 键槽铣刀　(j) 指形铣刀

用钝后只需刃磨后刀面。尖齿铣刀是铣刀中的一大类。尖齿铣刀的齿背有直线、曲线和折线三种形式，如图 6.19 所示。直线齿背加工简单，常用于细齿的精加工铣刀；曲线和折线齿背的刀齿强度较好，常用于粗齿铣刀。

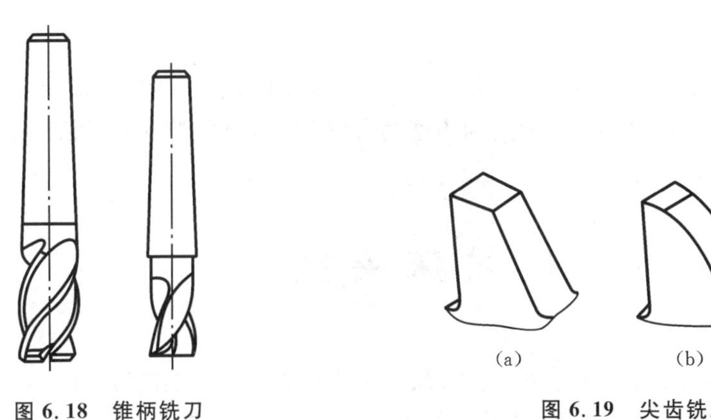

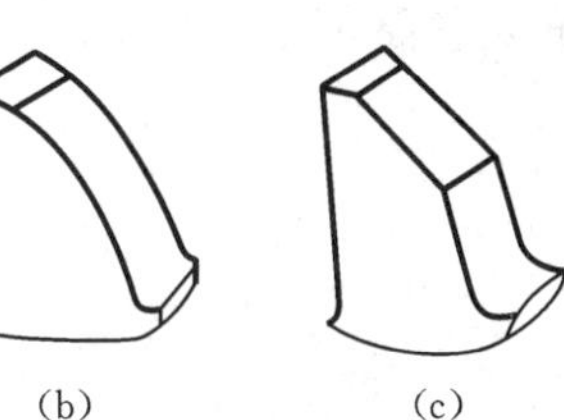

图 6.18　锥柄铣刀

图 6.19　尖齿铣刀的齿背形式

(a) 直线齿背　(b) 曲线齿背　(c) 折线齿背

2. 铲齿铣刀

铲齿铣刀的齿背经铲削(或铲磨)方法加工而成，铣刀用钝后仅刃磨前刀面，因此适用于切削刃廓形复杂的铣刀，如成形铣刀等。图 6.17(d)～(f)所示即为铲齿成形铣刀。

四、按刀具结构形式分类

1. 整体铣刀

整体铣刀是指采用一种材料整体制造而成的刀具。通常采用最多的材料有高速钢。目前，随着高硬度刀具材料的性能和制作工艺的发展，硬质合金整体铣刀、陶瓷材料整体铣刀也开始得到应用。

2. 整体焊接式铣刀

整体焊接式铣刀是刀体和刀片分别采用不同的材料制作(刀齿用硬质合金或其他耐磨刀具材料制成),将二者焊接成一个整体的刀具(见图6.17(g)、(h))。采用整体焊接形式有利于节省贵重的刀具材料,刀具结构紧凑,较易制造。目前硬质合金整体焊接式铣刀应用得非常普遍。

3. 镶齿式铣刀

该铣刀的刀体采用普通钢材制造,刀体上开槽,刀齿用机械夹固的方法紧固在刀体上。这种可换的刀齿可以是整体刀具材料的刀头,也可以是焊接刀具材料的刀头。刀头装在刀体上刃磨的铣刀称为体内刃磨式铣刀;刀头在夹具上单独刃磨的称为体外刃磨式铣刀。

4. 可转位铣刀

可转位铣刀的刀体采用普通钢材制造,刀体上开槽,将可转位不重磨刀片直接装夹在刀体槽中。刀片目前多采用硬质合金、陶瓷等高硬度、高切削性能的材料制成。切削刃用钝后,将刀片转位或更换刀片即可继续使用。图6.20所示为可转位端铣刀。可转位铣刀有效率高、寿命长、使用方便、加工质量稳定等优点。可转位铣刀已形成系列标准,广泛用于面铣刀、立铣刀和三面刃铣刀等。

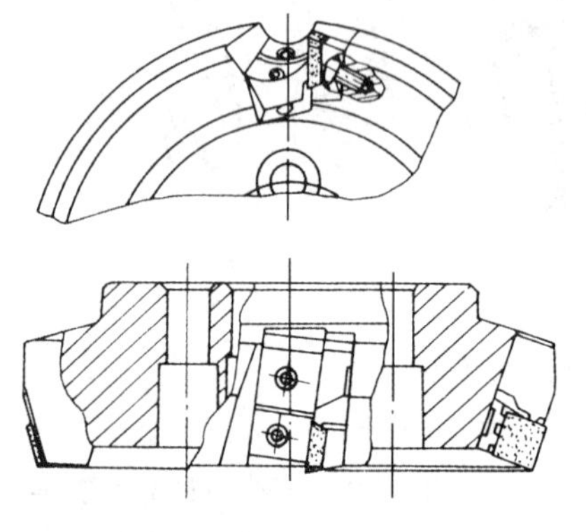

图6.20 可转位端铣刀

五、成形铣刀

成形铣刀是在铣床上加工成形表面的专用刀具,其刀具廓形要根据工件廓形设计。对于廓形复杂的成形铣刀,如果做成尖齿的,其制造和刃磨将非常困难,因而常做成铲齿成形铣刀,其前刀面是平面,刃磨方便。

6.4 铣床夹具

铣床夹具主要用于加工零件上的平面、沟槽、缺口及成形表面等。铣削过程中,夹具大都与工作台一起作进给运动,而铣床夹具的整体结构取决于铣削加工的进给方式。按进给方式可将铣床夹具分为直线进给式、圆周进给式和仿形进给式等三种;按照加工能力,又可将铣床夹具分为单件加工铣床夹具、多件加工铣床夹具和多工位加工铣床夹具。

一、铣床夹具的分类

1. 按照进给方式分类

1) 直线进给式铣床夹具

大部分铣床夹具都是进给式的,其中有单工件、多工件之分,多用于中、小批量生产。

图6.21所示为直线进给式铣床夹具,采用平行对向式多轴联动夹紧机械,旋转夹紧螺母,通过球面垫圈及压板将工件压在V形块上。四把三面刃铣刀同时铣完两个侧面后,取下楔块,

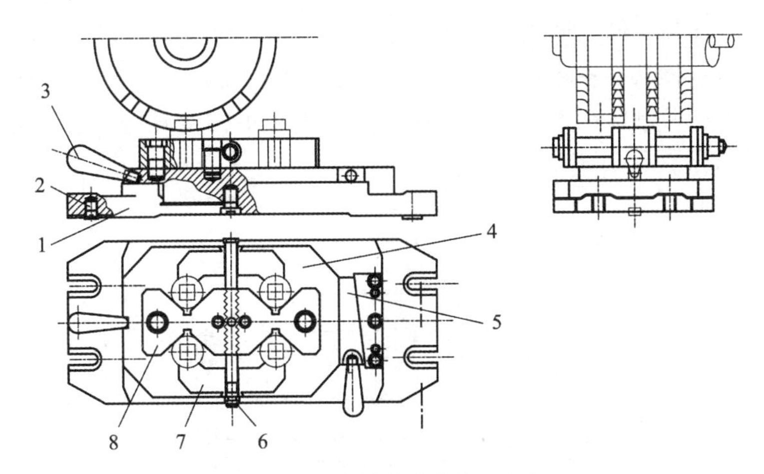

图 6.21　直线进给式铣床夹具

1—夹具体；2—螺钉；3—手柄；4—回转座；5—楔块；6—夹紧螺母；7—压板；8—V 形块

将回转座转过 90°，再用楔块将回转座定位并楔紧，即可铣削工件的另外两个侧面。

2）圆周进给式铣床夹具

圆周连续进给铣床夹具多数安装在带有回转工作台或回转鼓轮的铣床上，加工过程中随回转盘旋转作连续的圆周进给运动，并可在不停车的情况下装卸工件，效率高，适用于大量生产。

如图 6.22 所示为铣某拨叉的圆周进给式铣床夹具。工件以内孔、端面及侧面在定位销和挡销上定位，并由液压缸驱动拉杆，通过开口垫圈将工件夹紧。工作台由电动机通过蜗轮蜗杆机构带动回转，从而将工件依次送入切削区域。当工件离开切削区域被加工好后，在装卸区域内，可将工件卸下，并装上待加工工件，使辅助时间与铣削时间相重合，从而提高机床利用率。

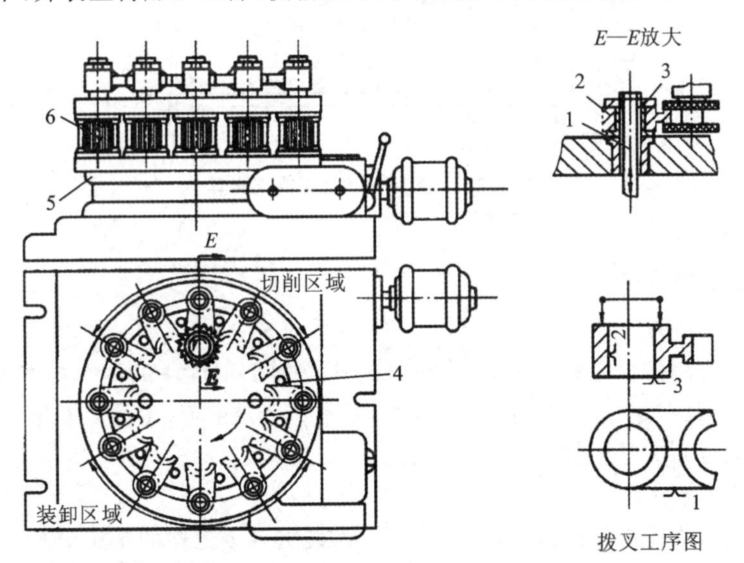

图 6.22　圆周进给式铣床夹具

1—拉杆；2—定位销；3—开口垫圈；4—挡销；5—转台；6—液压缸

3）仿形进给式铣床夹具

仿形进给式铣床夹具多用于加工曲线轮廓的工件，常用于立式铣床。其按进给方式又可分为直线仿形进给式铣床夹具和圆周仿形进给式铣床夹具。

图6.23所示的溜板油槽靠模铣床夹具为直线仿形进给式铣床夹具。工件以底面和侧面在滑座和两挡销上定位,操纵手轮和手轮可将工具夹紧。滑座安置在装有8个轴承的底座上,移动灵活,和靠模板槽的两侧保持接触。当工作台作纵向移动时,靠模滚轮迫使滑座按靠模曲线横向运动,即加工出曲线。

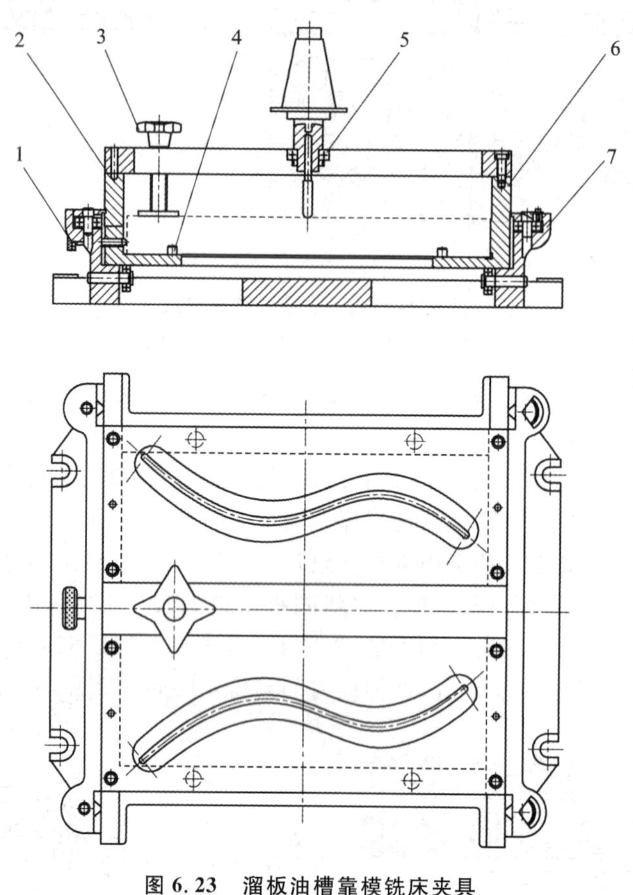

图6.23　溜板油槽靠模铣床夹具

1、3—手轮;2—靠模板;4—挡销;5—靠模滚轮;6—滑座;7—底座

2. 按照加工能力分类

1)单件加工铣床夹具

图6.24所示为单件加工铣床夹具,在卧式铣床上加工工件4的两个内侧面。工件以锥头顶销和柱头定位销及右支座的端面在孔中定位,限制5个自由度;工件背面靠在支承板上,形成完全定位,拧紧螺母则夹紧工件。

2)多件加工铣床夹具

在大量生产中,为提高生产效率,常使用可一次装夹多个工件的铣床夹具。图6.25所示是多件加工的直线进给式铣床夹具,该夹具用于在小轴端面上铣通槽。工件以外圆面在活动V形块上定位,以一端面在支承钉上定位。活动V形块装在导向柱上,V形块之间用弹簧分离。工件定位后,由薄膜式气缸推动V形块依次将工件夹紧。由对刀块和定位键来保证夹具与刀具和机床的相对位置。这类夹具生产率高,多用于生产批量较大时。

3)多工位加工铣床夹具

图6.26所示是利用进给时间装卸工件的多工位双向直线进给式铣床夹具。铣床工作台上

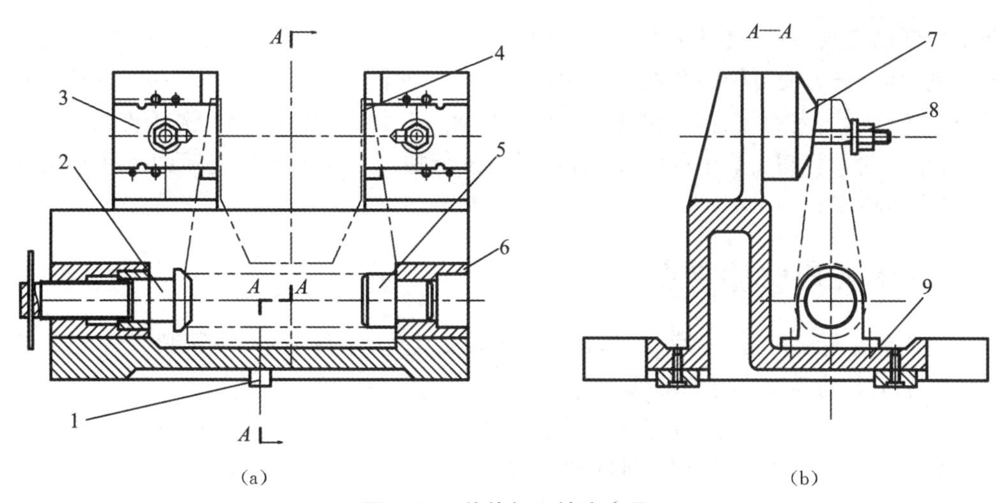

图 6.24 单件加工铣床夹具

1—定位键；2—锥头顶销；3—压板；4—工件；5—柱头定位销；6—右支座；7—右支承板；8—螺母；9—底座

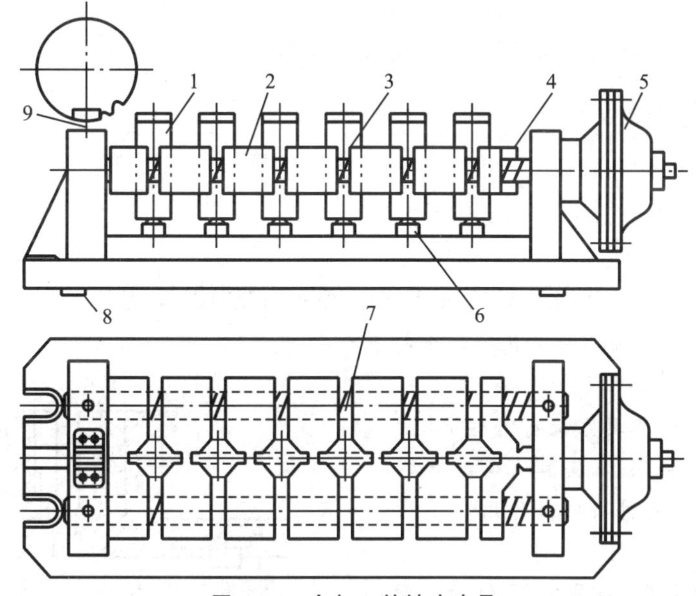

图 6.25 多加工的铣床夹具

1—工件；2—活动V形块；3—弹簧；4—夹紧元件；5—薄膜式气缸；
6—支承钉；7—导向柱；8—定位键；9—对刀块

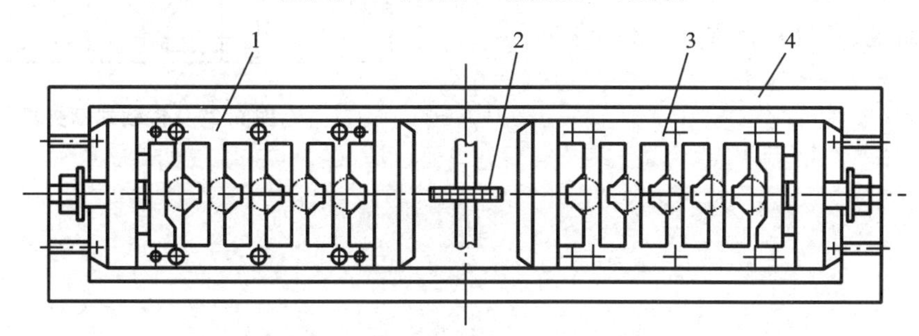

图 6.26 双向直线进给式铣床夹具

1、3—夹具；2—铣刀；4—铣床工作台

装有两个相同的夹具，每个夹具都可以分别装夹个工件。铣刀安放在两个夹具中间，当工件台向左直线进给时，铣刀便可铣削装在夹具中的工件。与此同时，操作者便可在夹具中装卸工件。待夹具中的工件加工完后，工作台快速退至中间位置，然后向右直线进给，铣削装在夹具中的工件，这时操作者便可装卸夹具中的工件，如此不断进行加工。这种夹具使辅助时间与机动时间重合，可提高生产率。

二、铣床夹具设计要点

(1) 夹具是在断续切削条件下工作的，故要求夹具体、定位装置、夹紧装置等有足够的强度、刚度，整个夹具的高度尽可能降低。

(2) 一般均设置对刀装置和定向键，保证工件与刀具、工件与进给运动之间的位置精度。

(3) 夹具设计要考虑清理切屑、排除切削液方便。

(4) 铣床夹具一般要在工作台上定位后固定。对于矩形工作台，一般通过两侧 T 形槽用 T 形螺钉来固定夹具，因此夹具底板两侧平台应开有两个 U 形口，两个 U 形口中心距和定向键中心距必须与选用工作台上 T 形槽的尺寸相符。

(5) 大型铣床夹具应安装吊环，以便于起吊和运输。

【思考与练习题 6】

一、简答题

1. 与车削相比，铣削过程有哪些特点？
2. 铣削用量有哪些要素？
3. 铣削的方式有哪些？试比较圆周铣削时，顺铣与逆铣的优缺点。
4. XA6132 铣床主轴部件结构有什么特点？
5. 铣刀有哪些种类？
6. 镗铣加工中心工具系统有哪些类型？
7. 按进给方式分，铣床夹具有哪些类型？
8. 定向键、对刀元件有什么作用？

二、分析题

已知铣轴端槽夹具，如图 6.27 所示。问：

(1) 夹具由哪几部分组成？

(2) 工件如何定位、如何夹紧？

(3) 定向键、对刀元件有什么作用？

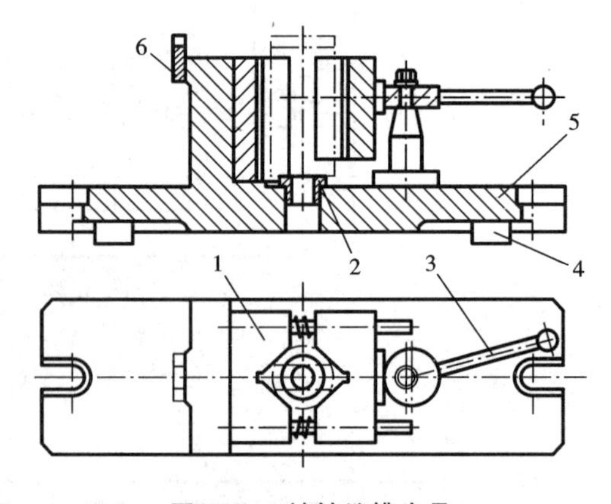

图 6.27 铣轴端槽夹具

第7章 孔加工

7.1 孔加工概述

在机械制造中，大多数零件都有孔的加工。通常在工件上形成孔的加工方法是钻孔，扩大或修整已有孔的加工方法有扩孔、锪孔、镗孔、铰孔和拉孔等。所使用的刀具主要有钻头、铰刀、镗刀等。孔加工所使用的机床主要是钻床和镗床。

7.2 孔加工机床

一、钻床

钻床所能完成的工作有钻孔、扩孔、铰孔、攻螺纹、锪端面等。钻床按结构形式可分为立式钻床、台式钻床、摇臂钻床等多种类型。

1. 立式钻床

在立式钻床上可做如图7.1所示的工作。加工时，刀具旋转实现主运动，同时沿轴向移动作进给运动。加工前须调整工件的位置，使被加工孔中心线对准刀具的旋转中心线。在加工过程中工件是固定不动的。

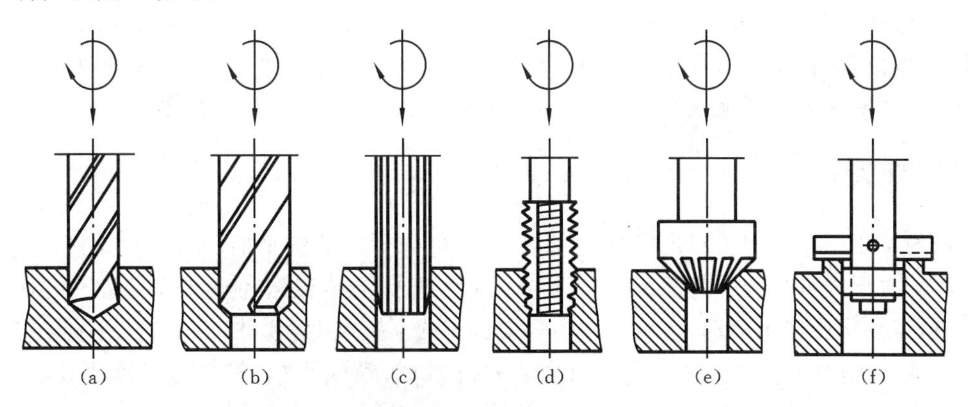

图7.1 钻床的加工方法

(a) 钻孔 (b) 扩孔 (c) 铰孔 (d) 攻螺纹 (e) 钻埋头孔 (f) 刮平面

图7.2所示是Z5135型立式钻床的外形。加工时工件直接或通过夹具安装在工作台上。主轴的旋转运动是由电动机经变速箱传动的。在加工过程中，主轴既旋转又作轴向进给运动，由进给箱传来的运动通过小齿轮和主轴套筒上的齿条，使主轴随着轴套筒作直线进给运动。进

给箱和工作台可沿立柱上的导轨调整上下位置,以适应不同高度的工件的加工。

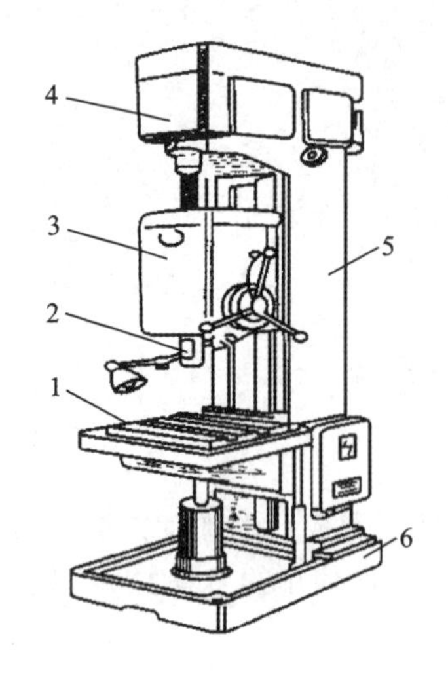

图 7.2 Z5135 **型立式钻床外形**

1—工作台;2—主轴;3—进给箱;

4—变速箱;5—立柱;6—底座

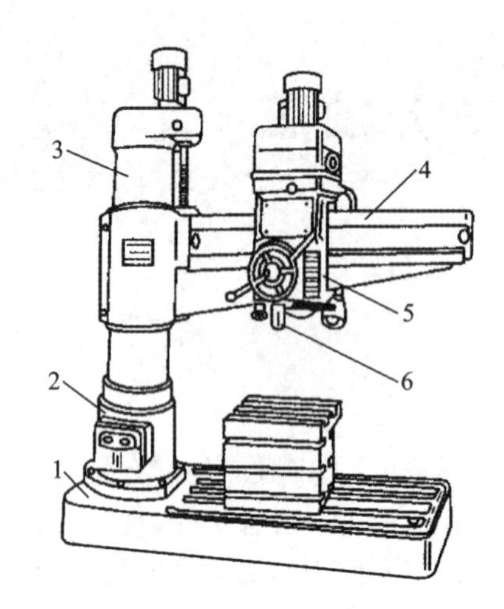

图 7.3 Z3040 **型摇臂钻床**

1—底座;2—内立柱;3—外立柱;

4—摇臂;5—主轴箱;6—主轴

在立式钻床上,加工完一个孔后再钻另一个孔时,需要移动工件,使刀具与另一个孔对准。这对于大而重的工件,操作很不方便。因此,立式钻床仅适用于加工中、小型工件。此外,立式钻床的自动化程度往往不高,所以在大批大量生产中通常被组合钻床所代替。

2. 摇臂钻床

一些大而重的工件在立式钻床上加工很不方便,这时希望工件固定不动,移动主轴,使主轴中心对准被加工孔的中心,因此就产生了摇臂钻床,如图 7.3 所示。摇臂钻床的主轴箱可沿摇臂的导轨横向调整位置,摇臂可沿外立柱的圆柱面上下调整位置,此外,摇臂及外立柱又可绕内立柱转动至不同的位置。由于摇臂结构上的这些特点,可以很方便地调整主轴的位置,工作时工件不动。为了使主轴在加工时保持准确的位置,摇臂钻床上具有立柱、摇臂及主轴箱的夹紧机构,当主轴的位置调整妥当后,就可快速地将它们夹紧。由于摇臂钻床在加工时经常须改变切削用量,因此,摇臂钻床通常具有既便于操作又节省时间的操纵机构,可快速地改变主轴转速和进给量。摇臂钻床广泛地应用于单件、小批和成批生产中,加工大、中型零件。

二、镗床

镗床的主要工作是用镗刀进行镗孔,此外还可进行一定的铣平面、车凸缘、车螺纹等工作。镗床按其结构形式可分为卧式镗床、立式镗床、落地镗床、金刚镗床和坐标镗床等各种类型。镗床加工时,刀具作旋转主运动,进给运动则根据机床的不同类型和所加工工序的不同,由刀具或工件来实现。镗床的主参数根据机床类型不同,由最大镗孔直径、镗轴直径或工作台宽度来表示。

1. 卧式镗床

一些箱体零件(如机床主轴箱和变速箱等)需要加工多个不同尺寸的孔,通常这些孔的尺寸较大、精度要求较高,特别是孔的中心线之间有严格的同轴度、垂直度、平行度及孔间距精度等要求。此外,这些孔的中心线往往与箱体的基准面平行。这种零件在一般立式钻床或摇臂钻床上加工，必须应用一定的工艺装备，否则就比较困难。这时，根据工件的精度要求，可在选定的镗床上加工，其中卧式镗床用得较多。在卧式镗床上可以进行孔加工、车端面、车凸缘的外圆、车螺纹和铣平面等工作，如图 7.4 所示。这种机床工作的万能性较好，所以习惯上又称为万能镗床。

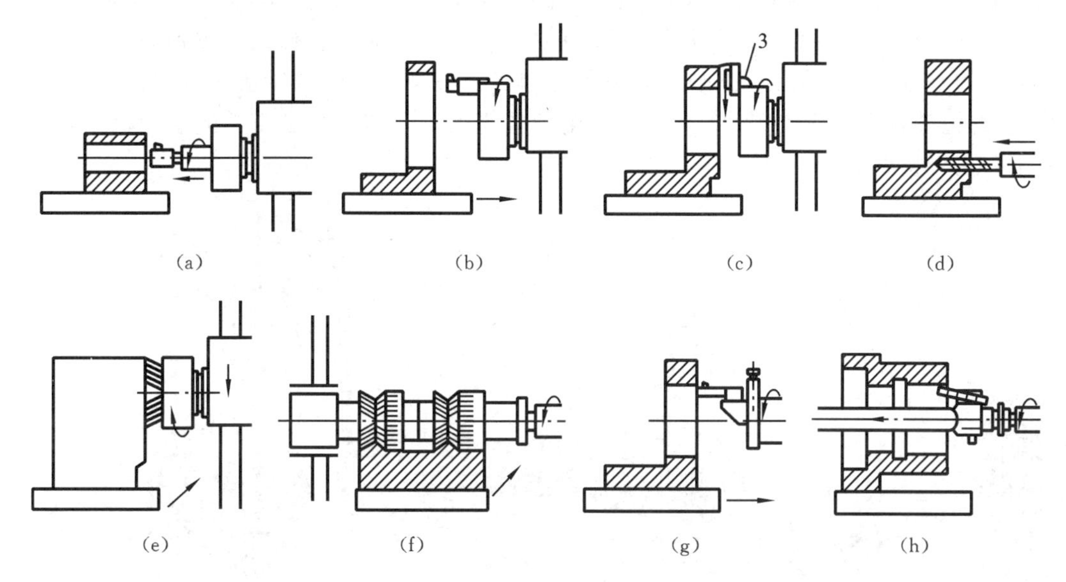

图 7.4 卧式镗床的主要加工方法

(a) 刀具装在主轴上进行镗孔 (b) 刀具装在平旋盘上进行镗孔 (c) 刀具装在平旋盘上进行端面加工
(d) 镗短孔 (e) 铣端面 (f) 铣成形表面 (g)、(h) 镗螺纹孔

在卧式镗床上镗孔的方法有四种(见图 7.4(a)～(d))。图 7.4(a)所示是将镗刀安装在镗床主轴端，并由主轴作纵向进给。这样，随着主轴悬伸长度的增加，刚度越低，切削时弹性变形(让刀)增加，易使孔产生锥度误差。因此，它适用于镗削直径不太大、长度较短的孔。图 7.4(b)、(c)、(d)所示的都是工作台作纵向进给。图 7.4(b)中刀具是悬伸式的，适于镗较短的孔。图 7.4(c)中镗杆两端支承，适于镗两孔相距较远的同轴孔。若工件沉重，宜改用镗床主轴作纵向进给。图 7.4(d)中镗刀装在平旋盘的径向刀架上，适于镗直径大的短孔。

卧式镗床(见图 7.5)由床身、主轴箱、前立柱、带支承的后立柱、下滑座、上滑座和工件台等部件组成。加工时，刀具装在主轴箱的镗轴或平旋盘 7 上，由主轴箱可获得各种转速和进给量。主轴箱可沿前立柱的导轨上下移动。工件安装在工作台上，可与工作台一起随下滑座或上滑座作纵向或横向移动。此外，工作台还可绕上滑座的圆导轨在水平平面内调整至一定的角度位置，以便加工互相成一定角度的孔或平面。

装在镗轴上的镗刀还可随镗轴作轴向运动，以实现轴向进给或调整刀具的轴向位置。当镗轴及刀杆伸出较长时，可用支承来支承它的左端，以增加镗轴和刀杆的刚度。当刀具装在平旋盘 7 的径向刀架上时，径向刀架可带着刀具作径向进给，以车削端面，如图 7.4(c)所示。

综上所述，卧式镗床具有下列工作运动：镗杆的旋转主运动、平旋盘的旋转主运动、镗杆的轴向进给运动、主轴箱的垂直进给运动、工作台的纵向进给运动、工作台的横向进给运动、平旋盘径向刀架的进给运动。

卧式镗床的辅助运动有主轴箱、工作台在进给方向上的快速调位运动，后立柱的纵向调位运动，支承的垂直调位运动、工作台的转位运动。这些辅助运动由快速电动机传动。

2. 落地镗床

在重型机械制造厂中,某些工件庞大而笨重,加工时移动很困难,这时希望工件在加工过程中固定不动,运动由机床部件来实现。因为机床部件比工件轻,由较轻的部分来实现运动,往往可使机床结构简单、更加紧凑。因此,在卧式镗床的基础上,又产生了落地镗床。落地镗床的外形如图7.6所示。落地镗床没有工作台,工件直接固定在地面的平板上。镗轴的位置,是由立柱沿床身的导轨作横向移动及主轴箱沿立柱导轨上下移动来进行调整的。落地镗床比卧式镗床大,它的镗轴直径往往在125 mm以上。落地镗床是用于加工大型零件的重型机床,因此它具有下列主要特点。

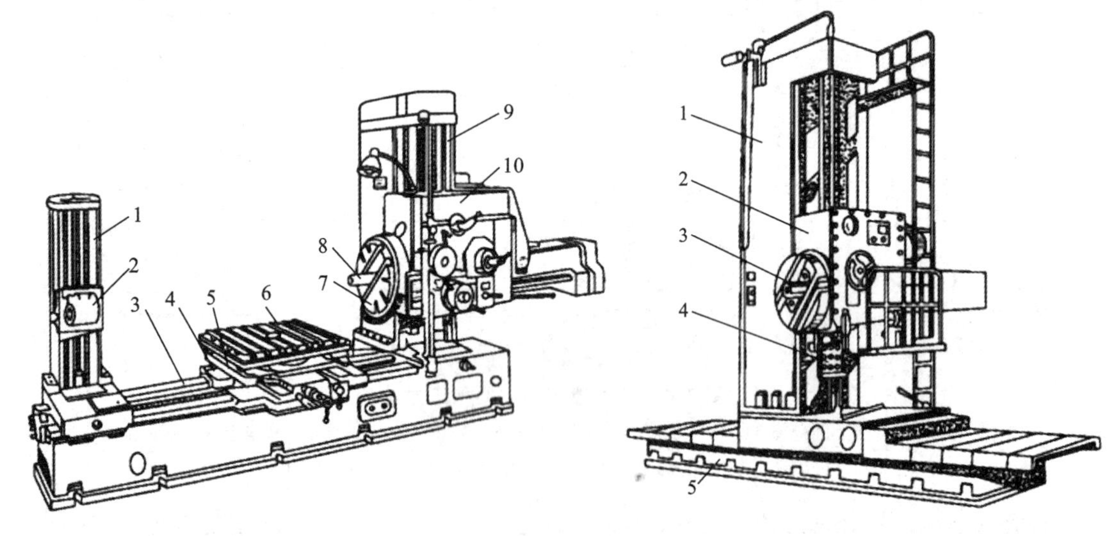

图7.5 卧式镗床外形

1—后立柱;2—支承;3—床身;4—下滑座;5—上滑座;6—工作台;7—平旋盘;8—镗轴;9—前立柱;10—主轴箱

图7.6 落地镗床外形

1—立柱;2—主轴箱;3—镗轴;4—操作板;5—床身

(1) 万能性好。大型工件装夹及找正困难而且费时,因此希望尽可能在一次安装中将全部表面加工出来,所以落地镗床的万能性较好,机床可以进行镗、铣、钻等各种工作。

(2) 可集中操作。由于机床庞大,为使操作方便起见,通常用悬挂式操作板4或操作台集中操作。

(3) 操作方便。为了方便观察部件的位移情况,新式的落地镗床大多备有移动部件(立柱、主轴箱及镗轴)位移的数码显示装置,以节省观察、测量位移的时间并减轻工人的劳动强度。

(4) 移动部件的灵敏度高。由于机床的移动部件重量大,为了提高其移动灵敏度,避免产生爬行现象,新型机床往往应用静压导轨或滚动导轨。

3. 坐标镗床

坐标镗床是一种高精度机床,它具有测量坐标位置的精密测量装置,而且这种机床的主要零部件的制造和装配精度很高,并有较高的刚度和抗振性,所以它主要用来镗削精密(IT5级或更高)的孔和位置精度要求很高(定位精度达0.002～0.01 mm)的孔系,如钻模、镗模等的精密孔。

坐标镗床的工艺范围很广,除镗孔、钻孔、扩孔、铰孔、精铣平面和沟槽外,还可进行精密划线和刻线,以及孔距和直线尺寸的精密测量等工作。

坐标镗床有立式和卧式的。立式坐标镗床的形式有单柱和双柱之分，图 7.7 所示的立式坐标镗床为单柱的，图 7.8 所示为卧式坐标镗床。

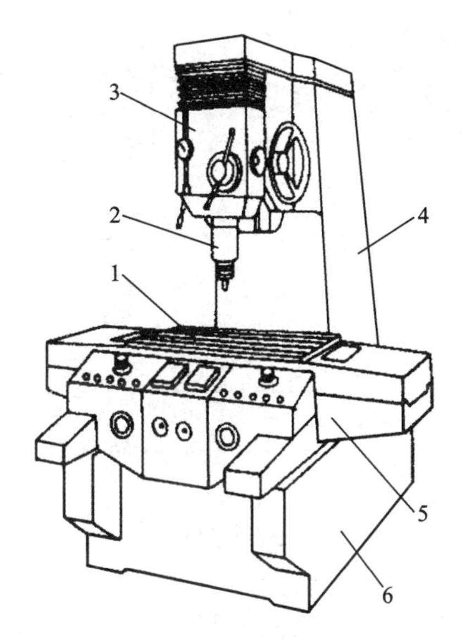

图 7.7 立式坐标镗床

1—工作台；2—主轴；3—主轴箱；
4—立柱；5—床鞍；6—床身

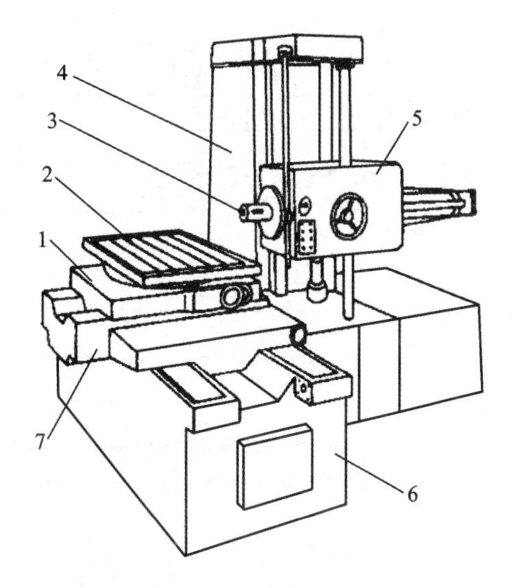

图 7.8 卧式坐标镗床

1—上滑座；2—回转工作台；3—主轴；
4—立柱；5—主轴箱；6—床身；7—下滑座

4. 金刚镗床

金刚镗床是一种高速精密镗床，因以前采用金刚石镗刀而得名，现在已大量采用硬质合金刀具。这种机床的特点是切削速度很高(加工钢件时为 1.7～3.3 m/s，加工有色合金件时为 5～25 m/s)，而背吃刀量和进给量极小(背吃刀量一般不超过 0.1 mm，进给量一般为 0.01～0.14 mm/r)，因此可以获得很高的加工精度(孔径精度一般为 IT7～IT6 级，圆度不大于 3～5 μm)和表面质量(表面粗糙度 *Ra* 一般为 1.25～0.08 μm)。金刚镗床常用于在成批大量生产中加工有色金属零件上的精密孔。

7.3 孔加工刀具

孔加工常用的刀具分为两类：一类用于在实体材料上加工孔，如麻花钻、扁钻、中心钻及深孔钻等；另一类用于对工件上已有的孔进行再加工，如扩孔钻、铰刀等。其中麻花钻是最常用的孔加工刀具。

一、麻花钻

1. 麻花钻的结构

麻花钻主要由以下几部分组成。

1) 工作部分

工作部分是麻花钻的主要部分，它由切削部分和导向两部分组成，如图 7.9(a)所示。切削部分担负主要的切削工作;导向部分用于保持钻头在切削过程中的方向,是切削部分的备磨部分。

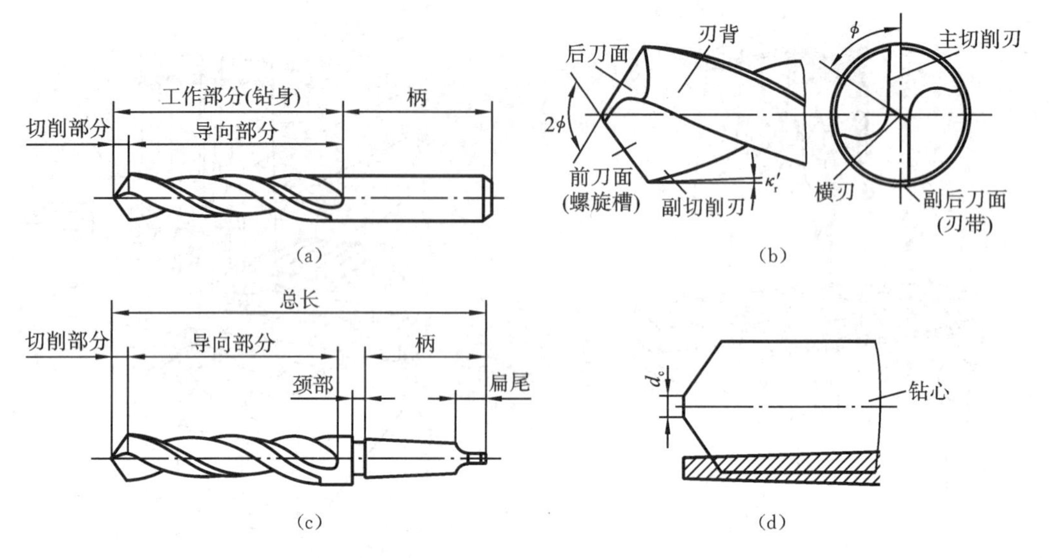

图 7.9 标准高速钢麻花钻

(a) 直柄麻花钻的组成 (b) 标准麻花钻的切削部分 (c) 锥柄麻花钻的组成 (d) 正锥体

麻花钻的切削部分有两个主切削刃,由横刃连接,如图 7.9(b)所示。形成主切削刃的螺旋面为前刀面,另一面为后刀面,副后刀面是钻头外缘的刃带棱面。前刀面与刃带相交的棱边为副切削刃,两后刀面相交形成横刃。

导向部分外缘的棱边可引导钻头沿正确的进给方向钻进,亦可减少导向部分与已加工孔的摩擦;两螺旋槽可容屑、排屑,并作为切削液的流入通道;棱边外径磨有倒锥量,沿轴线向尾部逐渐减小,从而能减少棱边与孔壁的摩擦,同时也可避免钻头在钻孔时因前端磨损大形成顺锥而产生咬死以致折断的情况。标准麻花钻的倒锥量为(0.03～0.12 mm)/100 mm。大直径钻头取大值。

连接两刃瓣的部分为钻心,不通过钻心的两主刀刃间的距离为钻心直径 d_c。为保证钻头切削时的强度和刚度,钻心在轴心线上形成正锥体(见图 7.9(d)),即钻心直径由钻尖向尾部逐渐增大,其锥度称为钻心锥度。增大量为(1.4～2 mm)/100 mm。

2) 柄部

柄部也称尾部,用于夹持钻头,传递转矩和轴向力。柄部有直柄与锥柄两种。钻头直径 $d_o \leqslant 12$ mm 时用直柄,$d_o > 12$ mm 时用锥柄,采用莫氏标准锥度。

3) 颈部

颈部位于工作部分与柄部之间,为磨柄部时退砂轮之用,也是打印标记的地方。直柄麻花钻一般不制作颈部(见图 7.9(c))。

2. 麻花钻的结构参数

麻花钻的结构参数是指钻头在制造中控制的尺寸或角度,它们是确定钻头几何形状和直径大小的独立参数,主要包括以下几项。

1) 外径 d_o

钻头的外径即刃带的外圆直径,它按标准尺寸系列设计。

2) 钻心直径 d_c

它决定钻头的强度及刚度并影响容屑空间的大小。一般来说，$d_c=(0.125\sim0.15)d_o$。

3) 顶角 2ϕ

它是两条主切削刃在与它们平行的平面上投影之间的夹角，它决定切削刃的长度及负荷情况。

4) 螺旋角 β

它是指钻头外圆柱面与螺旋槽交线的切线与钻头轴线的夹角。若螺旋槽的导程为 L，钻头外径为 d_o，则

$$\tan\beta=\frac{\pi d_o}{L}=\frac{2\pi R}{L} \tag{7.1}$$

式中：R——钻头半径(mm)。

由式(7.1)可知，钻头不同直径处螺旋角不等，愈接近中心处螺旋角愈小。在刃带处，麻花钻螺旋角 β 一般为 $25^\circ\sim32^\circ$。增大螺旋角有利于排屑，能获得较大的前角，使切削轻快，但钻头刚度变低。小直径钻头、钻削高强度钢的钻头，为提高钻头刚度，β 可设计得小些。钻削软材料、铝合金，为改善排屑效果，β 还可设计得大些。

二、扩孔钻

用扩孔钻对工件上已有的孔进行扩大加工，称为扩孔。扩孔既可用于孔的最终加工，也可以用于铰孔或磨孔前的预加工。扩孔钻形状与麻花钻相似，只是齿数多，一般有 3～4 个，故导向性能较好，切削平稳；扩孔加工余量小，参与工作的主切削刃较短，比钻孔的切削条件好；扩孔钻的容屑槽浅，钻芯较厚，刀体强度高，刚度高，因此扩孔钻钻孔的加工质量比麻花钻高。扩孔的公差等级一般为 IT10，表面粗糙度 Ra 为 6.3 μm。

扩孔钻主要有两种类型：整体锥柄扩孔钻(见图 7.10)，扩孔范围为 ϕ10～32 mm；套式扩孔钻(见图 7.11)，扩孔范围为 ϕ25～80 mm。扩孔钻加工精度一般可达 IT11～IT10，表面粗糙度 Ra 可达 6.3～3.2 μm，常用于铰孔或磨孔前的扩孔，以及一般精度孔的最后加工。

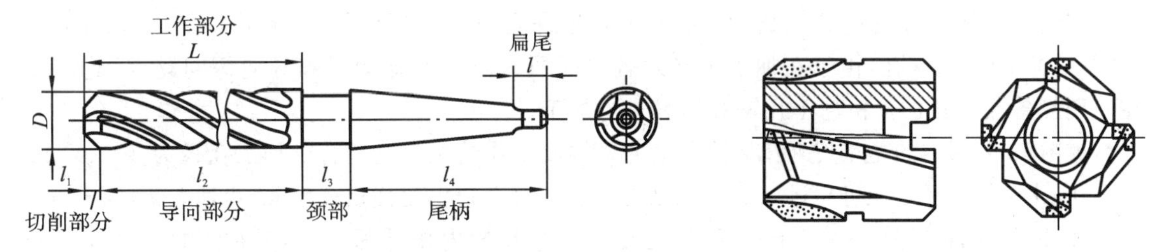

图 7.10　整体锥柄扩孔钻

图 7.11　套式扩孔钻

三、锪钻

锪钻是孔口加工的刀具。锪钻一般用来加工各种沉头孔、锥孔、端面凸台等，如图 7.12 所示。沉头孔锪钻在端面和外圆上有 3～4 个刀齿，前有一个导柱，在原有孔中导向，以保证加工孔与原有孔同轴。一般导柱制成可卸式的，以便于刃磨该锪钻的端面切削刃。沉头孔锪钻也可由麻花钻改磨而成。锥孔锪钻的锥角有 60°、90°和 120°三种。图 7.12(c)所示端面锪钻有四条端面切削刃，它前面的导柱用于保证所锪孔端面与孔轴线垂直。

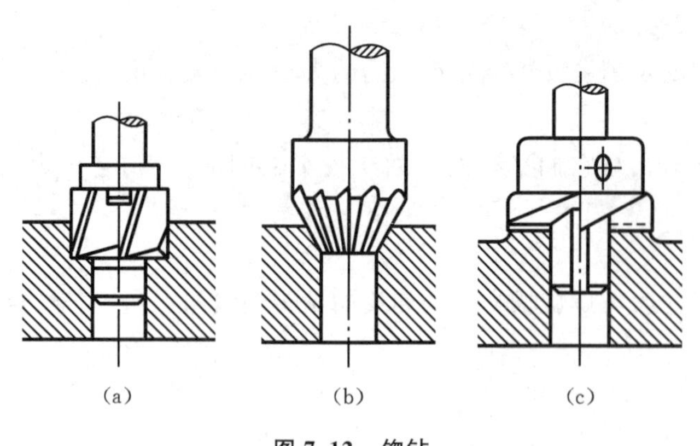

图 7.12 锪钻

(a) 加工沉头孔 (b) 加工锥孔 (c) 加工端面凸台

一般锪钻用高速钢制造,加工孔口端面的大直径锪钻常用硬质合金制造,采用装配结构,如图 7.13 所示。导柱 1 可卸,螺钉 2 防止导柱从刀体 3 中滑出。锁销式刀柄 4 具有快速装卸功能。垫圈 5 的作用是保护刀片 6 在导柱不旋转时不受损坏。

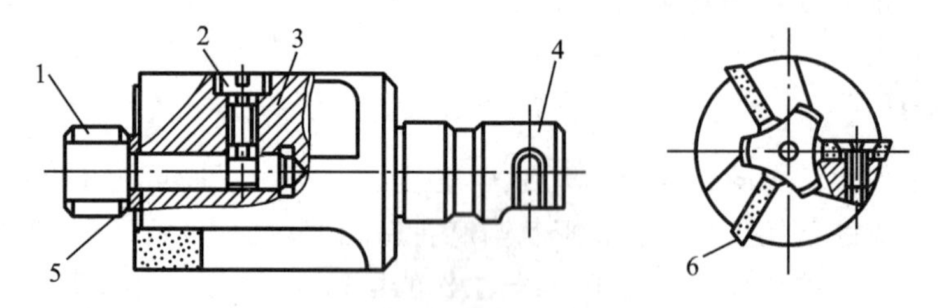

图 7.13 硬质合金锪钻

1—导柱;2—螺钉;3—刀体;4—锁销式刀柄;
5—垫圈;6—硬质合金刀片

四、深孔钻

在钻削孔深 L 与孔径 d 之比为 5～20 的普通深孔时,一般可用接长麻花钻加工,对于$L/d>20$～100 的特殊深孔,由于在加工中必须解决断屑、排屑、冷却润滑和导向等问题,因此需要在专用设备或深孔加工机床上用深孔刀具进行加工。

如图 7.14 所示的是单刃外排屑深孔钻的结构及工作情况。它适合于加工孔径为 3～20 mm 的小孔,孔深与直径之比可超过 100,加工精度可达 IT10～IT8,表面粗糙度 Ra 可达 3.2～0.8 μm。

此外,用于加工 ϕ15～200 mm、深径比小于 100 孔的内排屑深孔钻,其加工精度达 IT9～IT6,所加工孔表面粗糙度 Ra 可达 3.2 μm;利用切削液体的喷射效应排屑的喷吸钻;套料钻,当钻削直径大于 60 mm,为提高生产率,减少切除量,采用套料钻,可将材料中部的料芯留下来再利用;等等。

五、铰刀

铰刀是用于提高被加工孔质量的半精加工和精加工刀具。用铰刀对孔进行的加工称为铰孔,铰孔通常在钻孔和扩孔之后进行。铰刀的形状类似扩孔钻,但是由于铰刀齿数更多($z=6$～12),又有较长的修光刃,切削更加平稳,加工余量更小,因此加工精度和表面质量都很高,铰孔

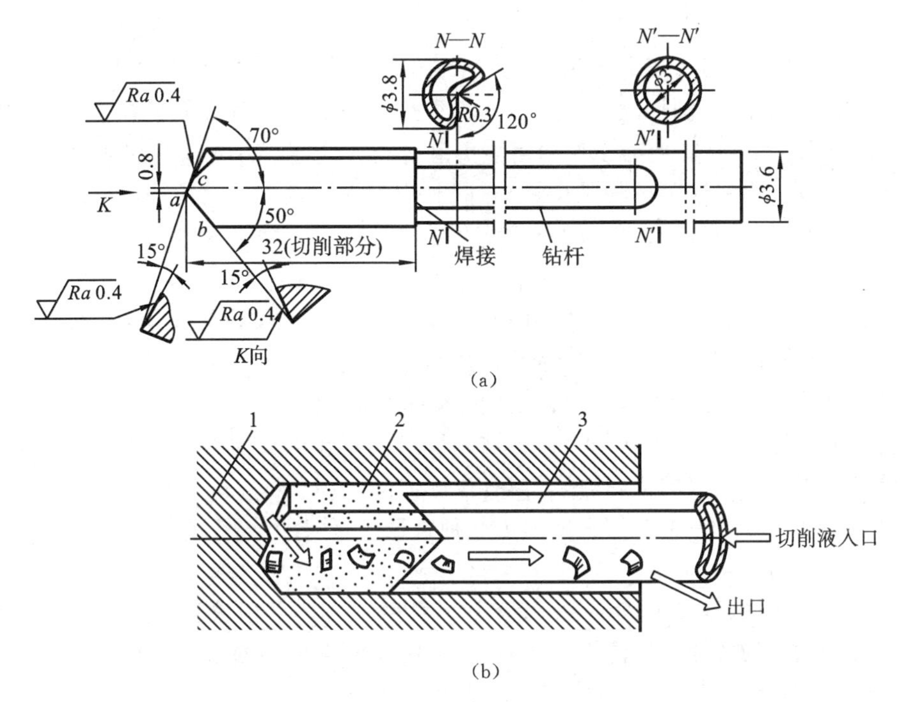

图 7.14 单刃外排屑深孔钻的结构及工作情况

(a) 深孔钻的结构 (b) 工作情况

1—工件;2—切削部分;3—钻杆

的公差等级为 IT6～IT7,表面粗糙度 Ra 可达 0.8～1.6 μm。铰刀的刀刃多做成偶数,并成对地位于通过直径的平面内,目的是便于测量直径的尺寸。

铰孔在较低的切削速度(v_c=1.5～5 m/min)、较大的进给量(f=0.5～3 mm/r)和很小的背吃刀量的条件下进行,这样不会产生积屑瘤,保证孔的质量较好。对精度等级为 IT8 的孔,一般只铰一次,直径上的铰削余量为 0.1～0.3 mm。对精度等级为 IT7 的孔,一般要铰两次,粗铰直径上的加工余量为 0.15～0.35 mm,精铰时直径上的加工余量为 0.05～0.15 mm。对精度等级为 IT6 的孔,在两次机铰以后,还要手铰一次,手铰时直径上的加工余量在 0.05 mm 以下。

图 7.15 所示为常用的手用铰刀,它由工作部分、颈部及柄部三部分组成。工作部分主要由切削部分及校准部分构成,其中校准部分又分为圆柱部分和倒锥部分。对于手用铰刀,为增强导向作用,校准部分应做得长些;对于机用铰刀,为减小机床主轴和铰刀不同心的影响和避免过大的摩擦,校准部分应做得短些。当切削部分的锥角 $2\kappa_r \leqslant 30°$时,为了便于切入,其前端常制成

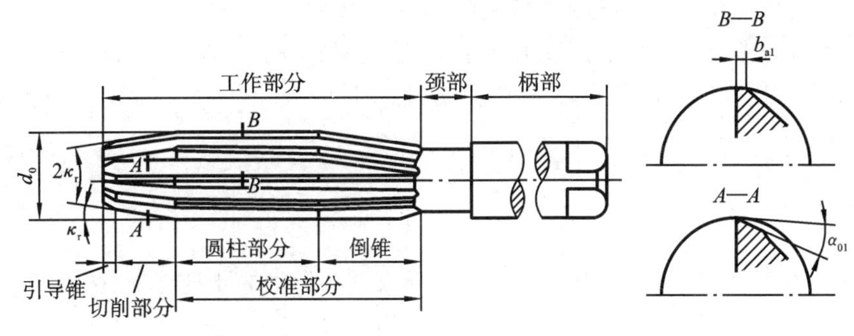

图 7.15 铰刀

引导锥。

铰削加工余量很小,刀齿容屑槽很浅,铰刀的齿数比较多,刚度高,导向性好,工作更平稳。由于铰削的加工余量小,切削厚度 h_D 很薄,而刀刃具有一定的刃口圆弧半径 γ_β,因此铰刀有时会在 $h_D < \gamma_\beta$ 的情况下切削,此时工作前角为负值,挤压作用很大,实际上铰削过程是切削与挤刮联合作用的过程。由于铰削的切削余量小,同时为了提高铰孔的精度,通常铰刀与机床主轴采用浮动连接,所以铰刀只能修正孔的形状精度,提高孔径尺寸精度和减小表面粗糙度,不能修正位置误差。

铰孔时,铰刀是以工件上原有的孔导向的,不能纠正原有孔的位置误差,所以原有孔应有合理的加工精度。铰孔的质量主要取决于铰刀,而与机床关系不大。为了保证铰孔的质量,铰刀与钻床主轴最好采用浮动连接,并用钻模上的钻套来引导铰刀。

铰孔时铰刀不能倒转,否则切削刃会磨钝。所以铰完孔后铰刀要顺转着退出,退出孔后再停车。若停车后再退出铰刀的话,孔壁会留有痕迹。

铰刀是定尺寸刀具。一把铰刀只能加工一种直径、一种公差等级的孔。浅孔、盲孔、阶梯孔的大孔均不适于铰削。

根据使用方法不同,铰刀可分为手用铰刀与机用铰刀。手用铰刀可做成整体式的(见图7.16(a)),也可做成可调式的(见图7.16(b))。机用铰刀直径小的常做成带直柄或锥柄的(见图7.16(c)),直径较大的常做成套式结构的(见图7.16(d))。

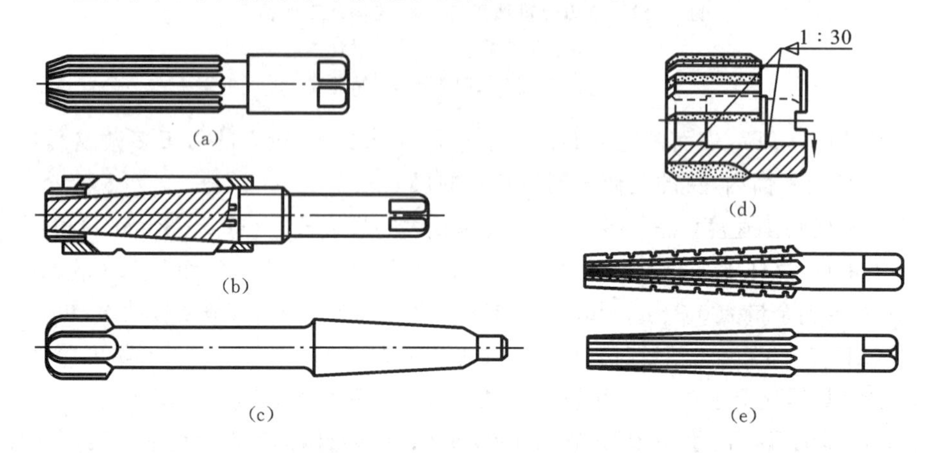

图7.16 不同种类的铰刀

(a) 整体式手用铰刀 (b) 可调式手用铰刀 (c) 机用铰刀 (d) 套式铰刀 (e) 锥度铰刀

根据加工孔的形状不同,铰刀可分为柱形铰刀和锥度铰刀。锥度铰刀因切削量较大,可做成粗铰刀和精铰刀,一般做成2把或3把一套(见图7.16(e))。

图7.17所示为常用的几种机用铰刀和手用铰刀。铰刀过去多数使用高速钢制造,现在在成批大量生产中已普遍地使用硬质合金制造(见图7.17(c)),不仅加工效率高而且所加工孔的质量也很高。

六、镗刀

镗刀是一种使用范围较广的刀具,可以对不同直径和形状的孔进行粗、精加工,特别是加工一些大直径的孔和孔内环槽时,镗刀几乎是唯一可用的刀具。

常用镗刀分单刃镗刀和多刃镗刀两大类。单刃镗刀只有一个主刀刃(见图7.18),结构简单,

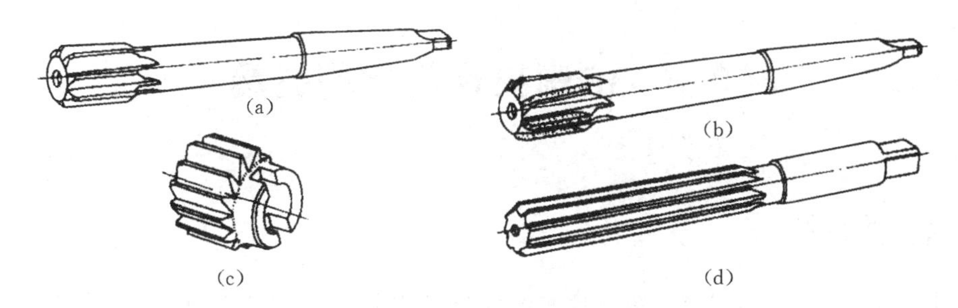

图 7.17　常用铰刀

(a) 带柄机铰刀　(b) 硬质合金铰刀　(c) 套装机铰刀　(d) 手铰刀

制造方便，通用性大，但加工精度难以控制，生产率较低。双刃镗刀两端都有刀刃，在对称方向同时参加切削，这样可以消除因径向力对镗杆的影响而产生的加工误差，工件孔径尺寸和精度由镗刀尺寸保证。

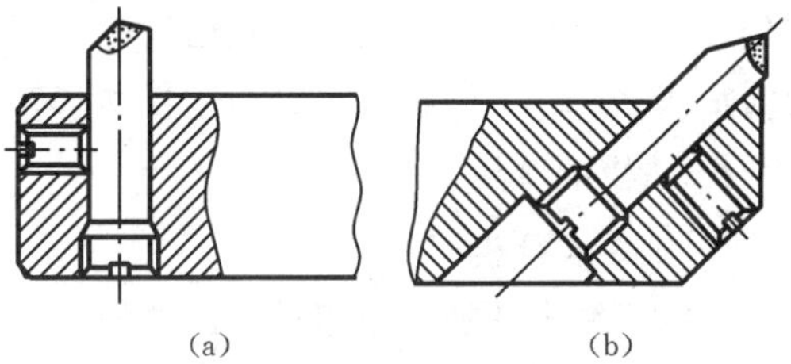

(a)　(b)

图 7.18　单刃镗刀

(a) 正装　(b) 斜装

1. 浮动镗刀

浮动镗刀是采用浮动连接结构的双刃镗刀，如图 7.19 所示。镗孔时，刀块不需固定在镗刀杆上，而是以间隙配合状态浮动地安装在镗杆的孔中，刀块通过作用在两刀片上的切削力自动保持其正确位置，以补偿由于镗刀安装误差或镗杆径向跳动引起的偏差，从而得到加工质量较高的孔，精度达 IT6～IT7，表面粗糙度 Ra 在 0.8 μm 以下。但浮动镗刀镗孔对预加工孔有一定的精度要求，而且不能校正已有孔轴线的歪斜和偏差，只能用于余量很小的精加工。

2. 微调镗刀

为了提高镗刀的调整精度，在数控机床和精密镗床上常使用微调镗刀，其读数值可达 0.01 mm，如图 7.20 所示。微调镗刀在调整时，先松开拉紧螺钉，然后转动带刻度盘的调整螺母，待刀头调至所需尺寸时，再拧紧拉紧螺钉。此种结构比较简单，刚度较高，但调整不便。

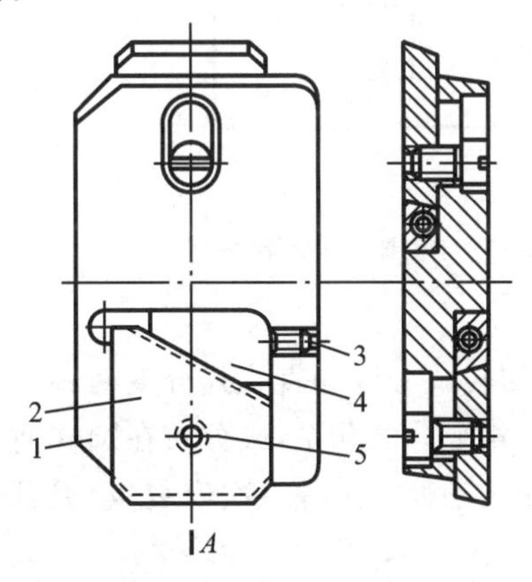

图 7.19　装配式浮动镗刀块

1—刀体；2—刀片；3—尺寸调节螺钉；4—斜面垫板；5—刀片夹紧螺钉

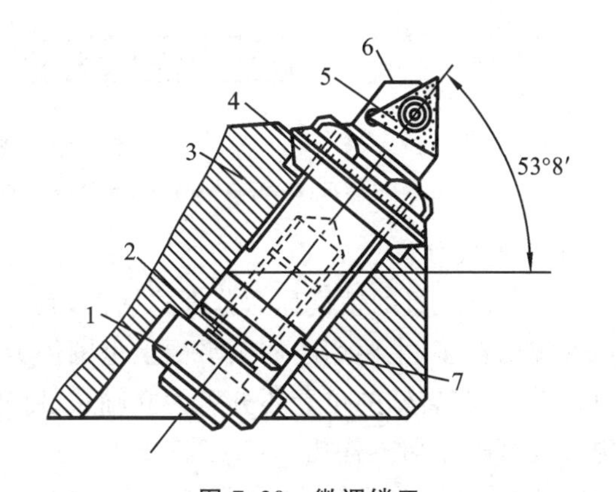

图 7.20　微调镗刀

1—垫圈；2—拉紧螺钉；3—镗刀杆；4—调节螺母；5—刀片；6—镗刀头；7—导向键

7.4 钻削夹具与镗削夹具

一、钻削夹具

在钻床上进行孔的钻、扩、铰、锪及攻螺纹时用的夹具称为钻削夹具,也称钻模。钻模上要设置钻套和钻模板,用来引导刀具。钻模可用于加工中等精度、尺寸较小的孔或孔系。被加工孔的尺寸精度主要由刀具本身的精度来保证,而被加工孔的形状、位置精度则由钻套内孔尺寸和公差及钻套在夹具体上的位置精度等因素确定。钻模的类型很多,按结构特点的不同,可分为固定式、分度式、翻转式、盖板式、移动式的等。

1. 钻模的分类

1) 固定式钻模

固定式钻模在加工中相对于工件的位置保持不变,常用来在立式钻床上加工单孔,或者在摇臂钻床、组合钻床上加工平行孔系。

2) 翻转式钻模

此类夹具可以做90°不同方位的翻转,连同工件一起手工操作。主要用于加工小型工件不同表面上的孔。工件质量一般不大于10 kg,钻模的质量也不宜超过10 kg。图7.21所示为一种翻转式钻模,工件在夹具体的内孔及端面上定位,用螺母1和开口垫圈2夹紧工件,整个夹具截面呈正方形,其中对角线上的四个径向孔的定位是借助V形块来完成的。

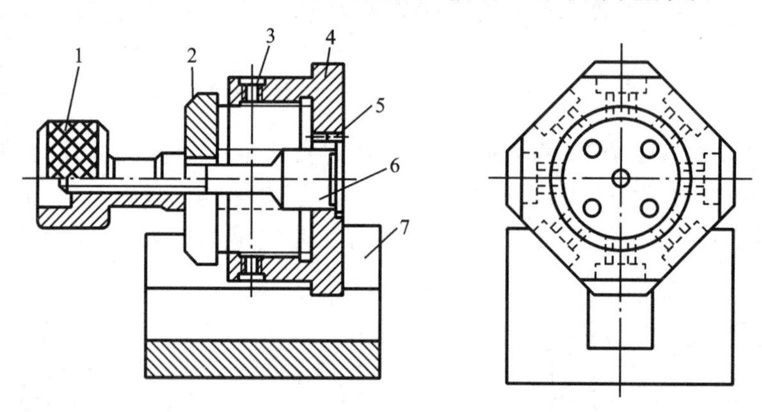

图7.21 翻转式钻模

1—螺母;2—开口垫圈;3—钻套;4—夹具体;5—销钉;6—定位销;7—V形块

3) 分度式钻模

带有分度装置的钻模称为分度式钻模,其分度方式有回转式分度和直线式分度两种。回转式钻模应用较多,主要用于加工平面上呈圆周分布、轴线互相平行的孔系,或分布在圆柱面上的径向孔系,按其转轴的位置还分可为立轴式、卧轴式和斜轴式三种。工件一次安装,经夹具分度机构转位可顺序加工各孔。

图7.22所示为回转式分度钻模,用来加工工件圆柱面上的三个径向均布孔。在分度盘的左端面上有呈圆周均布的三个轴向钻套孔,内设定位锥套。钻孔前,对定销在弹簧力的作用下

进入分度锥孔，反转手柄，螺套通过锁紧螺母使分度盘锁紧在夹具体上。钻孔后，正转手柄，将分度盘松开，同时螺套上的端面凸轮将对定销拔出，使分度盘转动120°，直至对定销重新插入第二个锥孔，然后锁紧加工另一孔。

4）盖板式钻模

这是最原始的一种夹具，如图7.23所示。定位元件、夹紧装置及钻套均设在钻模板上，钻模板在工件上装夹。盖板式钻模常用于床身、箱体等大型工件上的小孔加工，也可用于在中、小工件上钻孔。

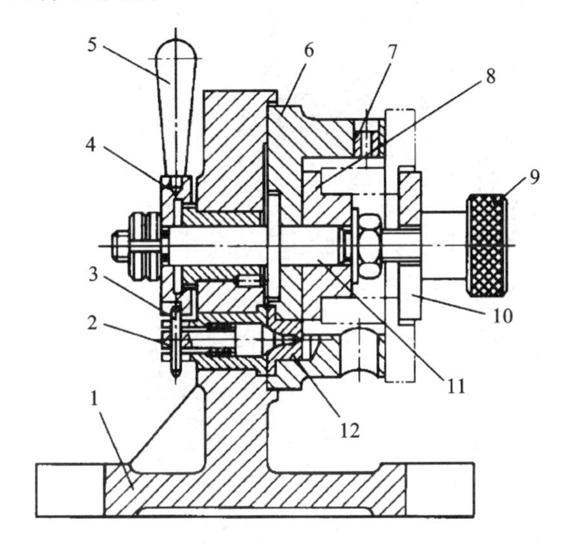

图7.22　回转式分度钻模

1—夹具体；2—对定销；3—横销；4—螺套；5—手柄；6—分度盘；7—钻套；8—定位件；9—滚花螺母；10—开口垫圈；11—转轴；12—锥套

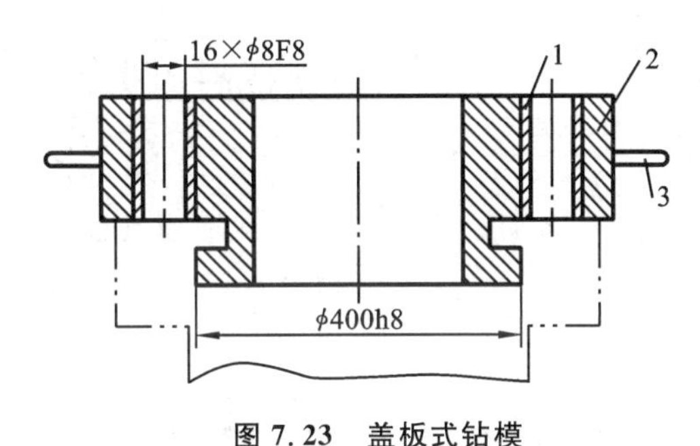

图7.23　盖板式钻模

1—钻套；2—钻模板；3—手柄

5）滑柱式钻模

它是一种通用可调夹具，其定位元件、夹紧元件和钻套可根据工件的不同来更换，而钻模板、滑柱、夹具体、传动和锁紧机构等可保持不变。它适用于小型零件的不同类型生产。如图7.24所示，钻模板上除安装钻套外，还装有可以在夹具体的孔内上下移动的滑柱及齿条滑柱，借助于齿条的上下移动，可将安装在底座平台上的工件夹紧或松开。

2. 钻模设计要点

设计钻模时，除需设计定位、夹紧装置之外，钻套和钻模板是区别于其他夹具的主要特点，着重讨论钻套和钻模板的设计要点。

1）钻套

钻套根据结构特点可分为固定钻套、可换钻套、快换钻套和特殊钻套四种类型。固定钻套(见图7.25(a)可直接压入钻模板或夹具体中，位置精度高，但磨损后不易拆卸，多用于中、小批量生产。可换钻套(见图7.25(b))须以间隙配合装在衬套中，衬套压入钻模板或夹具孔中，用螺钉固定，磨损后可以更换，用于大量生产。快换钻套(见图7.25(c))具有可快速更换的特点，更换时不需要拧动螺钉，只要将钻套逆时针转动一个角度即可取下钻套，多用于一个孔的加工需要多个工步的加工情况。上述三种转套均已标准化(JB/T 2045.1—1999～JB/T 2045.3—1999)。

特殊钻套用于特殊场合，例如，在斜面上钻孔、在工件凹陷处钻孔、钻多个小间距孔等等，此时不宜使用标准钻套，可根据要求设计专用钻套。其中，当钻模板或夹具体不能靠近加工表面

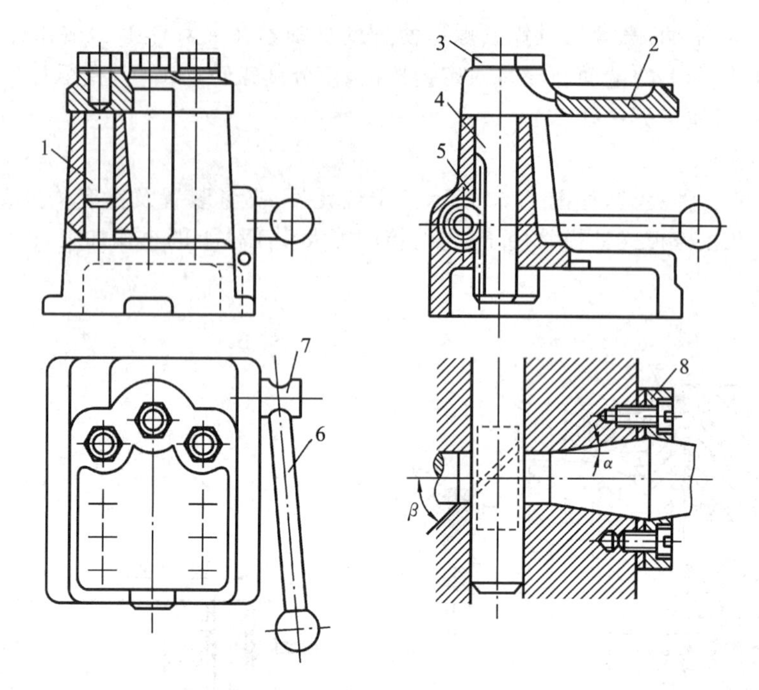

图 7.24　滑柱式钻模的通用结构

1—滑柱；2—钻模板；3—螺母；4—齿条滑柱；5—夹具体；6—手柄；7—螺旋齿轴；8—套环

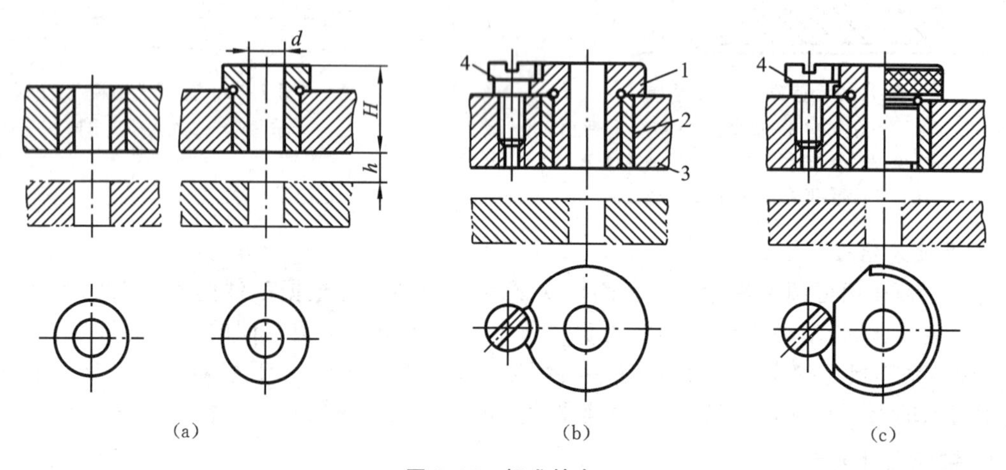

图 7.25　标准钻套

(a)固定钻套　(b)可换钻套　(c)快换钻套

1—钻套；2—衬套；3—钻模套；4—螺钉

时，使用图 7.26(a)所示的加长钻套，使其下端与工件加工表面有一段较短的距离。扩大钻套孔的上端是为了减小引导部分的长度，减少摩擦带来的钻头过热和磨损。

图 7.26(b)所示钻套用于在斜面或圆弧面上钻孔，防止钻头切入时引偏甚至折断。图 7.26(c)所示是当孔距很近时使用的钻套，为了便于制造在一个钻套上加工了几个近距离的孔。需借助钻套做辅助性夹紧时，可使用图 7.26(d)所示的钻套。图 7.26(e)所示为使用上、下钻套引导刀具的情况。当加工孔较长或与定位基准有较严的平行度、垂直度要求时，只在上面设置一个钻套 2，很难保证孔的位置精度。因此，需要在下方设置辅助引导钻套 4 形成组合钻套。对于安置在下方的钻套 4，要注意防止切屑落入刀杆与钻套之间，为此，刀杆与钻套选用较紧的配合(H7/h6)。

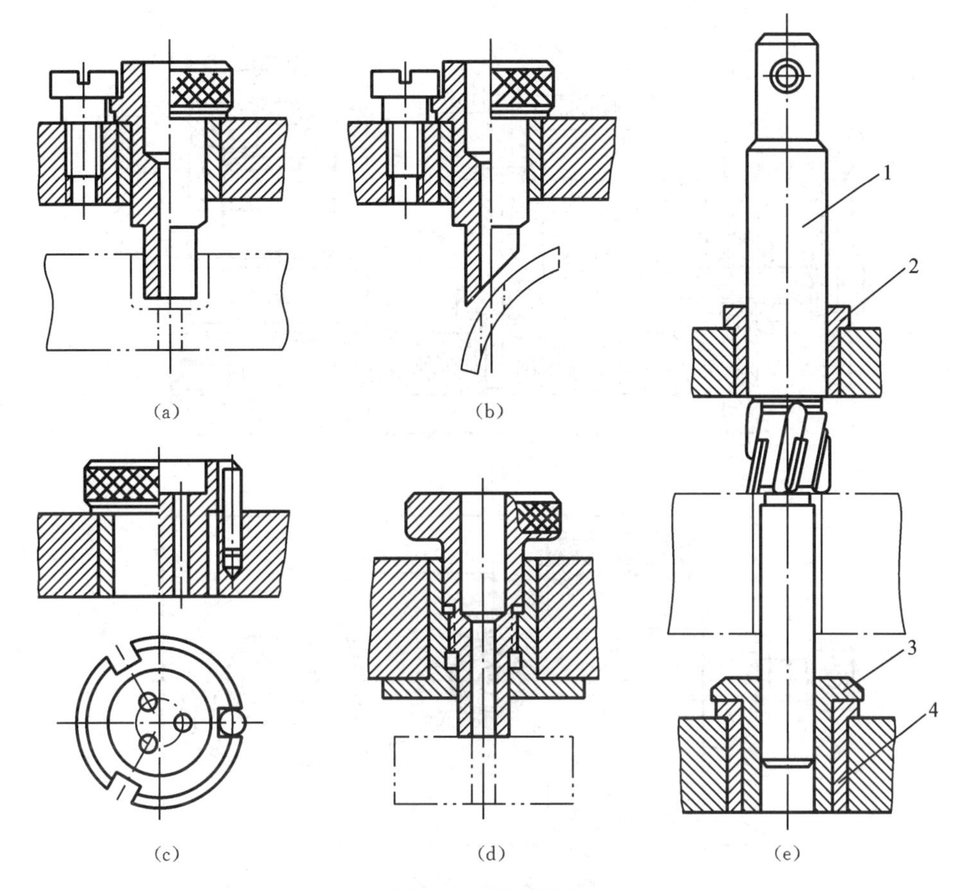

图 7.26 特殊钻套

(a) 加长钻套 (b) 用于在斜面、圆弧面上钻孔的钻套 (c) 多孔钻套 (d) 辅助夹紧钻套 (e) 带导套的组合钻套

1—刀杆;2—钻套;3—钻模套;4—钻套

钻套中引导刀具的导孔钻套中引导刀具的导孔内径尺寸及偏差应根据所引导刀具尺寸来确定。通常取所引导刀具的最大极限尺寸为钻套内孔的基本尺寸。孔径公差依据加工精度来确定,钻孔和扩孔时可取 F7,粗铰取 G7,精铰取 G6。若钻套引导的不是刀具的切削部分,而是导向部分,可按基孔制相应的配合选取钻套内径,即H7/f7,H7/g6,H7/g5。

钻套与工件间一般留有间隙 h(见图 7.27),h 值大小对排屑和导向有很大影响。一般可取 $h=(0.3\sim1.2)d$,加工脆性材料时取小值,加工塑性材料时,取较大值。当孔位置精度要求很高时,也可取 $h=0$。

2) 钻模板

钻模板用于安装钻套,钻模板与夹具体的连接方式有固定式、铰链式、可卸式、悬挂式。

固定式钻模板直接固定在夹具体上,结构简单,精度较高。图 7.28 中使用的钻模板即为固定式钻模板。

可卸式钻模板(见图 7.29)是为了工件装卸方便设计的,精度比铰链式的高。

图 7.30 所示为铰链式钻模板。铰链销与钻模板的销孔采用 G7/h6 配合。钻模板与铰链座之间采用 H8/g7 配合。

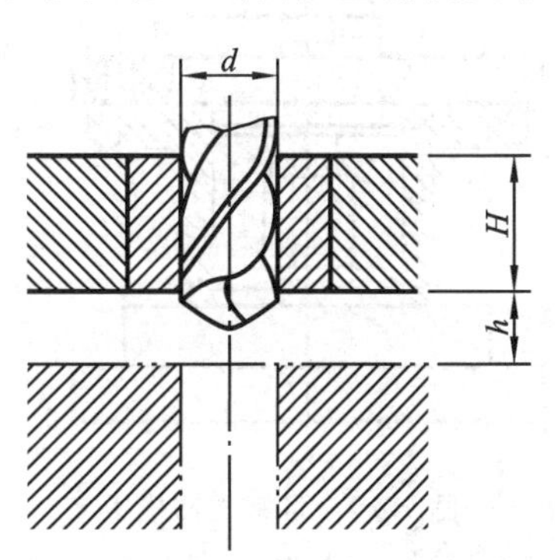

图 7.27 钻套底面到工件表面的距离

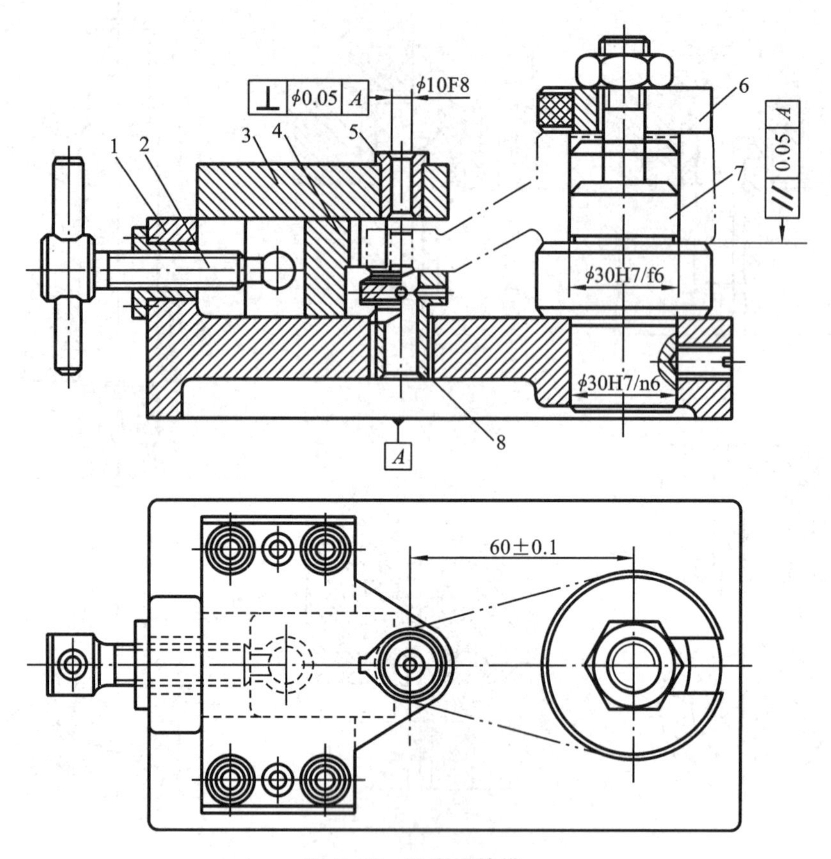

图 7.28　固定式钻模

1—夹具体;2—固定手柄压紧螺钉;3—钻模板;4—活动 V 形块;5—钻套;6—开口垫圈;7—定位销;8—辅助支承

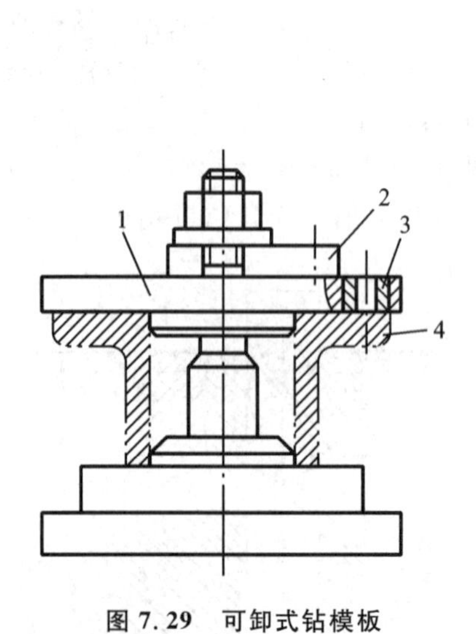

图 7.29　可卸式钻模板

1—钻模板;2—压板;3—钻套;4—工件

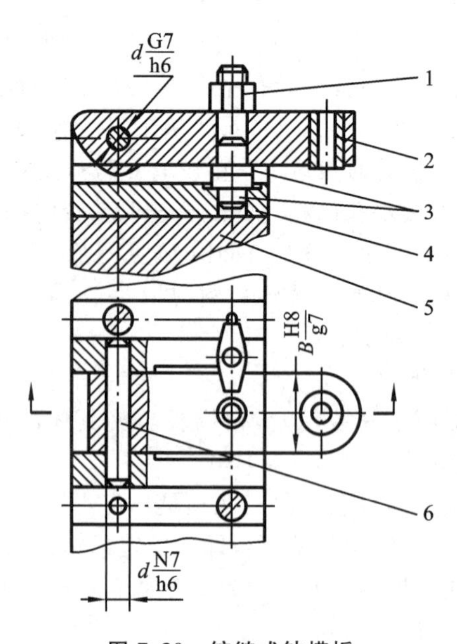

图 7.30　铰链式钻模板

1—菱形螺母;2—钻模板;3—支承钉;4—铰链座;5—夹具体;6—铰链销

钻套导向孔与夹具安装面的垂直度可通过调整两个支承钉的加以保证。加工时，钻模板由菱形螺母锁紧。由于铰链销、孔之间存在活动间隙，工件的加工精度不高。

二、镗削夹具

镗削夹具也称为镗模，镗模是用在镗床上的一种精密夹具，它主要用来加工箱体类零件上的精密孔系。

镗模和钻模一样，是依靠专门的导引元件——镗套来导引镗杆，从而保证所镗的孔具有很高的位置精度。由此可知，采用镗模后，镗孔的精度便可不受机床精度的影响。镗模广泛应用于高效率的专用组合镗床（又称联动镗床）和一般普通镗床。即使缺乏上述专门的镗孔设备的中小企业，也可以利用镗模来加工精密孔系。

1. 镗模的组成

图 7.31 所示为加工车床尾架孔用的镗模。镗模的两个支承分别设置在刀具的前方和后方，镗刀杆和主轴浮动连接。工件以底面槽及侧面在定位板及可调支承钉上定位，采用联动夹紧机构，拧紧夹紧螺钉，压板同时将工件夹紧。镗模支架 1 上用回转镗套来支承和引导镗杆。镗模以底面 A 安装在机床工作台上，其位置用 B 面找正。

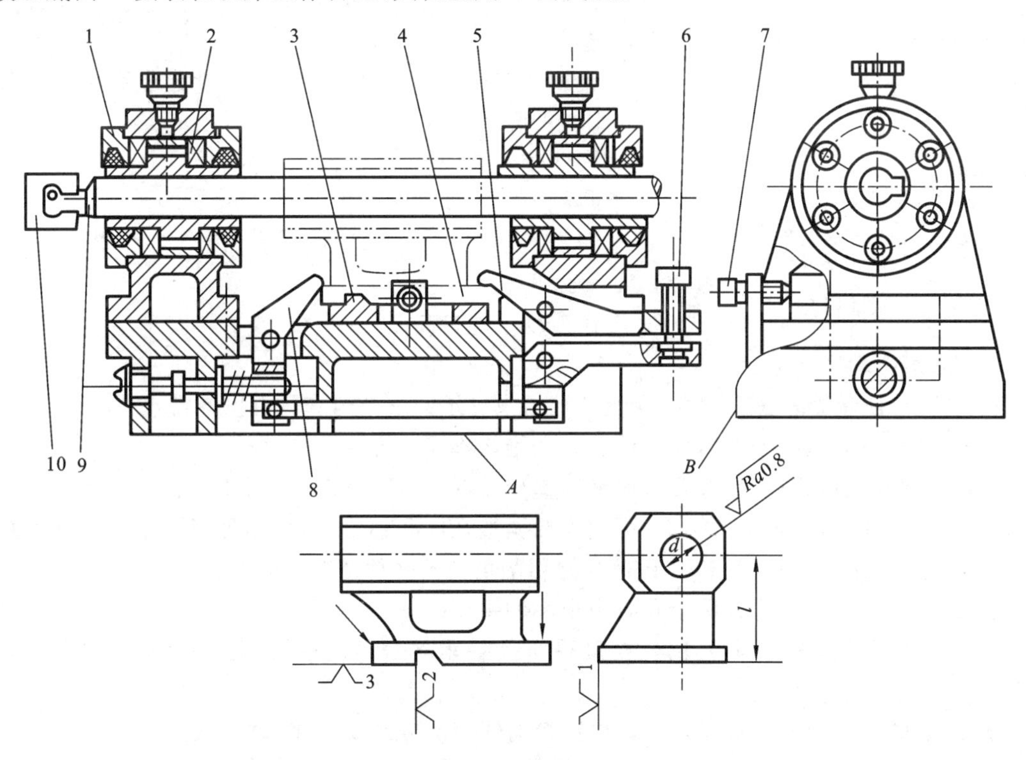

图 7.31 加工车床尾架孔用的镗模

1—支架；2—镗套；3、4—定位板；5、8—压板；6—夹紧螺钉；7—可调支承钉；9—镗刀杆；10—浮动接头

由图可知，一般镗模是由定位元件、夹紧装置、引导元件（镗套）和夹具体（镗模支架和镗模底座）四部分组成。

2. 镗套

镗套结构对于被镗孔的几何形状、尺寸精度及表面粗糙度有很大关系。因为镗套的结构决定了镗套位置的准确度和稳定性。镗套的结构形式一般分为固定式镗套和回转式镗套两类。

1）固定式镗套

固定式镗套的结构与前面讲述的一般钻套的结构基本相似。它固定在镗模支架上而不能随镗杆一起转动，因此，镗杆与镗套之间有相对运动，存在摩擦。

固定式镗套具有外形尺寸小，结构紧凑，制造简单，容易保证镗套中心位置的准确等优点。但是固定式镗套只适用于低速加工，否则速度过高，镗杆与镗套间容易因相对运动发热过高而咬死，或者造成镗杆迅速磨损。

固定式镗套结构已标准化，设计时可参阅相关国家标准。

2）回转式镗套

回转式镗套在镗孔过程中是随镗杆一起转动的，所以镗杆与镗套之间无相对转动，只有相对移动。这样，当在高速镗孔时能避免镗杆与镗套发热咬死，而且也改善了镗杆磨损情况。特别是在立式镗模中，若采用上下镗套双面导向，为了避免因切屑落入下镗套内而使镗杆卡住，故而下镗套应该采用回转式镗套。

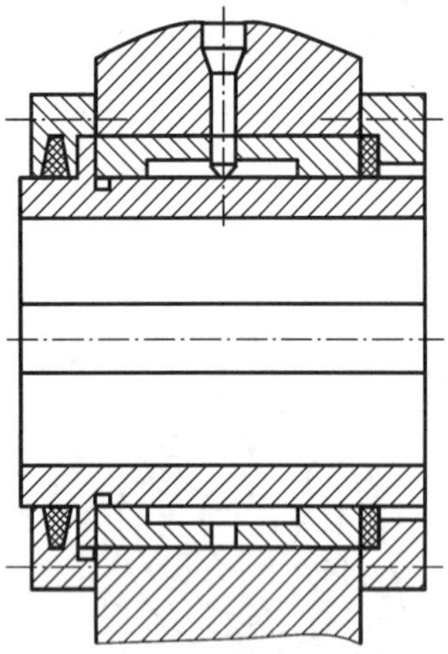

图 7.32　滑动镗套

由于回转式镗套要随镗杆一起回转，所以镗套要有轴承支承。镗套按轴承不同分为滑动镗套和滚动镗套。

(1) 滑动镗套。

图 7.32 所示为滑动镗套，由滑动轴承来支承。滑动镗套具有以下特点。

① 与滚动镗套相比，径向尺寸小，因而适用于孔中心距较小而孔径却很大的孔系加工。

② 减振性较好，有利于降低被镗孔的表面粗糙度值。

③ 承载能力比滚动镗套的大。

④ 若润滑不够充分，或镗杆的径向切削负荷不均衡，则易使镗套和轴承咬死。

⑤ 工作速度不能过高。

(2) 滚动镗套。

图 7.33(a)所示为外滚式镗套，由滚动轴承来支承。滚动镗套具有以下特点。

① 采用滚动轴承(标准件)，使设计、制造、维修都简单方便。

② 采用滚动轴承结构，润滑要求比滑动镗套的低。可在润滑不充分时，取代滑动镗套。

③ 采用向心推力球轴承的结构，可按需要调整径向和轴向间隙，还可用使轴承预加载荷的方法来提高轴承刚度。因而可以在镗杆径向切削负荷不平衡情况下使用。

④ 结构尺寸较大，不适合用于孔心距很小的镗模。

⑤ 镗杆转速可以很高，但其回转精度受滚动轴承本身精度的限制，一般比滑动模套略低一些。

图 7.33(b)所示为内滚式镗套。这种镗套的回转部分是安装在镗杆上的。

内滚式镗套因镗杆上装了轴承，其结构尺寸很大，这是不利的。但这种结构可使刀具顺利通过内滚式镗套的固定支承套，无须引刀槽或其他引刀结构。所以在前后双导引的镗套结构中，常在前镗套采用外滚式镗套，后镗套采用内滚式镗套。

标准镗套的材料与主要技术条件可查阅有关设计资料。

3. 镗杆

镗杆导向部分结构如图 7.34 所示。图 7.34(a)所示为开有油槽的圆柱导引，其结构简单，但与镗套接触面大，润滑不好，加工时又很难避免切屑进入导引部分，常常容易产生咬死现象。

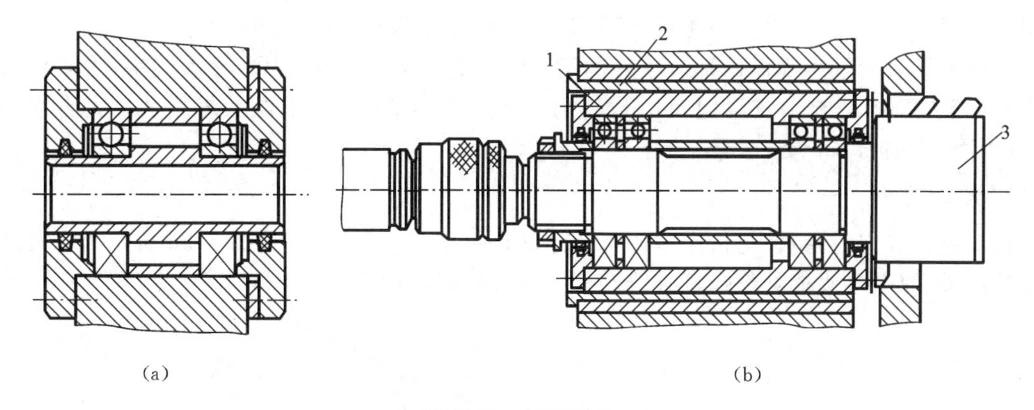

(a) (b)

图 7.33 滚动镗套

1—内滚式镗套;2—固定支承套;3—镗杆

图 7.34(b)和图 7.34(c)所示分别为开有直槽和螺旋槽的导引。它与镗套的接触面积小，沟槽又可以容屑，使用效果比图 7.34(a)所示的要好，但一般切削速度仍不宜超过 20 m/min。

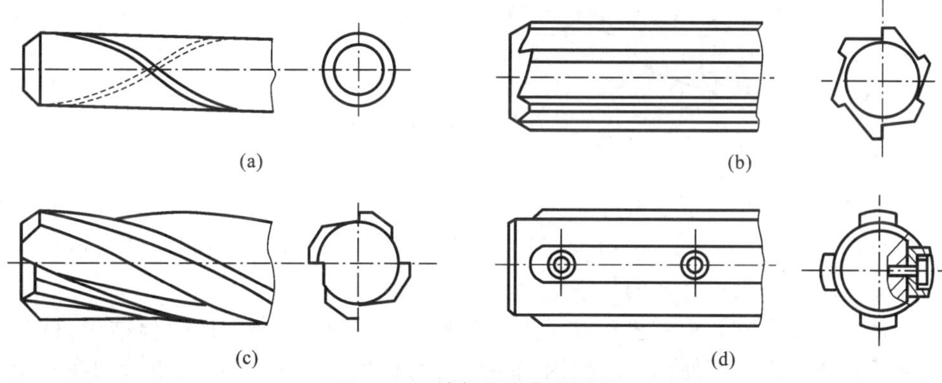

(a) (b) (c) (d)

图 7.34 镗杆导向部分结构

图 7.34(d)所示为镶滑块的导引结构。由于它与导套接触面小，而且用铜块时的摩擦较小，其使用时切削速度可高一些，但滑块磨损较快。采用钢滑块可比铜滑块磨损小，但与镗套摩擦又增加了。滑块磨损后，可在滑块下加垫片，再将外圆修磨。

当采用带尖头键的外滚式镗套时，镗杆导引端部应做成图 7.35 所示的螺旋导引结构，其螺旋角应小于 45°。端部有了螺旋导引后，当不转的镗杆伸入带尖头键的滚动镗套时，即使镗杆键槽没有对准镗套上的键，也可利用螺旋面镗动尖头键使镗套回转而进入键槽。

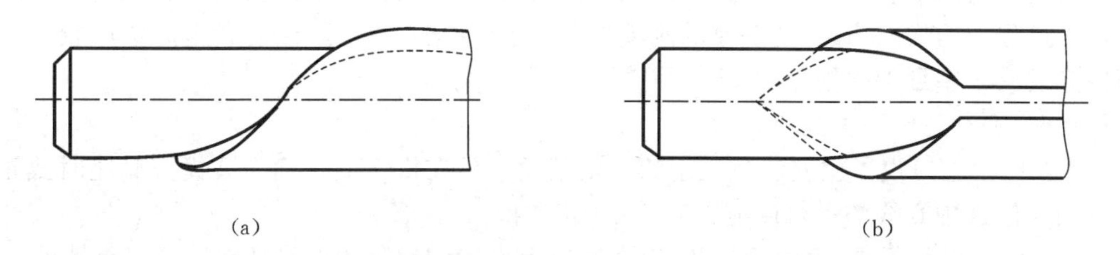

(a) (b)

图 7.35 镗杆端部螺旋导引结构

若在回转镗套上开键槽，则镗杆应带键，一般键都是弹性的，能在受压缩后伸入镗套，在回转中自动对准键槽。同时，当镗套发生卡死时，还可打滑起保护作用。

镗杆上的装刀孔应错开布置，以免过分削弱镗杆的强度与刚度。同时，尽可能考虑各切削刃切削负荷的相互平衡，以减小镗杆变形，改善镗杆与镗套的磨损情况。

镗杆要求表面硬度高而内部有较好的韧性。因此采用 20 钢、20Cr 等渗碳钢，渗碳淬火硬度为 61～63 HRC。要求较高时，可用氮化钢 38CrMoAlA，但热处理工艺复杂。大直径的镗杆，也可用 45 钢、40Cr 或 65Mn。

4. 浮动接头

在双镗套导向时，镗杆与机床主轴都是浮动连接，采用浮动接头。图 7.36 所示为一种普通的浮动接头，浮动接头能补偿镗杆轴线和机床主轴的同轴度误差。

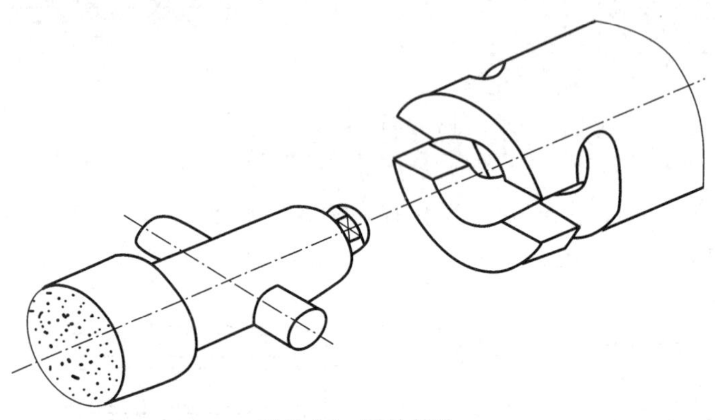

图 7.36　浮动接头

5. 镗模支架

镗模支架是组成镗模的重要零件之一，用于安装镗套和承受切削力。因此，它必须具有足够的刚度和稳定性。为了满足上述功用与要求，防止镗模支架受力振动和变形，在结构上应考虑有较大的安装基面和设置必要的加强筋。

镗模支架上不允许安装夹紧机构或承受夹紧反力。图 7.33 所示的镗模结构，就是遵守这一准则的例子。图中为了不使构模支架因受夹紧反力作用而发生变形，所以特别在支架上开孔使夹紧螺钉 6 穿过。如果在支架上加工出螺孔，而使夹紧螺钉 6 直接拧在此螺孔中去顶紧工件，则这时支架必然受到螺钉所产生的夹紧反力的作用而产生变形，从而影响支架上镗套的位置精度，进而影响镗孔精度。

镗模支架与镗模底座的连接一般仍沿用销钉定位、螺钉紧固的形式。镗模支架的材料一般采用灰铸铁。

6. 镗模底座

镗模底座要承受包括工件、镗杆、镗套、镗模支架、定位元件和夹紧装置等在内的全部重量，以及加工过程中的切削力，因此底座的刚度要好，变形要小。通常，镗模底座的壁厚较厚，而且底座内腔设有十字形加强筋。

设计时，还须注意下面几点。

(1) 在镗模上应设置供安装找正用的找正基面。供在机床上正确安装镗模底座时找正用。找正基面与镗套中心线的平行度应在 300∶0.01 内。

(2) 镗模一般都很重，为便于吊装，应在底座上设置供起吊用的吊环螺钉或起重螺栓。

(3) 镗模底座的上平面应按所要安装的各元件位置，制作出相配合的凸台表面，其凸出高度为 3～5 mm，以减少刮研的工作量。

(4) 镗模底座材料一般用灰铸铁，牌号为 HT20～40。在毛坯铸造后和粗加工后，都需要进行时效处理。

【思考与练习题 7】

一、简答题

1. 麻花钻切削部分由哪几部分组成？
2. 麻花钻切削部分有哪几个主要参数(角度)？
3. 深孔加工要解决的主要问题是什么？
4. 标准麻花钻的缺点是什么？群钻与麻花钻相比有哪些改进？
5. 铰刀有哪些几何角度？
6. 铰削加工有哪些工艺特点？
7. 镗刀有哪几种？各用在什么场合？
8. 单刃镗有哪些工艺特点？双刃浮动镗有哪些工艺特点？两者最主要的区别在哪里？
9. 钻床有哪几类？镗床有哪些种类？
10. 钻削夹具分哪几类？
11. 钻模板有哪几种？
12. 镗削夹具分哪几类？

二、实例分析

镗削车床尾座孔镗模如图 7.37 所示。问：

(1) 该镗模是属于哪一类镗模？镗套属于哪一类镗套？

(2) 工件如何定位？如何夹紧？

(3) 镗杆与主轴如何连接？

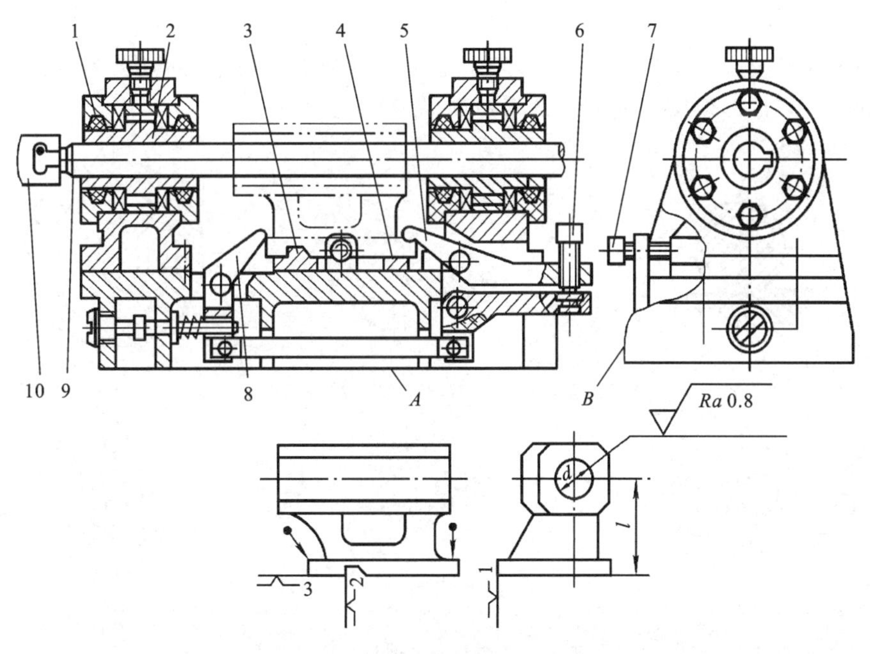

图 7.37 镗削车床尾座孔镗模

1—支架；2—镗套；3、4—定位板；5、8—压板；6—夹紧螺钉；7—可调支承；9—镗刀杆；10—浮动接头

第8章

磨削加工

8.1 磨削加工概述

用磨料磨具(如砂轮、砂带、油石或研磨料等)作为工具对工件表面进行切削加工的方法称为磨削。磨削是一种使用范围很广的切削加工方法。磨削可以获得小的表面粗糙度和高的加工精度,在精加工、超精加工领域是重要的切削加工手段,磨削后加工精度可达到IT6～IT4,表面粗糙度 Ra 可达0.01～1.25 μm,镜面磨削时 Ra 可达到0.01～0.04 μm。磨削除了可用于精加工和超精加工外,还可用于预加工和粗加工。

一、磨削加工方法分类

通常所说的磨削主要是指用砂轮和砂带进行去除材料的加工工艺方法。根据加工对象、工艺目的和加工要求的不同,磨削加工有以下几种分类方法。

1. 按加工对象分类

根据加工对象及表面生成方法,将砂轮磨削加工分为平面磨削、外圆磨削、内圆磨削、无心磨削、自由磨削、环形砂轮磨端面6种基本类型,如图8.1所示。

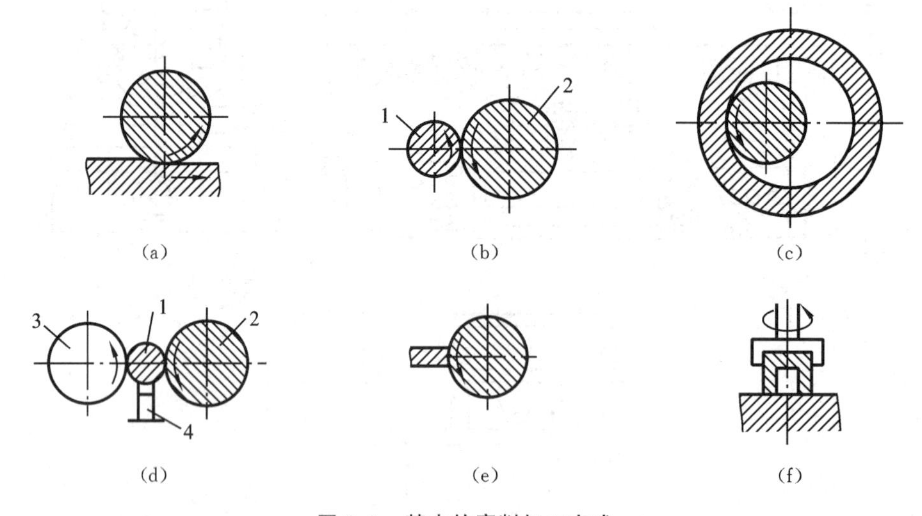

图8.1 基本的磨削加工方式

(a) 平面磨削 (b) 外圆磨削 (c) 内圆磨削 (d) 无心磨削 (e) 自由磨削 (f) 环形砂轮磨端面

1—工件;2—砂轮;3—导轮;4—托板

2. 根据砂轮与工件的相对运动关系分类

通常将磨削加工分为往复式磨削、切入式磨削及综合磨削三种方式。

(1) 往复式磨削。进行往复式磨削时,砂轮与工件的径向位置保持不变,在砂轮轴线方向有相对运动。这种加工方式加工质量较好但效率不高。

(2) 切入式磨削。进行切入式磨削时,砂轮与工件沿砂轮轴线的位置关系保持不变,砂轮以匀速径向进给,直至工件尺寸磨到位为止。切入式磨削方式的加工效率高,但加工质量较差。

(3) 综合磨削。该磨削方式综合了切入式和往复式磨削的特点:先采用切入式磨削方式分段切除大部分的工件余量,然后采用往复式磨削方式切除剩余的极少部分余量。采用这种方式既能达到较高的效率,又能获得较好的表面质量。

3. 按砂轮与工件干涉处的相对运动方向分类

逆磨方式是指砂轮与工件的运动速度方向在切入点处相反,大多数磨削方式都属于这一类。这种磨削方式有利于提高切削速度和切削效率。

顺磨方式是指砂轮与工件的运动速度方向在切入点处相同。无心磨削就是典型的顺磨方式。

二、磨削加工的特点

与其他切削方式比较起来,磨削加工具有许多独特之处,归纳如下。

1. 磨削过程中参加切削的磨粒数极多

砂轮中含有大量的磨粒。砂轮表面上磨粒的分布参差不齐,极不规则。由于磨粒在砂轮表面的圆周面上并不是等高地分布在同一外圆周上,因而砂轮表面上实际参加磨削的磨粒数(即有效磨粒数)少于砂轮表面的磨粒总数。如果再考虑到磨削时的工作条件,则实际参加切削的磨粒(即动态有效磨粒数)就更少。根据测定,由于磨具特性与磨削条件的不同,砂轮表面实际参加磨削的磨粒数占磨粒表面总数的10%~50%。即使这样,同时参加磨削的磨粒数目仍然是很多的。因此,磨削过程是大量磨粒进行统计切削的过程,而其他的切削方式在切削过程中只有一条或几条有一定几何形状的切削刃在参与切削。

2. 起切削作用的磨粒具有特殊的性质

磨粒切削刃的形状不规则,磨粒相当于以较大的负前角挤入工件;作为刀具的磨粒具有很高的硬度,因此它能顺利地切下高硬度的工件材料,尤其是对一些高硬度、高脆性的工件材料具有其他切削方式无法比拟的切除能力,并能获得其他加工方式不可能达到的加工质量;另外,磨粒的热稳定性较好,在高温下仍不会失去切削能力。

3. 磨粒的切削速度极高

磨削时,砂轮圆周表面的速度极高,磨粒切削刃与被加工工件的接触时间极短。在这样短的时间内要完成切削,磨粒和工件间会产生强烈的摩擦,并伴随有急剧的塑性变形,因而产生大量的磨削热,使磨削区域具有极高的磨削温度,可以达到400~1000 ℃,且80%的热量会传给工件。

4. 磨粒具有自锐作用

参与切削的磨粒不断与工件摩擦而逐渐被磨钝,磨粒受的力也逐渐增大,当磨粒所受的力超过结合剂与磨粒之间的结合力时,磨粒将从磨具表面脱落下来,而位于该磨粒下面的新的、锋利的磨粒暴露出来,此即磨具的自锐过程。

三、砂轮的特性及选择

砂轮是磨削加工最常用的工具,它是由结合剂将磨料颗粒黏结起来,经压坯、干燥和焙烧的方法制成的多孔体。砂轮是磨具中使用量最大的一种,可对金属或非金属工件的外圆、内圆、平面和各种成形面等进行粗磨、半精磨和精磨等。砂轮的特性主要由磨料、粒度、结合剂、硬度和组织等五个因素决定。

1. 磨料

磨料是构成砂轮的主要成分。常用的磨料均为人造磨料,主要分为刚玉类、碳化物类和超硬磨料类三大类。常用磨料的性能及适用范围如表8.1所示。

表8.1 常用磨料性能及适用范围

类别	名称及代号	主要成分	显微硬度/HV	抗弯强度/GPa	热稳定性	磨削能力(以金刚石为1)	适用磨削范围
刚玉类	棕刚玉 AL(GZ)	$w(Al_2O_3)>95\%$ $w(SiO_2)<2\%$	1800～2200	0.368	2100 ℃熔融	0.1	碳钢、合金钢、铸铁
	白刚玉 WA(GB)	$w(Al_2O_3)>99\%$	2200～2400	0.60	2100 ℃熔融	0.12	淬火钢、高速钢
碳化物类	黑碳化硅 C(TH)	$w(SiC)>98\%$	3100～3280	0.155	>1500 ℃氧化	0.25	铸铁、黄铜、非金属材料
	绿碳化硅 GC(TL)	$w(SiC)>99\%$	3200～3400	0.155	>1500 ℃氧化	0.28	硬质合金等
超硬磨料类	立方氮化硼 CBN(JLD)	CBN	7300～8000	1.155	<1300 ℃稳定	0.80	淬火钢、高速钢
	人造金刚石 D(JR)	碳结晶体	10600～11000	0.33～3.38	>700 ℃石墨化	1.0	硬质合金、宝石、非金属材料

2. 粒度

粒度表示磨料颗粒的尺寸大小。对于颗粒最大直径大于40 μm的磨料,用机械筛分法来确定粒度号,即以其能通过的筛网上每英寸长度上的孔数来表示粒度。因此,粒度号越大,颗粒尺寸越小。颗粒尺寸小于40 μm的磨料称为微粉,用显微镜分析法来测量,按其实际大小分级,并在前面冠以“F”的符号来表示。粒度号越小,则微粉的颗粒越细。

磨料的粒度对磨削加工时的生产率和表面质量有较大影响。一般情况下,粗磨时选用小粒度号砂轮,精磨时选用大粒度号砂轮;磨削硬度不高、塑性大、面积大的工件时,应选用小粒度号砂轮,以防止砂轮堵塞;成形磨削和高速磨削时应选用大粒度号砂轮。

3. 结合剂

结合剂的作用是将磨粒黏合在一起,使砂轮具有一定的形状、尺寸和强度。常用的结合剂种类及其用途如表8.2所示。

表 8.2 结合剂的种类及用途

结合剂	代号	性能	适用范围
陶瓷	V	耐热，耐蚀，气孔率大，易保持廓形，弹性差	最常用，适用于多数砂轮
树脂	B	强度较陶瓷高，弹性好，耐热性差	适用于高速磨削、切断、开槽等用砂轮
橡胶	R	强度较树脂高，更富有弹性，气孔率小，耐热性差	适用于切断、开槽用砂轮及做无心磨的导轮
青铜	J	强度较高，导电性好，磨耗少，自锐性差	适用于金刚石砂轮

4. 硬度

砂轮的硬度是指磨粒在磨削力作用下，从砂轮表面脱落的难易程度。砂轮硬，表示磨粒难以脱落；砂轮软，表示磨粒容易脱落。所以，砂轮的硬度主要由结合剂的黏结强度决定，而与磨粒本身的硬度无关。

砂轮的硬度对磨削生产率和磨削表面质量有很大影响，选用砂轮时，应注意硬度选得适当。若砂轮选得太硬，会使磨钝了的磨粒不能及时脱落，因而产生大量磨削热，容易造成工件烧伤；若选得太软，会使磨粒脱落得太快而不能充分发挥其切削作用，成形磨削时造成轮廓精度较低。因此砂轮的硬度应选择适当，充分利用砂轮的自锐性，使磨粒磨损后从砂轮上自行脱落，露出新的锋利的磨粒继续进行磨削；成形磨削时应选用硬度较高的砂轮。砂轮硬度分级如表 8.3 所示。

表 8.3 砂轮的硬度等级名称及代号

名称	超软	软1	软2	软3	中软1	中软2	中1	中2	中硬1	中硬2	中硬3	硬1	硬2	超硬
代号	D、E、F	G	H	J	K	L	M	N	P	Q	R	S	T	Y

5. 组织

砂轮的组织是指磨粒在砂轮中占有的体积(即磨料率)，反映了磨粒、结合剂、气孔三者之间的比例关系。磨粒在砂轮总体积中所占的比例越大，气孔越小，即组织号越小，则砂轮的组织越紧密；反之，磨粒的比例越小，气孔越大，即组织号越大，则组织越疏松。砂轮组织越疏松，越不易被切屑堵塞，切削液和空气也更容易进入磨削区，使磨削区域的温度降低，进而使工件因发热引起的变形和烧伤减小。但组织疏松的砂轮易失去正确的廓形，降低成形面的磨削精度，增大表面粗糙度。砂轮上未标出组织号时，即为中等组织。砂轮组织号及选用如表 8.4 所示。

表 8.4 砂轮组织及选用

类别	紧密				中等				疏松				大气孔		
组织号	0	1	2	3	4	5	6	7	8	9	10	11	12	13	14
磨粒率/(%)	62	60	58	56	54	52	50	48	46	44	42	40	38	36	34
适用范围	重负荷精密成形磨削、断续磨削或自由磨削				一般磨削，刀具刃磨，内、外圆磨削等				接触面积大的平面磨削，磨削薄壁零件等				热敏材料及韧度高的金属		

6. 砂轮的形状、代号和标志

砂轮的形状、代号和尺寸均已标准化，选用时可查有关资料。常用砂轮形状、代号及用途如

表8.5所示。砂轮的端面上一般都印有标志，从管理方便的角度出发，砂轮参数的表示顺序为：形状、尺寸、磨料、粒度号、硬度、组织号、结合剂、最高允许线速度。示例如下：

P—300×50×65—WA—60—M—5—V—35

该产品标记表示一个外径为300 mm、厚度为50 mm、孔径为65 mm、材料为白刚玉、粒度为60、硬度为中1、5号组织(中等)、采用陶瓷结合剂、最高工作线速度为35 m/s的平形砂轮。

表8.5 常用砂轮形状、代号及用途

砂轮名称	代号	基本用途
平形砂轮	P	根据不同尺寸，分别用于外圆磨、内圆磨、平面磨、无心磨、工具磨、螺纹磨和砂轮机上
双斜边一号砂轮	PSX_1	主要用于磨齿轮齿面和磨单线螺纹
双面凹砂轮	PSA	主要用于外圆磨削和刃磨刀具，还用做无心磨的磨轮和导轮
薄片砂轮	PB	主要用于切断和开槽等
筒形砂轮	N	用在立式平面磨床上
杯形砂轮	B	主要用其端面刃磨刀具，也可用其圆周磨平面和内孔
碗形砂轮	BW	通常用于刃磨刀具，也可用于磨机床导轨
碟形一号砂轮	D_1	适用磨铣刀、铰刀、拉刀等，大尺寸的一般用于磨齿轮的齿面

四、磨削的原理

1. 磨粒形状

磨削时，砂轮表面上有许多磨粒参与磨削工作，每个磨粒都可以看成一把微小的刀具。磨粒的形状很不规则，但大多磨粒呈菱形八面体，其顶尖角大多在90°～120°之间，因此磨削时磨粒基本上都以很大的负前角进行切削。一般磨粒切削刃都有一定大小的刃口，刃口圆弧半径在几微米到几十微米之间，磨粒磨损后，其负前角和圆弧半径都将增大。如图8.2所示，不同粒度号磨粒的顶尖角高低、间距，在砂轮的轴向与径向都是随机的。

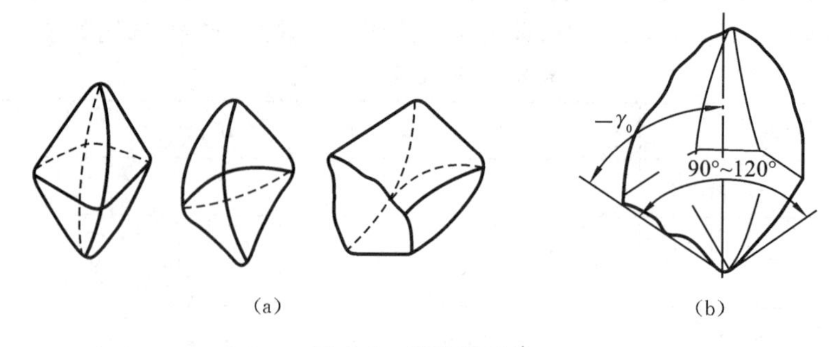

图8.2 磨粒的形状

(a) 外形 (b) 典型磨粒断面

在磨削过程中，一部分突出和较锋利的磨粒切削工件形成切屑，另一部分比较钝的、突出高度较小的磨粒仅在工件表面上刻划出痕迹，还有一部分更钝的、隐藏在其他磨粒下面的磨粒既不切削也不刻划工件，而只是与工件表面产生滑擦，起抛光作用。因为磨削速度很高，这种滑擦会导致很高的温度，引起被磨表面的烧伤、裂纹等缺陷。

磨削能达到很高的精度，很小的表面粗糙度，是因为经过精细修整的砂轮，磨粒具有微刃等高性，磨削厚度很小，除了切削作用外，还有挤压、抛光作用。

2. 磨削力

磨削力 $\boldsymbol{F}$ 可分解为互相垂直的三个分力：进给力（轴向力）$\boldsymbol{F}_f$、背向力（径向力）$\boldsymbol{F}_p$ 和主磨削力（切向力）$\boldsymbol{F}_c$，如图 8.3 所示。其中，$F_f=(0.1\sim0.2)F_c$，$F_p=(1.6\sim3.2)F_c$。

三个分力中背向力 F_p 最大。这是因为磨粒以负前角切削，刃口圆角半径与切削层公称厚度之比相对很大，而且磨削时砂轮与工件接触宽度较大的缘故。背向力 F_p 与砂轮轴、工件的变形及振动有关，会直接影响加工精度和表面质量，故该力是十分重要的。

虽然单个磨粒切除的材料很少，但砂轮表层有大量磨粒同时工作，而且由于磨粒几何形状的随机性和参数不合理性，磨削时的单位磨削力很大，可达 70 000 N/mm^2 以上。

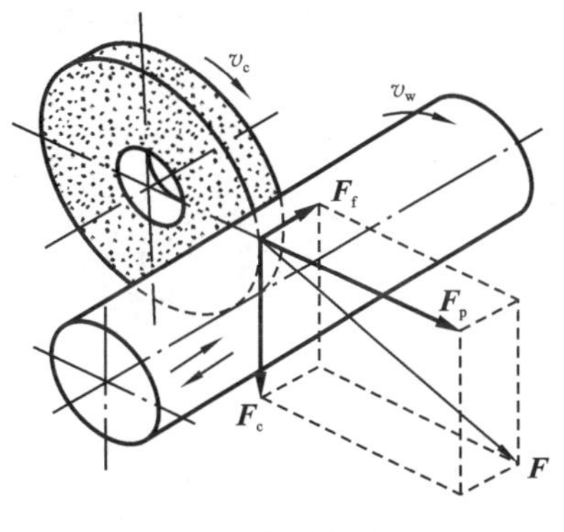

图 8.3 磨削力

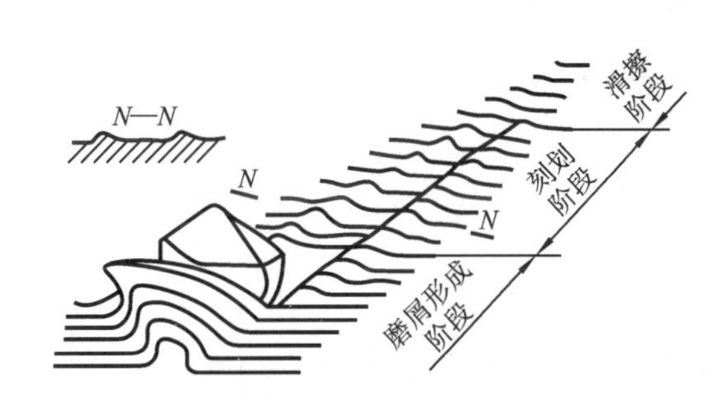

图 8.4 磨粒的切削过程

3. 磨削过程

由于砂轮工作表面的形貌特征，其磨粒按工作状态分有三种：第一种是参加切除金属的，称为有效磨粒；第二种是与切削层金属不接触的，称为无效磨粒；第三种是刚好与切削层金属接触，仅产生滑擦而不产生切削作用的磨粒。有效磨粒的切削过程如图 8.4 所示，当磨粒刚进入切削区时，磨粒与切削层金属产生挤压和摩擦，随着挤压力增大，磨粒切入工件，但只刻划出沟槽，金属被挤压向两侧，形成隆起，当继续切入时，磨粒切削厚度进一步增大，磨粒前面的金属开始产生磨屑。因此，磨削过程可划分为三个阶段：滑擦阶段、刻划阶段和磨屑形成阶段。

4. 磨削运动

生产中常用的外圆、内圆磨削一般具有四个运动，如图 8.5 所示。

1）主运动

砂轮旋转运动是主运动。砂轮旋转的线速度为磨削速度 v_c，单位为 m/s。

2）进给运动

磨削的进给运动可分为以下几种。

（1）横向进给运动。它是指砂轮切入工件的运动，其大小用背向进给量 f_p 表示。f_p 是指工作台每单行程或双行程切入工件的深度，单位为毫米/单行程或毫米/双行程。

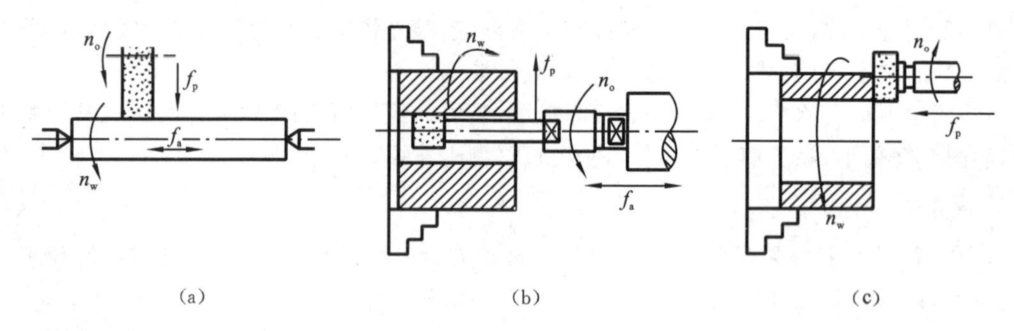

图 8.5　磨削运动

(a) 外圆磨削　(b) 内圆磨削　(c) 端面磨削

(2) 纵向进给运动。它是指工件相对于砂轮的轴向运动,其大小用进给量 f_a 表示。f_a 是指工件每转一周或工作台每一次行程,工件相对于砂轮的轴向移动距离,单位为 mm/r 或毫米/单行程。

(3) 圆周(直线)进给运动。它是指工件的旋转运动,直线进给运动是指工作台的往复直线运动,其大小用 v_w 表示,单位为 m/min。

对于外圆磨削,有

$$v_w = \frac{\pi d_w n_w}{1000} \tag{8.1}$$

式中:n_w——工作转速(r/min);

d_w——工作直径(mm)。

对于平面磨削,有

$$v_w = \frac{2Ln_r}{1000} \tag{8.2}$$

式中:L——工作台行程长度(mm);

n_r——工作台每分钟的往复次数(双行程/分)。

5. 磨削温度

1) 磨削温度的基本概念

磨削时由于切削速度高,切削层公称尺寸小,切削刃钝,且单位切削功率大(为车削的10~20 倍),因此磨削区域温度很高。磨削热传入工件将使温度上升,导致工件产生热膨胀或扭曲变形,对磨削精度有较大的影响。工件磨削区附近的温度高低差别很大,磨削温度可分为砂轮磨削区温度、磨粒磨削点温度、工件平均温度三类。

(1) 砂轮磨削区温度。它是指砂轮与工件接触区的平均温度,通常所说的"磨削温度"即指此温度,在 400~1000 ℃之间。该温度是造成工件表面加工硬化、磨削烧伤、残余应力、磨削裂纹等缺陷的主要原因。

(2) 磨粒磨削点温度。它是指磨粒切削刃与工件、磨削接触点的温度。磨粒磨削点是磨削中温度最高的部位,瞬时温度可达 1000~1400 ℃。磨粒磨削点温度对切削刃的热损伤,磨粒的磨损、破碎及磨屑与磨粒的黏附现象有着重要的影响。

(3) 工件平均温度。随着磨削行程的不断进行,切削热传入工件,工件表面温度上升,而工件内部温度上升较慢,因此形成了工件表层的温度场。工件平均温度及表层温度分布主要影响工件的尺寸、形状精度、表面质量及磨削裂纹等。

磨削过程中产生大量的热,使磨削表面层金属产生相变,从而导致其硬度与塑性发生变化,这种表面变质现象称为表面烧伤。表面烧伤会损坏零件表层组织,影响零件的使用寿命。避免烧伤的办法是减少磨削热的产生，加速磨削热的传出，具体措施有合理选择砂轮、合理选择磨削用量、改善冷却效果等。

2）影响磨削温度的主要因素

（1）砂轮速度 v_c。砂轮速度增大，单位时间内的工作磨粒数将增多，单个磨粒的切削厚度变小，挤压和摩擦作用加剧，滑擦热显著增多。此外，还会使磨粒在工件表面的滑擦次数增多。所有这些，都将促使磨削温度升高。

（2）工件进给速度 v_w。工件进给速度增大相当于热源移动速度增大，工件表面温度可能有所降低，但不明显。这是由于工件速度增大后，金属切除量增加，从而使发热量增大了。因此，为了更好地降低磨削温度，应该在提高工件速度的同时，适当降低径向进给量，使单位时间内的金属切除量保持为常值或略有增加。

（3）径向进给量 f_r。径向进给量的增大，将导致磨削过程中磨削变形和摩擦力增大，从而引起发热量的增多和磨削温度的升高。

（4）工件材料。金属的导热性越差，则磨削区的温度越高。对钢来说，碳含量高，则导热性差。铬、镍、铝、硅、锰等元素的加入会使导热性显著变差。合金的金相组织不同，导热性也不同，奥氏体的导热性低于淬火马氏体，淬火马氏体的导热性低于回火马氏体，珠光体的导热性最好。磨削冲击韧度和强度高的材料时，磨削区温度也比较高。

（5）砂轮硬度与粒度。用软砂轮磨削时的磨削温度低，反之，则磨削温度高。这是由于软砂轮的自锐性好，砂轮工作表面上的磨粒经常处于锐利状态，减少了由于摩擦和弹、塑性变形而消耗的能量，所以磨削温度较低。砂轮的粒度号小时磨削温度低，其原因在于砂轮颗粒较粗，则砂轮工作表面单位面积上的磨粒数少，在其他条件均相同的情况下与大粒度号的砂轮相比，和工件接触的有效面积较小，并且单位时间内与工件加工表面摩擦的磨粒数较少，有助于磨削温度的降低。

8.2 磨　　床

磨床用于磨削各种表面，如内、外圆柱面和圆锥面、平面、螺旋面、齿轮的轮齿表面以及各种成形面等，还可以刃磨刀具，应用范围非常广泛。

由于磨削加工容易得到高的加工精度和好的表面质量，所以磨床主要应用于零件的精加工，尤其是淬硬钢件和高硬度特殊材料的精加工。近年来随着科学技术的发展，对现代机械零件的精度和表面粗糙度要求越来越高，各种高硬度材料的应用也日益增多。同时，由于精密铸造和精密锻造工艺的发展，有可能将毛坯直接磨成成品，因此磨床在金属切削机床中所占的比例不断上升。目前，在工业发达的国家中，磨床在机床总数中的比例已达30%～40%。

磨床的种类很多，其主要类型有：外圆磨床、内圆磨床、平面磨床、砂带磨床、珩磨机、研磨机和各种专门化磨床（如曲轴磨床、凸轮轴磨床、花键轴磨床、齿轮磨床、螺纹磨床等）。

一、万能外圆磨床

万能外圆磨床是应用最为普遍的一种外圆磨床，其工艺范围较宽，除了能磨削外圆柱面和圆锥面外，还可磨削内孔和台阶面等。下面以M1432A型万能外圆磨床为例来进行介绍。

1. 磨床的布局和用途

图 8.6 所示是 M1432A 型万能外圆磨床的外形,它由下列主要部件组成。

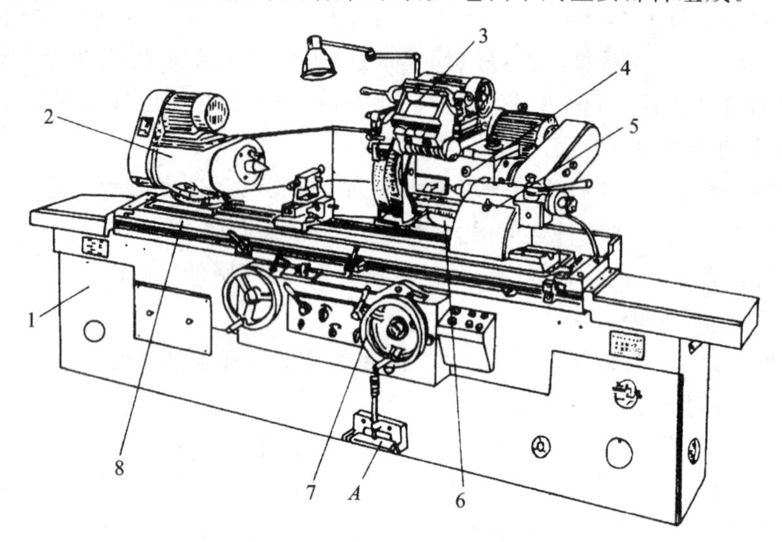

图 8.6 M1432A **型万能外圆磨床外形图**

1—床身;2—头架;3—内圆磨具;4—砂轮架;5—尾座;6—滑鞍;7—手轮;8—工作台

(1) 床身。它是磨床的基础支承件,在它的上面装有砂轮架、工作台、头架、尾座及滑鞍等部件,使它们在工作时保持准确的相对位置。

(2) 头架。它用于安装及夹持工件,并能带动工件旋转。在水平面内可逆时针方向旋转 90°。

(3) 工作台。它由上、下两层组成。上工作台可绕下工作台在水平面内回转一个角度(±10°),用于磨削锥度不大的长圆锥面。上工作台上装有头架和尾座,它们随着工作台一起,可沿床身导轨作纵向往复运动。

(4) 内圆磨具。它用于支承磨内孔的砂轮主轴。内圆磨具主轴由单独的电动机驱动。

(5) 砂轮架。它用于支承并传动高速旋转的砂轮主轴。砂轮架装在滑鞍上,当需磨削短圆锥面时,砂轮架可以在水平面内调整至一定角度位置(±30°)。

(6) 尾座。它和头架的前顶尖一起支承工件。

M1432A 型机床属于普通精度级万能外圆磨床。它主要用于磨削公差等级为 IT6~IT7 的圆柱形或圆锥形的外圆和内孔,所得表面粗糙度 Ra 在 0.08~1.25 μm 之间。这种机床的通用性较好,但生产率较低,适用于单件小批生产车间、工具车间和机修车间。

2. 磨床的运动

1) 表面成形运动

万能外圆磨床主要用来磨削内外圆柱面、圆锥面。图 8.7 所示是万能外圆磨床的几种加工方法。其基本磨削方法有两种:纵向磨削法和切入磨削法。

(1) 纵向磨削法(见图 8.7(a)、(b)、(d))。纵向磨削法是使工作台作纵向往复运动进行磨削的方法,用这种方法加工时,共需要三个表面成形运动。

① 砂轮的旋转运动。当磨削外圆表面时,磨外圆砂轮作旋转运动(n_o),这是主运动;当磨削内圆表面时,磨内孔砂轮作旋转运动(n_o),这也是主运动。

② 工件的纵向进给运动。这是砂轮与工件之间的相对纵向直线运动。实际上这一运动由工

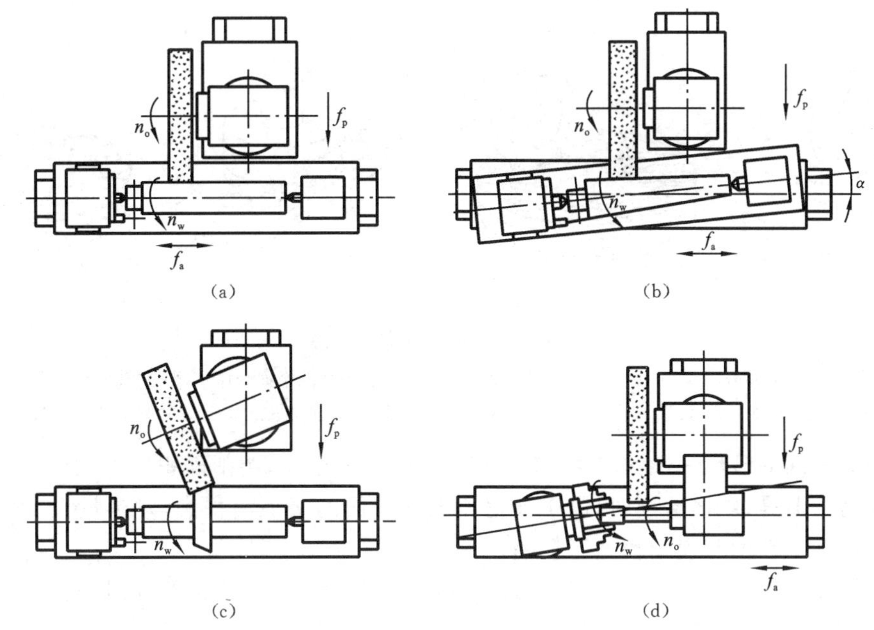

图 8.7 M1432A 型万能外圆磨床典型加工示意

(a)、(b)、(d) 纵向磨削 (c) 横向磨削

作台纵向往复运动来实现,称为纵向进给运动(f_a)。通常采用液压传动,以保证运动的平稳性。

③ 工件的旋转运动。这个运动称为圆周进给运动(n_w)。

(2) 切入磨削法(见图 8.7(c))。这是用宽砂轮横向切入(f_p)进行磨削的方法。表面成形运动只需要两个:砂轮的旋转运动(n_o)和工件的旋转运动(n_w)。

2) 砂轮横向进给运动

用纵向磨削法加工时,工件每一纵向行程或往复行程(纵向进给 f_a)终了时,砂轮作一次横向进给运动(f_p),这是周期的间歇运动。全部磨削余量在多次往复行程中逐步磨去。

用切入磨削法加工时,工件只作圆周进给运动(n_w)而无纵向进给运动(f_a),砂轮则连续地作横向进给运动(f_p),直到磨去全部磨削余量为止。

3) 辅助运动

为了使装卸和测量工件方便并节省辅助时间,砂轮架还可作横向快进和快退运动,尾座套筒能伸缩移动,这两个运动通常都采用液压传动。

二、其他类型磨床

1. 平面磨床

平面磨床主要用于磨削各种平面,其磨削方法如图 8.8 所示。根据砂轮的工作面不同,平面磨床可以分为用砂轮圆周表面进行磨削和用砂轮端面进行磨削的磨床两类。用砂轮圆周表面磨削的平面磨床,砂轮主轴呈水平布置(卧式);而用砂轮端面磨削的平面磨床,砂轮主轴呈竖直布置(立式)。根据工作台的形状不同,平面磨床又分为矩形工作台和圆形工作台磨床两类。

按上述方法分类,常把普通平面磨床分为四类:卧轴矩台式平面磨床(见图 8.8(a))、卧轴圆台式平面磨床(见图 8.8(b))、立轴矩台式平面磨床(见图 8.8(c))、立轴圆台式平面磨床(见图 8.8(d))。

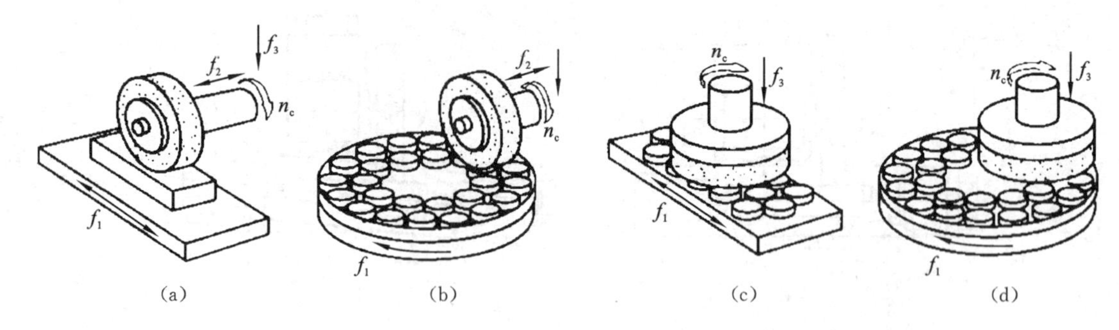

图 8.8 平面磨床磨削方法

(a) 卧轴矩台式平面磨床 (b) 卧轴圆台式平面磨床 (c) 立轴矩台式平面磨床 (d) 立轴圆台式平面磨床

n_c—砂轮的旋转主运动速度；f_1—工作台旋转或直线进给量；f_2—轴向进给量；f_3—砂轮垂直切入进给量

用于端面磨削的砂轮一般比较大，能同时磨出工件的全宽，磨削面积较大，所以立式平面磨床生产率较高。但是，端面磨削时，由于砂轮和工件表面的接触面积大，发热量大，冷却和排屑条件差，所以，加工精度和表面粗糙度较差。

圆台式平面磨床由于采用端面磨削，且为连续磨削，没有工作台的换向时间损失，故生产率较高。但是，圆台式磨床只适于磨削小零件和大直径的环形零件端面，不能磨削长零件。而矩台式平面磨床可方便地磨削各种零件，工艺范围较宽。卧轴矩台式平面磨床除了用砂轮的圆周表面磨削水平面外，还可用砂轮端面磨削沟槽、台阶面等侧平面。

目前我国生产的卧轴矩台式平面磨床能达到的加工质量如下。

(1) 普通精度级：试件精磨后，加工面对基准面的平行度为 0.015 mm/1000 mm，表面粗糙度 Ra 为 0.32～0.63 μm。

(2) 高精度级：试件精磨后，加工面对基准面的平行度为 0.005 mm/1000 mm，表面粗糙度 Ra 为 0.01～0.04 μm。

2. 无心外圆磨床

无心外圆磨削是外圆磨削的一种特殊形式。磨削时，工件不用顶尖来定心和支承，而是直接放在砂轮、导轮之间，用托板支承，工件以被磨削的外圆面做定位面，遵循自为基准的定位原则，如图 8.9(a)所示。

1) 工作原理

从图 8.9(a)可以看出，砂轮和导轮的旋转方向相同。磨削砂轮的圆周速度很大(为导轮的 70～80 倍)，通过切向磨削力带动工件旋转。导轮是用摩擦因数较大的树脂或橡胶作为黏结剂制成的刚玉砂轮，它依靠摩擦力限制工件旋转，使工件的圆周线速度基本上等于导轮的线速度，从而在磨削轮和工件间形成很大的速度差，产生磨削作用。改变导轮的转速，便可以调节工件的圆周进给速度。

为了加快磨削过程和提高工件圆度，工件的中心必须高于磨削砂轮和导轮的中心连线(见图 8.9(a))，这样便能使工件与磨削砂轮和导轮间的接触点不对称，于是工件上的某些凸起表面(即棱圆部分)在多次转动中能逐渐被磨平。所以，工件中心高于砂轮和导轮的中心连线是工件磨圆的关键，但高出的距离 h 不能太大，否则导轮对工件的向上竖直分力有可能引起工件跳动，影响加工表面质量。一般 $h=(0.15～0.25)d$，d 为工件直径。

2) 磨削方式

无心外圆磨床有两种磨削方式，即贯穿磨削法(纵磨法)和切入磨削法(横磨法)。

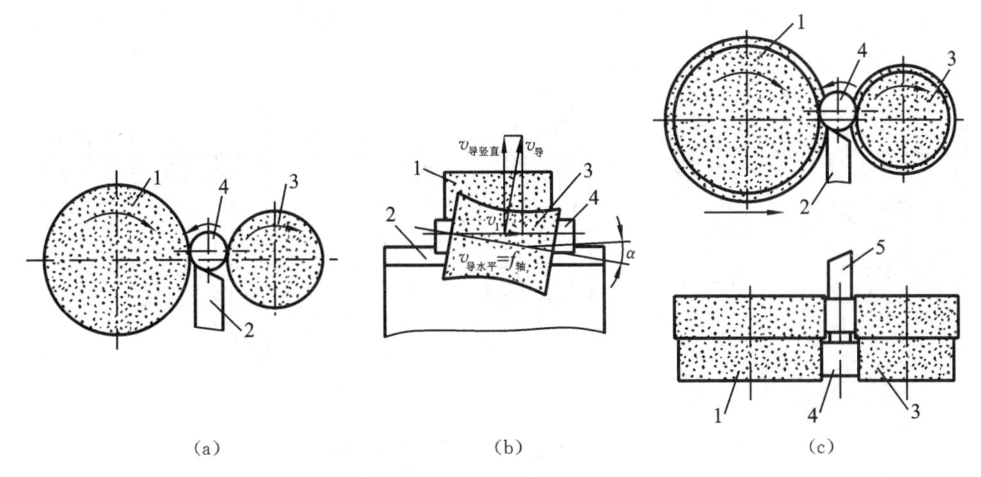

图 8.9 无心外圆磨削的加工示意

(a) 工作原理 (b) 贯穿磨削 (c) 切入磨削

1—磨削砂轮；2—托板；3—导轮；4—工件；5—挡板

如图 8.9(b)所示，贯穿磨削时，将工件从机床前面放到托板上，推入磨削区域后，工件旋转，同时导轮的中心线在竖直平面内向前倾斜 α 角，使工件又能轴向向前移动，逐渐完成磨削，而另一个工件可相继进入磨削区，这样就可以实现工件的连续加工。为了保证导轮与工件间的接触线成直线形状，需将导轮的形状修正成回转双曲面形。

切入磨削时，先将工件放在托板和导轮之间，然后使磨削砂轮横向切入进给，磨削工件表面。这时导轮的轴线仅倾斜很小的角度(约 30′)，对工件有微小的轴向推力，使它靠住挡板(见图 8.9(c))，得到可靠的轴向定位。

3) 特点与应用

在无心磨床上加工工件时，工件不需钻中心孔，且装夹工件省时省力，可连续磨削，所以生产效率较高。

由于工件定位基准是被磨削的外圆表面而不是中心孔，所以就消除了工件中心孔的误差，外圆磨床工作台运动方向与前、后顶尖连线的不平行，以及顶尖的径向圆跳动等误差对加工精度的影响，所以磨削出来的工件尺寸和形状精度比较高，表面质量较好。如果配备适当的自动装卸料机构，则易于实现自动加工。

无心磨床在成批、大量生产中应用较普遍。随着无心磨床结构的进一步改进，加工精度和自动化程度的逐步提高，其应用范围有日益扩大的趋势。但是，由于无心磨床结构复杂，调整费时，所以批量较小时不宜采用。当工件表面周向不连续(如有长键槽)或与其他表面的同轴度要求较高时，不宜采用无心磨床加工。

3. 内圆磨床

内圆磨床主要用于磨削各种内孔(包括圆柱形通孔、不通孔、阶梯孔以及圆锥孔等)。某些内圆磨床还附有磨削端面的磨头。

内圆磨床的主要类型有普通内圆磨床、无心内圆磨床和行星式内圆磨床。

1) 普通内圆磨床

普通内圆磨床是生产中应用最广的一种内圆磨床。图 8.10 所示为普通内圆磨床的磨削方法。其中：图 8.10(a)所示为采用纵磨法磨削内孔；图 8.10(b)所示为采用切入磨削法磨削内孔;图8.10(c)所示为采用专门的端磨装置磨削,可在工件一次装夹中磨削内孔和端面,这样不仅易于保证孔和端面的垂直度,而且生产率较高。

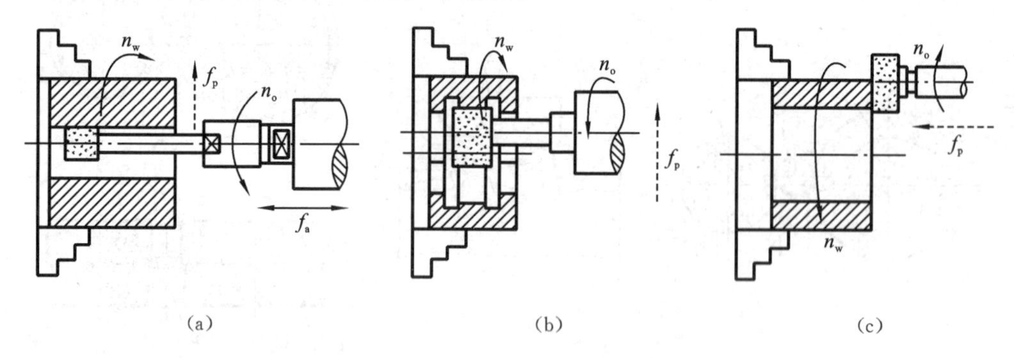

图8.10 普通内圆磨床的磨削方法

(a)纵磨 (b)切入磨削 (c)采用专门的端磨装置磨削

普通精度内圆磨床的加工精度为:对于最大磨削孔径为50～200 mm的机床,当工件的孔径为机床最大磨削孔径的一半、磨削孔深为机床最大磨削深度的一半时,精磨后圆度可不大于0.006 mm、圆柱度可不大于0.005 mm,表面粗糙度 Ra 可达到0.32～0.63 μm。

为了满足成批和大量生产的需要,还有自动化程度较高的半自动和全自动内圆磨床。这种机床从工件安装到加工完毕,整个磨削过程为全自动循环,工件尺寸采用自动测量仪自动控制。所以,全自动内圆磨床生产率较高,可投入自动线中使用。

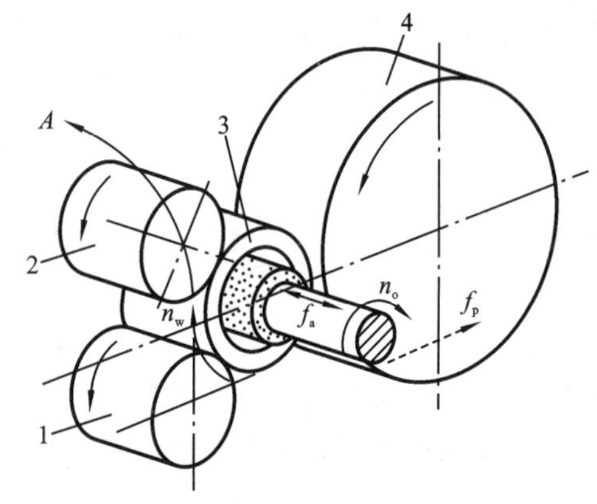

图8.11 无心内圆磨床的工作原理

1—滚轮;2—压紧轮;3—工件;4—导轮

2)无心内圆磨床

在无心内圆磨床上加工的工件,通常是那些不宜用卡盘夹紧,而且其内、外同轴度要求又较高的工件,如轴承内、外圈,圆环类的零件,其工作原理如图8.11所示。工件支承在滚轮和导轮上,压紧轮使工件紧靠导轮,并由导轮带动旋转,实现圆周进给运动(n_w)。磨削轮除完成旋转主运动(n_o)外,还作纵向进给运动(f_a)和周期的横向进给运动(f_p)。加工循环结束时,压紧轮沿箭头 A 方向摆开,以便装卸工件。磨削锥孔时,可将导轮、滚轮连同工件一起偏转一定角度。

由于所磨零件的外圆表面已经过精加工,所以这种磨床具有较高的精度,且自动化程度也较高,适用于大批量生产。

8.3 磨削精加工及光整加工

一、砂带磨削

砂带磨削是用粘满细微、尖锐砂粒的砂布带作为磨削工具的一种加工方法。砂带磨削可以根据工件的几何形状,用相应的接触方式,在一定的工作压力下与工件接触,并作相对运动,对工件表面进行磨削和抛光。这种多刀刃连续切削的高效加工工艺，近年来获得极大的发展。它具有以下特点。

(1) 磨削效率高。砂带磨削的效率是铣削的10倍，是目前金属切削机床中效率最高的一种，功率利用率达95%。

(2) 磨削表面品质好。砂带与工件柔性接触，磨粒所受的载荷小且均匀，能减振，属于弹性磨削。加上工件受力小，发热少，散热好，因而可获得好的加工质量，表面粗糙度 Ra 可达 0.02 μm，特别适宜加工细长轴和薄壁套筒等刚度较差的零件。

(3) 磨削性能好。由静电植砂制作的砂轮，磨粒有方向性，尖端向上，摩擦生热少，砂轮不易堵塞，切削时不断有新磨粒进入磨削区，磨削条件稳定。

(4) 适用范围广。可用于内、外圆及成形表面的磨削 。

图8.12所示为几种常见的砂带磨削方式。

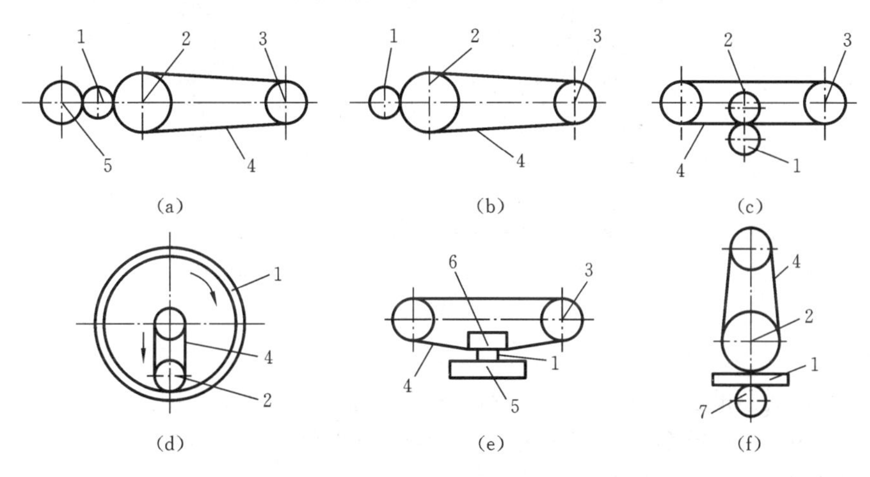

图8.12 砂带磨削

(a) 砂带无心外圆磨削(导轮式) (b) 砂带定心外圆磨削(接触轮式) (c) 砂带定心外圆磨削(接触轮式)
(d) 砂带内圆磨削(回轮式) (e) 砂带平面磨削(支承板式) (f) 砂带平面磨削(支承轮式)
1—工件；2—接触轮；3—主动轮；4—砂带；5—导轮；6—支承板；7—支承轮

二、研磨

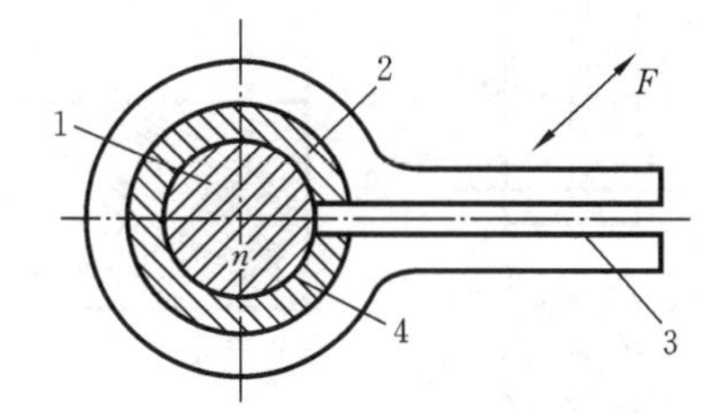

图8.13 外圆表面研磨示意图

1—工件；2—研具；3—研具夹；4—研磨剂

图8.13所示为外圆表面研磨示意图。研磨时工件转动，研具作轴向往复运动。在工件和研具之间放置研磨剂。

研磨剂通常由磨料(如氧化铝、碳化硅等)与煤油、润滑油等组成。为了存留研磨剂，工件和研具之间应有0.02～0.05 mm的间隙。研磨速度一般为0.3～1 m/s。研具通常由铸铁或硬木制成，研具磨损后可通过调整研具夹的开口间隙来补偿。研磨后表面粗糙度 Ra 可达0.01～0.1 μm。

三、珩磨

1. 外圆珩磨

图8.14所示为双砂轮珩磨外圆的工作原理图。工件安装在机床两顶尖之间。工件两侧各

安装一外表面修整成双曲面的珩磨轮,各与工件轴线倾斜成 α 角,在弹簧力的作用下,珩磨轮压向工件加工表面。当工件以 $n_{工}$ 的转速回转时,通过摩擦力带动两个珩磨轮以 $n_{轮}$ 转速转动。由于 α 角的存在,故珩磨轮在被工件带动的同时,还相对于工件加工表面以速度 $v_{切}$ 滑动,从而产生切削作用。

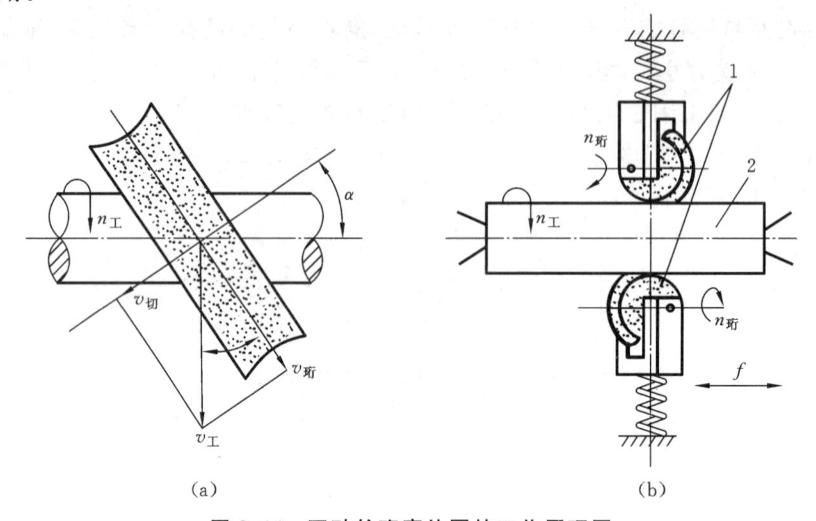

图 8.14　双砂轮珩磨外圆的工作原理图

(a) 珩磨轮与工件的位置关系　(b) 珩磨加工运动原理

1—珩磨轮;2—工件

进行外圆表面的双砂轮珩磨加工时,磨粒对工件具有切削、挤压和抛光作用,珩磨轮与工件间的接触面积小,脱落的磨粒易被切削液带走,故加工表面的表面粗糙度稳定,一般表面粗糙度 Ra 可达 0.025 μm,尺寸精度可达 IT6～IT7,同时还可以修正工件外圆母线的直线度误差,但不能修正工件的圆度和位置误差。

2. 内孔珩磨

1) 孔的珩磨原理

内孔珩磨是利用安装于珩磨头圆周的油石,采用特定结构推出油石作径向扩张,直至与工件孔壁接触;在加工过程中,油石不断作径向进给运动,珩磨头作旋转运动及直线往复运动,从而实现对孔的低速磨削。图 8.15(a)所示为珩磨加工示意图,珩磨时,珩磨头上的磨条以一定压力压在被加工表面上,由机床主轴带动珩磨头旋转并沿轴向作往复运动(工件固定不动)。在相对运动的过程中,磨条从工件表面切除一层极薄的金属,加之磨条在工件表面上的切削轨迹是交叉而不重复的网纹(见图 8.15(b)),故而可获得很高的精度和很低的表面粗糙度。

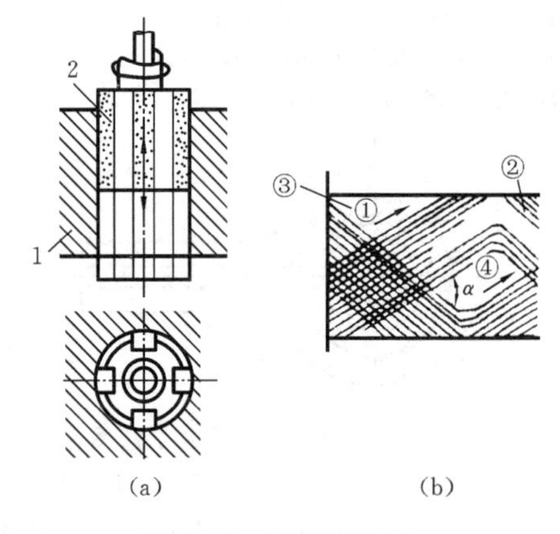

图 8.15　珩磨示意图

(a) 珩磨位置　(b) 珩磨原理

1—工件;2—珩磨头

2) 珩磨的特点和应用

(1) 加工精度高。加工小孔,圆度可达0.5 μm,圆柱度可达 1 μm;加工中等孔,圆度可达 3 μm以下,孔长 300～400 mm 时,圆柱度在 5 μm 以下。尺寸精度:小孔为 1～ 2 μm;中等孔为 3～10 μm。加工尺寸的分散性误差可在 1～3 μm 范围内。

(2) 表面品质好。珩磨是一种表面接触低速切削，磨粒的平均压力小、发热量小、变质层小，加工表面粗糙度 Ra 为 0.04～0.4 μm。

(3) 加工表面使用寿命高。珩磨加工的表面具有交叉网纹，有利于油膜的形成和保持，其使用寿命比其他加工方法高一倍以上，特别适用于相对运动精度高的精密零件的加工。

(4) 切削效率高。因珩磨是面接触加工，同时参加切削的磨粒多，故切削效率高。在批量生产时，加工中等孔的材料切除率可达 80～90 mm^3/s。

(5) 加工范围广。珩磨主要用于加工各种圆柱形通孔、径向间断的表面孔、盲孔和多台阶孔等，加工圆柱的孔径范围为 1～2 000 mm 或更大，长径比 $L/D \geqslant 46$。几乎对所有金属材料均能加工。

珩磨不仅在大量生产中应用极为普遍，而且在单件、小批量生产中应用也较广泛。对于某些零件的孔，珩磨已成为典型的光整加工方法，例如，对飞机、汽车、拖拉机的发动机的气缸体、气缸套、连杆及液压油缸、炮筒等的加工。

四、滚压

滚压加工是用硬度比工件高的滚压工具(滚轮或滚珠)，对半精加工后的零件表面在常温下加压，使受压点产生弹性及塑性变形，将表面的凸起部分压下去，凹下部分向上挤，以修正零件表面的微观几何形状，降低表面粗糙度，如图8.16所示。由于工件表面层金属受挤压产生加工硬化现象，使晶粒沿金属流动方向呈纤维状，工件表面层产生残余应力，从而大大提高零件的力学性能，使工件表面层的屈服强度增大，显微硬度提高 20%～40%，同时使零件的抗疲劳强度、耐磨和耐蚀性都有显著改善。

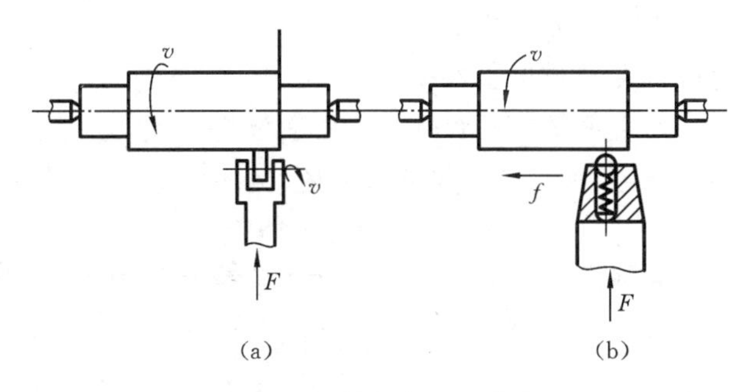

图 8.16 滚压加工示意图

(a) 滚轮滚压 (b) 滚珠滚压

五、抛光

抛光是用带有微细磨粉或软膏磨料的布轮、布盘或皮轮、皮盘等软质工具，靠机械滑擦和化学作用来降低加工表面的粗糙度。抛光对尺寸误差和形状误差没有修正能力。抛光后工件表面粗糙度 Ra 可达 0.008～1.25 μm，还可以提高零件的抗疲劳强度、耐磨性和耐蚀性，但不能提高零件的精度。此外，抛光也用于镀铬前的准备和表面装饰加工。下面主要介绍机械抛光和液体抛光两种方法。

1. 机械抛光

使用涂有抛光膏的高速旋转的软轮对工件表面进行加工。抛光膏用油脂和磨料(如氧化铬、氧化铁等)混合制成。软轮用毛毡、橡胶、帆布或皮革等叠制而成。抛光时,由于金属表层与油脂产生化学作用而形成软的氧化膜,故可以用软磨料来加工工件,而不会划伤工件表面。由于抛光的工作速度很高,高温使工件表面出现很薄的熔流层,产生塑性流动而填平工件表面原有的微观不平度。

2. 液体抛光

它是将含磨料的抛光液,经喷嘴用(6～8)×10^2 kPa 的压力,高速喷向加工表面,喷出磨料颗粒把工件表面上留下的凸峰击平,而获得极光滑的表面。液体抛光的生产率和加工表面粗糙度取决于液体的流动速度(50～70 m/s)、磨粒大小(100# ～W5)、液流的喷射方向与加工表面所形成的角度(40°～60°),以及喷嘴与加工表面的距离(50～100 mm)等参数。液体抛光时由于磨粒对工件表面微观凸峰作高频和高压冲击,不仅使加工的表面粗糙度低,生产率很高,而且不受工件形状的限制,能抛光其他光整加工方法难以加工的部位,是一种高效、先进的工艺方法。

【思考与练习题8】

一、简答题

1. 砂轮的特性由哪些参数组成?各参数如何选择?
2. 砂轮标志由哪些参数组成?
3. 无心磨削的工作原理是什么?
4. 磨削过程分哪几个阶段?
5. 何谓表面烧伤?如何避免表面烧伤?
6. 磨削加工有哪几种主要类型?
7. 外圆磨削按进给方式分为哪几种形式?
8. 磨削较长的外圆柱面需要哪几个运动?
9. 什么是精密磨削?什么是超精密磨削?什么是纳米工艺?
10. 什么是光整加工?什么是研磨?什么是珩磨?

二、分析题

现要磨削调质后的45钢轴类零件,请分析选择什么磨料的砂轮,并分析采用什么硬度的砂轮。

第9章 齿轮加工

9.1 齿轮加工概述

一、齿轮加工方法

在现代机器制造业中制造齿轮的方法有无屑加工(压力加工)和切削加工两大类。无屑加工包括热轧、冷轧、压铸、粉末冶金等方法。无屑加工具有生产率高、材料消耗小和成本低等优点,但加工精度还不够高。随着冷挤压技术及其装备的不断发展,也可获得相当高的齿形制造精度,因而目前其应用也日渐增多。但用切削方法来制造齿轮更为普遍,加工精度较高的齿轮主要通过切削和磨削加工获得。常用的齿形加工法如表9.1所示。

表9.1 常见的齿形加工方法

齿形加工方法			刀具	机床	精度等级	表面粗糙度 Ra/μm	应用范围
成形法	一般加工	成形法铣齿	指形铣刀	铣床	8	3.2	用于大模数齿轮(m>20)及各种齿数的人字齿轮
			盘形铣刀	铣床	10	3.2	用于单件生产中,加工直齿及斜齿外齿轮
		拉齿	齿轮拉刀	拉床	8	0.8	用于大量生产中,加工直齿内齿轮
	精加工	成形法磨齿	成形砂轮	磨齿机	5~6	0.4~0.2	用于成批生产,精加工淬火后的齿轮
展成法	一般加工	滚齿	滚刀	滚齿机	7~8	3.2~0.8	用于成批生产中的直齿及斜齿外齿轮
		插齿	插齿刀	插齿机	7~8	1.6~0.8	用于成批生产中的各种齿轮,适于加工内齿、多联齿轮、扇形齿轮等
	精加工	剃齿	剃齿刀	剃齿机	6	0.8~0.2	主要用于滚插预加工后、淬火前的精加工
		珩齿	珩磨轮	珩齿机	6~7	0.8~0.4	用于加工剃齿和高频淬火后的齿形
		磨齿	盘形砂轮	磨齿机	3~6	0.8~0.4	用于加工已精加工并淬火后的齿形,生产率高
			蜗杆砂轮	磨齿机	3~6	0.8~0.1	用于加工已精加工并淬火后的齿形,生产率高
	无屑加工	冷挤齿轮	挤轮	挤齿机	6~7	0.4~0.1	生产率比剃齿高,成本低,用于淬硬前的精加工

二、齿轮加工原理

加工齿轮时,齿形形成原理有两种,一种是成形法,另一种是展成法。

1. 成形法

成形法又称为仿形法，是使用切削刃形状与被切齿轮的齿槽法向截形完全相符的成形刀具切出齿形的方法。即由刀具的切削刃形成渐开线母线，再加上一个沿齿坯齿向的运动形成所加工齿面。用成形法加工齿轮时，加工完一个齿槽，工件分度(转过一个齿)，再加工下一个齿槽，直至全部加工完毕为止。用成形法原理加工齿形的方法有用盘状或指形铣刀铣齿、用成形砂轮磨齿、用拉刀拉齿等。图9.1所示为在普通铣床上用成形法加工齿轮的情况。

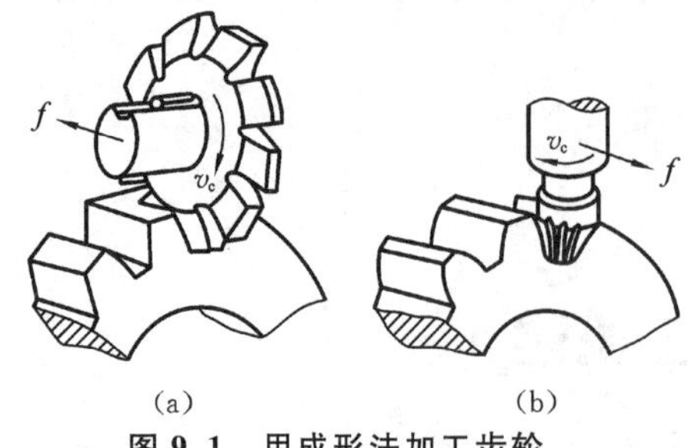

图9.1 用成形法加工齿轮

(a) 用盘形模数铣刀加工 (b) 用指形模数铣刀加工

利用成形法来切削齿轮的刀具有盘状模数铣刀和指形模数铣刀两种，其中盘状模数铣刀适用于加工模数小于8的齿轮，指形模数铣刀适用于加工模数较大的齿轮。对于同一模数的齿轮，只要齿数不同，齿廓形状就不同，需采用不同的成形刀具。在实际生产中为了减少刀具的数量，通常对每一种模数制造一组铣刀(如8把、15把及26把)，各自适应一定的齿数范围。表9.2所示是8把一套的盘状模数铣刀刀号及加工齿数范围。铣刀的齿形曲线是按照所加工齿数范围中最小齿数设计的，显然加工该范围内其他齿数的齿轮时齿形是有误差的，并且误差随着模数增大而增大，所以大模数的齿轮和精度要求更高的齿轮用每套为15把或26把的铣刀铣制。

表9.2 盘状铣刀刀号及加工齿数范围

铣刀号数	1	2	3	4	5	6	7	8
所切齿轮齿数	12～13	14～16	17～20	21～25	26～34	35～54	55～135	135以上

例如，被加工齿轮模数是3，齿数是28，则应选用$m=3$系列中的5号铣刀。

用成形法切削齿轮，加工精度较低，生产率不高。但是这种方法不需要专用机床，设备费用低，且不会出现根切现象，适用于单件小批生产加工精度为9～12级，表面粗糙度Ra为6.3～3.2 μm的齿轮齿形的加工。

2. 展成法

展成法又称为包络法，是利用齿轮啮合的原理进行齿轮加工的方法。即把齿轮啮合副(齿条-齿轮、齿轮-齿轮)中的一个转化为刀具，另一个转化为工件，并强制刀具和工件作严格的啮合运动，刀具齿形的运动轨迹逐步包络出工件的齿形，如图9.2所示。滚齿、插齿、剃齿、磨齿、珩齿等都属于展成法切齿。

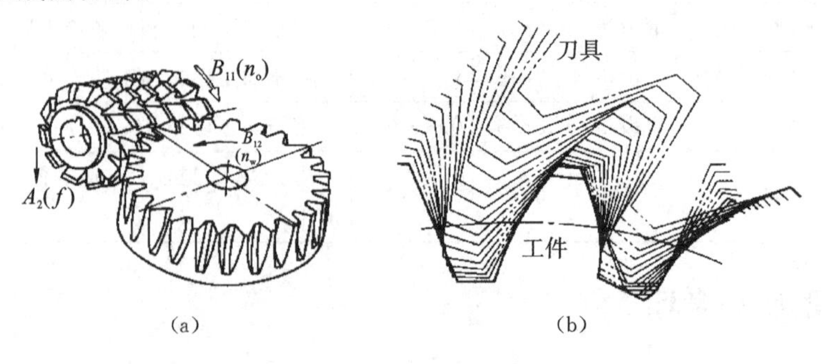

图9.2 用展成法加工齿轮

(a) 滚齿运动 (b) 齿廓形成的包络运动

展成法切齿所用刀具切削刃的形状相当于齿条或齿轮的齿廓，它与被切齿轮的齿数无关，可以用一把刀具切出同一模数而齿数不同的齿轮，而且加工时能连续分度，具有较高的生产率，在齿轮加工中应用最为广泛。

9.2 滚齿加工

一、滚齿加工原理

滚齿加工属于展成法，其原理相当于一对交错轴螺旋齿轮的啮合传动。滚齿过程中，滚刀与齿坯作强迫啮合运动时，即切去齿坯上的多余材料，在齿坯表面加工出共轭的齿面，若滚刀再沿齿轮轴向进给，就可加工出全齿长，形成一个新的齿轮。

滚齿运动如图9.2(a)所示。从机床运动的角度出发，工件渐开线齿面由一个复合成形运动即展成运动（由两个独立运动 B_{11} 和 B_{12} 所组成）和一个简单成形运动 A_2 共同形成。B_{11} 和 B_{12} 之间应有严格的速比关系，即当滚刀转过一周时，工件相应地转 K/z 周（K 为滚刀的头数，z 为工件齿数）。从切削加工的角度考虑，滚刀的回转（B_{11}）为主运动，用 n_0 表示；工件的回转（B_{12}）为圆周进给运动，用 n_w 表示；滚刀的直线移动（A_2）是为了沿齿宽方向切出完整的齿槽，称为垂直进给运动，用进给量 f 表示。当滚刀与工件完成连续的相对运动时，即可依次切出齿坯上全部齿槽。滚齿加工的适应性好、生产率高，因此应用广泛，但滚齿加工出来的齿廓表面粗糙度较大。滚齿加工主要用于加工直齿齿轮、斜齿圆柱齿轮和蜗轮，而不能加工内齿轮和多联齿轮。

二、加工直齿圆柱齿轮的传动原理

用滚刀加工直齿圆柱齿轮必须具备以下两个运动：形成渐开线齿廓的展成运动和形成齿面的直线导线的运动。滚切直齿圆柱齿轮的传动原理如图9.3所示。图中包括三条传动链：展成运动传动链、主运动传动链和垂直进给运动传动链。

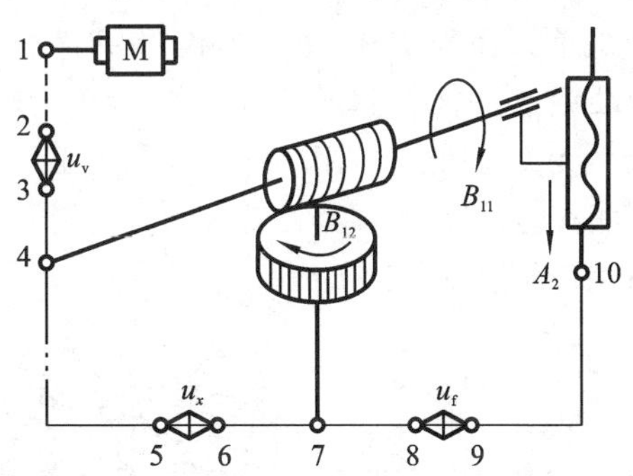

图9.3 滚切直齿圆柱齿轮的传动原理图

1. 展成运动传动链

展成运动是由滚刀的旋转运动 B_{11} 和工件的旋转运动 B_{12} 组成的复合运动，其作用是形成直齿圆柱齿轮齿形的母线——渐开线。因此，联系滚刀主轴和工作台的传动链为展成运动传动链：滚刀—4—5—u_x—6—7—工作台。由它保证工件和刀具之间严格的运动关系。其中换置机构 u_x 用来适应工件齿数和滚刀头数的变化。显然这是一条内联系传动链，不仅要求传动比准确，而且要求滚刀和工件的旋转方向必须符合一对交错轴螺旋齿轮啮合时的相对运动方向。当滚刀旋转方向一定时，工件的旋转方向由滚刀的螺旋方向确定。因此，u_x 的调整还包括方向的变更。

2. 主运动传动链

每一个表面成形运动都必须有一个外联系传动链与动力源相联系，在图9.3中，展成运动的外联系传动链为：电动机—1—2—u_v—3—4—滚刀。这条传动链产生切削运动，其传动链中的换置机构 i_v 用于调整渐开线齿廓的成形速度，即调整滚刀与工件的旋转速度，应当根据工艺条件确定的滚刀转速来调整其传动比。

3. 垂直进给运动传动链

滚刀的垂直进给运动是由滚刀刀架沿立柱导轨移动实现的，通常以工作台(工件)每转一周刀架的位移量来表示垂直进给量的大小。由于刀架的垂直进给运动是简单运动，所以垂直进给传动链，即工作台 7—8—u_f—9—10—刀架是外联系传动链，以工作台为间接运动源。传动链中的换置机构 u_f 用于调整垂直进给量的大小和进给方向，以适应不同加工表面粗糙度的要求。

三、滚齿加工的刀具

滚齿加工所用刀具称为滚刀。

1. 齿轮滚刀的形成

滚刀是根据一对相啮合的、轴线交叉的螺旋齿轮啮合原理(见图 9.4(a))而工作的一种刀具。它由相啮合齿轮副中的一个斜齿轮演变而来。当这个斜齿轮的齿数减少到几个或一个，螺旋角增大到很大(接近 90°)时，它就成了蜗杆(见图 9.4(b))。滚刀的基本蜗杆(或称“铲形”蜗杆)如图 9.5 所示。基本蜗杆的螺纹表面若是渐开螺旋面，则称渐开线基本蜗杆，这种滚刀称为渐开线滚刀。用这种滚刀可以切削理论上完全理想的渐开线齿形。但这种滚刀制造及检查很困难，生产中很少采用。通常采用近似造型方法，如采用阿基米德基本蜗杆滚刀和法向直廓基本蜗杆滚刀。这两种滚刀基本蜗杆的螺纹表面在端面的截形不是渐开线，而分别是阿基米德螺线和延长渐开线。当滚刀的圆柱螺旋角很大、导程很小时，虽然它们不是渐开线蜗杆，切出的齿轮齿形也不是理论上的渐开线齿形，但误差很小。由于阿基米德滚刀齿形误差更小，制造与检测更容易，生产标准齿轮滚刀通常多采用这种类型的滚刀。为了使阿基米德蜗杆成为能切削的刀具，就在基本蜗杆上开出直线形或螺旋形的容屑槽以形成前刀面和前角，每个刀齿经铲背加工形成后角，成为齿轮滚刀(见图 9.4(c))。因此，滚刀实质就是一个单齿(或双齿)大螺旋角齿轮，只是齿轮齿面上有容屑槽和切削刃，它与被切齿轮的齿数无关，因此可以用一把刀具加工出同一模数和齿形角、任意齿数的齿轮。齿轮滚刀的应用范围很广，可以用来加工外啮合的直齿轮、斜齿轮、标准及变位齿轮。模数为 0.1～40 mm 的齿轮，均可用齿轮滚刀加工。

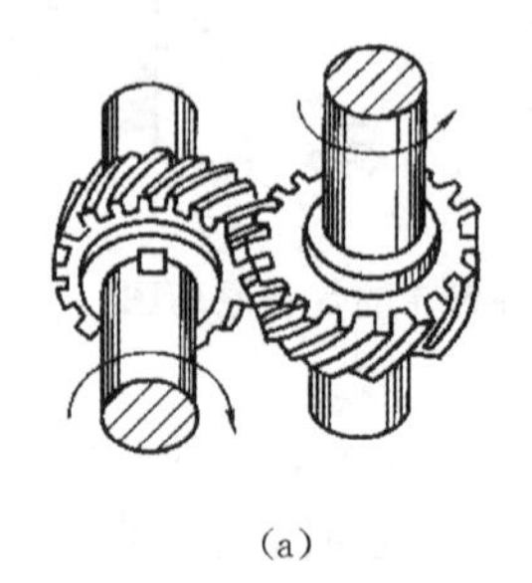
(a)

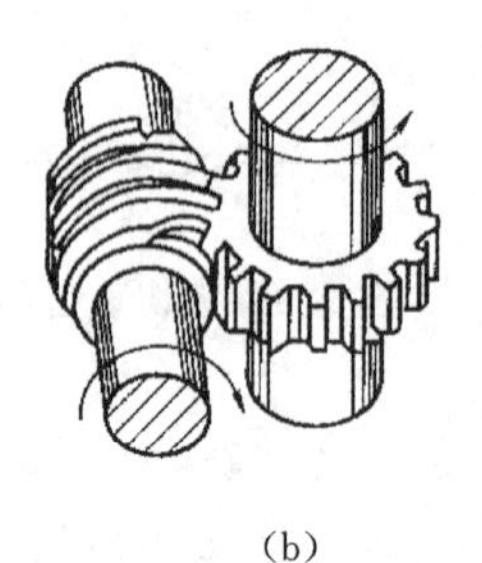
(b)

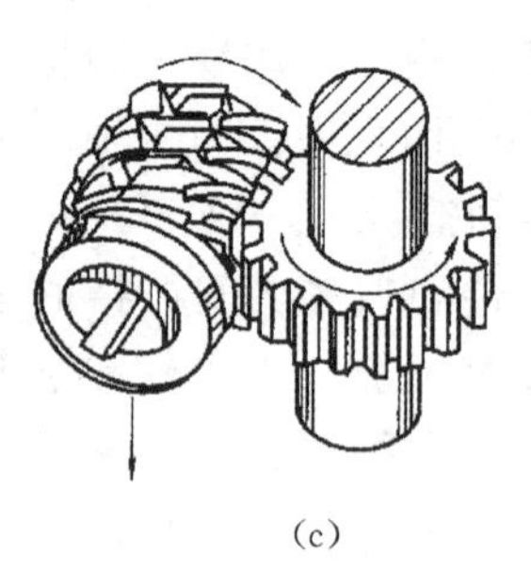
(c)

图 9.4 滚刀的形成过程

(a) 螺旋齿轮的啮合 (b) 螺旋齿轮演变成蜗杆 (c) 蜗杆演变成齿轮滚刀

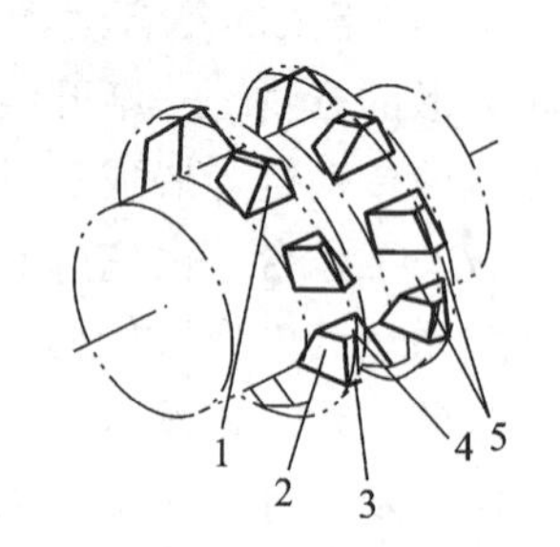

图 9.5 齿轮滚刀的基本蜗杆

1—滚刀前刀面；2—左侧后刀面；3—顶刃后刀面；4—右侧后刀面；5—蜗杆螺旋表面

齿轮滚刀直径较小、模数较小时常做成整体式的。整体式齿轮滚刀常用高速钢制造。齿轮滚刀模数较大时常做成镶齿结构，在刀体上镶装高速钢齿条或硬质合金齿条。

2. 滚刀的结构

滚刀结构分为整体式、镶片式和可转位式等形式的。目前，中小模数（m 在 1～10 mm 之间）的齿轮滚刀往往做成整体式的，一般由高速钢材料制成。模数较大的滚刀为节省材料和便于热处理，一般做成镶片式和可转位式的。滚刀按精密程度分为 AAA、AA、A、B、C 等级别的。

9.3 插齿加工

插齿主要用于加工内、外啮合的圆柱齿轮、扇形齿轮、人字齿轮及齿条等，尤其适于加工内齿轮和多联齿轮，这是用其他方法无法加工的。插齿可一次完成齿槽的粗加工和半精加工，其加工精度一般为 IT8～IT7 级，表面粗糙度 Ra 约为 1.6 μm。但插齿加工生产率低，而且不能加工蜗轮。

一、插齿原理

插齿也是按展成原理加工齿轮的一种方法。插齿过程相当于一对轴线平行的圆柱齿轮的啮合过程。其中的一个齿轮转化为插齿刀，另一个则为没有齿的待加工工件（齿轮毛坯），如图 9.6 所示。插齿时，插齿刀作上下往复的切削主运动，同时还与齿轮坯作无间隙的啮合运动（展成运动 n_o+n_w），插齿刀在每一往复行程中切去一定的金属，从而包络出工件渐开线齿廓。当需要插制斜齿轮时，插齿刀主轴将在一个专用螺旋导轨上运动，这样，在上下往复运动时，由于导轨的作用，插齿刀便能产生一个附加转动。

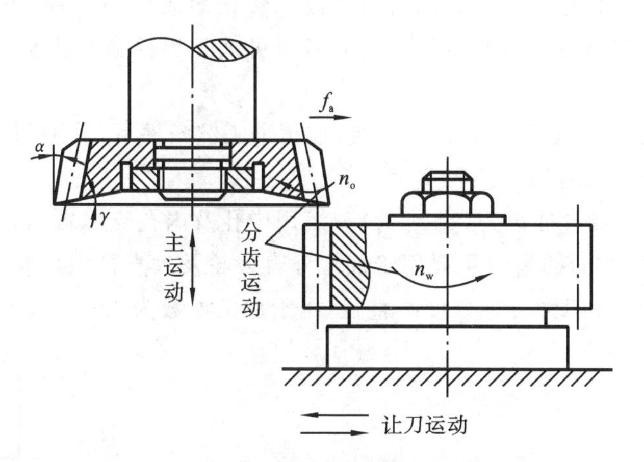

图 9.6 插齿原理

二、插齿运动

插齿加工在插齿机上进行。图 9.7 所示为插齿机传动原理。图中：电动机 M—1—2—u_v—3—4—5—凸柄偏心盘 A 为主运动传动链，由它确定插齿刀往复运动的速度，以插齿刀单位时间内往复次数表示（str/min 或 str/s）；曲柄偏心盘 A—5—4—6—u_f—7—8—9—蜗杆—蜗轮

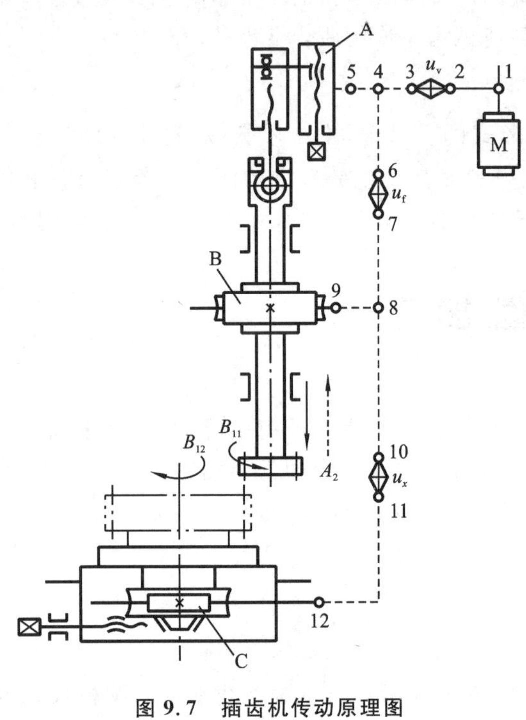

图 9.7 插齿机传动原理图

B—插齿刀主轴为圆周进给传动链，它决定插齿刀和齿坯的啮合速度，由于插齿刀上下往复一次时，插齿刀的旋转量决定圆周进给的多少，对生成渐开线的精度有影响，因此，圆周进给速度以插齿刀上下往复一次，自身在节圆上所转过的弧长来表示(mm/str)。以上两条传动链属于外联系传动链。插齿刀主轴—蜗轮 B—蜗杆—9—8—10—u_x—11—12—蜗杆 C—蜗轮—工作台为展成运动传动链，属内联系传动链，应保证刀具转过一个齿，工件也转过一个齿，即 $\frac{n_w}{n_o}=\frac{z_o}{z_w}$($n_w$、$n_o$分别为工件和刀具的转速；$z_o$、$z_w$分别为刀具和工件的齿数)。此外，插齿机还有插齿刀的径向进给运动(逐渐切至工件的全齿深)和刀具回程时使刀具与工件分离的工作台的让刀运动(避免回程时擦伤齿面、磨损刀具)，因为径向进给运动和让刀运动并不影响齿轮表面的形成，所以在传动原理图中未表示出来。

三、插齿加工刀具

插齿加工刀具简称插齿刀。插齿加工是按展成原理进行的，插齿刀与被切齿轮的关系相当于一对相互啮合的圆柱齿轮的关系。插齿刀由齿轮转化而成，具有切削刃和前角、后角，因此，它的模数、压力角应与被切齿轮相同，用一把插齿刀可加工出模数和齿形角相同而齿数不同的齿轮。

插齿刀通常制成 AA、A、B 三种精度等级，在正常工艺条件下，分别用于加工 6、7、8 级精度的齿轮。标准直齿插齿刀有以下三种类型。

(1) 盘形插齿刀。盘形插齿刀(见图 9.8(a))用内孔及内孔支承端面定位，通过螺母紧固在插齿机主轴上，这种形式的插齿刀主要用于加工外直齿轮及大直径内齿轮。它分为 75 mm、100 mm、160 mm 和 200 mm 四种公称分度圆直径，用于加工模数为 1～12 mm 的齿轮。

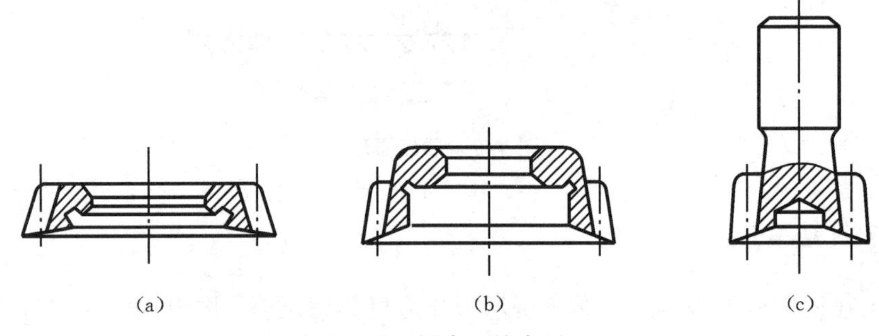

图 9.8 插齿刀的类型

(a) 盘形插齿刀 (b) 碗形直齿插齿刀 (c) 锥柄插齿刀

(2) 碗形直齿插齿刀。碗形直齿插齿刀(见图 9.8(b))主要用于加工多联齿轮和带有凸肩的齿轮。它以内孔定位,夹紧螺母可位于刀体内。它也有 50 mm、75 mm、100 mm 和 125 mm 四种公称分度圆直径,用于加工模数为 1～8 mm 的齿轮。

(3) 锥柄插齿刀。锥柄插齿刀(见图 9.8(c))主要用于加工内齿轮,这种插齿刀为带锥柄(莫氏短圆锥柄)的整体结构,通过带有内锥孔的专用接头与插齿机主轴连接。其公称分度圆直径有 25 mm 和 38 mm 两种,用于加工模数为 1～3.75 mm 的齿轮。

9.4 其他齿形加工方法

对于 6 级精度以上的齿轮或者淬火后的硬齿面的加工,插齿和滚齿有时已不能满足其精度和表面粗糙度的要求,因此要在滚齿或插齿后再进行齿面的精加工。常用的齿面精加工方法有剃齿、珩齿、磨齿、研齿等。

一、剃齿加工

剃齿常用于滚齿或插齿预加工后,对未淬火圆柱齿轮的精加工。剃齿一般可达到 IT7～IT6 级精度,齿面表面粗糙度 Ra 可达到 1.25～0.32 μm,生产效率很高,是软齿面精加工最常见的加工方法之一。

1. 剃齿原理

剃齿是利用一对交错轴螺旋齿轮啮合的原理在剃齿机上进行的。剃齿刀实质上是一个高精度的斜齿轮,为了形成切削刃,在每个齿的齿侧沿渐开线方向开了许多小容屑槽。剃齿运动情况如图 9.9(a)所示。经过预加工的工件(齿轮)(称为剃前齿轮)装在心轴上,心轴可自由转动。剃齿刀装在机床主轴上,与工件轴线相交,轴交角为 Σ,使剃齿刀与工件的齿向一致。机床主轴驱动剃齿刀旋转(转速为 n_c),剃齿刀带动工件旋转(转速为 n_w),两者之间形成无侧隙的螺旋齿轮自由啮合运动,所以,剃齿加工属于自由啮合的展成加工,其啮合运动与滚齿和插齿性质有所不同(滚齿和插齿的刀具与工件均由机床驱动,属于强制啮合式展成加工)。因而剃齿加工

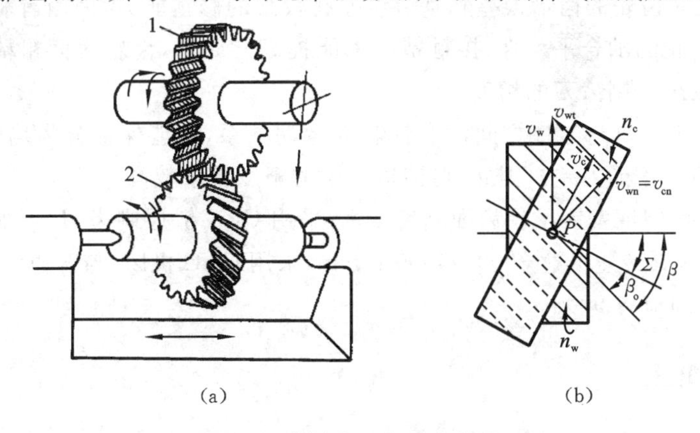

图 9.9 剃齿加工与啮合状况

(a) 剃齿运动 (b) 用左旋剃齿刀剃削右旋齿轮的啮合状况

1—剃齿刀;2—工件(齿轮)

法又称对滚法。剃齿刀的齿面在工件齿面上进行挤压和滑移,刀齿上的切削刃从工件齿面上切下细丝状的切屑,加上相应的进给运动,便可把工件整个齿面上很薄的余量切除。

图 9.9(b)所示为用左旋剃齿刀剃削右旋齿轮的啮合状况。在啮合点 P 处,刀具和工件的线速度分别是 v_c 和 v_w。它们可以分解为齿面的法向分量 v_{cn}、v_{wn} 及切向分量 v_{ct}、v_{wt}。由于啮合点处的法向分量必须相等,即

$$v_{cn} = v_c \cos\beta_o = v_{wn} = v_w \cos\beta \tag{9.1}$$

所以

$$v_w = v_c \frac{\cos\beta_o}{\cos\beta} \tag{9.2}$$

式中:β_o、β——剃齿刀和被剃齿轮螺旋角。

由于 v_c 和 v_w 之间有一夹角,故二者的切向分速度不相等,因而在齿面间产生相对滑移速度 v_p,v_p 即为切削速度,等于二者切向速度之差

$$v_p = v_{wt} - v_{ct} = v_w \sin\beta - v_o \sin\beta_o = v_c \frac{\sin\Sigma}{\cos\beta} \tag{9.3}$$

式中:$\Sigma=\beta-\beta_o$(当剃齿刀与齿轮旋向相同时 $\Sigma=\beta+\beta_o$。

剃齿时常取 v_c=130~145 m/min,此时 v_c 为 35~45 m/min。

2. 剃齿运动

从剃齿原理分析可知,两齿面是点接触,为了剃出整个齿侧面,工作台必须带着工件作往复直线运动,工作台每次行程后,剃齿刀带动工件反转,以剃出另一齿面。工作台每次双行程后还应作径向进给运动,以保证剃齿刀与工件之间的无隙啮合并逐步剃去所留余量,得到所需齿厚。因此,剃齿时应具备以下运动:

(1) 剃齿刀的正、反旋转运动(工件由剃齿刀带动旋转),以产生切削运动。

(2) 工件沿轴向的往复运动(纵向进给运动)。

(3) 工件每往复运动一次后的径向进给运动。

3. 剃齿加工的工艺特点

(1) 剃齿加工效率高,一般只要几分钟(2~4 min)便可完成一个齿轮的加工。剃齿机结构简单,调整方便。

(2) 剃齿加工对齿轮的齿形误差和基节误差有较强的修正能力,因而有利于提高齿轮的齿形精度。剃齿后齿轮的啮合平稳性、接触精度都能提高。此外,齿轮表面粗糙度也能减小。剃齿加工精度主要取决于剃齿刀的精度。

(3) 剃齿时由于刀具与工件之间没有强制性运动关系,不能保证分齿均匀,故剃齿加工对齿轮的切向误差的修正能力差。因此,对前道工序的精度要求较高。

20 世纪 80 年代中期发展了硬齿面剃齿技术,采用 CBN 镀层剃齿刀,可加工 60 HRC 以上的渗碳淬硬齿轮,刀具转速可达 3000~4000 r/min,采用 CNC 机床,与普通剃齿比较,加工时间缩短 20%,调整时间节省 90%。

二、珩齿加工

珩齿是对淬硬齿轮进行精加工的方法之一。其原理和运动与剃齿相同,主要区别就是所用刀具不同,以及珩磨轮的转速比剃齿刀的高。珩磨轮是珩齿的刀具,它是由金刚砂磨料加环氧树脂等材料浇铸或热压而成的塑料齿轮。与剃齿刀相比,珩轮的齿形简单,容易获得高的齿形

精度。珩齿时，在珩磨轮与工件“自由啮合”的过程中，借齿面间的一定压力和相对滑动，由磨粒来进行切削。由于珩轮的磨削速度较低，加之磨料粒度较细，结合剂弹性较大，因此珩磨实际上是一种低速磨削、研磨和抛光的综合过程。珩齿时齿面间除了沿齿向产生滑动进行切削外，沿渐开线方向的滑动也使磨粒能够切削，齿面的刀痕纹路比较细密而使表面粗糙度显著变小。加上珩齿的切削速度低，齿面不会产生烧伤和裂纹，故齿面质量较好。但珩齿修正误差的能力不强。

珩齿余量一般不超过 0.025 mm，切削速度为 1.5 m/s 左右，工件的纵向进给量为 0.3 mm/r 左右。径向进给量控制在以 3～5 次纵向行程切去齿面的全部余量。

珩齿目前主要用来减小齿轮热处理后的表面粗糙度，提高齿轮工作平稳性，但对进一步提高齿轮运动精度不明显。其加工精度很大程度上取决于前工序的加工精度和热处理的变形量。一般能加工 IT7～IT6 级精度齿轮，轮齿表面粗糙度 Ra 为 0.8～0.4 μm。珩齿的生产效率高，在成批、大量生产中得到了广泛的应用。IT7 级精度的淬火齿轮，常采取滚齿—剃齿—齿部淬火—修正基准—珩齿的齿廓加工路线。

三、磨齿加工

磨齿是目前齿形精加工中加工精度最高的方法，一般条件下加工精度可达 IT6～IT4 级，轮齿表面粗糙度 Ra 为 0.8～0.2 μm。由于采取强制啮合方式，不仅对磨齿前的加工误差及热处理变形有较强的修正能力，而且可以加工表面硬度很高的齿轮。但是一般磨齿（除蜗杆砂轮磨齿外）加工效率较低、机床结构复杂、调整困难、加工成本高，因此磨齿多用于加工精度要求很高、齿部淬硬后的齿形精加工。有的磨齿机也可直接用来在齿坯上磨制小模数齿轮。

磨齿加工有两大类：成形法磨齿和展成法磨齿。成形法磨齿应用较少，多数为展成法磨齿。展成法磨齿又有连续磨齿和分度磨齿两大类。

【思考与练习题 9】

一、简答题

1. 按加工原理分，齿轮加工有哪些方法？

2. 插齿的工艺特点是什么？

3. 加工模数 $m=3$ mm 的直齿圆柱齿轮，齿数 $z_1=26$，$z_2=34$，试选择盘形齿轮铣刀的刀号。在相同的切削条件下，哪个齿轮的加工精度高，为什么？

4. 加工模数 $m=5$ mm、齿数 $z=40$、螺旋角 $\beta=150$ 的斜齿轮，应选择何种刀号的盘形齿轮铣刀？

5. 齿轮的精加工方法有哪些？各应用在什么场合？

6. 何谓齿轮滚刀的基本蜗杆？齿轮滚刀与基本蜗杆有何相同与不同之处？

7. 插齿刀有哪几种结构形式？

二、分析题

试分析滚齿与插齿各需要哪些运动？

第 10 章 其他机床加工方法

10.1 拉削加工

一、拉削运动和加工范围

拉削是用拉刀在拉床上切削各种内、外表面的一种加工方法，如图 10.1 所示。拉削的主运动是直线往复运动。拉削没有进给运动，由后一刀齿比前一刀齿高一个齿升量来实现对工件余量的切除。拉床上只有一个主运动而无进给运动。

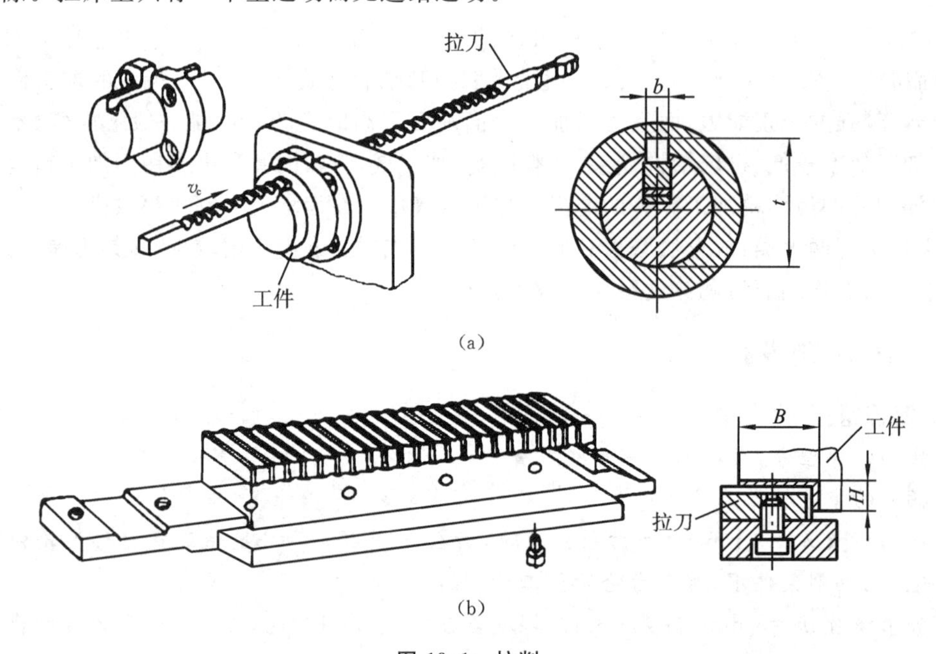

图 10.1 拉削

(a) 拉内表面(键槽) (b) 拉外表面(台阶面)

拉削的加工范围如图 10.2 所示。拉削只能加工通孔和贯通的外表面。拉削能达到尺寸精度为 IT8～IT7，能达到的表面粗糙度 Ra 为 3.2～0.8 μm。

二、拉床

图 10.3 所示为卧式拉床结构。床身的左侧装有液压缸，由压力油驱动活塞，通过活塞杆右部的刀夹(由随动支架支承)夹持拉刀沿水平方向向左作主运动。拉削时，工件以其基准面紧靠在拉床支承座的端面上。拉刀尾部支架和支承滚柱用于承托拉刀。一件拉完后，拉床将拉刀送

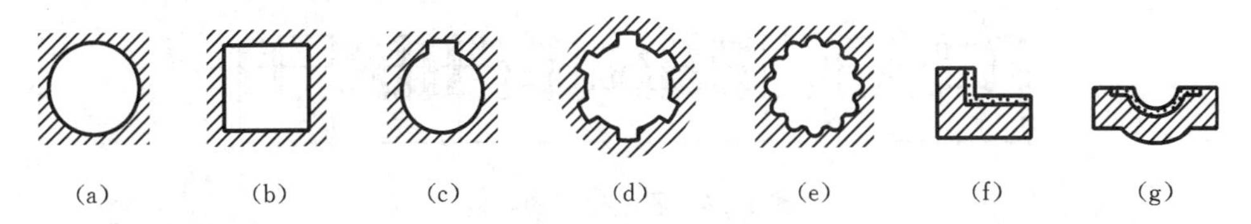

图10.2 拉削的加工范围

(a) 圆孔 (b) 方孔 (c) 键槽 (d) 花键孔 (e) 渐开线花键孔 (f) 台阶面 (g) 成形表面

回支承座右端，将工件穿入拉刀，将拉刀左移，使其柄部穿过拉床支承座插入刀夹内，即可第二次拉削。拉削开始后，支承滚柱下降不起作用，只有拉刀尾部支架随行。

图10.4所示为立式外表面拉床。工件紧固在工作台上，外表面拉刀随滑板垂直移动。

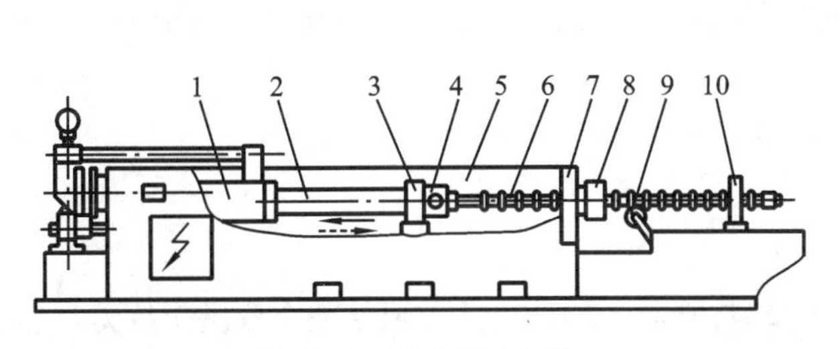

图10.3 卧式拉床结构

1—液压缸；2—活塞杆；3—随动支架；4—刀夹；5—床身；6—拉刀；7—支承座；8—工件；9—支承滚柱；10—拉刀尾部支架

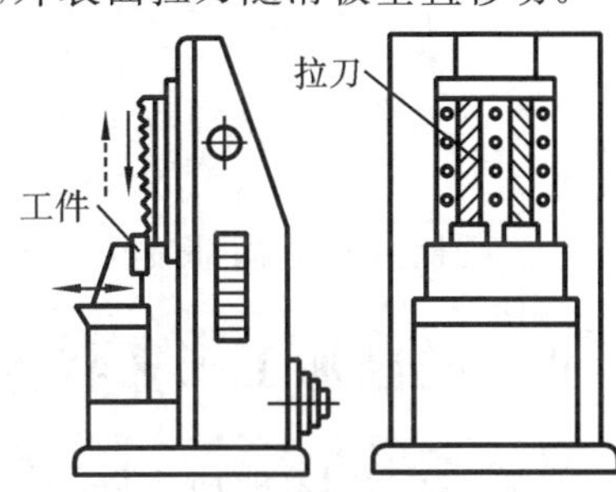

图10.4 立式外表面拉床结构

三、拉刀

图10.5所示为常用的几种拉刀类型。拉刀虽有多种类型，但其主要组成部分类同。现以圆孔拉刀为例，介绍其结构和各组成部分，如图10.6所示。

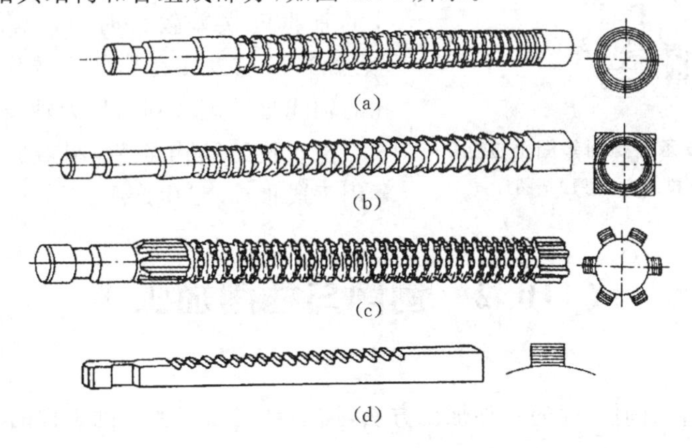

图10.5 常用的几种拉刀

(a) 圆孔拉刀 (b) 方孔拉刀 (c) 花键拉刀 (d) 键槽拉刀

(1) 前柄部。它是拉刀上与拉床的连接部分，用于传递动力。

(2) 颈部。颈部是前柄部与过渡锥之间的连接部分，打标记处。

(3) 过渡锥。它是引导拉刀前导部进入工件预制孔的锥体。

(4) 前导部。将工件预制孔套在前导部上，可以保持孔与拉刀的同轴度，引导拉刀进入孔

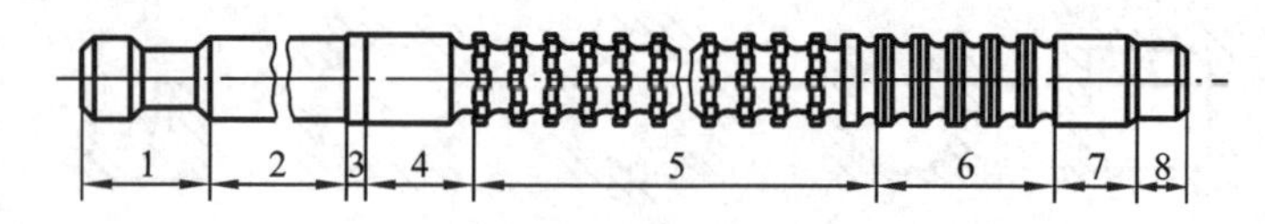

图 10.6 圆孔拉刀的组成

1—前柄部;2—颈部;3—过渡锥;4—前导部;5—切削齿;
6—校准齿;7—后导部;8—后柄部

内,并能检查预制孔是否太小。

(5) 切削齿。粗切齿、过渡齿、精切齿的总称。各齿直径依次递增,用于切除全部拉削余量。

(6) 校准齿。校准齿是指拉刀上最后几个尺寸、形状相同,起修光、校准尺寸和储备作用的刀齿。

(7) 后导部。后导部与拉好的孔具有同样的尺寸和形状,可保证拉刀切离工件时具有正确的位置。

(8) 后柄部。后柄部装在拉床尾部支架中,可防止拉刀下垂。

四、拉削加工工艺特点

拉削一次行程就能加工完一个工件,生产率特别高。工件尺寸和形状完全取决于拉刀,只要拉刀做得精确,工件的尺寸精度和形状精度就能得到保证。拉削在低速(一般为 2～8 m/min)下进行,可避免积屑瘤。因此,拉削精度较高。

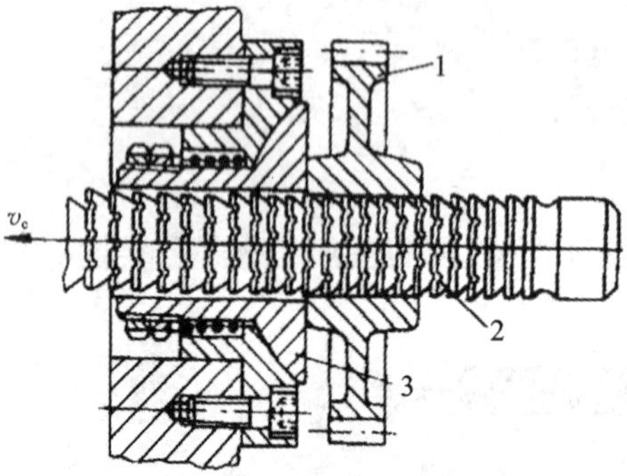

拉削时工件不需要夹紧,只需要靠在拉床支承座的端面上。拉刀与拉床刀夹是浮动连接的,受切削力的作用,工件以它的端面靠紧在拉床的支承座上,拉刀以工件的预制孔引导,自动定心,因此拉削不能校正原有孔的位置误差。当工件端面与预制孔的垂直度误差较大时,可以使用球面垫圈支承(见图 10.7),以便在切削力的作用下,使工件预制孔的轴线自动调节到与拉刀轴线一致。

图 10.7 工件支承在球面垫圈上拉孔

1—工件;2—拉刀;3—球面垫圈

由于拉刀结构复杂,制造成本高,所以拉削主要用于成批、大量生产中。

10.2 刨削与插削加工

刨削是在刨床上切削工件的一种加工方法,插削是在插床上切削工件的一种加工方法。刨床和插床的主运动都是直线运动,属于直线运动机床。

一、刨床

刨床是用刨刀加工工件的机床,主要用于加工各种平面和沟槽。刨床的主运动和进给运动都是直线运动,由于工件的尺寸和重量不同,表面成形运动有不同的分配形式。使用刨床加工,刀具较简单,但生产率较低(加工长而窄的平面除外),因此主要用于单件小批生产及机器修理,在大量生产时往往被铣床所代替。刨床常见的种类主要有牛头刨床和龙门刨床。

1. 牛头刨床

牛头刨床因滑枕和刀架形似牛头而得名，刨刀装在滑枕的刀架上作纵向往复运动，多用于刨削各种平面和沟槽，如图10.8所示滑枕可带动刀具沿床身的水平导轨作往复主运动；刀座可绕水平轴线转动，以适应不同的加工角度；刀架可沿刀座的导轨移动，以调整切削深度；工作台可带动工件沿滑板导轨作间歇的横向进给运动；滑板可沿床身的竖直导轨移动，以适应工件的不同高度。

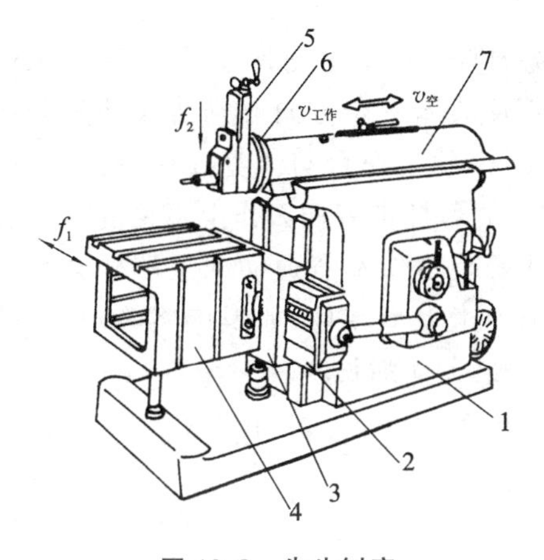

图10.8 牛头刨床

1—床身；2—横梁；3—滑板；
4—工作台；5—刀架；6—刀座；7—滑枕

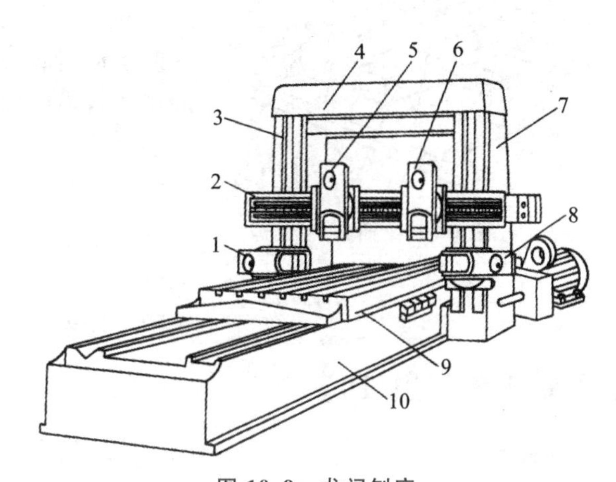

图10.9 龙门刨床

1、5、6、8—刀架；2—横梁；3、7—立柱；
4—顶梁；9—工作台；10—床身

牛头刨床的特点是调整方便，但由于是单刃切削，而且切削速度低，回程时不工作，所以生产效率低，适用于单件小批量生产。牛头刨床适于加工尺寸和重量较小的工件，刨削精度一般为IT9～IT7，所得表面粗糙度 Ra 为6.3～3.2 μm。牛头刨床的主参数是最大刨削长度。

2. 龙门刨床

龙门刨床因有一个由顶梁和立柱组成的龙门式框架结构而得名。工作台带着工件通过龙门框架作直线往复运动，多用于加工大平面（尤其是长而窄的平面），也用来加工沟槽或同时加工数个中小零件的平面，如图10.9所示。工作台9带动工件沿床身导轨作纵向往复主运动，立柱3、7固定在床身10的两侧，由顶梁4连接，横梁2可在立柱上上下移动，装在横梁上的竖直刀架5、6可在横梁上作间歇的横向进给运动，两个侧刀架1、8可沿立柱导轨作间歇的上下移动进给，每个刀架上的滑板都能绕水平轴线转动一定的角度，刀座还可沿滑板上的导轨移动。大型龙门刨床往往附有铣头和磨头等部件，这样就可以使工件在一次安装后完成刨、铣及磨平面等工作。

应用龙门刨床进行精密刨削，可得到较高的精度（直线度0.02 mm/1000 mm）和表面质量。大型机床的导轨通常是用龙门刨床精刨完成的。龙门刨床的主参数是最大刨削宽度。

二、插床

插床是用插刀加工工件的机床，如图10.10所示。滑枕可带动刀具沿立柱的导轨作上下往复主运动，工作台可作纵、横两个方向的进给运动，圆工作台可带动工件回转进给。

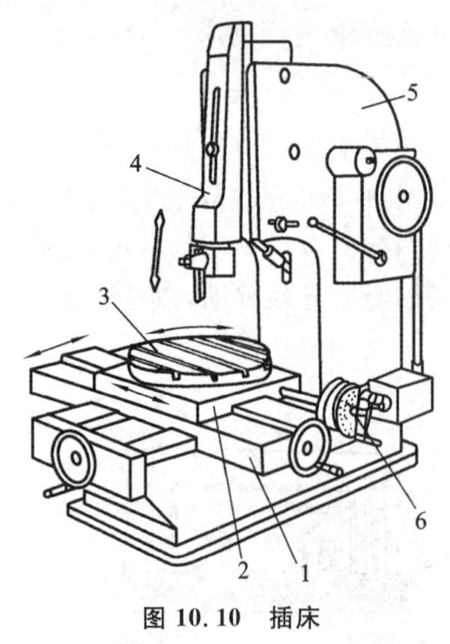

图 10.10 插床

1—床鞍;2—溜板;3—圆工作台;4—滑枕;5—立柱;6—分度装置

插床与刨床一样,也是使用单刃刀具(插刀)来切削工件的,但刨床采用的是卧式布局,插床采用的是立式布局。插床的生产率和精度都较低,多用在单件小批生产中加工内孔键槽或花键孔,也可以加工平面、方孔或多边形孔等,在成批、大量生产中常被铣床或拉床代替。但在加工不通孔或有障碍台肩的内孔键槽时,就只有利用插床。

插床主要有普通插床、键槽插床、龙门插床和移动式插床等几种。普通插床的滑枕带着刀架沿立柱的导轨作上下往复运动,插刀随滑枕的直线往复运动是主运动,装有工件的工作台沿纵向、横向及圆周三个方向分别所作的间歇运动是进给运动。键槽插床的工作台与床身连成一体,从床身穿过工件孔向上伸出的刀杆带着插刀作上下往复运动和断续的进给运动,工件安装不像在普通插床上那样会受到立柱的限制,故多用于加工大型零件(如螺旋桨等)孔中的键槽。插床的主参数是最大插削长度。

【思考与练习题 10】

简答题

1. 拉削加工的特点是什么?拉削加工适用于什么场合?
2. 试述拉削有几种方式、各有何优缺点及适用范围。
3. 在牛头刨床上如何加工 T 形槽和燕尾槽?
4. 常用的螺纹加工方法有哪些?试比较它们的加工特点与适用范围。

实训 3 刀具几何参数的选择

一、实训题目

在普通卧式车床上用反向进给法车削 45 钢细长轴,刀具牌号为 YT15,加工时使用跟刀架和弹性顶尖,试确定刀具的几何参数。

二、实训目的

刀具几何参数的合理选择。

三、实训过程

分析加工特点,根据加工特点选择合理的刀具几何参数。

工件材料为 45 钢,加工性能好,细长轴的加工特点是刚性差,加工过程易产生弯曲和振动,因此要尽量减小背向力。具体分析和选择如下:

(1) 取 $\gamma_0=28^\circ\sim30^\circ$,$\kappa_r=75^\circ$减小背向力。

(2) 由于前角较大，为增加刃口的强度，应修磨出负倒棱，取 $b_{\gamma1}=0.5\ \mathrm{mm}\sim1.0\ \mathrm{mm}$，$\gamma_{01}=-10°$。后角和刃倾角不能太大，取 $a_0=6°$，$\lambda_s=3°$。

(3) 由于主偏角较大，为增强刀尖的强度，采用修圆刀尖，取 $r_\varepsilon=1.5\ \mathrm{mm}\sim2\ \mathrm{mm}$。

(4) 为保证断屑可靠，前刀面应磨出宽 $L_{Bn}=4\ \mathrm{mm}\sim6\ \mathrm{mm}$，圆弧半径 $r_{Bn}=2.5\ \mathrm{mm}$ 的卷屑槽。

四、实训总结

选择刀具的几何参数要根据工件的加工特点。

实训4　车刀的刃磨与安装

一、实训题目

刃磨高速钢车刀，并在普通车床上正确安装。

二、实训目的

(1) 初步掌握车刀的刃磨；

(2) 学会正确安装车刀。

三、实训过程

1. 刃磨的原因

车刀经过一段时间的使用会产生磨损，使切削力减弱，切削温度升高，工件表面粗糙度值增大，所以需及时刃磨车刀。

2. 车刀刃磨的工具

常用的磨刀砂轮主要有两种：一种是氧化铝砂轮，又称为刚玉砂轮。有白刚玉砂轮（白色）和棕刚玉砂轮（褐色）；另一种是碳化硅砂轮（绿色）。高速钢车刀应用氧化铝砂轮刃磨，硬质合金车刀，刀体部分的碳钢材料可先用氧化铝砂轮粗磨，再用碳化硅砂轮刃磨刀头的硬质合金。

3. 车刀刃磨步骤（见图10.11）

(1) 磨前刀面。磨出车刀的前角和刃倾角。

(2) 磨后主刀面。磨出车刀的主偏角和后角。

(3) 磨后副刀面。磨出车刀的副偏角和副后角。

(4) 磨刀尖圆弧。在主刀刃与副主刀刃之间磨刀尖圆弧或直线过渡刃，以提高刀尖强度和改善散热条件。

4. 车刀刃磨的姿势及方法

(1) 人站立在砂轮侧面，以防砂轮碎裂时，碎片飞出伤人。两手握刀的距离放开，两肘夹紧腰部，这样可以减小磨刀时的抖动。

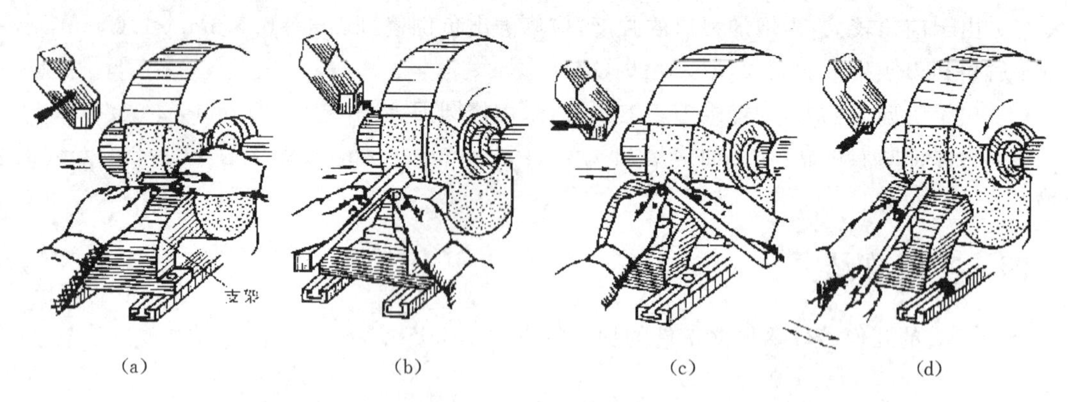

(a) (b) (c) (d)

图 10.11 车刀的刃磨

(a) 磨前刀面 (b) 磨后主刀面 (c) 磨后副刀面 (d) 磨刀尖圆弧

(2) 磨刀时,车刀应放在砂轮的水平中心,刀尖略微上翘。车刀接触砂轮后应作左右方向水平移动。当车刀离开砂轮时,刀尖需向上抬起,以防磨好的刀刃被砂轮碰伤。

(3) 磨后主刀面时,刀杆尾部向左偏过一个主偏角的角度;磨后副刀面时,刀轩尾部向右偏过一个副偏角的角度。

(4) 修磨刀尖圆弧时,通常以左手握车刀前端为支点,用右手转动车刀尾部。

5. 检查刀角度的方法

(1) 目测法。观察车刀角度是否合乎切削要求,刀刃是否锋利,表面是否有裂痕和其他不符合切削要求的缺陷。

(2) 测量仪器和样板测量法。对于角度要求高的车刀,可用此法检查。

6. 车刀刃磨时的注意事项

(1) 人应站在砂轮的侧面,双手拿稳车刀,用力要均匀,倾斜角度要合适,要在砂轮的圆周中间部位刃磨,并左右移动车刀。

(2) 刃磨高速工具钢刀具时,要经常把刀放入水中冷却,以防刀具被退火。磨硬质合金刀具时,不得将刀头用水冷却,否则刀片会被激冷而碎裂,只可把刀杆尾置入水中冷却。车刀磨好后,还可用油石磨车刀各面,以提高刀具寿命。

7. 正确安装车刀的要求

车刀的安装即使有了合理的车刀角度,如果安装不正确,也不能起到应有的作用。车刀的正确安装,有以下几个要求:

(1) 刀尖与工件的中心线等高。

(2) 刀杆应与工件轴心线垂直。

(3) 车刀伸出方刀架的长度,一般应小于刀体高度的 2 倍(不包括车内孔)。

(4) 车刀垫铁要放置平整,且数量尽可能少些。

四、实训小结

小结刀具刃磨与安装的方法、步骤。

模块 4
机械制造工艺规程设计与典型零件加工

第11章

机械制造工艺规程设计

11.1 机械制造工艺规程概述

机械制造工艺规程是规定产品或零部件制造工艺过程和操作方法的技术文件。它是在具体的生产条件下，以保证产品质量为根本，以降低成本和提高生存率为原则，总结出的最合理或较合理的工艺过程和操作方法。工艺规程应按照规定格式写成技术性文件，经审批后用来指导生产。

一、机械制造工艺规程的作用

1. 工艺规程是指导生产的主要技术文件

机械加工车间生产的计划、调度，工人的操作，零件的质量检验，加工成本的核算等，都是以工艺规程为依据的。实际生产必须按照工艺规程规定的加工方法和顺序进行，所有从事生产的人员都要严格贯彻执行，以实现优质、高产、低成本和安全生产。

2. 工艺规程是生产组织和管理工作的重要依据

新产品投产前原材料及毛坯的供应，工艺装备的准备，设备负荷的调整，生产计划的编排，劳动力的组织以及生产成本、资金的核算等都必须根据工艺规程进行。

3. 工艺规程是新(改、扩)建工厂或车间的基本依据

新(改、扩)建工厂或车间时，应根据工艺规程确定所需机床的种类、数量和布置方式，工厂或车间的面积，动力和吊装设备的配置，工人的工种、技术等级、数量等。

4. 工艺规程有助于技术交流和技术革新

借助工艺规程，可开展技术交流，广泛吸取合理化建议，以不断完善和改进加工工艺和技术。

二、机械制造工艺规程的种类和形式

根据国家标准《工艺管理导则　第5部分：工艺规程设计》(GB/T 24737.5—2009)的规定，工艺规程的类型有以下几种：

(1) 专用工艺规程，它是针对某一个产品或零件所设计的工艺规程。

(2) 通用工艺规程，分为典型工艺规程和成组工艺规程，前者是为一组结构和工艺特征相似的零件所设计的通用工艺规程，后者是按成组技术原理将零件分类成组，针对每一组零件所设计的通用工艺规程。

(3) 标准工艺规程，它是已纳入标准的工艺规程。

上述技术文件中还规定了工艺规程的文件形式，包括工艺过程卡、工序卡、工艺卡、机床调整卡、检验卡等。其中工艺过程卡和工序卡最为常用，它们的格式分别如表11.1、表11.2所示。

表 11.1 机械制造工艺过程卡

文件编号：

（厂 名）	机械制造工艺过程卡	产品型号		零件图号		共 页
		产品名称		零件名称		第 页

材料牌号		毛坯种类		毛坯外形尺寸		毛坯件数		每台件数		备注	

工序号	工序名称	工序内容	车间	工段	设备	工艺装备	工时	
							准终	单件

描图	
描校	
底图号	
装订号	

										编制（日期）	审核（日期）	标准化（日期）	会签（日期）
标记	处数	更改文件号	签字	日期	标记	处数	更改文件号	签字	日期				

表 11.2 机械加工工序卡

文件编号：

(厂　名)	机械加工工序卡	产品型号		零件图号		共　页
		产品名称		零件名称		第　页

	车间	工序号	工序名称	材料名称	
(工序简图)					
	毛坯种类	毛坯外形尺寸	毛坯件数	每台件数	
	设备名称	设备型号	设备编号	同时加工件数	
	夹具编号	夹具名称	切削液	工序工时	
				准终	单件

描　图	工步号	工步内容	工艺装备	主轴转速/(r/min)	切削速度/(m/min)	进给量/(mm/r)	背吃刀量/mm	走刀次数	工时定额	
									机动	辅助
描　校										
底图号										
装订号										

											编制(日期)	审核(日期)	标准化(日期)	会签(日期)
	标记	处数	更改文件号	签字	日期	标记	处数	更改文件号	签字	日期				

机械制造工艺过程卡以工序为单位，简要说明零件的机械加工顺序，也是工艺规程的总纲，以便于生产管理。它主要用于单件小批生产。机械加工工序卡是在工艺过程卡的基础上按每道工序编制的一种工艺文件。工艺过程卡中一般都有工序简图，并在图上标明加工部位、定位基准、工序尺寸和公差以及加工表面质量要求等。工序卡主要用于大批大量生产中的各道工序和单件小批生产中的关键工序。

三、制订工艺规程的原则、原始资料和步骤

1. 制订工艺规程的原则

工艺规程是直接指导现场生产的重要技术文件，应以在一定的生产条件下低成本、高效率地生产出符合质量要求的产品，达到设计图样规定的各项技术要求为原则，此外还必须注意以下几点。

(1) 技术上的先进性。在制订工艺规程时，要了解国内外本行业工艺技术的发展状况，通过必要的工艺实验，积极采用先进适用的工艺和工艺装备。

(2) 经济上的合理性。在一定生产条件下，对于可能出现的几种能满足零件技术要求的工艺方案，应通过成本核算或相互对比，选择经济上最合理的方案，使产品的成本和能源、原材料消耗最低。

(3) 尽量减轻工人劳动强度，创造安全、良好的劳动条件。

(4) 符合环保要求，避免环境污染。

2. 制订工艺规程的原始资料

(1) 产品的全套装配图和零件图。

(2) 产品验收的质量标准。

(3) 产品的生产纲领。

(4) 毛坯资料，包括各种毛坯制造方法的技术经济特征，各种型材的品种和规格，毛坯图等。在无毛坯图的情况下，需实地了解毛坯的形状、尺寸及力学性能等。

(5) 现场生产条件。为了使制订的工艺规程切实可行，一定要考虑本厂(车间)的生产条件。要了解毛坯的生产能力及技术水平，加工设备和工艺装备的规格及性能，工人技术水平以及专用设备与工艺装备的制造能力等。

(6) 国内外工艺技术的发展情况。

(7) 有关手册、标准等技术资料。

3. 制订工艺规程的步骤

制订零件机械加工工艺规程的大致步骤如下。

(1) 根据生产纲领确定生产类型。

(2) 进行零件的工艺分析。分析零件图及相关装配图，了解零件的结构和功用，分析零件的技术要求及结构工艺性，并审查图样的正确性和完整性。

(3) 选择毛坯类型及其制造方法。

(4) 拟订工艺路线，即确定零件由粗加工到精加工的全部加工工序，其中包括定位基准和表面加工方法的选择、加工阶段的划分和工序顺序的安排以及工序集中和分散程度的确定。这一步是制订工艺规程的核心内容，一般需要提出几种方案进行分析比较，从中选出最优方案。

(5) 选择各工序的加工设备和工艺装备。

(6) 确定各工序的加工余量、计算工序尺寸及公差。

(7) 确定各主要工序的技术要求和检验方法。

(8) 确定切削用量和工时定额。

(9) 进行技术经济分析,选择最佳方案。

(10) 填写工艺文件。

11.2 零件的工艺分析和毛坯的选择

一、零件的结构工艺性

工艺分析是工艺规程的基础,也是制订工艺规程中的一项重要工作,一般包括以下几方面内容。

1. 分析和审查零件图样

首先分析产品的零件图,以及零件所在的部件或总成的装配图,了解零件的结构和功用,在此基础上进一步审查图样的完整性和正确性。例如,图样是否符合有关标准,视图和剖面图是否足够,尺寸、公差和技术要求的标注是否齐全等。

2. 审查零件材料的选择是否恰当

零件材料的选择应立足于我国国情,便于获得,不能随便采用贵重或稀有金属。所选材料必须有良好的加工性。

3. 分析零件的技术要求

零件的技术要求主要包括以下几个方面:

(1) 加工表面的尺寸精度;

(2) 加工表面的几何形状精度;

(3) 主要加工表面的相互位置精度;

(4) 加工表面的粗糙度和物理性能、力学性能;

(5) 热处理和其他要求。

通过分析,要考虑这些要求是否合理,在现有的生产条件下能否达到,以便采取适当的措施。

4. 审查零件的结构工艺性

零件结构工艺性是指所设计的零件在满足使用要求的前提下,制造的可行性和经济性。有时功能完全相同而结构不同的零件,其制造方法和制造成本往往相差很大,所以审查零件的结构工艺性是工艺分析中的一项重要内容。

结构工艺性涉及零件制造的各个环节,包括零件结构的铸造、锻造、焊接、机械加工、热处理、装配和维修等工艺性。以下重点介绍零件在机械加工中的结构工艺性。在机械加工中,所谓良好的结构工艺性,是指在同样的生产条件下,这种结构能用较简便和经济的方法加工出来,且符合质量要求。表11.3列举了一些结构工艺性的实例,从中可总结出结构设计的几项基本原则:

(1) 零件的结构应便于安装，并具有足够的刚度；

(2) 尽可能减轻零件质量，减小加工面积，并尽量减少内表面和深孔加工；

(3) 加工表面尽量布置在同一表面或同一轴线上，以减少工件装夹、换刀及走刀次数；

(4) 加工表面应有利于刀具的进入和退出；

(5) 结构要素的尺寸(例如，退刀槽和键槽的宽度、圆角半径和圆弧锥度等)应尽量统一，以便用同一把刀具加工，减少换刀次数。

表 11.3　零件结构工艺性实例

序号	结构工艺性不好	结构工艺性好	说　　明
1	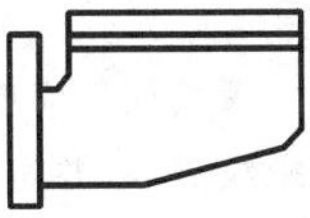	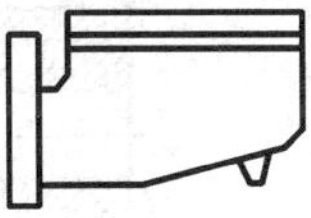	为便于安装和定位，在工件上增加一工艺凸台，加工完成后再切除
2	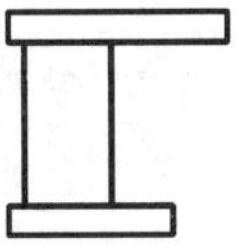		设置加强筋，以增加零件的刚度，减小加工中的变形
3	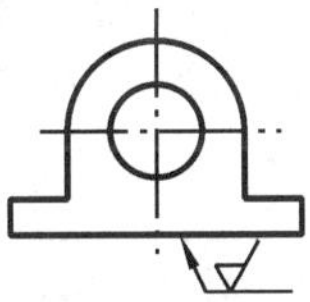	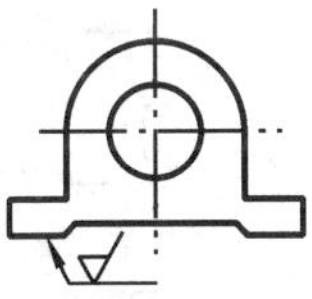	减小加工面积，减少材料和刀具的消耗，并容易保证平面度要求
4	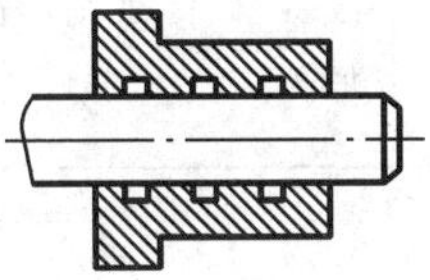	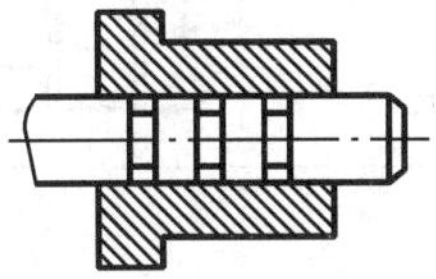	将内表面改成外表面，便于测量和加工，并易于保证精度要求
5	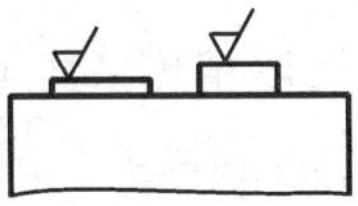	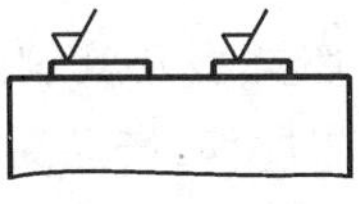	使加工表面在同一高度，一次走刀可加工两个平面
6	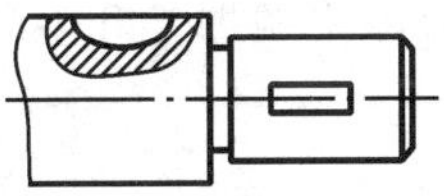	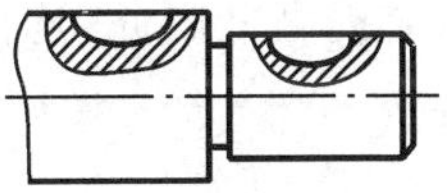	使两个键槽在同一方向上，可在一次安装中加工
7	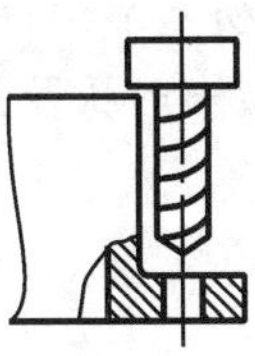	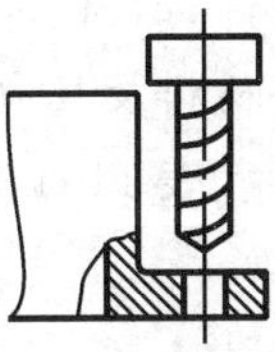	孔与箱壁应有足够的距离，以保证钻头能正常工作

续表

序号	结构工艺性不好	结构工艺性好	说明
8	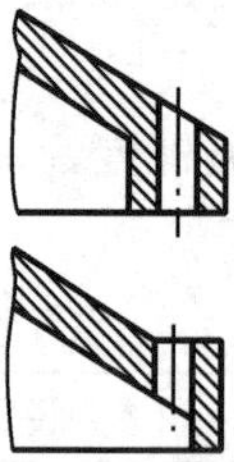	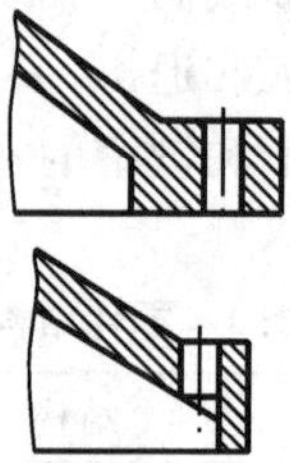	钻头进、出的表面应与孔的轴线垂直,否则容易引偏或折断钻头
9	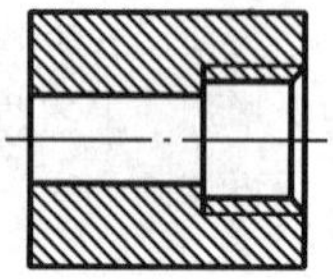	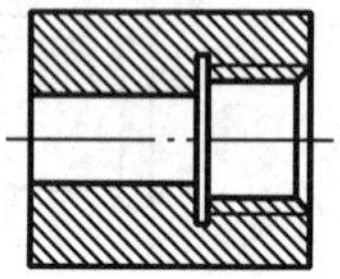	螺纹加工应有退刀槽,以便螺纹清根,并避免打刀
10	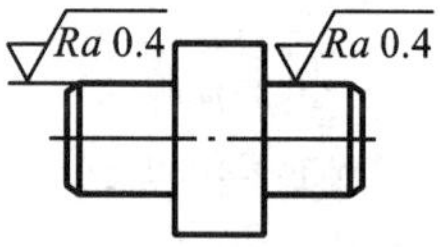 Ra 0.4　Ra 0.4	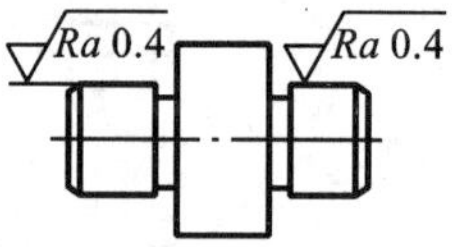 Ra 0.4　Ra 0.4	应留有砂轮越程槽,磨削时可以清根
11	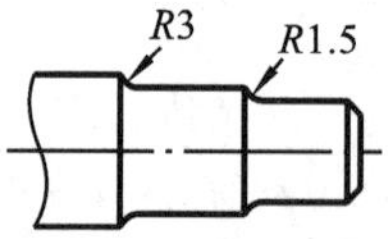 R3　R1.5	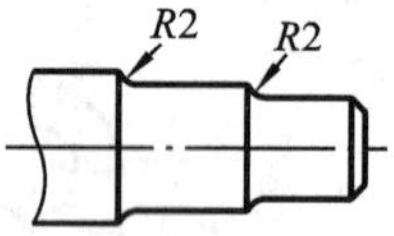 R2　R2	轴上的圆角半径尽量统一,以减少换刀和调整刀具的时间
12	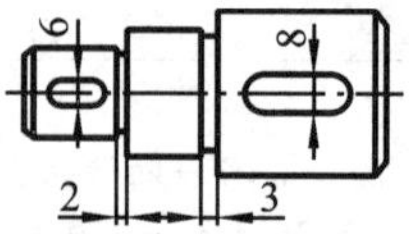 6　8　2　3	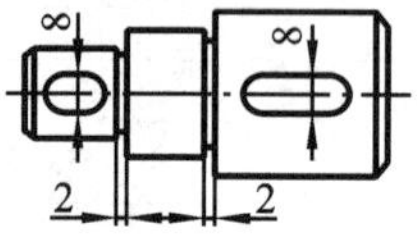 8　8　2　2	退刀槽和键槽的尺寸尽量统一,以便采用相同刀具一次加工

二、毛坯选择

制订工艺规程之前,还要选择毛坯类型及其制造方法,并确定毛坯精度。毛坯的种类、形状、尺寸及精度对零件的机械加工工艺过程、产品质量、材料消耗、劳动量和生产成本有着直接的影响。毛坯的形状和尺寸越接近成品零件,即精度越高,则零件的机械加工量越少,机械加工成本可降低,但是,毛坯的制造费用会提高。因此,选择毛坯时要兼顾机械加工和毛坯制造两个方面的因素,以求得最好的经济效益。

1. 确定毛坯种类

机械加工中常用的毛坯有铸件、锻件、型材、冲压件、焊接件,以及粉末冶金件和工程塑料件等。在确定毛坯种类时,应该根据零件材料及其力学性能要求、零件结构形状及外形尺寸、零件生产类型及现有生产条件综合考虑,参考表11.4来选择。

2. 确定毛坯形状和尺寸

毛坯形状和尺寸基本取决于零件形状和尺寸,应尽量接近零件的形状和尺寸,力求做到少无切屑加工。而毛坯的最终形状和尺寸,除了将一定的毛坯加工余量附加在零件相应的加工表

表 11.4　机械制造中常用毛坯种类及其特点

毛坯种类	毛坯制造方法	材料	公差等级(IT)	特点及适应的生产类型	
铸件	木模手工造型	铸铁、铸钢、有色金属	12～14	单件小批生产或大型零件的铸造	铸件适用于形状复杂的零件毛坯，其中灰铸铁因其成本低，耐磨性和吸振性好而广泛用于机架、箱体类零件毛坯
	木模机器造型		12 左右	成批生产	
	金属模机器造型		12 左右	大批大量生产的中小型零件	
	离心铸造	有色金属、部分黑色金属	12～14	质量要求高的中小型零件，用于成批或大批大量生产	
	压力铸造	有色金属	9～10		
	熔模铸造	铸铁、铸钢	10～11		
	失蜡铸造	铸铁、有色金属	9～10		
锻件	自由锻造	钢	12～14	结构简单零件的单件小批生产	锻件适用于机械强度要求高的钢制件
	模锻		11～12	结构较复杂零件的大批大量生产	
	精密锻造		10～11		
型材	热轧	钢、有色金属	11～12	按截面形状可分为圆钢、方钢、六角钢、角钢、槽钢、扁钢及其他特殊截面的型材，管材和板材等。型材常用做轴、套类零件及焊接毛坯分件，且形状较简单；热轧型材用于一般零件；冷轧型材尺寸较小、精度高，易于实现自动送料，适于自动机床加工，多用于大批大量生产	
	冷轧		9～10		
焊接件	普通焊接	铁、铜、铝基材料	12～13	制造简单、生产周期短、节省材料且刚度高，故用以代替铸件，适用于单件小批生产或成批生产	
	精密焊接		10～11		
冲压件	板料加压	钢、有色金属	8～9	适用于大批大量生产	
粉末冶金件	粉末冶金	铁、铜、铝基材料	7～8	机械加工余量极小或无机械加工余量，适用于大批大量生产	
	粉末冶金热模锻		6～7		
工程塑料件	注射成形 吹塑成形 精密模压	工程塑料	9～10	适用于大批大量生产	

面上外，还要兼顾毛坯制造、机械加工和热处理等多方面工艺因素的影响，通常从以下几个方面来考虑。

1）工艺凸台的设置

为了便于零件装夹，可在毛坯上制出凸台，如图 11.1 所示。工艺凸台只在装夹工件时用，零件加工完成后，一般都要切掉。

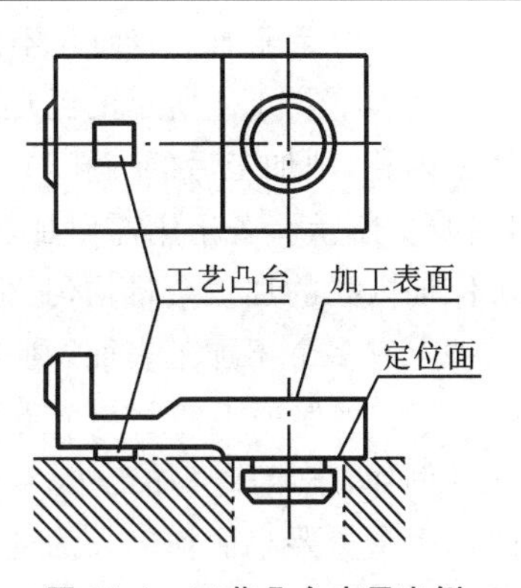

图 11.1　工艺凸台应用实例

2）整体毛坯的采用

有些零件，例如发动机的连杆和车床的开合螺母等，为了保证加工质量和加工时方便，常做成整体毛坯，加工到一定阶段后再切开。如图 11.2 所示的连杆毛坯和图 11.3 所示的开合螺母毛坯。

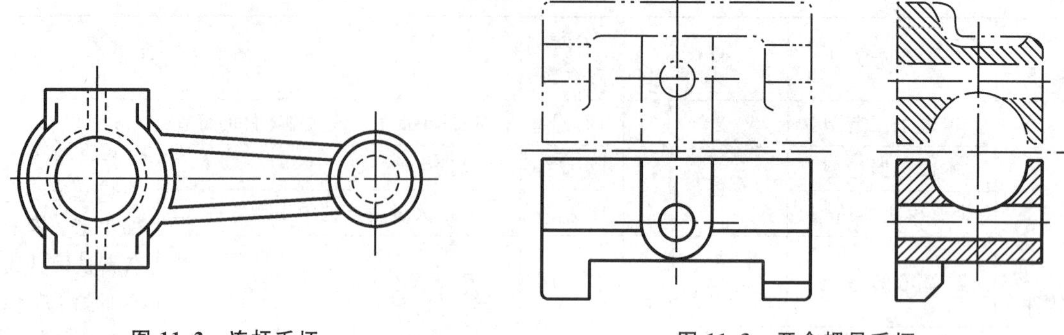

图 11.2 连杆毛坯

图 11.3 开合螺母毛坯

3) 毛坯的具体制造条件

毛坯的具体制造条件如铸件分型面、起模斜度和铸造圆角,锻件敷料、分模面、模锻斜度和圆角半径等。

在确定了毛坯种类、形状和尺寸后,还应绘制一张毛坯图,以反映出毛坯的结构特征及各项技术要求,并作为毛坯生产车间的产品图样。

11.3 定位基准的选择

制订工艺规程时,合理选择定位基准对保证零件加工精度和确定加工顺序有决定性的影响。通常定位基准分为粗基准和精基准两种。零件的第一道工序中,只能用未经加工的毛坯表面作为定位基准,这种基准称为粗基准。在以后的工序中,选用已加工过的表面作为定位基准,称为精基准。有时,工件上没有能作为定位基准的恰当表面,就需要专门加工出一个定位基准,这种基准称为辅助基准。辅助基准在零件功能上没有任何用处,仅仅是为了加工需要而人为设置的,例如,轴类零件的中心孔。

一、粗基准的选择原则

选择粗基准是为了给后续工序提供精基准。重点考虑的是保证各个加工表面的余量均匀,以及加工表面与不加工表面的相互位置精度要求。具体选择时,要看其中哪个方面的要求是首要的,按照以下原则进行。

(1) 为保证加工表面与不加工表面的相互位置精度,应选不加工表面为粗基准。

例如,图 11.4 所示的毛坯,在铸造时内孔与外圆有偏心。若采用不加工的外圆作为粗基准加工内孔,则加工后的内孔与外圆是同轴的,即孔壁是均匀的,但内孔的加工余量不均匀,如图 11.4(a)所示。若采用需要加工的内孔作为粗基准(用四爪卡盘夹持外圆,然后按内孔找正),则可保证内孔的加工余量均匀,但加工后它与外圆不同轴,即壁厚不均匀,如图 11.4(b)所示。若工件上有多个不加工表面,则应以其中与加工表面相互位置要求较高的不加工表面为粗基准。

(2) 为保证工件上某个重要表面的加工余量小而均匀,应选该表面为粗基准。

例如,车床床身加工中,导轨面是最重要表面,要求有均匀的金相组织和较好的耐磨性,因此加工余量要小而均匀。为此,应选择导轨面为粗基准加工床腿底平面,如图 11.5(a)所示,然后再以底面为精基准加工导轨面,如图 11.5(b)所示。如果选择底平面为粗基准直接加工导轨

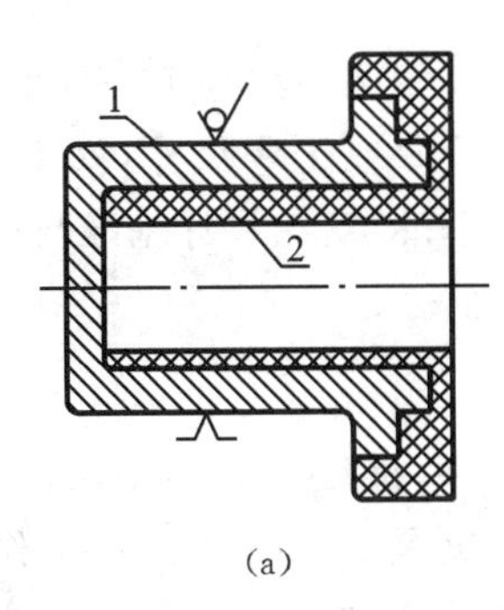

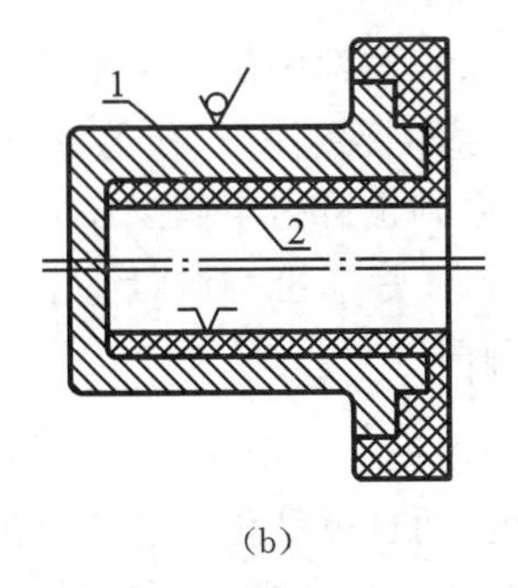

图 11.4 选择不同粗基准时的加工结果

(a) 以外圆作为粗基准 (b) 以内孔作为粗基准

1—外圆;2—内孔

面,必然会造成导轨面加工余量不均匀。另外,工件上有多个表面,要求余量均匀或足够时,应选择其中加工余量最小的表面作为粗基准。

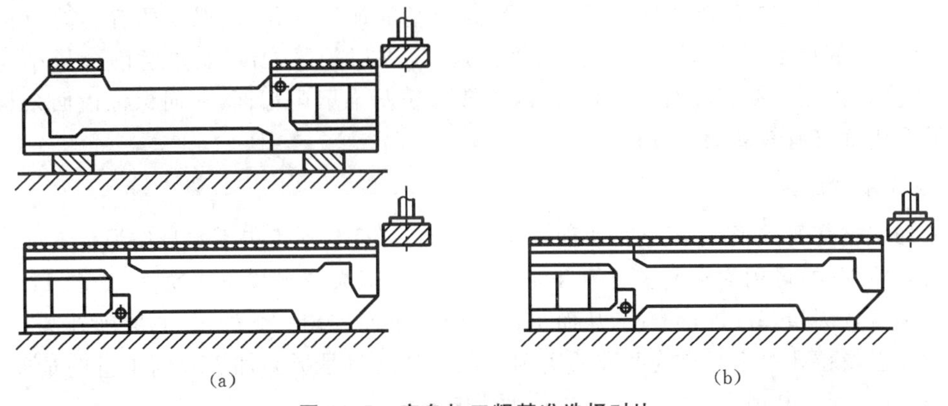

图 11.5 床身加工粗基准选择对比

(a) 以导轨面为粗基准 (b) 以底平面为粗基准

(3) 粗基准应避免重复使用,在同一尺寸方向(即同一自由度方向上),通常只能使用一次粗基准,因其是毛面,精度低,表面较粗糙,如重复使用会造成较大的定位误差。

(4) 粗基准表面应尽可能平整光洁,无飞边、毛刺等缺陷,以使定位准确、夹紧可靠。

二、精基准的选择原则

精基准的选择应从保证加工精度和安装方便的角度出发来考虑,一般应遵循以下原则。

1. 基准重合原则

应尽量选择零件的设计基准作为定位基准,避免基准不重合误差。如图 11.6 所示的零件,设计尺寸为 l_1、l_2。若以 B 面和底面定位铣削 C 面,定位基准与设计基准重合,可直接保证设计尺寸;若以 A 面和底面定位铣 C 面,则基准不重合,这时只能直接保证尺寸 l,而设计尺寸 l_1 是通过 l 和 l_2 间接保证的,即 l_1 的精度取决于 l 和 l_2 的精度。这时由于定位基准和设计基准不重合而产生的误差,称为基准不重合误差,它就是定位基准和设计基准间的尺寸误差,即本例中尺寸 l_2 的误差,它将直接影响 l_1 的加工精度。

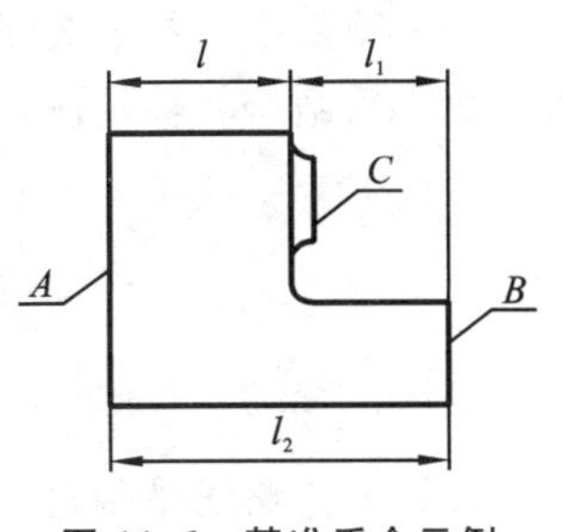

图 11.6 基准重合示例

需要注意的是,加工过程中的基准不重合误差是在用调整法加工一批工件时产生的。若用试切法加工,每个尺寸都直接测量,可直接保证设计尺寸或工序尺寸,就不存在基准不重合误差。另外,基准重合原则也可引申到工序基准与定位基准重合、设计基准与测量基准重合、设计基准与装配基准重合、工序基准与测量基准重合等方面。

2. 基准统一原则

应尽量在零件的多道工序中采用相同的精基准。基准统一有利于保证不同工序中各加工表面的相互位置精度,而且可简化工艺规程的制订及夹具的设计和制造工作。例如:轴类零件常用两个顶尖孔作为统一精基准,盘类零件常用一个端面和一个短孔作为统一精基准,箱体零件常用一面两孔作为统一精基准。

3. 互为基准原则

当零件上两个重要表面位置精度要求较高,要求加工余量小而均匀时,可互为基准,反复加工。例如,图 11.7 所示的机床主轴,前、后支承轴颈与主轴前端锥孔间有较高的同轴度要求,通常先以锥孔为精基准加工轴颈外圆,再以轴颈为精基准加工锥孔,以保证两者间的位置精度。又如,精密齿轮的加工,齿面淬硬后需进行磨削,因淬硬层较薄,所以要求磨削余量小而均匀。这时,可以先以齿面为精基准磨削内孔,再以内孔为精基准磨削齿面,从而保证齿面余量均匀,而且内孔和齿面又有较高的位置精度。

4. 自为基准原则

对于加工精度要求很高,且余量小而均匀的表面,可选择加工表面本身作为精基准。例如,磨削床身导轨面时,可用磨头上安装的百分表或观察磨削火花来找正导轨面,如图 11.8 所示,以导轨面本身作为精基准进行磨削,从而可保证余量小而均匀。此外,无心磨削外圆、珩磨、浮动镗刀镗孔以及拉孔等都是自为基准的实例。自为基准只是提高加工表面本身的精度和表面质量,对加工表面与其他表面的相互位置精度影响不大。

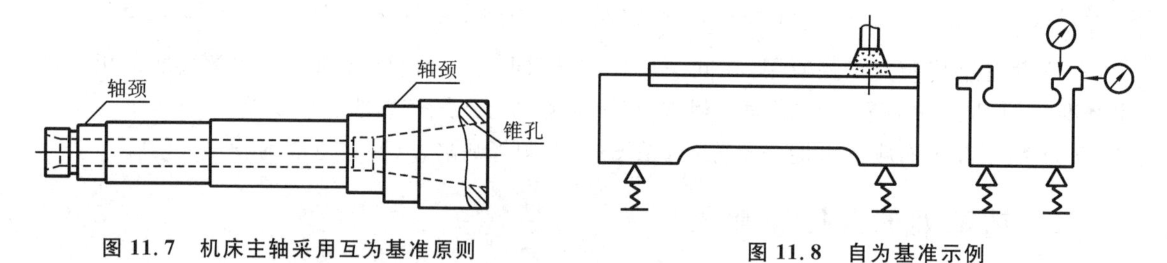

图 11.7　机床主轴采用互为基准原则

图 11.8　自为基准示例

5. 所选精基准应保证工件定位稳定可靠,装夹方便

通常,精基准应该选择精度较高、表面粗糙度较小、支承面积较大的表面。

上述精基准选择的各条原则,都是从不同方面提出的,常常不能全都满足,甚至会相互矛盾。故必须结合具体情况,全面辩证地分析,分清主次,解决主要矛盾。

11.4　工艺路线的拟订

拟订工艺路线是制订工艺规程的关键,其主要任务除了选择定位基准外,还包括表面的加工方法的选择、工序的先后顺序以及工序的组合方式的确定。这一环节将影响加工质量和加工效率，以及生产成本、劳动强度、车间面积等多个方面。通常应提出几套方案，通过对比分析，从中选出最佳方案。

一、表面加工方法的选择

1. 加工方法的经济加工精度和经济表面粗糙度

机械零件都是由若干简单的几何表面（如外圆、内孔、平面或成形表面）组合而成的。零件的加工，实质上就是这些简单几何表面的加工。而各表面的加工方法，首先取决于加工表面的技术要求，也就是说，所选择的表面加工方法应能够满足该表面的精度和表面粗糙度要求。

在不同的工作条件下，某种加工方法所能获得的精度会在一个较大的范围内变化。例如，精细操作，选择较低的切削用量，就能得到较高的精度，但代价是降低生产率，增加成本。反之，如果增加切削用量而提高生产率，虽然成本能降低，但会增加加工误差，使得精度下降。统计资料表明，各种加工方法的加工误差和加工成本之间成负指数函数关系，如图 11.9 所示。由图可知：不管采用哪种加工方法，只要是想提高加工精度（即减小加工误差），就要增加成本；反之，降低精度，则成本下降。但是，这种关系在曲线的 AB 段才比较明显。在 A 点左侧，即使再增加成本，精度也不易提高，且存在一极限值 Δ_{min}；在 B 点右侧，即使加工误差再大，成本也不易降低，存在一极限值 C_{min}。曲线 AB 段的精度区间就是经济精度范围。在这一范围内的精度称为经济加工精度，它是在正常加工条件下（即采用符合质量标准的设备、工艺装备和标准技术等级的工人，不延长加工时间）所能达到的精度。对加工方法的经济表面粗糙度也有相似的定义，这里不再赘述。需要说明，随着生产技术的发展、工艺水平的提高，各种加工方法的经济加工精度和表面粗糙度也会不断提高和改善。

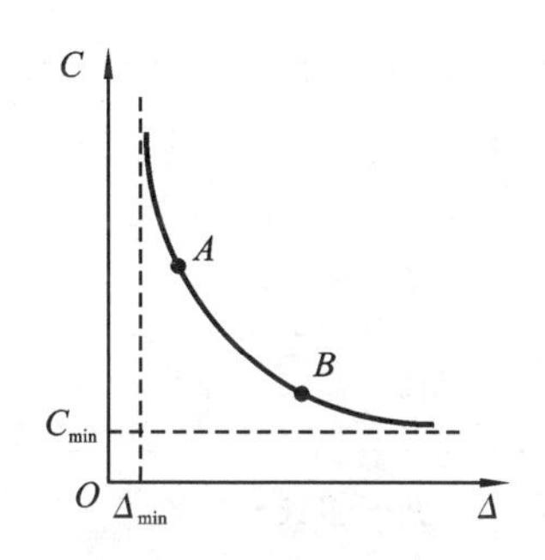

图 11.9 加工误差和成本的关系

各种加工方法所能达到的经济精度和经济表面粗糙度等级，以及各种典型表面的加工方法均已制成表格，在机械加工手册中可查到。表 11.5、表 11.6 和表 11.7 分别列出了外圆、孔和平面的加工方法及常用加工方案，可供选用时参考。

表 11.5 外圆表面加工方案

序号	加工方案	经济精度等级	经济表面粗糙度 $Ra/\mu m$	适用范围
1	粗车	IT11～IT13	12.5～50	适用于淬火钢以外的各种金属
2	粗车—半精车	IT8～IT10	3.2～6.3	
3	粗车—半精车—精车	IT7～IT8	0.8～1.6	
4	粗车—半精车—精车—滚压（或抛光）	IT7～IT8	0.025～0.2	
5	粗车—半精车—磨削	IT7～IT8	0.4～0.8	主要用于淬火钢，也可用于未淬火钢，但不宜加工有色金属
6	粗车—半精车—粗磨—精磨	IT6～IT7	0.1～0.4	
7	粗车—半精车—粗磨—精磨—超精加工（或轮式超精磨）	IT5	0.012～0.1	

续表

序号	加 工 方 案	经济精度等级	经济表面粗糙度 $Ra/\mu m$	适 用 范 围
8	粗车—半精车—精车—金刚石车	IT6～IT7	0.025～0.4	主要用于要求较高的有色金属加工
9	粗车—半精车—粗磨—精磨—超精磨(或镜面磨)	IT5以上	0.006～0.025	极高精度的外圆加工
10	粗车—半精车—粗磨—精磨—研磨	IT5以上	0.006～0.1	

表11.6　孔加工方案

序号	加 工 方 案	经济精度等级	经济表面粗糙度 $Ra/\mu m$	适 用 范 围
1	钻	IT11～IT13	12.5	适用于加工未淬火钢及铸铁的实心毛坯,也可用于加工有色金属,孔径小于15～20 mm
2	钻—铰	IT8～IT10	1.6～6.3	
3	钻—粗铰—精铰	IT7～IT8	0.8～1.6	
4	钻—扩	IT10～IT11	6.3～12.5	同上,但适用于加工孔径大于15 mm的孔
5	钻—扩—铰	IT8～IT9	1.6～3.2	
6	钻—扩—粗铰—精铰	IT7	0.8～1.6	
7	钻—扩—机铰—手铰	IT6～IT7	0.2～0.4	
8	钻—扩—拉	IT7～IT9	0.1～0.6	大批量生产(精度由拉刀的精度决定)
9	镗孔(或扩孔)	IT11～IT13	6.3～12.5	除淬火钢以外的各种材料,毛坯已铸出孔或锻出孔
10	粗镗(粗扩)—半精镗(精扩)	IT9～IT10	1.6～3.2	
11	粗镗(粗扩)—半精镗(精扩)—精镗(铰)	IT7～IT8	0.8～1.6	
12	粗镗(粗扩)—半精镗(精扩)—精镗—浮动镗刀精镗	IT6～IT7	0.4～0.8	
13	粗镗(扩)—半精镗—磨孔	IT7～IT8	0.2～0.8	主要用于淬火钢,也可用于未淬火钢,但不宜加工非铁金属
14	粗镗(扩)—半精镗—粗磨—精磨	IT6～IT7	0.1～0.2	
15	粗镗—半精镗—精镗—金刚镗	IT6～IT7	0.05～0.4	主要用于精度要求高的非铁金属加工
16	钻—(扩)—粗铰—精铰—珩磨; 钻—(扩)—拉—珩磨; 粗镗—半精镗—精镗—珩磨	IT6～IT7	0.025～0.2	适用于加工精度要求很高的孔
17	以研磨代替方案16中的珩磨	IT5～IT6	0.006～0.1	

表11.7 平面加工方案

序号	加工方案	经济精度等级	经济表面粗糙度 Ra/μm	适用范围
1	粗车	IT11～IT13	12.5～50	端面
2	粗车—半精车	IT8～IT10	3.2～6.3	
3	粗车—半精车—精车	IT7～IT8	0.8～1.6	
4	粗车—半精车—磨削	IT6～IT8	0.2～0.8	
5	粗刨(或粗铣)	IT11～IT13	6.3～25	一般不淬硬平面(端铣表面粗糙度较小)
6	粗刨(或粗铣)—精刨(或精铣)	IT8～IT10	1.6～6.3	
7	粗刨(或粗铣)—精刨(或精铣)—刮研	IT6～IT7	0.1～0.8	精度要求高的不淬硬平面;批量较大时宜采用宽刃精刨方案
8	粗刨(或粗铣)—精刨(或精铣)—宽刃精刨	IT7	0.2～0.8	
9	粗刨(或粗铣)—精刨(或精铣)—磨削	IT7	0.2～0.8	精度要求高的淬硬平面或不淬硬平面
10	粗刨(或粗铣)—精刨(或精铣)—粗磨—精磨	IT6～IT7	0.025～0.4	
11	粗铣—拉	IT7～IT9	0.2～0.8	大量生产,较小的平面
12	粗铣—精铣—磨削—研磨	IT6以上	0.006～0.1	高精度平面

2. 选择加工方法时考虑的其他因素

从以上各表中可以看出,使表面达到技术要求可采用的最终加工方法和加工方案有若干种,究竟如何选择,还要考虑以下各方面的因素。

1) 工件材料的性质

所选择的加工方法要与工件材料的物理、力学性能、热处理状况相适应。例如:淬火钢的精加工要用磨削;对有色金属,为避免磨削时堵塞砂轮,则采用高速精车或金刚镗。

2) 工件的形状和尺寸

例如,孔加工时,对公差为IT7的孔可采用镗、铰、拉和磨削方法加工,而对箱体上的孔一般采用镗(大孔)或铰削加工(小孔)。一般直径大于80 mm的孔不宜采用钻、扩、铰等加工方法,而是直接在毛坯上铸出或锻出。

3) 生产类型及生产率和经济性

所选择的加工方法要与生产类型相适应。大批大量生产应采用生产率高和质量稳定的加工方法,例如平面和孔可采用拉削加工,轴类零件可采用半自动液压仿形车床加工。而且大批大量生产中,毛坯也应采用高效的方法制造,如压铸、模锻、热轧、精密铸造、粉末冶金等。单件小批生产中,则采用通用机床、通用工艺装备和一般的加工方法。

4) 具体生产条件

选择加工方法应充分利用现有设备和技术条件,发挥工人的创造性,挖掘企业自身潜力。同时也应考虑利用新工艺、新技术的可能性,提高工艺水平。

二、加工阶段的划分

零件的加工质量要求较高时,都应划分加工阶段。一般可分为粗加工、半精加工和精加工三个阶段,也就是要做到粗、精分开。加工精度和表面质量要求特别高时,还可增加光整加工阶段。

1. 零件的加工阶段

(1) 粗加工阶段。其主要任务是切除各加工表面的大部分余量,使毛坯在形状和尺寸上尽可能接近成品,并做出精基准。这一阶段的关键问题是如何提高生产率。

(2) 半精加工阶段。其任务是减小主要表面粗加工留下的误差,为精加工作准备,并完成一些次要表面的加工,如钻孔、攻螺纹、铣键槽等。

(3) 精加工阶段。其任务是保证各主要表面达到图样规定的质量要求。

(4) 光整加工阶段。对精度要求很高(IT6级及以上)、表面粗糙度要求很小(表面粗糙度 $Ra \leqslant 0.32\ \mu m$)的零件,在工艺过程的最后安排珩磨、研磨、精密磨、抛光、金刚石车、金刚镗等加工方法。光整加工主要是为了提高加工表面的尺寸精度和减小表面粗糙度,不能纠正表面间的位置误差。

对某个零件而言,应首先以主要表面来划分加工阶段。其他次要表面的加工也要按照粗、精分开的原则,安排到由主要表面所确定的各个阶段中进行。

2. 划分加工阶段的原因

(1) 保证加工质量。粗加工的加工余量大,切削力、切削热和所需夹紧力都比较大,因此工艺系统受力、受热变形较严重,而且毛坯制造和粗加工还会使得工件产生内应力,引起较大的变形。所以粗加工不可能达到高的精度和表面质量。而划分加工阶段后,可通过后续的半精加工、精加工逐步地修正工件的误差和变形,有利于保证加工精度。

(2) 有利于合理使用设备。粗加工时可采用功率大、刚度好、精度较低的高生产率设备;精加工时则应采用相应的高精度设备。这样不仅能发挥粗、精加工设备各自的性能特点,也有利于保持精加工设备的精度,延长其使用寿命。

(3) 便于安排热处理工序。划分加工阶段后,可在各阶段之间安排热处理工序,这样有利于充分发挥热处理的效果。例如,对精密零件,粗加工后进行应力时效处理,以减少内应力对精加工的影响,半精加工后进行淬火,不仅容易达到零件的性能要求,而且淬火变形也可在精加工中消除。

(4) 可及时发现毛坯缺陷。粗加工后,当发现毛坯有缺陷,如气孔、砂眼以及加工余量不足等问题时,可及时修补或报废,以免浪费工时和制造费用。

(5) 精加工安排在最后,可以防止或减少对已加工表面的损伤。

需要说明,上述加工阶段的划分并不是绝对的。对于加工质量要求不高、工件刚度足够、毛坯精度较高,加工余量小的工件,可不划分加工阶段。另外,有些刚度好的重型工件,由于装夹及运输很费时,常在一次装夹下完成全部加工。通常,为了弥补不分阶段加工而带来的缺陷,应在粗加工后松开夹紧机构,使工件的变形得到充分恢复,然后再用较小的夹紧力重新夹紧工件,继续进行精加工。

三、加工顺序的安排

一个复杂零件的加工过程包括机械加工工序、热处理工序和辅助工序。合理安排这些工序的顺序，对保证零件质量、提高生产率、降低成本都至关重要。

1. 机械加工工序的安排

1) 基准先行

首先加工用于精基准的表面，然后再以精基准定位加工其他表面。例如：轴类零件的第一道工序一般为铣端面、打中心孔，然后以中心孔定位加工其他表面；箱体零件常常先加工一个大平面和两个销孔，再以一面两销定位加工其他表面。另外，当加工表面的精度要求很高时，精加工前应先精修一下精基准，再进行加工。

2) 先粗后精

对精度和表面质量要求较高的零件，应将粗、精加工分开进行，按照粗加工、半精加工、精加工、光整加工的顺序安排。

3) 先主后次

先安排主要表面的加工，后安排次要表面的加工。主要表面指精度和表面质量要求较高的基准面和工作表面；次要表面指键槽、螺孔等其他表面。次要表面往往与主要表面有位置精度的要求。因此，一般要在主要表面达到一定的精度之后，再以主要表面定位加工次要表面。例如，箱体主轴孔端面上的轴承盖螺钉孔，与主轴有相互位置要求，应安排在主轴孔加工后加工。要注意的是，对整个工艺过程而言，次要表面的加工一般安排在主要表面的最终加工之前。

4) 先面后孔

当零件上有较大的平面(如箱体、支架等)可用于定位基准时，总是先加工平面，再以平面定位加工孔，这样有利于保证孔和面之间的位置精度，也使得定位可靠、装夹方便。

2. 热处理工序的安排

热处理是为了提高材料的力学性能，改善材料的切削性能以及消除内应力。热处理工序的安排，应根据零件的材料和热处理的目的来确定。常见的热处理工序有以下几种。

1) 预备热处理

预备热处理的目的是改善切削性能，消除毛坯制造时的内应力，一般安排在机械加工之前。例如：对于碳的质量分数超过 0.5%的碳钢，一般采用退火处理，以降低硬度；对于碳的质量分数小于 0.5%的碳钢，一般采用正火处理，以提高材料硬度，使切屑不黏刀，表面较光滑。调质能得到组织细致均匀的回火索氏体，因此有时也用做预备热处理，通常安排在粗加工之后、半精加工之前。

2) 去除内应力处理

去除内应力处理最好安排在粗加工之后、精加工之前，如人工时效、退火。有时为了减少运输工作量，对精度要求不高的零件，把去除内应力的人工时效或退火安排在切削加工之前(即在毛坯车间)进行。但是对精度要求特别高的零件(如精密丝杠)，在粗加工和半精加工过程中要经过多次去除内应力退火，在粗、精加工过程中还要经过多次人工时效。另外，对于结构复杂的机床的床身、立柱等铸件，常在粗加工前和后都进行自然时效(或人工时效)处理，以消除内应力，并使材料的组织稳定。

对于精密零件(如精密丝杠、精密轴承、精密量具等)，为了消除残余奥氏体，使尺寸稳定不变，在淬火之后需安排冷处理。

3) 最终热处理

最终热处理安排在半精加工之后、磨削加工之前，主要目的是提高材料强度、表面硬度和耐磨性。常用的热处理方法有调质、淬火、渗碳淬火。对有的零件,为获得更高的表面硬度和耐磨性,以及更高的疲劳强度,常采用渗氮处理。由于渗氮层较薄(0.3~0.7 mm),所以氮化后磨削余量不能太大,故一般安排在精磨之后进行。

4) 表面处理

为提高零件表面耐磨性、耐蚀性或为使表面美观而采用的发蓝、发黑、镀锌、镀铬、阳极氧化、油漆等表面处理工序一般都安排在工艺过程的最后进行。

3. 辅助工序的安排

辅助工序种类较多,例如,检验、去毛刺、倒棱、清洗、防锈、去磁及平衡等。

检验工序是保证产品质量的重要措施,一般安排在粗加工阶段结束之后、重要工序前后、零件转换车间前后以及全部加工结束之后进行。特种检验,如检查工件内部质量(例如X射线和超声波探伤),一般安排在工艺过程开始时进行,检查工件表面质量(例如荧光检查和磁力探伤),通常安排在精加工阶段进行。密封性检验、工件的平衡等一般安排在工艺过程的最后进行。

四、工序的集中与分散

工序集中与工序分散是拟订工艺路线是两种不同的原则。工序集中是将零件的加工集中在少数几道工序内完成,工艺路线短,每道工序所包含的加工内容多。工序分散是将零件的加工分散在较多的工序内进行,工艺路线长,每道工序所包含的加工内容少。

1. 工序集中与工序分散的特点

1) 工序集中的特点

(1) 有利于采用高效专用设备及工艺装备,生产率高。

(2) 可减少机床数目、操作工人人数和生产面积,简化生产组织和计划工作。

(3) 工件装夹次数少,易于保证加工表面间的相互位置精度,并且可缩短生产周期。

(4) 设备和工艺装备复杂,生产准备工作量和投资大,调整、维修费事,转换新产品比较困难。

2) 工序分散的特点

(1) 设备和工艺装备简单,调整维修方便,对工人技术水平要求低,且易于平衡工序时间,组织流水生产。

(2) 工序内容简单,有利于选择最合理的切削用量。

(3) 生产准备工作量小,产品更换容易。

(4) 设备多,操作工人多,生产面积大。

2. 工序集中与工序分散的确定

工序集中与工序分散各有利弊,在实际生产中必须根据生产类型、现有生产条件、零件结构特点和技术要求等进行综合分析后确定。

当前机械加工的发展方向趋向于工序集中。在单件小批生产中为了简化生产组织和计划工作,采用工序集中原则,将同工种的加工集中在一台普通机床上进行。在大批大量生产中,广泛采用多刀、多轴机床、数控机床和加工中心等高生产率设备使工序高度集中。但对于某些表面不便于集中加工的零件,如活塞、连杆、轴承等,采用工序分散方式仍可以体现较大的优越性。因为分散的各个工序可以采用效率高而结构简单的专用机床和专用夹具,易于保证加工质量,同时也方便按节拍组织流水生产,故常采用工艺分散的原则制订工艺规程。另外,对于重型零件,为了减少装卸和运输的工作量,工序应适当集中;对于精度要求高的零件,工序应适当分散。

11.5 工序内容的设计

零件在工艺路线拟订后，应进行工序设计。主要内容是为每一道工序选择机床和工艺装备，确定加工余量、切削用量、工序尺寸和公差、时间定额等。本节主要介绍前三个内容。

一、机床与工艺装备选择

1. 机床的选择

选择机床设备的原则是：

(1) 机床精度应与零件的加工精度相匹配。机床精度过低，不能满足零件的精度要求；机床精度过高，不仅会造成浪费，也不利于保护机床精度。

(2) 机床规格应与零件的外形尺寸相匹配。即小工件选用小机床，大工件选用大机床，做到合理使用设备。

(3) 机床的生产率应与零件的生产类型相适应。一般的单件小批生产选用通用机床，大批大量生产选择高生产率的专用机床或自动机床。

(4) 机床的选择应与现有生产条件相适应。应考虑工厂现有设备的类型、规格及精度状况等，尽量发挥原有设备的作用，并尽量使设备负荷平衡。

如果现有条件下没有合适的设备可供选用，可能需要改装或设计专用机床。这时需要提出设计任务书，阐明与加工工序内容有关的参数、所要求的生产率、保证产品质量的技术条件以及机床的总体布置形式等。

2. 工艺装备的选择

选择工艺装备，即确定各工序所用的刀具、夹具、量具和辅助工具等。主要根据生产类型、具体加工条件、工件结构特点和技术要求等来选择。

1) 夹具的选择

单件小批生产应尽量采用通用夹具，如卡盘、虎钳、回转台、分度头等。有时为了保证加工质量和提高生产率，可以选用组合夹具。成批或大量生产中，则应选择高生产率的专用夹具或根据工序加工要求设计制造专用夹具。中批、小批生产应用成组技术时，可采用可调夹具。

2) 刀具的选择

刀具的选择主要取决于工序所采用的加工方法、加工表面的尺寸、工件材料、所要求的加工精度和表面粗糙度、生产率和经济性等。在选择时一般优先选用标准刀具，以缩短刀具制造周期和降低成本，必要时可选用生产率较高的专用刀具、复合刀具和多刃刀具等。此外，刀具的类型、规格和精度等级应符合加工要求，如粗铣时选用粗齿铣刀，而精铣时选用细齿铣刀。

3) 量具的选择

选择量具时应使量具的精度与工件加工精度相适应，量具的量程与工件的被测尺寸大小相适应，量具的类型与被测要素的性质相适应。此外还要结合生产类型来考虑，一般单件小批生产广泛采用通用量具(如游标卡尺、百分表等)，大批大量生产应采用极限量规和高效的专用检验量具和量仪等。当然，选用的量具的精度必须与零件的加工精度相适应。

除了上述三个方面外，工艺装备中也要注意辅具的选择，如吊装用的吊车、运输用的叉车和运输小车、各种机床附件、刀架、平台和刀库等等，以便于生产组织管理、提高生产效率。

二、加工余量的确定

1. 加工余量的概念

加工余量是指机械加工过程中，为了使零件得到所需的形状、尺寸和表面质量，从被加工表面上切除的金属层厚度。加工余量分为加工总余量(毛坯余量)和工序余量两种。

1) 加工总余量

它是零件由毛坯到成品的整个加工过程中从某一表面上切除的金属层总厚度，即毛坯尺寸与零件图的设计尺寸之差，其值等于该表面各个工序余量之和，即

$$Z_{总} = Z_1 + Z_2 + \cdots + Z_n = \sum_{i=1}^{n} Z_i \tag{11.1}$$

式中：n——该表面的加工工序数；

Z_i——第 i 道工序的工序余量。

其中 Z_1 是第一道粗加工工序的加工余量，它与毛坯的制造精度有关。通常，若毛坯的制造精度高，则 Z_1 就小，若毛坯制造精度低，则 Z_1 就大，具体数值可参阅有关的毛坯余量手册。

2) 工序余量

它是完成某一工序时所切除的金属层厚度，即零件相邻两工序的工序尺寸之差。根据加工表面的形状，工序余量可分为单边余量和双边余量两种。

(1) 单边余量。即非对称表面的工序余量。如图 11.10(a)、(b)所示的平面加工，加工余量就是单边余量。

对于外表面，有 $$Z_b = H_a - H_b \tag{11.2}$$

对于内表面，有 $$Z_b = H_b - H_a \tag{11.3}$$

式中：Z_b——本道工序的工序余量；

H_a——前道工序的工序尺寸；

H_b——本道工序的工序尺寸。

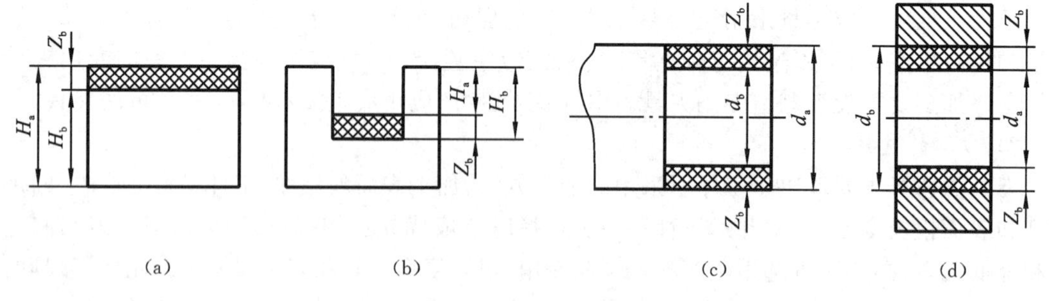

图 11.10 加工余量

(2) 双边余量。即回转体表面的工序余量。如图 11.10(c)、(d)所示，轴和孔的加工余量为双边余量。

对于轴，有 $$2Z_b = d_a - d_b \tag{11.4}$$

对于孔，有 $$2Z_b = d_b - d_a \tag{11.5}$$

式中：Z_b——半径上的加工余量；

d_a——前道工序的工序尺寸(直径);

d_b——本道工序的工序尺寸(直径)。

由于加工过程中各工序尺寸都有公差,所以实际切除的金属层厚度大小不等,即工序余量是变化的。因此加工余量又有公称余量、最大余量(Z_{max})、最小余量(Z_{min})之分,如图11.11所示。从图中可以得出

$$T_{zb} = Z_{max} - Z_{min} = T_a + T_b \tag{11.6}$$

式中:T_a——前道工序尺寸的公差;

T_b——本道工序尺寸的公差;

T_{zb}——本道工序的余量公差。

可以证明,无论是加工外表面还是内表面,本工序余量公差总是等于前道工序与本道工序的尺寸公差之和。

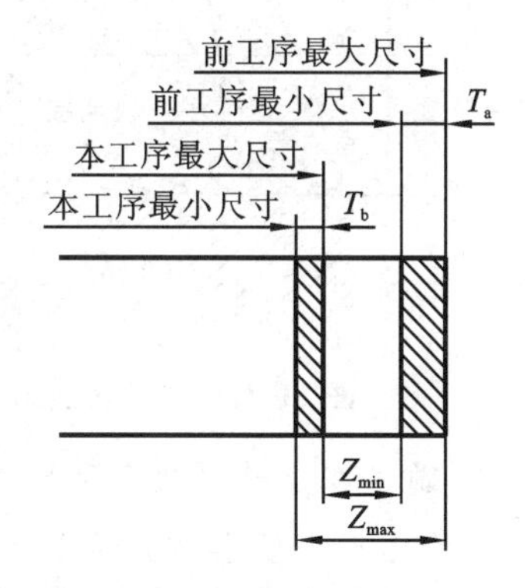

图 11.11 外表面的加工余量及公差

在实际的加工和计算中,工序尺寸的公差要按“入体原则”标注。即对被包容面(外表面),其工序尺寸的上偏差为零,最大极限尺寸就是工序基本尺寸;对包容面(内表面),其工序尺寸的下偏差为零,最小极限尺寸就是工序基本尺寸。毛坯尺寸公差按双向布置,一般取对称偏差,也可取非对称偏差。根据上述规定,可以作出被包容面和包容面的加工余量示意图,如图 11.12 所示。

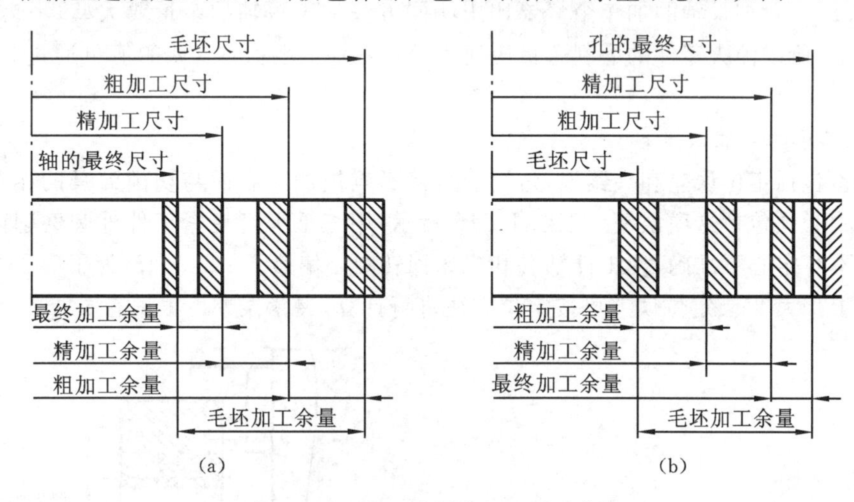

图 11.12 加工余量和加工尺寸分布

(a) 被包容面 (b) 包容面

2. 影响加工余量的因素

影响加工余量的因素比较复杂,主要体现在以下几个方面。

1) *前道工序的表面粗糙度 Ra 和表面层缺陷层厚度 D_a*

表面粗糙层和表面缺陷层是铸件的冷硬层、气孔夹渣层、锻件和热处理的氧化皮、脱碳层、表面裂纹和其他破坏层、切削加工后的残余应力层等,如图 11.13 所示。在本工序加工时要去除这部分厚度。

2) *前道工序的尺寸公差 T_a*

前道工序加工后,表面会存在尺寸误差和形状误差(如圆度、圆柱度等),应该在本工序中切除,如图 11.14 所示,这些误差的总和一般不会超过前道工序的尺寸公差 T_a。T_a的数值可从工艺手册中按加工方式的经济精度查得。

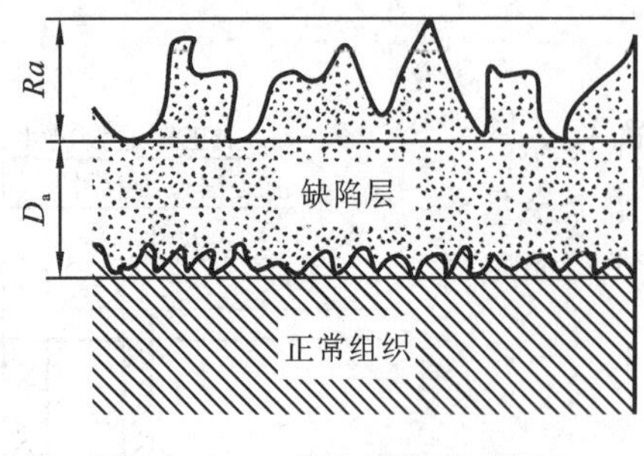

图 11.13 工件表层结构示意图

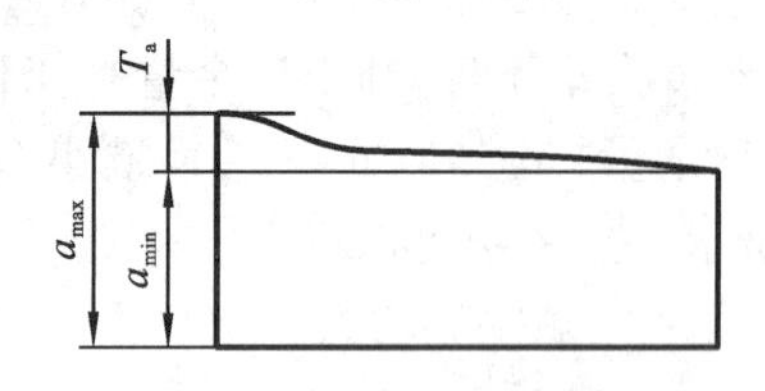

图 11.14 前工序留下的形状误差

3) 前道工序的形状和位置误差 ρ_a

零件上有一些形状和位置误差不包括在尺寸公差的范围内,必须要单独考虑它们对加工余量的影响。例如,图 11.15 所示的轴,前道工序轴线有直线度误差 δ,故本道工序加工余量需至少增加 2δ 才能保证轴在加工后无弯曲。属于这一类的误差还有轴线的位置度、同轴度、平行度、轴线与端面的垂直度等。形成这些误差的原因各异,有的误差可能是前道工序加工方法导致的,有的误差可能是热处理后产生的,也有的误差可能是毛坯带来的,虽然经过前面工序的加工,但仍未得到完全纠正。因此,其量值要根据具体情况来分析。例如,考虑到细长轴因内应力而变形的缘故,一般细长轴的加工余量要比用相同方法加工短轴的余量要大些;考虑到零件在淬火后有变形,所以淬火零件的磨削余量应比不淬火零件的要大些。ρ_a 的值可通过分析计算或试验统计求得。

4) 本道工序的安装误差 ε_b

安装误差包括定位误差和夹紧误差,它会直接影响被加工表面与切削刀具的相对位置,所以加工余量中必须包括这项误差。如图 11.16 所示,用三爪卡盘夹紧工件外圆磨削内孔时,由于三爪卡盘本身定心不准确,使工件轴心和机床回转中心偏移了一个 e 值,为了磨出内孔,就需在加工余量上加大 $2e$。定位误差可按定位方法进行计算,夹紧误差可根据有关资料查得。

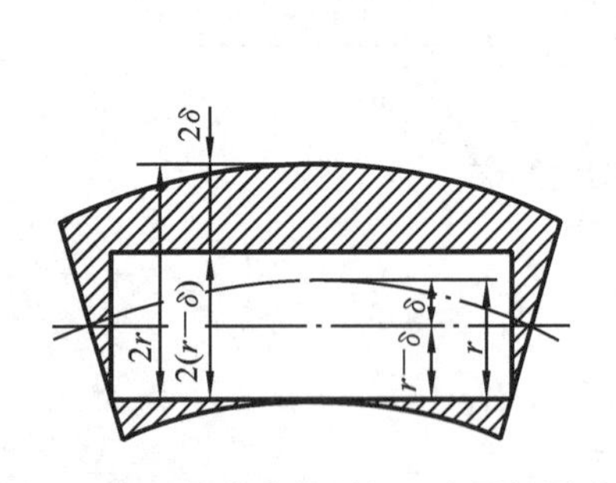

图 11.15 轴的弯曲对加工余量的影响

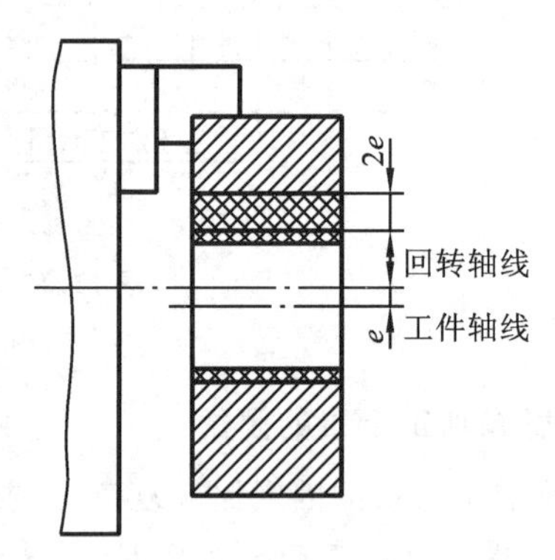

图 11.16 三爪卡盘的安装误差

综合上述各影响因素,可建立以下加工余量的计算公式:

单边余量

$$Z_b = (Ra + D_a) + T_a + |\rho_a + \varepsilon_b| \tag{11.7}$$

双边余量

$$2Z_b = 2(Ra + D_a) + T_a + 2|\rho_a + \varepsilon_b| \tag{11.8}$$

需要注意 ρ_a 和 ε_b 都是有方向的。

3. 确定加工余量的方法

加工余量的大小对工件的加工质量、生产率和生产成本均有较大影响。加工余量过大，不仅会增加机械加工的劳动量、降低生产率，而且会增加材料、刀具和电力的消耗，提高加工成本；加工余量过小，则既不能消除前道工序的各种表面缺陷和误差，又不能补偿本工序加工时工件的安装误差，造成废品。因此，应合理地确定加工余量。

确定加工余量的基本原则是：在保证加工质量的前提下，加工余量越小越好。实际工作中，确定加工余量的方法有以下三种。

1）计算法

在已知各个影响因素的情况下，用计算法计算比较准确。在应用式(11.7)和式(11.8)这两个基本公式时，要针对具体情况进行简化，例如在无心外圆磨床上磨外圆，安装误差可忽略不计，故有

$$2Z_b = 2(Ra + D_a) + T_a + 2\rho_a \tag{11.9}$$

用浮动镗刀镗孔以及拉刀拉削孔时，由于是自为基准，不能纠正孔的位置误差，且无安装误差，故有

$$2Z_b = 2(Ra + D_a) + T_a \tag{11.10}$$

对于研磨、珩磨、超精加工和抛光等光整加工工序，主要任务是去除前工序留下的表面痕迹，故有

$$2Z_b = 2Ra \tag{11.11}$$

应用上述公式进行相应的余量计算，能确定最合理的加工余量，但必须有可靠的实验数据和资料，且计算比较烦琐，在实际生产中应用较少。一般只在材料十分贵重或少数大批大量生产中采用。

2）查表法

查表法是根据有关手册提供的加工余量数据，再结合生产实际情况加以修正，确定加工余量。此法简单、方便、实用，在生产中应用最广。

3）经验估计法

经验估计法是依靠工艺人员和操作工人的实际经验来确定加工余量的方法。为了防止余量过小而产生废品，该方法确定的余量一般偏大，常用于单件小批生产。

三、切削用量的确定

确定每道工序的切削用量是工序内容设计的一项重要工作。切削用量的正确选择，对保证产品质量、提高生产率、降低加工成本都具有重要意义。

1. 确定切削用量的一般原则

在确定切削用量时应考虑以下几个方面的因素。

(1) 刀具材料、几何参数和耐用度。由前面所介绍的切削加工基础知识可知：不同刀具材料的硬度、耐磨性、耐热性、抗弯强度等均不同，故所允许的切削速度也不同；采用合理的刀具几何参数，可以减小切削变形和摩擦，降低切削力和切削热，因此可以提高切削用量；切削用量中，切削速度对刀具耐用度影响最大，要提高耐用度就必须降低切削速度。除了以上三方面外还需注意，不同厂家生产的刀具质量差异较大，因此切削用量还应根据实际所用刀具和现场经验综合来确定。

(2) 工件材料的切削加工性。在一定的切削条件下,工件材料切削加工的难易程度,称为切削加工性。切削加工性好的材料所允许的切削用量就高,反之则低。

(3) 机床的性能。切削用量受到机床电动机功率及工艺系统刚度的限制,故必须在机床说明书规定的范围内选取,以避免功率不足发生闷车,或系统刚度不足产生较大的机床变形和振动。

(4) 工件精度和表面粗糙度要求。

(5) 生产率要求。

综合考虑上述内容,可总结出确定切削用量的一般原则为:要在保证工件加工质量和刀具耐用度的前提下,充分发挥机床性能和刀具切削性能,使生产率尽可能高、加工成本尽可能低。

2. 切削用量的确定

单件小批生产时,为简化工艺文件,通常不具体规定切削用量,而是由操作工人根据具体情况凭经验确定。成批或大批大量生产时,特别是流水线和自动线上生产的工件,则应科学、严格地选择切削用量,并按要求填写在工艺文件上,以充分发挥高效设备的潜力并有效地控制加工时间和生产节拍。

1) 粗加工切削用量的选择

粗加工毛坯余量大,对加工精度与表面粗糙度的要求不高。因此,应在保证合理的刀具耐用度前提下,尽量提高金属切除率。在选择切削用量时,应首先选用尽可能大的背吃刀量,其次选择较大的进给量,最后根据刀具耐用度确定合理的切削速度。

(1) 背吃刀量。背吃刀量应根据工件的加工余量和工艺系统的刚度决定。在留出精加工、半精加工余量的前提下,应尽量将粗加工余量一次切除,若余量过大,工艺系统刚度不足,可分几次走刀。

(2) 进给量。粗加工时,限制进给量的主要因素是切削力。在工艺系统刚度、强度良好的情况下,可选用大的进给量。生产实际中常根据经验选取,也可从相关手册中查得。

(3) 切削速度。切削速度主要受刀具耐用度的限制。在背吃刀量和进给量都选定后,可通过耐用度公式计算求得,具体生产中,通常按经验或利用手册来选取。

切削用量初步确定后,还应验算机床功率是否足够,并做必要的调整。

2) 半精加工、精加工切削用量的选择

半精加工、精加工时首先要保证加工精度和表面质量,同时兼顾生产率和刀具耐用度。

(1) 背吃刀量。根据粗加工留下的余量来确定,一般取值较小,并应保证切除前道工序加工的残留面积高度和表面变质层。

(2) 进给量。进给量主要受表面粗糙度的限制,一般取值较小。选择时可根据表面粗糙度、工件材料以及刀具几何参数,查表选取。

(3) 切削速度。在保证刀具耐用度的条件下,尽量取大一些的切削速度,以提高加工精度和表面质量。具体值可通过公式计算或查表获得。

11.6 工序尺寸及公差的确定

工序尺寸是指某工序所应保证的尺寸,其公差即为工序尺寸公差。正确地确定工序尺寸及其公差，是制订工艺规程的重要工作之一。在确定工序尺寸及公差时，一般有两种情况：一种情况是在加工过程中工艺基准与设计基准重合，某一表面需要进行多次加工，形成工序尺寸，可称为简单工序尺寸；另一种情况是，制定表面形状复杂的零件的工艺过程，或零件在加工过程中需要多次转换工艺基准，或工序尺寸需从尚待继续加工的表面标注，此时工序尺寸的计算就比较复杂，需要利用工艺尺寸链来分析和计算。

一、简单工序尺寸和公差的计算

生产中绝大部分的加工表面都是在基准重合（定位基准、测量基准或工序基准与设计基准重合）的情况下加工的。此时，只需根据工序余量，由最后一道工序开始逐步向前推算，就可算出各工序的基本尺寸。各工序尺寸的公差按照加工方法的经济精度确定，并按"入体原则"标注上、下偏差。具体步骤如下：

(1) 确定各工序的加工余量；

(2) 从最后一道工序开始，即从设计尺寸开始，到第一道加工工序，逐次加上（被包容面）或减去（包容面）每道工序的工序余量，分别得到各工序基本尺寸；

(3) 最终工序的尺寸公差按设计要求确定，其他工序按所采用加工方法的加工经济精度确定尺寸公差；

(4) 除最终工序外，其他各工序按"入体原则"标注工序尺寸的公差。

例如，某零件孔设计要求为 $\phi180J6(^{+0.018}_{-0.007})$ mm，$Ra\leqslant0.8$ μm，毛坯为铸铁件。其加工工艺路线为：粗镗—半精镗—精镗—浮动镗。现在来计算各工序的工序尺寸及公差。

从机械工艺手册查得各工序的加工余量和各工序加工方法所能达到的经济精度，具体数值见表 11.8 中的第 2、3 列，在此基础上进行计算，结果列于第 4、5 列。其中毛坯的公差可根据毛坯的生产类型、结构特点、制造方法和生产厂的具体条件，参照有关毛坯的手册资料确定。

表 11.8 工序尺寸及公差的计算

工序名称	工序双边余量/mm	工序经济精度		工序基本尺寸/mm	工序尺寸及公差/mm
		公差等级	公差值/mm		
浮动镗孔	0.2	IT6	0.025	180	$\phi180^{+0.018}_{-0.007}$
精镗孔	0.6	IT7	0.04	180－0.2＝179.8	$\phi179.8^{+0.04}_{0}$
半精镗孔	3.2	IT9	0.10	179.8－0.6＝179.2	$\phi179.2^{+0.1}_{0}$
粗镗孔	6	IT11	0.25	179.2－3.2＝176	$\phi176^{+0.25}_{0}$
毛坯			3	176－6＝170	$\phi170^{+1}_{-2}$

二、工艺尺寸链的基本概念

1. 尺寸链的定义和特征

尺寸链是指相互联系并按一定顺序排列的封闭尺寸的组合，广泛存在于零件的加工、测量及装配过程中。工艺尺寸链是零件在加工过程中，各有关工艺尺寸所形成的尺寸链。

如图 11.17(a)所示，尺寸 A_1 已由加工保证，现以底面 B 定位，用调整法加工 C 面，可直接得到尺寸 A_2，并间接保证尺寸 A_0。这时，A_0、A_1、A_2 这三个尺寸就形成了一个封闭的尺寸组合，即工艺尺寸链。将尺寸链中的尺寸按一定顺序首尾相接构成的封闭图形称为尺寸链图，如

图 11.17(b)所示。尺寸链图不必严格按比例绘制,只要求保持原有的尺寸连接关系。

由定义可知,尺寸链具有以下特征:

(1) 封闭性。尺寸链必须由一组相关尺寸首尾相接构成的,呈封闭形式。其中应包含一个间接保证的尺寸和若干个对此有影响的直接保证的尺寸。

(2) 关联性。尺寸链中间接保证的尺寸的大小和变化(即精度),受那些直接保证的尺寸的精度支配,两种尺寸间具有特定的函数关系,并且间接保证的尺寸的精度必然低于直接保证的尺寸的精度。

2. 尺寸链的组成

组成尺寸链的各个尺寸,称为尺寸链的环。图 11.17 中的尺寸 A_0、A_1、A_2 都是尺寸链的环,这些环可分为封闭环和组成环。

1) 封闭环

尺寸链中间接保证的尺寸称为封闭环。图 11.17 中的 A_0 就是封闭环。

2) 组成环

尺寸链中除封闭环外的其他尺寸,都称为组成环。图 11.17 中的 A_1、A_2 就是组成环。按其对封闭环的影响,组成环又分为增环和减环。

(1) 增环。其余组成环不变,某组成环的变动引起封闭环随之同向变动(即该环增大时封闭环也增大,该环减小时封闭环也减小),则称其为增环。图 11.17 中的 A_1 就是增环,为明确起见,可加标一个正向箭头表示,如 $\overrightarrow{A}_1$。

(2) 减环。其余组成环不变,某组成环的变动引起封闭环随之反向变动(即该环增大时封闭环减小,该环减小时封闭环增大),则称其为减环。图 11.17 中的 A_2 就是减环,可加标一个反向箭头表示,如 $\overleftarrow{A}_2$。

对于环数较少的尺寸链,可直接按定义来判别增环和减环,但组成环较多时,用定义来判断就很费时且易出错。此时,可在绘出的尺寸链图上,从封闭环开始,依次用单向箭头标记各环。凡是箭头方向与封闭环相反者为增环,相同者为减环。如图 11.18 所示,A_0 为封闭环,$\overrightarrow{A}_1$、$\overrightarrow{A}_3$、$\overrightarrow{A}_4$、$\overrightarrow{A}_5$ 为增环,$\overleftarrow{A}_2$、$\overleftarrow{A}_6$ 为减环。

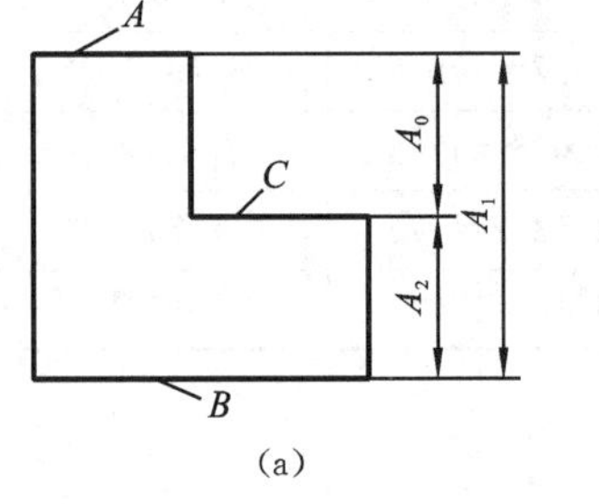

图 11.17　工艺尺寸链

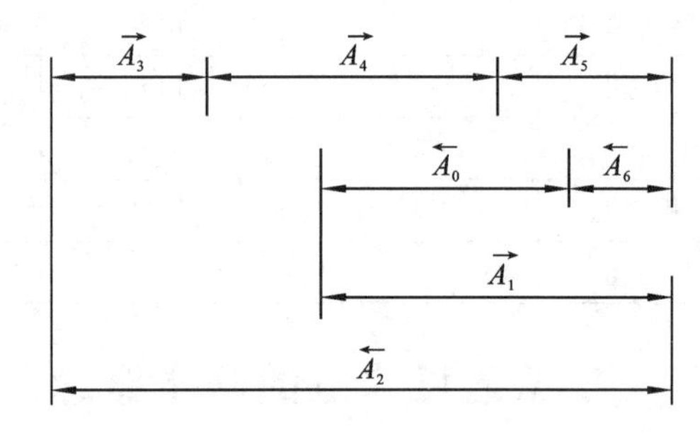

图 11.18　尺寸链增、减环判断

三、工艺尺寸链的计算

工艺尺寸链中直线尺寸链(全部组成环平行于封闭环的尺寸链)是最基本、最常用的,故本节主要研究直线尺寸链的计算和应用。

计算直线尺寸链可以用极值法或概率法。目前生产中一般采用极值法。概率法主要用于生产批量大的自动化或半自动化生产，以及尺寸链环数较多的装配过程。

1. 极值法

根据尺寸链的封闭性、关联性以及极值条件，可推导出用极值法计算尺寸链的基本公式。

1）封闭环的基本尺寸

封闭环的基本尺寸等于各组成环基本尺寸的代数和，即增环的基本尺寸之和减去减环的基本尺寸之和，即

$$A_0 = \sum_{i=1}^{m} \overrightarrow{A}_i - \sum_{i=m+1}^{n-1} \overleftarrow{A}_i \tag{11.12}$$

式中：A_0——封闭环的基本尺寸；

$\overrightarrow{A}_i$——增环的基本尺寸；

$\overleftarrow{A}_i$——减环的基本尺寸；

m——增环的环数；

n——尺寸链的总环数。

2）封闭环的极限尺寸

封闭环的最大极限尺寸等于增环的最大极限尺寸之和减去减环的最小极限尺寸之和；封闭环的最小极限尺寸等于增环的最小极限尺寸之和减去减环的最大极限尺寸之和。故极值法也称为极大极小值法。

$$A_{0\max} = \sum_{i=1}^{m} \overrightarrow{A}_{i\max} - \sum_{i=m+1}^{n-1} \overleftarrow{A}_{i\min} \tag{11.13}$$

$$A_{0\min} = \sum_{i=1}^{m} \overrightarrow{A}_{i\min} - \sum_{i=m+1}^{n-1} \overleftarrow{A}_{i\max} \tag{11.14}$$

式中：$A_{0\max}$——封闭环的最大极限尺寸；

$A_{0\min}$——封闭环的最小极限尺寸；

$\overrightarrow{A}_{i\max}$——增环的最大极限尺寸；

$\overrightarrow{A}_{i\min}$——增环的最小极限尺寸；

$\overleftarrow{A}_{i\max}$——减环的最大极限尺寸；

$\overleftarrow{A}_{i\min}$——减环的最小极限尺寸。

3）封闭环的上、下偏差

封闭环的上偏差等于增环的上偏差之和减去减环的下偏差之和。

$$\begin{aligned} \mathrm{ES}(A_0) = A_{0\max} - A_0 &= \left(\sum_{i=1}^{m}\overrightarrow{A}_{i\max} - \sum_{i=m+1}^{n-1}\overleftarrow{A}_{i\min}\right) - \left(\sum_{i=1}^{m}\overrightarrow{A}_i - \sum_{i=m+1}^{n-1}\overleftarrow{A}_i\right) \\ &= \left(\sum_{i=1}^{m}\overrightarrow{A}_{i\max} - \sum_{i=1}^{m}\overrightarrow{A}_i\right) - \left(\sum_{i=m+1}^{n-1}\overleftarrow{A}_{i\min} - \sum_{i=m+1}^{n-1}\overleftarrow{A}_i\right) \\ &= \sum_{i=1}^{m}\mathrm{ES}(\overrightarrow{A}_i) - \sum_{i=m+1}^{n-1}\mathrm{EI}(\overleftarrow{A}_i) \end{aligned} \tag{11.15}$$

式中：$\mathrm{ES}(A_0)$——封闭环的上偏差；

$\mathrm{ES}(\overrightarrow{A}_i)$——增环的上偏差；

$\mathrm{EI}(\overleftarrow{A}_i)$——减环的下偏差。

封闭环的下偏差等于增环的下偏差之和减去减环的上偏差之和。

$$\begin{aligned}\mathrm{EI}(A_0)=A_{0\min}-A_0&=(\sum_{i=1}^{m}\overrightarrow{A}_{i\min}-\sum_{i=m+1}^{n-1}\overleftarrow{A}_{i\max})-(\sum_{i=1}^{m}\overrightarrow{A}_i-\sum_{i=m+1}^{n-1}\overleftarrow{A}_i)\\&=(\sum_{i=1}^{m}\overrightarrow{A}_{i\min}-\sum_{i=1}^{m}\overrightarrow{A}_i)-(\sum_{i=m+1}^{n-1}\overleftarrow{A}_{i\max}-\sum_{i=m+1}^{n-1}\overleftarrow{A}_i)\\&=\sum_{i=1}^{m}\mathrm{EI}(\overrightarrow{A}_i)-\sum_{i=m+1}^{n-1}\mathrm{ES}(\overleftarrow{A}_i)\end{aligned}\tag{11.16}$$

式中：$\mathrm{EI}(A_0)$——封闭环的下偏差；

$\mathrm{EI}(\overrightarrow{A}_i)$——增环的下偏差；

$\mathrm{ES}(\overleftarrow{A}_i)$——减环的上偏差。

4）封闭环的公差

封闭环公差等于各组成环公差之和。

$$\begin{aligned}T(A_0)&=A_{0\max}-A_{0\min}\\&=(\sum_{i=1}^{m}\overrightarrow{A}_{i\max}-\sum_{i=m+1}^{n-1}\overleftarrow{A}_{i\min})-(\sum_{i=1}^{m}\overrightarrow{A}_{i\min}-\sum_{i=m+1}^{n-1}\overleftarrow{A}_{i\max})\\&=(\sum_{i=1}^{m}\overrightarrow{A}_{i\max}-\sum_{i=1}^{m}\overrightarrow{A}_{i\min})+(\sum_{i=m+1}^{n-1}\overleftarrow{A}_{i\max}-\sum_{i=m+1}^{n-1}\overleftarrow{A}_{i\min})\\&=\sum_{i=1}^{m}T(\overrightarrow{A}_i)+\sum_{i=m+1}^{n-1}T(\overleftarrow{A}_i)=\sum_{i=1}^{n-1}T(A_i)\end{aligned}\tag{11.17}$$

式中：$T(A_0)$——封闭环公差；

$T(\overrightarrow{A}_i)$——增环公差；

$T(\overleftarrow{A}_i)$——减环公差；

$T(A_i)$——组成环公差。

可见，在封闭环公差一定的情况下，减少组成环的环数，可相应放大各组成环的公差，从而使零件易于加工，并且降低生产成本。

下面举例说明公式的应用。如图11.19(a)所示的套筒零件，根据设计要求标注了轴向尺寸$10_{-0.36}^{\ 0}$ mm和$50_{-0.17}^{\ 0}$ mm，而大孔深度则没有明确的精度要求，只要上述两个尺寸加工合格了，它也就能符合要求。因此，零件图上这个未标注的深度尺寸，就是零件设计时的封闭环A_0。连接有关的标注尺寸作出尺寸链图，如图11.19(b)所示，其中$\overrightarrow{A}_1=50_{-0.17}^{\ 0}$ mm是增环，$\overleftarrow{A}_2=10_{-0.36}^{\ 0}$ mm是减环。

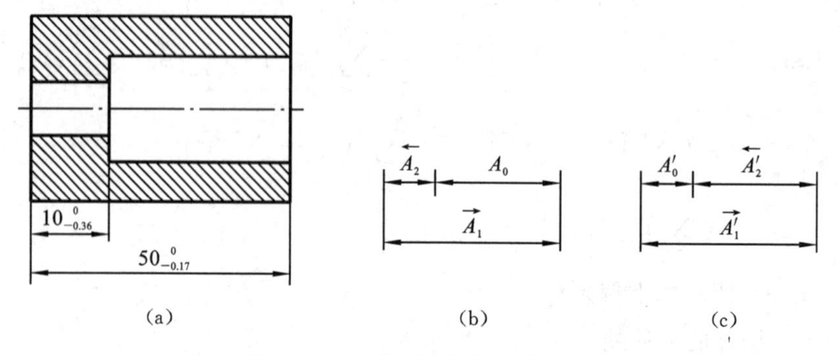

图11.19 套筒零件的两种尺寸链

(a) 零件图 (b) 设计尺寸链 (c) 测量尺寸链

用上面的公式来解算其封闭环 A_0，把相应的数值代入式(11.12)、式(11.15)至式(11.17)中，得

$$A_0 = \overrightarrow{A}_1 - \overleftarrow{A}_2 = (50 - 10)\ \text{mm} = 40\ \text{mm}$$

$$\text{ES}(A_0) = \text{ES}(\overrightarrow{A}_1) - \text{EI}(\overleftarrow{A}_2) = [0 - (-0.36)]\ \text{mm} = +0.36\ \text{mm}$$

$$\text{EI}(A_0) = \text{EI}(\overrightarrow{A}_1) - \text{ES}(\overleftarrow{A}_2) = (-0.17 - 0)\ \text{mm} = -0.17\ \text{mm}$$

$$T(A_0) = T(\overrightarrow{A}_1) + T(\overleftarrow{A}_2) = (0.36 + 0.17)\ \text{mm} = 0.53\ \text{mm}$$

所以当大孔的深度为尺寸链的封闭环时，其基本尺寸及上、下偏差为 $40^{+0.36}_{-0.17}$ mm。

上述计算也可改写成竖式进行。在“增环”这一行中抄入尺寸 A_1 及其上、下偏差，在“减环”这一行中把 A_2 的基本尺寸加上负号，并将其上、下偏差的位置对调后改变正、负号(原来的正号改成负号，原来的负号改成正号)，然后把各列的数值求代数和，即可得到封闭环的基本尺寸、上偏差及下偏差：

增环 $\overrightarrow{A}_1$	+50	0	−0.17
减环 $\overleftarrow{A}_2$	−10	+0.36	0
封闭环 A_0	**+40**	**+0.36**	**−0.17**

这种竖式计算方法可归纳成一句口诀：“增环，上、下偏差照抄；减环，上、下偏差对调变号。”

对于图 11.19 所示的零件，在具体加工时往往先加工外圆、车端面，保证全长 $50_{-0.17}^{\ 0}$ mm，再钻孔、镗孔。由于测量 $10_{-0.36}^{\ 0}$ mm 比较困难，所以一般用深度游标卡尺直接测量大孔深度。这时，$10_{-0.36}^{\ 0}$ mm 成为间接保证的尺寸，故成了尺寸链的封闭环 A_0'，如图 11.19(c)所示，其中 $\overrightarrow{A}_1' = 50_{-0.17}^{\ 0}$ mm 仍然是增环，而 $\overleftarrow{A}_2'$(大孔深度)成为减环。制订工艺规程时，为了间接保证尺寸 $A_0' = 10_{-0.36}^{\ 0}$ mm 就得进行尺寸链计算，以确定作为组成环的大孔深度 $\overleftarrow{A}_2'$ 的制造公差。这也就是测量基准与设计基准不重合引起的尺寸换算。其竖式计算如下：

增环 $\overrightarrow{A}_1'$	+50	0	−0.17
减环 $\overleftarrow{A}_2'$	**−40**	**0**	**−0.19**
封闭环 A_0'	+10	0	−0.36

即结果为 $\overleftarrow{A}_2' = 40^{+0.19}_{\ 0}$ mm。

由上面这个例子也可看出，工艺尺寸链中哪个尺寸是封闭环取决于工艺方案和具体的加工方法，而且封闭环不同，同一工艺尺寸的上、下偏差也会不同，因此确定封闭环是计算工艺尺寸链的关键。

2. 概率法

生产批量较大或尺寸链环数较多时，各环出现极限尺寸的可能性并不大，因此用极值法计算过于保守，尤其是当封闭环公差较小时，各组成环公差会太小而使制造困难。此时可根据各环尺寸的分布状态，采用概率法计算。实践证明各环尺寸大多处于公差值中间，即符合正态分布。由概率论原理可得，封闭环公差与各组成环公差之间的关系为

$$T(A_0) = \sqrt{\sum_{i=1}^{n-1} T(A_i)^2} \tag{11.18}$$

显然，在组成环公差不变时，由概率法计算出的封闭环公差要小于采用极值法的计算结果。因此，在保证封闭环精度不变的前提下，应用概率法可以使得组成环公差放大，从而降低加工难度。

3. 尺寸链的计算形式

尺寸链计算有以下三种。

1）正计算

已知组成环尺寸及其公差，求封闭环的尺寸和公差，其计算结果是唯一的。这类计算主要用于验证设计的正确性以及审核图样，故又称校核计算。例如，图 11.19(b)所示尺寸链的计算。

2）反计算

已知封闭环的尺寸及其公差和各组成环基本尺寸，求各组成环公差，实际上是将封闭环的公差值合理地分配给各组成环，这种计算主要用于产品设计、装配和加工尺寸公差的确定等方面。

封闭环公差的分配方法如下。

(1) 按等公差原则分配，将封闭环公差平均分配给各组成环，即

$$T(\overrightarrow{A_i}) = T(\overleftarrow{A_i}) = \frac{T(A_0)}{n-1} \quad （极值法） \tag{11.19}$$

或

$$T(\overrightarrow{A_i}) = T(\overleftarrow{A_i}) = \frac{T(A_0)}{\sqrt{n-1}} \quad （概率法） \tag{11.20}$$

(2) 按等公差等级（等精度）的原则分配封闭环公差，即各组成环的公差根据其基本尺寸的大小按比例分配，或是按照公差表中的尺寸分段及某一公差等级，规定组成环的公差，使各组成环公差符合下列条件：

$$\sum_{i=1}^{n-1} T(A_i) \leqslant T(A_0) \tag{11.21}$$

最后对结果加以适当的调整。这种方法从工艺上讲是比较合理的。

3）中间计算

已知封闭环和部分组成环的尺寸及公差，求某一组成环的公差。这类计算在工艺设计中较为普遍。例如图 11.19(c)所示尺寸链的计算。

四、工序尺寸及其公差的计算

应用工艺尺寸链解决实际问题的关键是找出工艺尺寸之间的内在联系，确定封闭环及组成环，即建立工艺尺寸链，然后就能运用尺寸链计算公式进行具体计算。下面通过几种典型的应用实例，分析工艺尺寸链的建立和工序尺寸及其公差的计算方法。

1. 基准不重合时工序尺寸的计算

在零件的加工中，有时为了使工件便于定位或测量，往往会出现定位基准或测量基准与设计基准不重合的情况，所以不能直接保证或测得被加工表面的设计尺寸。这时，需要进行有关的工序尺寸计算。

如图 11.20(a)所示零件，表面 A、B、C 已经过加工，尺寸 A_1、A_2 均已保证。镗孔时，为方便工件装夹，选择 A 面为定位基准，按工序尺寸 A_3 进行加工，并要求保证孔的设计尺寸 A_0。显然，本工序中定位基准 A 与设计基准 C 不重合，为了保证设计尺寸 A_0，必须先确定工序尺寸 A_3。具体分析计算过程如下。

(1) 确定封闭环、建立尺寸链，判别增、减环。

本工序加工中，A_0 是需保证的尺寸，不能直接得到，因此是封闭环。而且 A_0 的大小和精度受到 A_1、A_2 和 A_3 大小及精度的影响，故三者均为组成环。连接 A_0、A_1、A_2、A_3 构成的工艺尺寸链，如图 11.20(b)所示。在此尺寸链中，按画箭头的方法可迅速判断 $\overrightarrow{A_2}$、$\overrightarrow{A_3}$ 为增环，$\overleftarrow{A_1}$ 为减环。

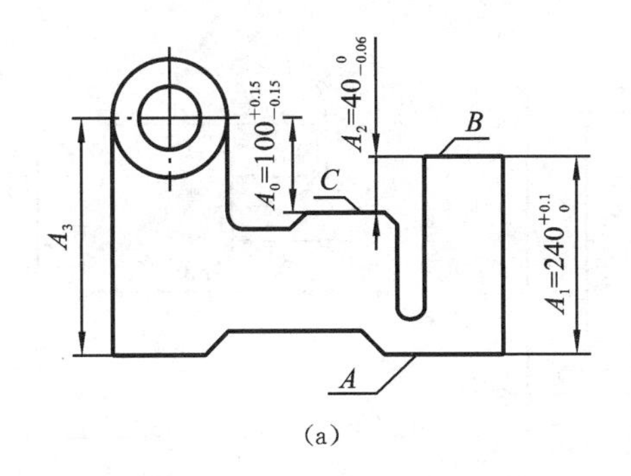

(a)

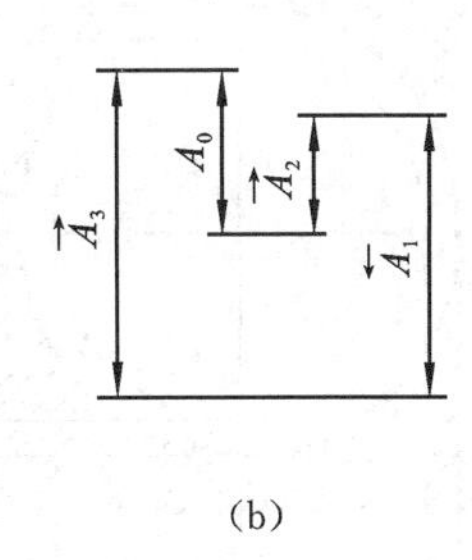

(b)

图 11.20　定位基准与设计基准不重合的尺寸链计算

(a) 零件图　(b) 尺寸链

(2) 按极值法基本公式进行计算。

由式(11.12)知，$A_0=\overrightarrow{A_2}+\overrightarrow{A_3}-\overleftarrow{A_1}$，得

$$\overrightarrow{A_3}=A_0+\overleftarrow{A_1}-\overrightarrow{A_2}=(100+240-40)\ \text{mm}=300\ \text{mm}$$

由式(11.15)知，$ES(A_0)=ES(\overrightarrow{A_2})+ES(\overrightarrow{A_3})-EI(\overleftarrow{A_1})$，得

$$ES(\overrightarrow{A_3})=ES(A_0)+EI(\overleftarrow{A_1})-ES(\overrightarrow{A_2})=(0.15+0-0)\ \text{mm}=0.15\ \text{mm}$$

由式(11.16)知，$EI(A_0)=EI(\overrightarrow{A_2})+EI(\overrightarrow{A_3})-ES(\overleftarrow{A_1})$，得

$$EI(\overrightarrow{A_3})=EI(A_0)+ES(\overleftarrow{A_1})-EI(\overrightarrow{A_2})=(-0.15+0.10+0.06)\ \text{mm}=0.01\ \text{mm}$$

所以工序尺寸为 $A_3=300^{+0.15}_{+0.01}$ mm。

也可进行竖式计算：

A_2	40	0	−0.06
A_3	**300**	**+0.15**	**+0.01**
A_1	−240	0	−0.1
A_0	100	+0.15	−0.15

结果相同。

工件在加工过程中，有时会遇到一些加工表面的设计尺寸不便直接测量的情况，因此需要在工件上另选一个易于测量的表面作为测量基准，以间接保证设计尺寸的精度要求，所以也需要进行工艺尺寸链的计算，求测量尺寸。例如，图 11.19(c)所示的尺寸链就属于这种情况。

2. 以需继续加工表面标注的工序尺寸的计算

在工件的加工过程中，有些加工表面的测量基准或定位基准还需继续加工。当加工这些基准面时，不仅要保证基面本身的精度要求，而且还要保证前道工序加工表面的要求。即一次加工要同时保证两个尺寸的精度要求，此时需要应用工艺尺寸链进行计算。

如图 11.21(a)所示的齿轮内孔，设计要求为：孔径 $\phi40^{+0.05}_{\ 0}$ mm，键槽深度尺寸为 $43.6^{+0.34}_{\ 0}$ mm，有关的加工顺序为：

工序Ⅰ，镗内孔至尺寸 $\phi39.6^{+0.1}_{\ 0}$ mm；

工序Ⅱ，插键槽至尺寸 A；

工序Ⅲ，热处理；

工序Ⅳ，磨内孔至尺寸 $40^{+0.05}_{\ 0}$ mm。

试确定插键槽的工序尺寸 A。具体分析计算过程如下。

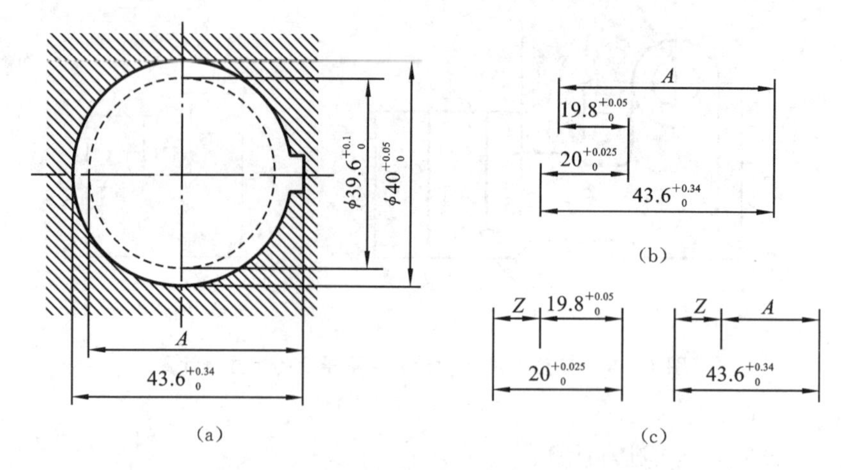

图 11.21　内孔键槽加工的工序尺寸计算

(a) 内孔尺寸　(b) 尺寸链　(c) 引入半径余量的尺寸链

(1) 先作出尺寸链图 11.21(b)。因为最后工序是直接保证孔径 $\phi40^{+0.05}_{0}$ mm,间接保证键槽深度尺寸 $43.6^{+0.34}_{0}$ mm,所以设计尺寸 $43.6^{+0.34}_{0}$ mm 是封闭环,磨孔后的半径尺寸 $20^{+0.025}_{0}$ mm 是增环,镗孔后的半径尺寸 $19.8^{+0.05}_{0}$ mm 是减环,工序尺寸 A 是增环。需要注意的是,当有直径尺寸时,一般用半径尺寸来建立尺寸链。

(2) 列竖式进行计算:

增环 A	**43.4**	**+0.315**	**+0.05**
增环	20	+0.025	0
减环	−19.8	0	−0.05
封闭环	43.6	+0.34	0

可得 $A=43.4^{+0.315}_{+0.05}$ mm,再按入体原则标注公差,应将 A 写成 $43.45^{+0.265}_{0}$。

另外,尺寸链也可画成图 11.21(c)所示的形式,即引进半径余量 Z,将图 11.21(b)所示的尺寸链分成了两个三环尺寸链。图 11.21(c)中,左图中的 Z 是封闭环,右图中的 Z 则认为是已经获得的,是组成环,而 $43.6^{+0.34}_{0}$ mm 是封闭环。利用该尺寸链进行计算,结果与前面的相同,读者可自行验证。

11.7　提高生产率的途径与经济性分析

一、提高劳动生产率的途径

1. 时间定额

劳动生产率是指工人在单位时间内生产的合格产品的数量,或者指制造单件产品所消耗的劳动时间。机械加工劳动生产率一般通过时间定额来衡量。

时间定额是指在一定的生产条件下,规定完成一件产品或完成一道工序所需要的时间。时间定额是安排生产计划,核算成本,确定设备数量、人员编制以及规划生产面积的重要依据。时间定额定得过紧,容易诱发忽视产品质量的倾向,或者会影响工人的劳动积极性和创造性,而定得过松，就起不到指导生产和促进生产发展的积极作用。因此，合理地规定时间定额是制订工艺规程时的一项重要工作。

时间定额一般是由技术人员通过计算或类比方法，或通过对实际操作时间进行测定和分析来确定的。应用时，时间定额还需定期修订，以使其保持平均先进水平。

完成零件一道工序的时间定额称为单件时间定额，它由以下五项组成。

1）基本时间 $T_{基本}$

直接改变生产对象的尺寸、形状、相对位置与表面质量或材料性质等工艺过程所消耗的时间，称为基本时间。对机械加工而言，就是切除金属所耗费的时间（包括刀具切入、切出的时间）。采用不同的加工表面、不同的刀具或不同的加工方法时，其计算公式不完全一致。

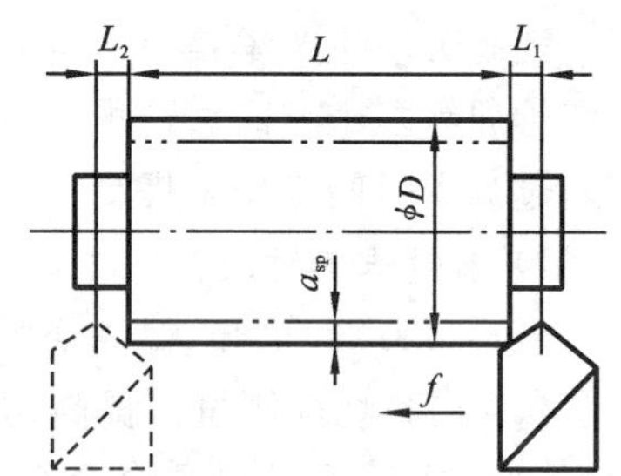

图 11.22 基本时间计算示例

图 11.22 所示的车削加工中基本时间的计算公式为

$$T_{基本} = \frac{L + L_1 + L_2}{n \cdot f} \cdot i = \frac{\pi \cdot D(L + L_1 + L_2)}{1000vf} \cdot \frac{Z}{a_{sp}} \tag{11.22}$$

式中：L——加工长度（mm）；

L_1、L_2——刀具切入、切出长度（mm）；

n——工件转速（r/min）；

f——进给量（mm/r）；

v——切削速度（m/min）；

i——进给次数（加工余量 Z/切削深度 a_{sp}）。

不同情况下的基本时间计算公式，可在切削加工手册中查到。

2）辅助时间 $T_{辅助}$

为实现工艺过程所必须进行的各种辅助动作所消耗的时间，称为辅助时间。这些辅助动作包括装卸工件、启/停机床、改变切削用量、进退刀具、测量工件等。

辅助时间的确定方法随生产类型而异。大批大量生产时，需将辅助动作进行分解，分别确定各辅助动作的时间，再相加得到 $T_{辅助}$；对于中批生产，则可根据统计资料来确定；对于单件小批生产，一般用基本时间的百分比来估算。另外，如果辅助动作是由数控系统控制机床自动完成的，则辅助时间可与基本时间一起，通过程序的运行精确得到。

基本时间和辅助时间的和称为作业时间，它是直接用于制造产品或零部件所消耗的时间。

3）布置工作地时间 $T_{布置}$

为使零件加工正常进行，工人照管工作场地（如调整和更换刀具，润滑机床、清理切屑、整理工具、擦拭机床等）所消耗的时间，称为布置工作地时间，又称工作地点服务时间。一般按作用时间的 2%～7%计算。

4）休息和生理需要时间 $T_{休息}$

即工人在工作班内为恢复体力和满足生理需要所消耗的时间。一般按作业时间的 2%计算。

以上四部分时间的总和称为单件时间 $T_{单件}$，即

$$T_{单件} = T_{基本} + T_{辅助} + T_{布置} + T_{休息} \tag{11.23}$$

5）准备与终结时间 $T_{准终}$

在成批生产中，还需要考虑准备与终结时间。它是指工人为了生产一批产品和零部件、进行准备和结束工作所消耗的时间。这些工作主要包括：加工开始前熟悉有关工艺文件，领取毛

坯、安装工刀具和夹具、调整机床和刀具等;一批工件加工结束后,拆下和归还工艺装备、送交成品等。准备与终结时间对一批零件只消耗一次,因此零件批量 N 越大,分摊到每个工件上的这部分时间 $T_{准终}/N$ 就越小。

综上所述,成批生产的单件时间定额为

$$T_{定额} = T_{单件} + T_{准终}/N \tag{11.24}$$

大量生产时,零件批量 N 很大,$T_{准终}/N$ 很小,可忽略不计,即

$$T_{定额} = T_{单件} \tag{11.25}$$

2. 提高劳动生产率的工艺措施

提高劳动生产率是一个综合性的技术问题,它涉及产品设计、毛坯制造、加工工艺、生产组织和管理等多个方面。这里重点讨论如何提高机械加工生产率,主要从工艺技术的角度,来研究通过减少时间定额来提高生产率的工艺途径。

1) 缩短基本时间

由式(11.22)可知,提高切削用量、减小切削长度和加工余量都可以缩短基本时间。

(1) 提高切削用量。提高切削用量的主要途径是采用切削性能更好的新型刀具材料。就切削速度而言,目前硬质合金车刀的切削速度一般可达 200 m/min,陶瓷刀具的切削速度可达 600~1200 m/min,近年来出现的聚晶立方氮化硼刀具切削普通钢材的速度可达 900 m/min。在磨削加工方面,发展趋势是在不影响加工精度的条件下,尽量采用高速磨削和强力磨削,以提高生产率。高速磨削的砂轮速度可达 80 m/s 以上;缓进给强力磨削一次最大磨削深度可达6~30 mm,比普通磨削的金属切除率高 3~5 倍。

(2) 使切削行程长度减少或重合。可采用几把刀具或复合刀具同时加工工件的同一表面或不同表面。如图 11.23(a)所示,用几把车刀加工工件的同一表面。或者如图 11.23(b)所示,用多把成形刀具作横向进给,同时加工工件的多个表面,这样既可减小刀具切削行程长度,同时又是复合工步,使切削行程重合。另外,用宽砂轮做切入磨削,也可有效地缩短基本时间。需要注意,采取以上措施可大大提高生产率,但工艺系统也应有足够刚度,同时其驱动功率应与之相适应。

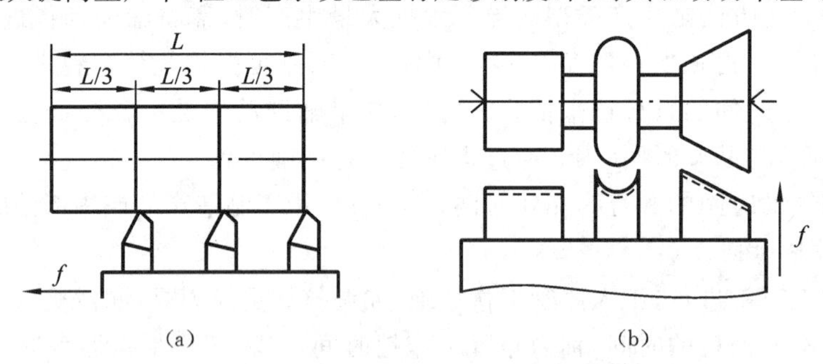

图 11.23 减小和重合切削行程长度实例

(a) 用几把车刀加工工件的同一表面 (b) 用多把成形刀具同时加工工件的多个表面

(3) 多件加工。多件加工按工件的排序方式,有以下三种方式。

① 顺序多件加工。即工件在走刀方向上依次安装,如图 11.24(a)所示。这样可减少刀具切入和切出时间,也可减少分摊到每个工件的辅助时间。这种方式多用于龙门刨、龙门铣、平面磨及滚齿、插齿等加工。

② 平行多件加工。即在一次走刀中同时加工 n 个平行排列的工件,如图 11.24(b)所示,这样可使每个工件的加工时间减小到单件加工时间的 $1/n$。这种方式多见于铣削和磨削平面。

③ 平行顺序多件加工。即以上两种方式的综合，如图 11.24(c)所示。这种方式适合于生产批量大、工件尺寸小的场合，多见于立轴式平面磨和铣削加工。

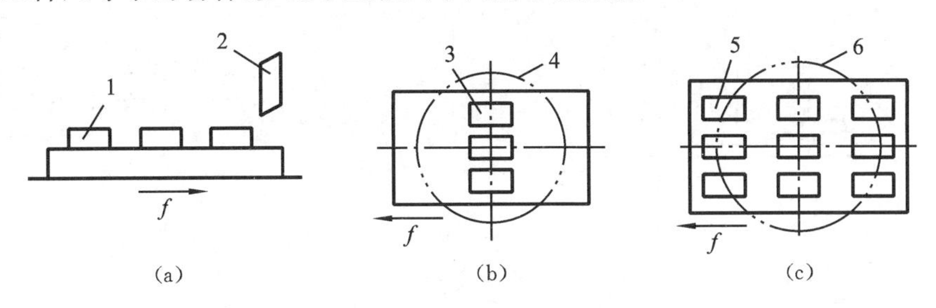

图 11.24 多件加工

(a) 顺序多件加工 (b) 平行多件加工 (c) 平行顺序多件加工

1、3、5—工件；2—刨刀；4—铣刀；6—砂轮

(4) 采用先进的工艺方法。缩短基本时间，除了从加工本身考虑外，还应重视采用先进的工艺和技术。

① 采用先进的毛坯制造方法。例如，采用冷挤压、热挤压、粉末冶金、失蜡铸造、压力铸造、精密锻造等新工艺方法，提高毛坯精度，减少切削加工，以提高生产率。

② 采用少无切屑工艺。例如，用冷挤压齿轮代替剃齿，生产率可提高 6～7 倍。此外，滚压、冷轧等工艺都能有效地提高生产率。

③ 采用特种加工。对特硬、特脆、特韧及复杂型面的加工，应考虑采用非常规的特种加工方法。例如用电火花加工锻模型腔、线切割加工冲模、用激光加工深孔等，可大大减少钳工劳动量。

④ 改变加工方法。例如，在大量生产中用拉孔代替镗孔、铰孔，在成批生产中用精刨、精磨代替刮研等，都可明显提高生产率。

2) 缩短辅助时间

在单件生产中，辅助时间占有较大的比例，特别是在大幅度提高切削用量后，基本时间显著减少，辅助时间所占比重可达 55%～70%，甚至更高。因此，必须直接减少辅助时间或使辅助时间与基本时间重合来提高生产率。生产中可采用的措施有以下几条。

(1) 采用先进高效的夹具。例如在大批大量生产中使用气动、液动夹具，不仅可缩短工件装卸的时间，而且能减轻工人的劳动强度。在单件小批生产中采用成组夹具，能节省工件的装卸找正时间。

(2) 采用多工位连续加工。采用转位夹具、转位工作台、移动式工作台等，实现两工位或多工位加工，使装卸工件的辅助时间与基本时间重合。图 11.25 所示为工作台平移双工位铣削加工的例子。另外，采用回转工作台或回转夹具，使工件的装卸完全在连续的加工过程中进行。加工过程中，由于工件连续送进，使机床的空行程时间明显缩短，而且装卸工件也不需要停止机床，因此可大幅度提高生产率。如图 11.26 所示为立式回转工作台铣床加工实例，在装卸区及时装卸工件，在加工区机床的两根主轴顺次进行粗、精铣削的连续加工。

(3) 采用主动测量或数字显示自动测量装置。零件在加工中需多次停机测量，尤其是加工精密零件或重型零件时更是如此，这样不仅会降低劳动生产率，不易保证加工精度，还会增加工人的劳动强度。采用自动测量装置能在加工过程中测量工件的实际尺寸，并能用测量的结果控制机床进行自动补偿调整，以满足预定的尺寸要求。常用的测量器件有光栅、磁尺、感应同步器、脉冲编码器和激光位移器等。

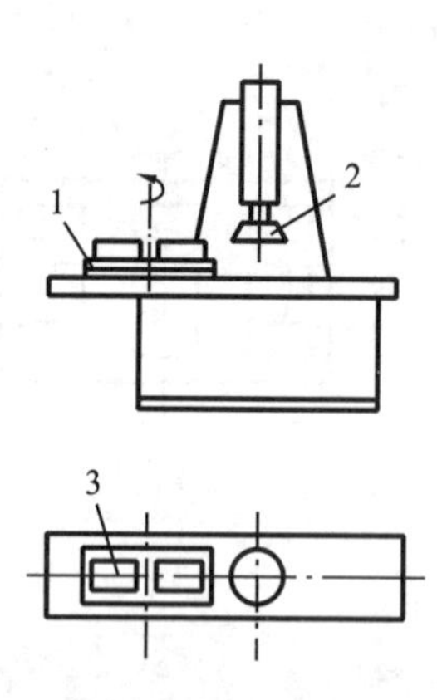

图 11.25 采用直线往复式工作台加工示例

1—双工位夹具;2—铣刀;3—工件

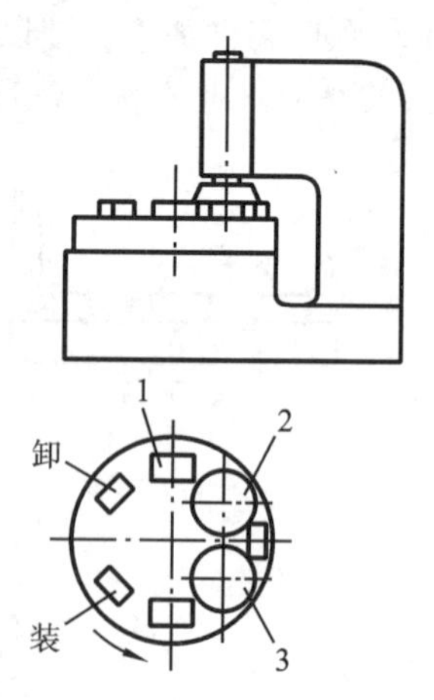

图 11.26 采用回转工作台加工示例

1—工件;2—精铣刀;3—粗铣刀

3) 缩短布置工作地时间

缩短布置工作场地时间主要在于减少换刀和调整刀具的时间,以及提高刀具或砂轮的耐用度,以减少换刀次数。因此生产中可采用各种快速换刀或自动换刀装置、刀具微调机构、专用对刀样板或样件。例如,在钻床上采用快换钻头,在磨床上采用砂轮修整器,以及使用对刀仪进行对刀等。此外,在车床和铣床上广泛采用的机夹转位硬质合金刀片,既能减少换刀次数,又能减少刀具的装卸、对刀和刃磨时间,从而大大提高生产率。

4) 缩短准备与终结时间

缩短准备与终结时间的主要方法是减少调整机床、刀具和夹具的时间。对于中批、小批生产,由于零件经常更换,准备与终结时间在单件时间中占有较大的比例,生产率难以提高。为此,应设法使刀具和夹具尽可能通用化和标准化,从而在更换工件时,无须更换刀具和夹具或作少许调整即可投入生产。另外,采用成组技术,把结构形状、技术条件和工艺过程都比较接近的工件归为一类,也有助于刀具和夹具的通用化。成批生产中,还应尽可能增加零件的批量,以减少分摊到每个工件上的准备与终结时间。

此外,采用先进工艺方法、提高机械制造自动化程度等措施,均可提高生产率。

二、工艺过程的技术经济分析

制订机械加工工艺规程时,在保证达到零件加工质量的前提下,通常可以有几种不同的工艺方案。有些方案的生产率较高,但设备和工艺装备的投资比较大;有些方案虽然可以节省投资,但生产率比较低。也就是说,不同的方案就有不同的经济效果。因此,为了确定在一定的生产条件下最经济合理的方案,就需要对不同的工艺方案进行技术经济分析和比较。具体分析可参阅有关资料。

11.8 数控加工工艺概述

数控加工就是泛指在数控机床上进行零件加工的工艺过程。

一、数控加工内容的选择

当选择并决定对某个零件进行数控加工后，并非其全部加工内容都采用数控加工，可能只是零件加工工序中的一部分需要采用数控加工。因此，有必要对零件图样进行仔细分析，立足于解决难题、提高生产效率，注意充分发挥数控的优势，选择那些最适合、最需要的内容和工序进行数控加工。一般可按下列原则选择数控加工内容。

（1）普通机床无法加工的内容，应作为优先选择内容。

（2）普通机床难加工、质量也难以保证的内容，应作为重点选择的内容。

（3）普通机床加工效率低、工人手工操作劳动强度大的内容，可在数控机床尚有加工能力的基础上进行选择。

此外，在选择数控加工内容时，还要考虑生产批量、生产周期、工序间周转情况等因素，要尽量合理利用数控机床，达到产品质量、生产率及综合经济效益等指标都明显提高的目的。

二、数控加工零件的工艺性分析

对数控零件的工艺性分析，主要包括产品的零件图样分析和结构工艺性分析两部分。如零件的内腔与外形应尽量采用统一的几何类型和尺寸，这样可以减少刀具规格和换刀次数，方便编程；应尽可能在一次装夹中完成所有能加工表面的加工，为此要选择便于各个表面都能加工的定位方式；为保证二次装夹加工后其相对位置的准确性，应采用统一的定位基准。

三、数控加工工艺路线的设计

与常规工艺路线的拟订相似，数控加工工艺路线的设计，最初也要找出零件所有的加工表面，并逐一确定各表面的加工方法，其每一步相当于一个工步。然后将所有工步内容按一定原则排列成先后顺序，再确定哪些相邻工步可以划为一个工序，即进行工序的划分。最后将所需要的其他工序如常规工序、辅助工序、热处理工序等插入，衔接于数控加工工序序列中，就得到了要求的工艺路线。

四、数控加工工序的设计

数控加工工序设计的主要内容是为每一道工序选择机床、夹具、刀具及量具、确定定位夹紧方案、走刀路线、工步顺序、加工余量、工序尺寸及其公差、切削用量和工时定额等，为编制加工程序做好充分准备。

1. 数控机床的选择

不同类型的零件应在不同的数控机床上加工。数控车床适于加工形状比较复杂的轴类零件和复杂曲线回转形成的模具内型腔。数控立式镗铣床和立式加工中心适于加工箱体、箱盖、平面凸轮、样板、形状复杂的平面或立体零件以及模具的内、外型腔。卧式镗铣床和卧式加工中心适于加工复杂的箱体类零件及泵体、阀体、壳体等。多坐标联动的卧式加工中心还可以加工各种复杂的曲线、曲面、叶轮、模具等。总之，对不同类型的零件要选用相应的数控机床，以发挥机床的效率和特点。

2. 加工工序的划分

在数控机床上特别是加工中心上加工零件，工序十分集中，许多零件只需在一次装夹中就能完成全部工序。但是零件的粗加工，特别是铸、锻毛坯零件的基准平面、定位面等的加工应在普通机床上完成之后，再装夹到数控机床上进行加工。这样可以发挥数控机床的特点，保持数控机床的精度，延长数控机床的使用寿命，降低数控机床的使用成本。

常用的数控机床加工零件的工序划分方法如下。

(1) 刀具集中分序法就是按所用的刀具划分工序，用同一把刀加工完成零件上所有可以完成的部位，再用第二、第三把刀具完成其他部位的加工。这样可以减少换刀次数，压缩空程时间，减少不必要的定位误差。

(2) 粗、精加工分序法对单个零件或一批零件要先粗加工、半精加工，然后再精加工。粗、精加工之间，最好隔一段时间，以使粗加工后的零件得以充分时效，再进行精加工，以提高零件的加工精度。

(3) 加工部位分序法一般是先加工平面、定位面，后加工孔；先加工简单的几何形状，再加工复杂的几何形状；先加工精度较低的部位，再加工精度较高的部位。

总之，在数控机床上加工零件，其加工工序的划分要视加工零件的具体情况做具体分析。许多工序的安排是按上述分序法进行综合安排的。

3. 工件的装夹方式

在数控机床上加工零件，其工序集中，往往在一次装夹中就能完成全部工序。因此，对零件的定位、夹紧要注意以下几个方面。

(1) 应尽量采用组合夹具和标准通用夹具。当工件批量较大、精度要求较高时，可以设计专用夹具，但结构应尽可能简单。

(2) 零件定位、夹紧部位应不妨碍零件各部位的加工、刀具更换以及重要部位的测量。尤其要避免刀具与工件、刀具与夹具干涉的现象。

(3) 夹紧力应力求靠近主要支承点或在支承点所组成的三角形内，应力求靠近切削部位，并在刚度较好的地方，以减小零件的变形。

(4) 零件的定位、装夹要考虑到重复安装的一致性，以减少对刀时间，提高同一批零件加工的一致性。一般对同一批零件采用同一定位基准、同一装夹方式。

4. 选择走刀路线

走刀路线是指数控加工过程中刀具相对于工件的运动方向和轨迹。确定每道工序的走刀路线是很重要的，因为它与零件的加工精度和表面质量密切相关。

孔的加工属于点位控制，在设计加工路线时，要重视孔的位置精度。对位置精度要求较高的孔，应考虑采用单边定位的方法，否则可能把坐标轴的反向间隙带入，直接影响孔的位置精度；在车削或铣削零件时，要选择合理的进、退刀位置和方向，尽量避免沿零件轮廓的法向切入和进给中途停顿，进、退刀位置应选在不会产生干涉的位置；在铣削内圆时也应该遵循沿切向切入的原则，切出时也应多安排一段过渡圆弧再退刀以减少接刀处的接刀痕。

5. 加工刀具的选择

数控机床，特别是加工中心，其主轴转速比普通机床高1～2倍，某些特殊用途的数控机床、加工中心，主轴转速高达数万转每分钟，因此数控刀具的强度与耐用度至关重要。目前涂镀刀具、立方氮化硼刀具等已广泛用于加工中心，陶瓷刀具和金刚石刀具也开始在加工中心上运用。一般说来，数控机床所用刀具应具有较高的耐用度和刚度，刀具材料应抗脆性好，有良好的断屑性能和可调、易更换等特点。

6. 切削用量的确定

编程时必须确定每道工序的切削用量，它包括主轴转速、进给速度、切削深度和切削宽度等工艺参数。在确定切削用量时要根据机床说明书的规定和要求，以及刀具的耐用度去选择和计算，当然也可以结合实际经验，采用类比法来确定。

7. 程序编制中的误差控制

数控加工误差是由多种原因造成的，包括控制系统误差、机床进给系统误差、零件定位误差、对刀误差、刀具磨损误差、工件变形误差以及编程误差等，其中影响较大的是进给误差和定位误差，因此允许的编程误差较小，通常为零件公差的 10%～20%。

五、数控加工工艺设计实例

图 11.27 所示为升降台铣床的支承套，在两个互相垂直的方向上有多个孔要加工，若在普通机床上加工，则零多次安装才能完成，且效率低。在加工中心上加工，一次安装可完成多个表面加工。

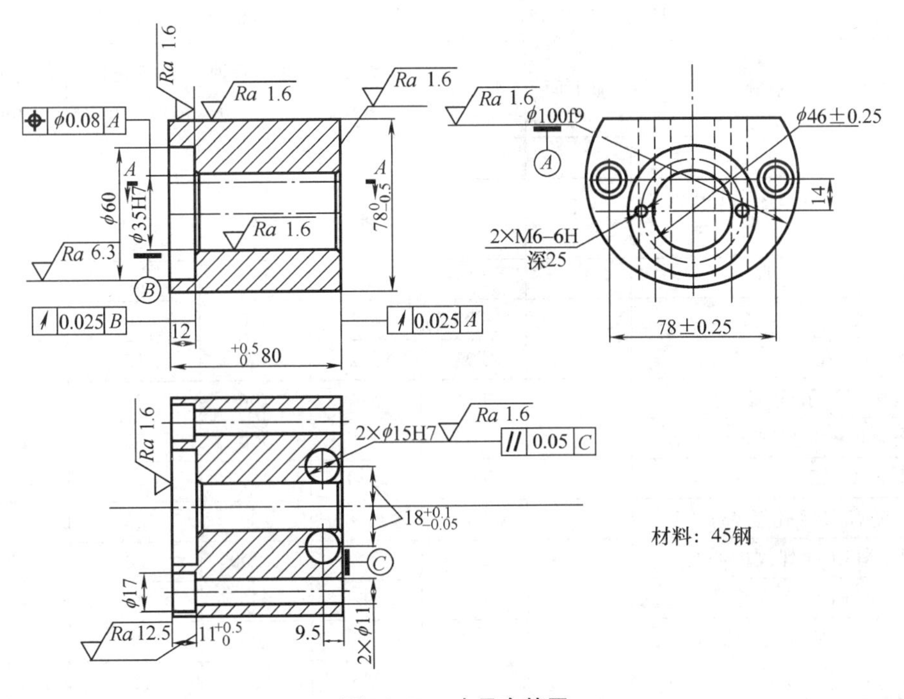

图 11.27 支承套简图

支承套材料为 45 钢，毛坯选棒料。支承套 ϕ35H7 孔对 ϕ100f9 外圆、ϕ60 mm 孔底平面对 ϕ35H7 孔、2×ϕ15H7 孔对端面 C 及端面 C 对 ϕ100f9 外圆均有位置精度要求。为便于在加工中心上定位和夹紧，将 ϕ100f9 外圆、$80^{+0.5}_{0}$ mm 尺寸两端面、$78^{0}_{-0.5}$ mm 尺寸上平面均安排在前面工序中由普通机床完成。其余加工表面(全部为孔)都在加工中心上一次安装完成。本例选择国产 XH754 型卧式加工中心。

1. 选择加工方法

所以孔都是在实体上加工，为防止钻偏，均先钻中心孔，然后再钻孔。根据图样要求，各加工表面选择的加工方案如下：

ϕ35H7 孔,钻中心孔—钻孔—粗镗—半精镗—铰孔;

ϕ15H7 孔,钻中心孔—钻孔—扩孔—铰孔;

ϕ60 mm 孔,粗铣—精铣;

ϕ11 mm 孔,钻中心孔—钻孔;

ϕ17 mm 孔,锪孔;

M6-6H 螺纹孔,钻中心孔—钻底孔—孔口倒角—攻螺纹。

2. 确定加工顺序

为减少变换工位的辅助时间和工作台分度误差的影响,在工作台一次分度下,各个工位上的加工表面按先粗后精的原则加工完毕。具体加工顺序见表 11.9 数控加工工序卡片。

表 11.9 数控加工工序卡片

(工厂)	数控加工工序卡片		产品名称或代号	零件名称	材料	零件图号
				支承套	45 钢	
工序号	程序编号	夹具名称	夹具编号	使用设备		车间
		专用夹具		XH754		

工步号	工步内容	加工面	刀具号	刀具规格/mm	主轴转速/(r/min)	进给速度/(mm/min)	背吃刀量/mm	备注
	B0°							
1	钻 ϕ35H7、2×ϕ17、ϕ11 孔的中心孔		T101	ϕ3	1 200	40		
2	钻 ϕ35H7 孔至 ϕ31		T13	ϕ31	150	30		
3	钻 ϕ11 孔		T02	ϕ11	500	70		
4	锪 2×ϕ17 孔		T03	ϕ17	150	15		
5	粗镗 ϕ35H7 孔至 ϕ34		T04	ϕ34	400	30		
6	粗铣 ϕ60×12 至 ϕ59×11.5		T05	ϕ32T	500	70		
7	精铣 ϕ60×12		T05	ϕ32T	600	45		
8	半精镗 ϕ35H7 孔至 ϕ34.85		T06	ϕ34.85	450	35		
9	钻 2×M6-6H 螺纹中心孔		T01	ϕ4	1 200	40		
10	钻 2×M6-6H 底孔至 ϕ5		T07	ϕ5	650	35		
11	2×M6-6H 底孔孔端倒角		T02		500	20		
12	攻 2×M6-6H 螺纹		T08	M6	100	100		
13	铰 ϕ35H7 孔		T09	ϕ35AH7	100	50		
	B90°							
14	钻 2×ϕ15H7 孔中心孔		T01	ϕ3	1 200	40		
15	钻 2×ϕ15H7 孔至 ϕ14		T10	ϕ14	450	60		
16	扩 2×ϕ15H7 孔至 ϕ14.85		T11	ϕ14.85	200	40		
17	铰 2×ϕ15H7 孔		T12	ϕ15AH7	100	60		

编制		审核		批准		共 1 页	第 1 页

注:“B0°”和“B90°”表示加工中心上两个互成 90°的工位。

3. 确定装夹方式

通过对零件结构和技术要求分析，选择 ϕ100f9 外圆、支承套左端面及上平面为定位基准面，分别限制工件 4 个、1 个、1 个自由度。所用夹具为专用夹具，工件的装夹如图 11.28 所示。

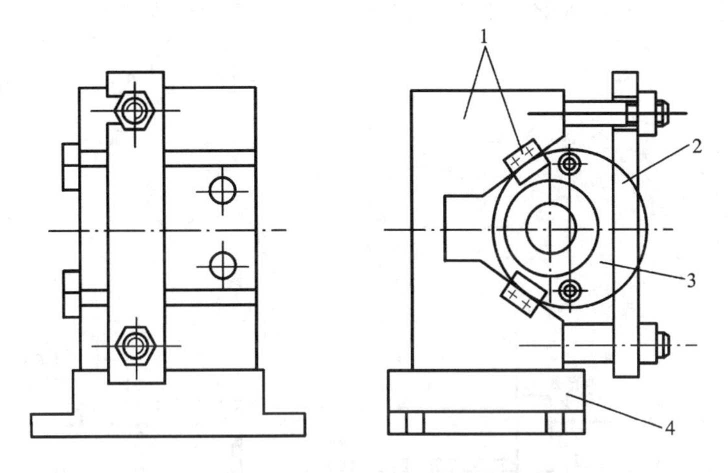

图 11.28 支承套装夹示意图

1—定位元件；2—压板；3—工件；4—夹具体

4. 选择刀具

各工步刀具直径根据加工余量和孔径确定，刀具长度与工件在机床工作台上的装夹位置有关，在装夹位置确定之后，再计算刀具长度。

5. 选择切削用量

根据机床说明书允许的切削用量范围，查表选取切削速度和进给量，然后算出主轴转速和进给速度。

【思考与练习题 11】

一、简答题

1. 什么是机械加工工艺规程？
2. 机械加工工艺规程有哪些类型？
3. 制定工艺规程的原则、步骤是什么？
4. 图 11.29 所示零件的结构工艺性，哪个正确？哪个错误？为什么？

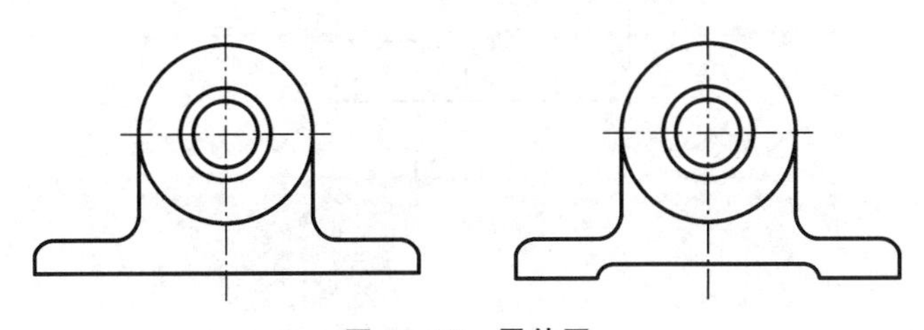

图 11.29 零件图

5. 毛坯的种类有哪些？各适用于什么场合？
6. 精基准选择有哪些原则？粗基准选择有哪些原则？

7. 数控加工工艺有何特点?

8. 保证装配精度有哪几种方法? 各适合什么场合? 制订装配工艺规程的步骤是什么?

9. 说明缩短工时定额、提高生产率的常用措施。

二、工艺设计题

零件图如图11.30所示,拟定零件的机械加工工艺。小批量生产。

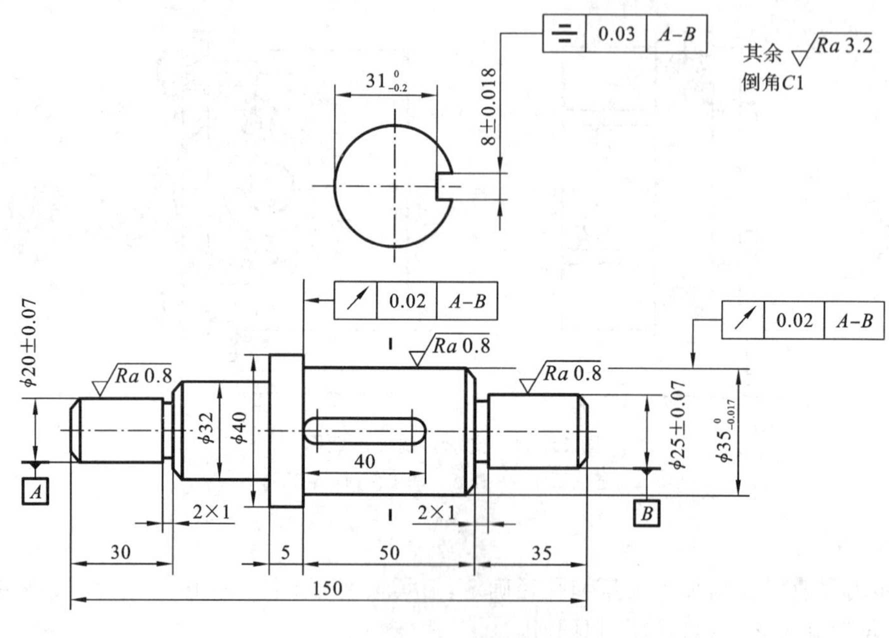

图11.30 零件图

三、计算题

如图11.31所示某零件,在成批生产中用工件端面E定位来铣缺口,以保证尺寸$8^{+0.25}_{0}$,试确定工序尺寸A及其公差,指出封闭环并说明原因。

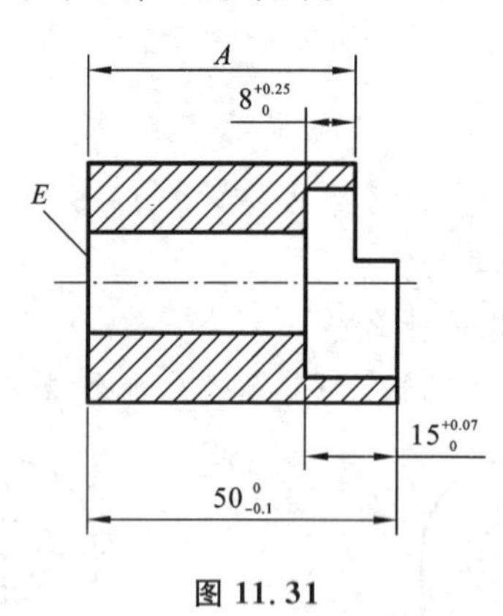

图11.31

第 12 章

机械装配基础

12.1 机械装配概述

一、装配的基本概念

机械产品都是由若干个零件和部件组成的。根据技术要求，将若干个零件或部件进行配合或连接，使之成为半成品或成品的过程，称为装配。

一般情况下，机械产品的结构复杂，为保证装配质量和提高装配效率，可根据产品的机构特点，从装配工艺角度出发，将产品分解为可单独进行装配的若干个单元，称为装配单元。装配单元一般可划分为五个等级，即零件、合件(或套件)、组件、部件和机器。如图 12.1 所示为装配单元划分。

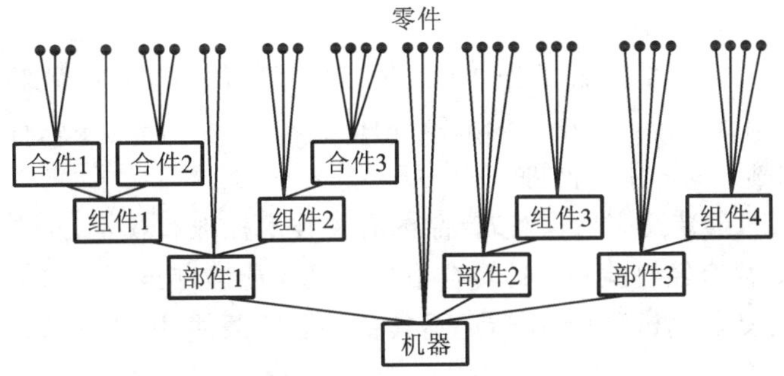

图 12.1 装配单元划分

零件是组成产品的最小单元，它由整块金属或其他材料制成。机械装配中，一般先将零件装成套件、组件或部件，然后再装成产品。

合件是在一个基准零件上装一个或若干个零件构成的，它是最小的装配单元。合件中唯一的基准零件是为了连接相关零件和确定各零件的相对位置。为合件而进行的装配称为套装。合件因工艺或材料问题，可分成零件制造，但在之后的装配中作为一个零件，不再分开。

组件是在一个基准零件上装上若干个套件及零件构成的。组件中唯一的基准零件用于连接相关零件和套件，并确定它们的相对位置。为形成组件而进行的装配称为组装。组件与套件的区别在于组件在以后的装配中可拆开。

部件是在一个基准零件上装上若干个组件、套件和零件而构成的。部件中唯一的基准零件用来连接各个组件、套件和零件，并决定它们之间的相对位置。为形成部件而进行的装配称部装。部件在产品中具备一定的完整的功用，如机床的主轴箱、汽车发动机、汽车变速箱等。

机器或称产品，是由上述全部装配单元结合而成的整体。

由图 12.1 可见，同一等级的装配单元在进入总装前互不相关，故可同时进行装配，实行平行作业。在总装时,只要选定一个零件或部件作为基础,首先进入总装,其余零部件相继就位,实行流水作业,这样,就可以合理地使用劳动力和装配场地,缩短装配周期,提高劳动生产率。

二、机器装配的内容

机械产品的总装配是机械产品制造的最后一个阶段,它主要包括零部件的清洗、连接、调整、试验、检验、油漆和包装等工作。机械产品的质量是以其工作性能、精度、寿命和使用效果等综合指标来评价的。这些指标是在保证零件质量的前提下,由装配工作最终予以保证的。因此,装配工作对产品质量具有重要影响。

(1) 清洗。用清洗剂清除零件上的油污、灰尘等脏污的过程称为清洗。它对保证产品质量和延长产品的使用寿命均有重要意义。常用的清洗方法有擦洗、浸洗、喷洗和超声波清洗等。常用的清洗剂有煤油、汽油和其他各种化学清洗剂,使用煤油和汽油做清洗剂时应注意防火,清洗金属零件的清洗剂必须具备防锈能力。

(2) 连接。装配过程中常见的连接方式包括可拆卸连接和不可拆卸连接两种。螺纹连接、键连接、销钉连接和间隙配合属于可拆卸连接,而焊接、铆接、胶接和过盈配合属于不可拆卸连接。过盈配合可使用压装、热装或冷装等方法来实现。

(3) 平衡。对于机器中转速较高、运转平稳性要求较高的零部件,为了防止其内部质量分布不均匀而引起有害振动,必须对其高速回转的零部件进行平衡。平衡可分为静平衡和动平衡两种,前者主要用于直径较大且长度短的零件(如叶轮、飞轮、带轮等);后者用于长度较长的零部件(如电动机转子、机床主轴等)。

(4) 校正及调整。包括在装配过程中为满足相关零部件的相互位置和接触精度而进行的找正、找平和相应的调整工作。其中除调节零部件的位置精度外,为了保证运动零部件的运动精度,还需调整运动副之间的配合间隙。

(5) 验收试验。机器装配完后,应按产品的有关技术标准和规定,对产品进行全面检验和必要的试运转工作。只有经检验和试运转合格的产品才能准许出厂。多数产品的试运转在制造厂进行,少数产品(如轧钢机)由于制造厂不具备试运转条件,因此其试运转只能在使用厂安装完成后进行。

三、机器装配的工艺性

根据机器的装配实践和装配工艺的需要,对机器结构的装配工艺性提出以下要求。

1. 机器结构应能分成独立的装配单元

为了最大限度地缩短机器的装配周期,有必要把机器分成若干独立的装配单元,以便将许多装配工作同时平行进行,它是评定机器结构装配工艺性的重要标志之一。

所谓划分成独立的装配单元,就是要求机器结构能划分成独立的组件、部件等。首先按组件或部件分别进行装配,然后再进行总装配。例如卧式车床是由主轴箱、进给箱、溜板箱、刀架、尾座和床身等部件组成的,将这些独立的部件装配完之后,可以在专门的试验台上检验或试车,待合格后再送去总装。

把机器划分成独立装配单元,对装配过程的好处有:

(1) 可组织平行装配作业,各单元装配互不妨碍,缩短装配周期,便于多厂协作生产。

(2) 机器的有关部件可以预先进行调整和试车,各部件以较完善的状态进入总装,这样既有利于保证总机的装配质量，又可以减小总装配的工作量。

(3) 机器局部结构改进后，整个机器只是局部变动，使机器改装起来方便，有利于产品的改进和更新换代。

(4) 有利于机器的维护检修，可为重型机器的包装、运输提供很大的方便。

另外，有些精密零部件不能在使用现场进行装配，而只能在特殊(如高度洁净、恒温等)环境下进行装配及调整，然后以部件的形式进入总装。例如，精密丝杠车床的丝杠就是在特殊的环境下装配的，以保证机器的精度。

图 12.2 所示为轴的装配，当轴上齿轮直径大于箱体轴承孔直径时(见图 12.2(a))，轴上零件需依次在箱内装配。当齿轮直径小于轴承孔直径时(见图 12.2(b))，轴上零件可在组装成组件后，一次装入箱体内，从而简化装配过程、缩短装配周期。

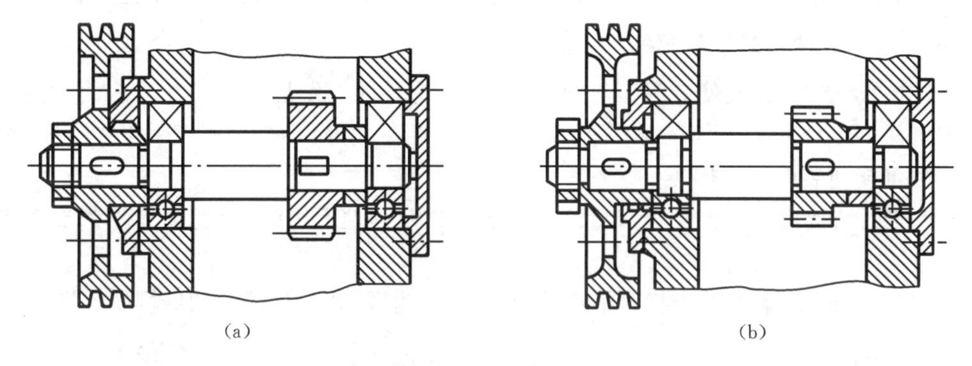

图 12.2 轴的两种结构比较

(a) 齿轮直径大于轴承孔直径 (b) 齿轮直径小于轴承孔直径

图 12.3 所示为传动齿轮箱的装配图，图 12.3(a)中各齿轮轴系分别装配在大箱体上，装配过程十分不便。如将大箱体改为图 12.3(b)所示形式的，传动齿轮轴系装配在分离的小齿轮箱内，成为独立的装配单元，这样，既可提高装配的劳动生产率，又便于以后的维修。

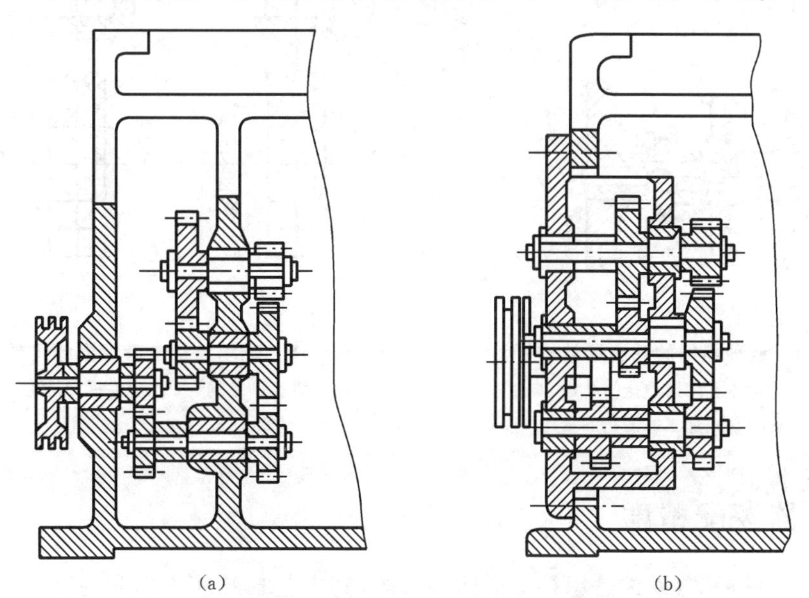

图 12.3 传动齿轮箱的两种不同结构

(a) 轴系装配在大箱体上 (b) 轴系装配在小齿轮箱内

2. 减少装配时的修配和机械加工

对于多数机器,在装配过程中,难免需要对某些零部件进行修配,这不仅会增加装配工作量,还需要工人具备较高的操作技艺。因此,装配过程中要尽量减少修配工作量。

首先,要尽量减少不必要的配合面。因为配合面过大、过多,零件机械加工就困难,装配时修刮量也必然增加。

其次,要尽量减少机械加工。装配过程中,机械加工工作越多,装配工作越不连续,装配周期越长;同时加工设备既占面积,又易引起装配工作混乱,其加工切屑还有可能造成机器不必要的磨损,甚至产生严重事故而损坏整个机器。如图12.4所示为两种不同的轴润滑结构,图12.4(a)所示结构需要在轴套装配后,在箱体上配钻油孔,将增加装配的机械加工工作量。图12.4(b)所示结构改为在轴套上预先加工好油孔,便可消除装配时的机械加工工作量。

3. 机器结构应便于装配和拆卸

(1) 机器的结构设计应使装配工作简单、方便。重要的一点是组件的几个表面不应该同时装入基准零件的配合孔中,而应该按先后次序进入装配。此外,不合理的扳手工作空间、螺栓拧入深度等都可能使装配变得困难。

(2) 机器的结构设计应便于拆卸检修。由于磨损及其他原因,所有易损零件都要考虑拆卸方便问题。

如图12.5(a)所示,轴承在更换时很难拆卸下来,改为图12.5(b)所示的结构就容易拆卸了。

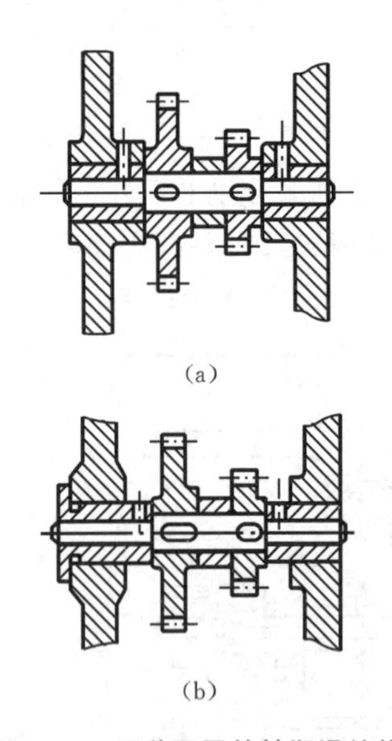

图12.4 两种不同的轴润滑结构

(a) 需在箱体上配钻油孔的结构

(b) 在轴套上预先加工好油孔的结构

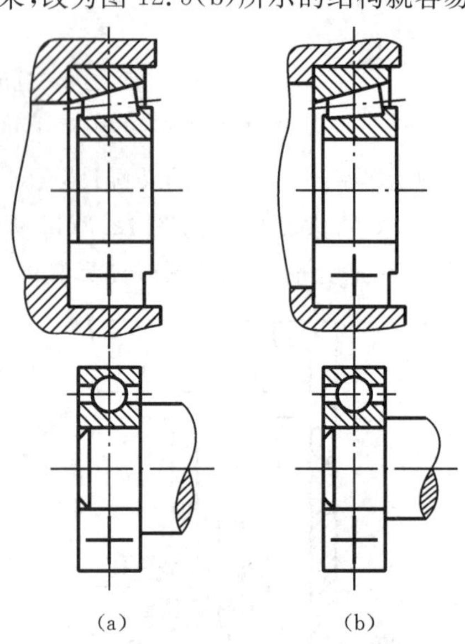

图12.5 轴承结构应考虑拆卸问题

(a) 难拆卸结构 (b) 容易拆卸结构

四、机器装配精度

机械产品质量标准,通常是用技术指标表示的,其中包括几何方面和物理方面的参数。物理参数有转速、质量、平衡、密封、摩擦等;几何参数,即装配精度,包括距离精度、相互位置精度、相对运动精度,配合表面的配合精度和接触精度等。

1. **装配的距离精度**

距离精度是指相关零部件间的距离精度及配合精度。距离包括零部件间的轴向间隙、轴向距离和轴线距离等，例如卧式车床主轴回转轴线和顶尖轴线对床身导轨的等高度。配合精度是指配合件之间应达到的规定的间隙和过盈量的要求，它直接影响到配合件的配合性质和配合质量。如轴和孔的配合间隙或配合过盈的范围。

2. **装配的相互位置精度**

位置精度指相关零件的平行度、垂直度、同轴度等，如图12.6所示为发动机装配的相互位置精度。图中装配的相互位置精度要求是活塞外圆的中心线与缸体孔的中心线平行。

图中：α_1为活塞外圆轴线与其销孔轴线的垂直度；α_2为曲轴的连杆颈中心与其大头孔中心线的平行度；α_3为曲轴的连杆轴颈轴线与曲轴轴颈轴线的平行度；α_0为缸体轴线与曲轴孔轴线的垂直度。

由图12.6可以看出，影响装配相互位置精度的是α_1、α_2、α_3、α_0。亦即装配相互位置精度反映各有关零件相互位置与装配相互位置的关系。

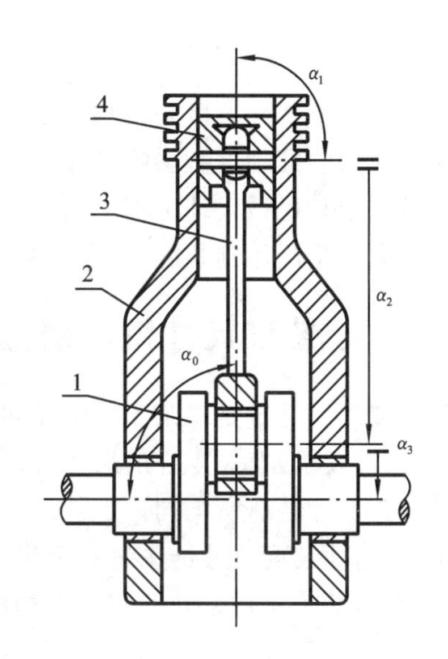

图12.6 发动机装配的相互位置精度

1—曲轴；2—缸体；3—连杆；4—活塞

3. **装配的运动精度**

以普通卧式车床主轴为例，运动精度有主轴的圆跳动、轴向窜动、转动精度以及传动精度等，其主要与主轴轴颈处的精度、轴承精度、箱体轴孔精度、传动元件自身的精度和它们之间的配合精度有关。

4. **接触精度**

接触精度是指相互配合表面、接触表面达到规定接触面积的大小的程度与接触点分布情况。它影响接触刚度和配合质量的稳定性。如齿轮啮合，锥体与锥孔配合以及导轨副之间均有接触精度要求。

上述各种装配精度之间存在一定的关系。接触精度和配合精度是距离精度和位置精度的基础，而位置精度又是相对运动精度的基础。

5. **影响装配精度的因素**

影响装配精度的主要原因是零件的加工精度。一般来说，零件的精度越高，装配精度就越容易得到保证。但在生产实际中，并不能单靠提高零件的加工精度来达到高的装配精度，因为这样会增加加工成本。例如在装配精度要求较高、影响装配精度的零件数量较多的情况下，若完全由有关零件的制造精度来保证装配精度，将导致加工成本增加或根本就难以制造。实际生产中通过在装配过程中对有关零部件进行必要的选择、调整、修配来保证装配精度。所以说产品的装配精度与零件的加工精度有很密切的关系，零件精度是保证装配精度的基础。但是，装配精度并不完全取决于零件精度，还与装配方法有关，因此，对零件的加工精度，应根据装配精度的要求进行分析并加以控制。

此外，影响装配精度的因素还有零件的表面接触质量、零件的变形以及装配方法等。零件间的配合与接触质量直接影响刚度和抗振性，进而影响整个产品的精度；零件在加工和装配中因热应力等所引起的变形也会影响装配精度;产品装配中装配方法的选用对装配精度也有很大的影响,尤其是在进行单件小批量生产及装配要求较高时,仅采用提高零件加工精度的方法往往不经济,通过合适的装配方法来保证装配精度非常重要。

12.2 装配尺寸链

机器的装配精度是由相关零件的加工精度和合理的装配方法共同保证的。因此,如何查找那些对某装配精度有影响的零件,进而选择合理的装配方法并确定这些零件的加工精度,成为机械制造和机械设计工作中的一个重要课题。为了正确和定量地解决上述问题,就需要将尺寸链基本理论应用到装配中,即建立装配尺寸链和解装配尺寸链。

一、装配尺寸链的概念

装配尺寸链是以某项装配精度指标(或装配要求)作为封闭环,查找所有与该项精度指标(或装配要求)有关零件的尺寸(或位置要求)并将其作为组成环而形成的尺寸链。装配尺寸链与工艺尺寸链有所不同。工艺尺寸链中所有尺寸都分布在同一个零件上,主要解决零件加工精度问题;而装配尺寸链中每一个尺寸都分布在不同的零件上,每一个零件的尺寸就是一个组成环,有时两个零件之间的间隙也构成组成环。装配尺寸链主要解决装配精度问题,它是研究与分析装配精度与各有关尺寸关系的基本工具。

图12.7所示为装配尺寸链的例子。要求轴台肩面在装配后与轴承的端面之间保持一定的间隙 A_0。有关的尺寸有 A_1、A_2、A_3、A_4 和 A_5。

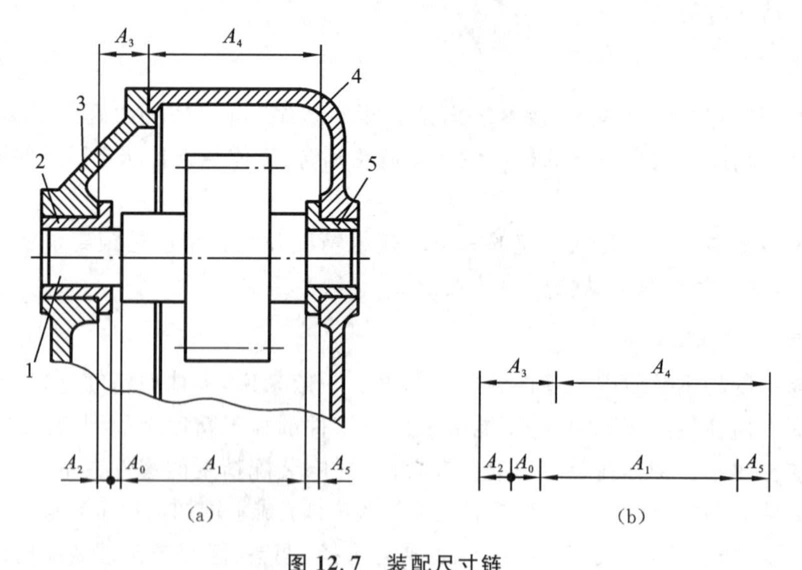

图12.7 装配尺寸链

1—齿轮轴;2—左滑动轴承;3—左箱体;4—右箱体;5—右滑动轴承

二、装配尺寸链的建立

装配尺寸链是在装配图上,根据装配精度要求,找出与该项装配精度有关的零件及其有关的尺寸，按照封闭与最短路线原则而建立的。其步骤是确定封闭环，查找组成环，画出尺寸链图。下面以图 12.7 为例介绍装配尺寸链的建立过程。

1. 确定封闭环

在装配尺寸链中，封闭环定义为装配过程中最后形成的那个尺寸环。而装配精度是装配后所得的尺寸环，所以装配精度就是封闭环。图 12.7 所示的传动箱中，齿轮轴在两个滑动轴承中转动，为避免轴端和滑动轴承端面的摩擦，因此在轴向要有一定的间隙。这一间隙是装配过程中最后形成的一环，也是装配精度要求，所以它是封闭环。装配间隙为 0.2～0.7 mm。

2. 查找组成环

组成环的确定就是要找出与装配精度有关的零件及其相关尺寸。其方法是从封闭环的一端出发，逆时针或顺时针依次寻找相关零件及其尺寸，直至返回到封闭环的另一端。本例中相关零件是齿轮轴、左滑动轴承、左箱体、右箱体和右滑动轴承。确定相关零件后，应遵守“尺寸链的最短路线”原则，确定相关尺寸。在本例中的相关尺寸是 A_1、A_2、A_3、A_4 和 A_5。它们是以 A_0 为封闭环的装配尺寸链中的组成环。

“尺寸链最短路线”原则是建立装配尺寸链时应遵循的一个重要原则，它要求装配尺寸链中所包括的组成环数目最少，即每一个有关零件仅以一个组成环列入。例如，箱体左、右的轴承孔厚度就不应列入本例的装配尺寸链中。

3. 画出尺寸链图并确定组成环的性质

画尺寸链图时，应以封闭环为基础，从其尺寸的一端出发，一一把组成环的尺寸连接起来，直到封闭环尺寸的另一端为止，这就是封闭原则。

画出尺寸链图后，便可容易地判断哪些组成环是增环，哪些组成环是减环。增、减环的判别原则和工艺尺寸链一样。当其他组成环尺寸不变时，其尺寸增加使封闭环尺寸也增加的组成环为增环，其尺寸增加使封闭环尺寸减小的组成环为减环。

三、装配尺寸链的计算方法

装配尺寸链的应用包括正计算和反计算两个方面。在已有产品装配图和全部零件图的情况下，装配尺寸链的封闭环、组成环的基本尺寸及公差及偏差都已知，根据已知的组成环的基本尺寸、公差及偏差，求封闭环的基本尺寸、公差及偏差，然后与已知条件相比，看是否满足装配精度的要求，验证组成环的基本尺寸、公差及偏差确定是否合理，这种应用方式称为正计算。另外在产品设计阶段，需要根据产品装配精度要求（封闭环），确定组成环的基本尺寸、公差及偏差，然后将这些已确定的基本尺寸、公差及偏差标注到零件图上，这种应用方式称为反计算。

无论采用哪一种应用方式，装配尺寸链的计算方法都只有两种，即极值法和概率法。

1. 极值法

极值法是指在各组成环误差处于极端情况时，确定封闭环与组成环关系的一种方法。该方法简单可靠，但在封闭环公差较小、组成环环数较多的情况下，各组成环的公差可能会很小，致使加工困难，零件制造成本增加。因此极值法主要适用于组成环的环数较少，或者组成环的环数较多，但封闭环的公差较大的场合。

装配尺寸链的极值法计算所应用的公式与第 11 章中工艺尺寸链的计算公式相同。

2. 概率法

概率法是指在大批大量生产中，组成环尺寸按概率原理分布，处于极端情况下的可能性很小,从而用概率论理论来确定封闭环和组成环关系的一种方法。生产实践证明,加工一批零件时,其加工尺寸处于公差带范围的中间部分零件是多数,处于极限尺寸的零件是极少数。而且一批零件在装配时,尤其对多环尺寸链的装配,同一部件的各组成环恰好都处于极限尺寸的情况就更少见。因此,在成批或大量生产中,当装配精度要求高,组成环的数目又较多时,应用概率法解尺寸链比较合理。

12.3 保证装配精度的工艺方法

装配精度是机器质量指标中的重要项目之一,它是保证机器具有正常工作性能的必要条件。凡是完成装配的机器就必须满足规定的装配精度。因此用什么方法能够以最快的速度、最小的装配工作量和较低的成本来达到较高的装配精度要求,是装配工艺的核心问题。在生产中,根据生产纲领、生产技术条件及机器性能、结构和技术要求的不同,可将保证产品精度的具体方法归纳为互换法、选配法、修配法和调整法四大类。

必须注意,装配方法与解装配尺寸链的方法是密切相关的。为了达到规定的装配技术要求,解尺寸链确定部件中各个零件的公差时,必须保证它们装配后所形成的积累误差不大于按其工作性能要求所允许的数值。而且,同一项装配精度,因采用的装配方法不同,其装配尺寸链的解算方法亦不相同。实际生产中根据产品要求和生产条件可采用不同的方法,具体情况分述如下。

一、互换法

互换法是指在装配过程中,具有互换性的相关零件不经任何选择、调整,安装后就能达到装配精度要求的一种方法。产品采用互换法装配时,装配精度主要取决于零件的加工精度。这种方法的实质是合理地控制零件的加工误差,使它们累积起来不超出装配精度的要求,以保证产品的装配精度。其特点是装配质量稳定,装配工作简单、生产率高,便于组织流水装配和自动化装配,是一种比较理想和先进的装配方法。因此,只要各零件的加工在技术上经济合理,就应该优先选用,尤其是在大批大量生产中更是广泛采用互换法装配。根据互换的程度,互换法分完全互换和不完全互换两种。

1. 完全互换法

完全互换法就是在全部产品中,严格限制各个装配零件相关尺寸的制造公差,在机器装配过程中每个待装配零件不需要挑选、修配和调整,装配后就能达到装配精度要求的一种方法。这种方法的关键是控制零件的制造精度,以保证机器的装配精度。完全互换法的装配尺寸链是按极值法计算的。完全互换法的优点是:可以保证完全互换性,装配质量稳定可靠(装配质量是靠零件的加工精度来保证的);装配过程简单,生产效率高;对工人的技术水平要求不高;便于组织流水作业及实现自动化装配;容易实现零部件的专业协作;便于备件供应及维修工作等。因此只要能满足零件经济精度要求,无论对何种生产类型都应首先考虑采用完全互换法装配。这种方法特别适合于在成批大量生产中装配精度要求不高的机械结构。完全互换法的不足之处是当装配精度要求较高时,对零件的制造精度要求较高,零件就难以按经济精度制造,使加工成本增加。在这种情况下应考虑采用不完全互换法。

2. 不完全互换法

不完全互换法又称部分互换法。当机器的装配精度较高、组成环零件的数目较多时，用极值法（完全互换法）计算得到的各组成环的公差势必很小，难以满足零件的经济加工精度的要求，甚至很难加工。因此，在大批大量的生产条件下多采用概率法计算装配尺寸链，用不完全互换法保证机器的装配精度。与完全互换法相比，采用不完全互换法装配时，零件的加工误差可以放大一些，使零件加工容易，成本低，同时也能达到部分互换的目的。其缺点是将会出现极少部分产品的装配精度超差的情况。这就需要考虑好补救措施，或者事先进行经济核算。如果经论证发现，可能产生废品而造成的损失小于因零件制造公差放大而得到的增益，那么，不完全互换法就值得采用。

不完全互换法和完全互换法的特点相似，只是互换程度不同。不完全互换法采用概率法计算，因而将扩大公差。

3. 应用互换法时确定公差的原则

互换法实质上就是用控制零件加工误差来保证装配精度的一种方法。换言之，就是按下面两种原则来规定零件加工公差。

(1) 各有关零件公差之和应小于或等于装配公差。这一原则可以用公式表示如下：

$$T_0 \geqslant \sum_{i=1}^{n} T_i = T_1 + T_2 + \cdots + T_n \tag{12.1}$$

式中：T_0——装配公差；

T_i——各有关零件的制造公差。

显然，以这种原则控制公差，零件是完全可以互换的，因此它适用于完全互换。

(2) 各有关零件公差值平方之和的平方根小于或等于装配公差，即

$$T_0 \geqslant \sqrt{\sum_{i=1}^{n} T_i^2} = \sqrt{T_1^2 + T_2^2 + \cdots + T_n^2} \tag{12.2}$$

显然，与式(12.1)相比，按式(12.2)计算时，零件的公差可以放大些，使加工容易而经济，同时仍能保证装配精度。

式(12.1)适用于任何生产类型，式(12.2)只适用于大批大量生产类型，将可能有一部分被装配的产品不符合装配精度要求，此时就成为不完全互换。

二、选配法

在成批或大量生产条件下，若组成零件不多而装配精度很高，采用完全互换法或不完全互换法，都将使零件的公差过严，甚至超过加工工艺实现可能性。例如内燃机的活塞与缸套的配合，滚动轴承内、外环与滚珠的配合等。在这种情况下，可以用选配法。选配法是将配合副中各零件制造公差放大，将零件按经济精度制造，装配时选择合适的零件进行装配，以保证规定的装配精度要求。

选配法有直接选配法、分组选配法及复合选配法三种形式。

1. 直接选配法

在装配时由装配工人在许多待装配的零件中，凭经验挑选合适的零件装配在一起，保证装配精度。采用这种方法时，事先不将零件进行测量和分组，而是在装配时直接由工人试凑装配，故称为直接选配法。

直接选配法的优点是生产过程简单,能够达到很高的装配精度。其缺点是工人凭经验选择,装配质量在很大程度上取决于工人技术水平,而且挑选零件可能要用去比较长时间,装配节拍难以控制,因此这种选配法不宜在节拍要求严格的大批大量的流水线装配中采用。

2. 分组装配法

当封闭环精度要求很高时,若采用完全互换法或大数互换法解尺寸链,组成环公差会非常小,使加工十分困难而又不经济。这时,在零件加工时,常将各组成环的公差相对用完全互换法所求数值放大数倍,使其尺寸能按经济精度加工,再按实际测量尺寸将零件分为数组,按对应组进行装配,以达到装配精度的要求。由于同组内零件可以互换,故这种方法又称为分组互换法。

在大批大量生产中,对于组成环数少而装配精度要求又高的部件,常采用分组装配法。例如滚动轴承的装配、发动机汽缸活塞环的装配、活塞与活塞销的装配、精密机床中某些精密部件的装配等。这种方法的实质是先将被加工零件的制造公差放宽几倍(一般放大3~4倍),零件加工后测量分组(公差放宽几倍分几组),并按对应组进行装配。

这种选配法的优点是:零件加工精度要求不高,但能获得很高的装配精度;同组内零件仍可以互换。它的缺点是:增加了零件储存量,增加了零件的测量、分组工作,使零件的储存、运输工作复杂化。

例 12.1 图12.8(a)所示为活塞销与活塞的装配关系。按技术要求,销轴直径 d 与销孔直径 D 在冷态装配时,应有0.0025~0.0075 mm的过盈量(Y),即

$$Y_{min} = d_{min} - D_{max} = 0.0025\ \text{mm}$$
$$Y_{max} = d_{max} - D_{min} = 0.0075\ \text{mm}$$

此时封闭环的公差为

$$T_0 = Y_{max} - Y_{min} = (0.0075 - 0.0025)\ \text{mm} = 0.0050\ \text{mm}$$

如果采用完全互换法装配,则销与孔的平均公差仅为0.0025 mm。由于销轴是外表面按基轴制(h)确定极限偏差,取销孔直径为协调环,则

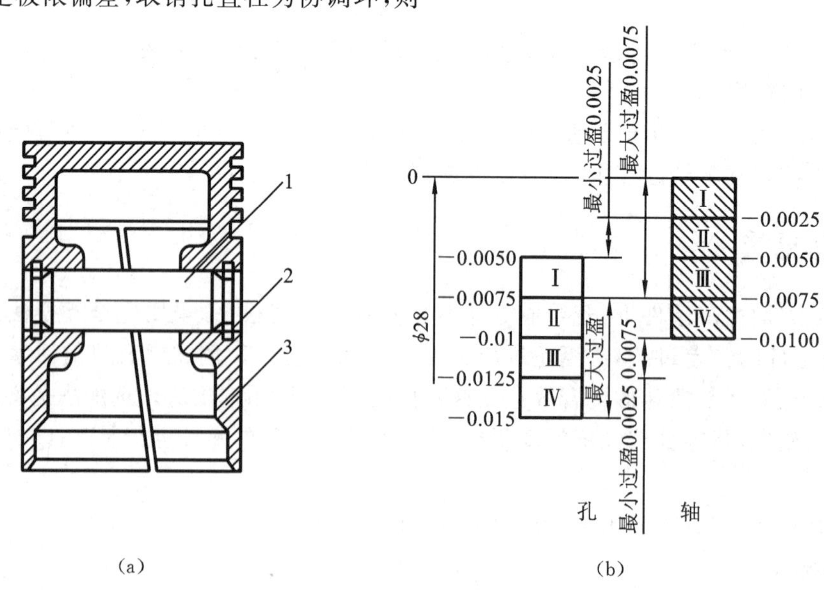

图 12.8 活塞、活塞销和活塞连接

(a) 装配关系 (b) 公差配合

1—活塞销;2—挡圈;3—活塞

$$d = \phi 28_{-0.0025}^{0} \text{ mm}, \quad D = \phi 28_{-0.0025}^{-0.0050} \text{ mm}$$

显然，制造这样高精度的销轴与销孔既困难又不经济。在实际生产中，采用分组装配法，可将销轴与销孔的公差在相同方向上放大 4 倍(上偏差不动，变动下偏差)，即

$$d = \phi 28_{-0.01}^{0} \text{ mm}, \quad D = \phi 28_{-0.015}^{-0.005} \text{ mm}$$

这样，活塞销可用无心磨加工，活塞销孔用金刚镗床加工，加工后用精密量具测量其尺寸，并按尺寸大小分成 4 组，涂上不同颜色加以区别，以便进行分组装配，具体分组情况如表 12.1 所示。

表 12.1 活塞销和活塞销孔的直径分组

组别	标志颜色	活塞销直径/mm	活塞销孔直径/mm	配合情况	
				最大过盈/mm	最小过盈/mm
1	白	$\phi 28_{-0.0025}^{0}$	$\phi 28_{-0.0075}^{-0.0050}$	0.0075	0.0025
2	绿	$\phi 28_{-0.0050}^{-0.0025}$	$\phi 28_{-0.0100}^{-0.0075}$		
3	黄	$\phi 28_{-0.0075}^{-0.0050}$	$\phi 28_{-0.0125}^{-0.0100}$		
4	红	$\phi 28_{-0.0100}^{-0.0075}$	$\phi 28_{-0.0150}^{-0.0125}$		

采用分组装配的注意事项如下：

(1) 配合件的公差应相等，公差的增加要同一方向，增大的倍数就是分组数，这样才能在分组后按对应组装配而得到预定的配合性质(间隙或过盈)及精度。

(2) 配合件的表面粗糙度、几何公差必须满足原设计要求，不能随着公差的放大降低粗糙度要求和放大几何公差，否则，将不能保证配合质量。

(3) 要采取措施，保证零件分组装配中都能配套，不能发生某一组零件由于过多或过少，无法配套而造成积压和浪费的情况。

(4) 分组数不宜过多，否则将使前述两项缺点更加突出而增加费用。

(5) 应严格组织对零件的精密测量、分组、识别，保管和运送等工作。

由上述可知，分组装配法的应用只适应于装配精度要求很高，组件很少(一般只有 2～3 个)的情况。采用分组装配法的典型，就是大量生产的轴承厂。为了不因前述缺点而造成过多的人力和费用增加，一般都采用自动化测量和分组等措施。

3. 复合选配法

复合装配法是上述两种方法的复合，即先将零件预先测量分组，装配时再在各对应组内凭工人的经验直接选择装配。

这种装配方法的特点是配合公差可以不等。其装配质量高，速度快，能满足一定生产节拍的要求。在发动机的汽缸与活塞的装配中，多采用这种方法。

上述的互换装配法和选择装配法，其共同点都是零件能够互换，这对大批大量生产来说是非常重要的。

三、修配法

在单件小批生产中，装配精度要求较高而组成件较多时，若按互换法装配，会使零件精度太高而无法加工。例如，装配普通卧式车床，其主轴轴线与尾架顶尖轴线的等高性精度要求较高，与此有关的组成件较多，如果采用完全互换法，则相关零件的尺寸精度势必需达到极高的要求；

若采用不完全互换法,公差值放大不多,也无济于事,且小批生产也无条件采用不完全互换法;选配法当然也不适用。在这种情况下广泛采用修配法。

修配装配法是指,对产品中装配精度要求较高的多环尺寸链,选其中一环为修配环,其他各组成环按经济精度加工,修配环加工时预留修配量,装配时通过手工锉、刮、磨修配环的尺寸,以保证封闭环的精度,从而达到精度要求的一种装配方法。

修配装配法的优点是能利用较低的制造精度,来获得很高的装配精度。其缺点是产品装配以后,先要测量产品的装配精度,如果不合格,就要拆开产品,对某一零件进行修整,然后重新装配,再进行检验,直到满足规定的精度为止。修配工作量较大,要求工人的技术水平高,不易预定工时,不便组织流水作业。

采用修配法时应注意:首先选择那些只与本项装配精度有关而与其他装配精度无关的零件作为修配对象,然后再选择其中易于拆卸且修配面不大的零件作为修配件;应该通过计算,合理确定修配件的尺寸和公差,既要保证它具有足够的修配量,又不要导致修配量过大。修配一般是通过后续加工(如锉、刮、研等)修去零件表面多余的材料从而满足装配精度要求的,若修配量不够,则可能会在没达到精度要求的时候已经无材料可去除;若修配量过大,又会使劳动量过大,工时难以确定,劳动生产率降低。

1. 单件修配法

单件修配就是在多环尺寸链中,选择一个固定零件的尺寸作为修配环,在非装配位置上进行再加工,以达到装配精度要求。此法在生产中应用很广。

2. 合并加工修配法

这种方法是将两个或多个零件合并在一起进行加工修配。合并加工所得尺寸,看做一个组成环,这样既可减少组成环数目,又可减少修配工作量。

合并法在装配中应用较广。但这种方法由于零件需“对号入座”,会给组织生产带来一定的麻烦,因此,多在单件小批生产中应用。

3. 自身加工修配法

在机器制造中,有一些装配精度是在机器总装时用自己加工自己的方法来保证的,这种修配方法称为自身加工修配法,又称为就地加工修配法或综合消除修配法。当某些产品或部件装配精度要求很高时,由于严格控制各公差很难,且不易选择一个适当的修配件,此时采用自身加工修配法就地修配,可以直接抵消装配后产生的累积误差,保证装配精度。例如:平面磨床装配时自己磨削自己的工作台面,以保证工作面与砂轮轴平行;牛头刨床在装配时,可用自刨法再次加工工作台面,使滑枕与工作台平行;车床三爪卡盘装配后,在车床上直接加工卡爪面,以保证三个卡爪中心与机床主轴回转中心的同轴度要求。

四、调整法

装配时用改变调整件在机器结构中的相对位置或选用合适的调整件,来达到装配精度的装配方法称为调整装配法,简称调整法。调整法的特点也是按经济加工精度确定零件公差的。由于组成环公差扩大,结果使一部分装配超差。可通过改变一个零件位置或选定一个适当尺寸的调整件加入尺寸链中来补偿,以保证装配精度。对于装配精度要求较高而组成环数目较多的尺寸链,也可以采用调整法进行装配,以保证精度。

调整装配法与修配装配法的原理基本相同,其区别在于调整法不是靠去除材料,而是靠改变补偿件的位置或更换补偿件的方法来保证装配精度的。调整装配法的优点是可以随时调整由于磨损、热变形或弹性变形等原因所引起的误差，零件可以按经济精度要求确定加工误差。其不足之处是：要另外增加一套调整装置，常常会增大机构体积；装配精度依赖于工人的技术水平；对于复杂的调整工作工时难以预计，不便于组织生产节拍严格的流水作业。

常见的调整法有可动调整法、固定调整法和误差抵消调整法三种。

1. 可动调整装配法

用改变调整件位置来满足装配精度的方法，称为可动调整装配法。调整过程中不需要拆卸零件，比较方便。

在机械制造中使用可动调整装配法的例子很多，如图 12.9(a)所示是调整滚动轴承间隙或过盈的结构，可保证轴承既有足够的刚度又不至于过分发热。图 12.9(b)所示例子是用调整螺钉来保证车床溜板和床身导轨之间的间隙的。

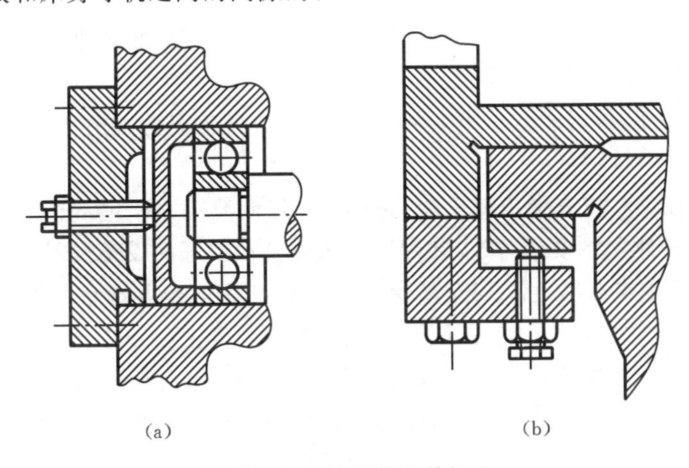

(a)　　(b)

图 12.9　可动调整法的例子

(a) 调整滚动轴承间隙　(b) 调整导轨间隙

采用可动调整法，不但调整方便，能获得比较高的精度，而且可以补偿由于磨损和变形等所引起的误差，使设备恢复原有精度。所以在一些传动机构或易磨损机构中，常用可动调整法。但是，可动调整件的出现，会削弱机构的刚度，因而在刚度要求较高，或机构比较紧凑，无法安排可动调整件时，就必须采用其他的调整方法。

2. 固定调整装配法

在装配尺寸链中，选择某一组成环为调节环（补偿环），该环是按一定尺寸间隙分级制造的一套专用零件。产品装配时，根据各组成环所形成累积误差的大小，通过更换调节件来实现调节环实际尺寸，以保证装配精度的方法，即固定调节法。调整件应形状简单，容易制造和装拆。常用的调整件有轴套、垫片、垫圈等。

固定调整装配法多用于大批大量生产时，装配精度要求高得多环尺寸链中。

3. 误差抵消调整装配法

在机器装配中，通过调整被装配零件的相对位置，使其加工误差相互抵消一部分，或全部抵消，从而提高装配精度，这种装配方法称为误差抵消调整法，也可称为定向装配法。这种方法的实质与可动调整法相似，是机床装配中精密主轴部件装配常用的一种基本方法。

12.4 装配工艺规程的制订

一、制订装配工艺规程的基本原则

装配工艺规程是用文件形式规定下来的装配工艺过程，它是指导装配工作的技术文件，也是进行装配生产计划及技术准备的主要依据，例如设计或改建一个机器制造厂时，它是设计装配车间的基本文件之一。

由于机器的装配在保证产品质量、组织工厂生产和实现生产计划等方面均有其特点，在制订装配工艺规程时应遵循如下几条原则。

(1) 保证产品装配质量，选用合理和可靠的装配方法，全面、准确地达到设计要求的技术参数和技术条件，并要求提高精度储备量。

(2) 保证装配周期，尽可能减小钳工装配工作量，提高装配机械化与自动化程度，以提高装配生产率。

(3) 降低装配成本。应先考虑减少装配投资，如降低消耗、减小装配生产面积、减少工人数量和降低对工人技术水平的要求、减少装配流水线或自动线等的设备投资等。

(4) 保持技术先进与保证生产安全环保。在充分利用本企业现有装配条件的基础上尽可能采用先进装配工艺技术和先进装配经验，并充分考虑安全生产和防止环境污染。

(5) 注意严谨性。装配工艺规程应做到正确、完整、统一、清晰、协调、规范，所使用的术语、符号、代号、计量单位、文件格式与填写方法等要符合国家标准的规定。

二、制订装配工艺规程的方法与步骤

制订装配工艺规程大致可分为以下几个步骤，每步的内容及安排方法如下。

1. 进行产品分析

产品的装配工艺与产品的设计有密切关系，必要时应会同设计人员共同进行分析。

(1) 分析产品图样，掌握装配的技术要求和验收标准。此阶段即所谓读图阶段。

(2) 对产品的结构进行尺寸分析和工艺分析。尺寸分析就是对装配尺寸链进行分析、计算及验算，并确定保证达到装配精度的装配方法。工艺分析就是对装配结构的工艺性进行分析，确定产品结构是否便于装配、拆卸和维修。此阶段即所谓的审图阶段。在审图中发现属于设计结构上的问题时，应及时会同设计人员加以解决。

(3) 研究将产品分解成装配单元的方案，以便组织平行、流水作业。

2. 确定装配组织形式

装配的组织形式根据产品的批量、尺寸和质量大小分固定式和移动式两种。固定式装配工作地点不变，可直接在地面上或在装配台架上进行。移动式装配又分连续移动和间歇移动装配，可在小车或在输送带上进行。

装配组织形式确定以后，装配方式、工作点布置也就相应确定了。工序的分散与集中以及每道工序的具体内容也根据装配组织形式而确定。固定式装配工序集中，移动式装配工序分散。

3. 确定装配工艺过程

与装配单元的级别相应,装配工艺过程包括合件、组件、部件装配和机器的总装配过程。这些装配过程是应由一系列装配工作以最理想的施工顺序来完成。这一步应考虑的内容有以下几项。

1) 确定装配工作的具体内容

装配的基本内容有清洗、刮削、平衡、过盈连接、螺纹连接以及校正。除上述装配内容外,部件或总装后的检验、试运转、油漆、包装等一般也属于装配工作,大型动力机械的总装工作一般都直接在专门的试车台架上进行。

2) 装配工艺方法及其设备的确定

为了进行装配工作,必须选择合适的装配方法及所需的设备,工具、夹具和量具等。当车间没有现成的设备及工、夹、量具时,还得提出设计任务书,所用的工艺参数可参照经验数据或经试验或计算确定。

为了估算装配周期,安排作业计划,对各个装配工作需要确定工时定额和确定工人等级。工时定额一般都根据工厂实际经验和统计资料确定。

3) 装配顺序的确定

将产品合理分解为可以进行独立装配的单元后,可确定各装配单元的装配顺序。首先选择装配的基准件(可以是一个零件或低一级的装配单元)进行装配,然后根据装配结构的具体情况,按先上后下、先内后外、先难后易、先精密后一般、先重大后轻小的一般规律,确定其他零件和装配单元的装配顺序。

确定装配顺序时应注意如下问题。

(1) 预处理工序在前,如零件的去毛刺与飞边、清洗、防锈、防腐、涂装和干燥等工序应安排在前面。

(2) 首先进行基础零部件的装配。先利用较大空间进行难装零件的装配,包括易损坏零件装配,及冲击性质装配、压力装配、加热装配等,以保证后续工序装配质量。补充加工工序应尽量安排在装配初期进行,以保证整个产品的装配质量。

(3) 及时安排检验工序。

(4) 使用相同工装、设备和有公共特殊环境的工序,在不影响装配节拍的情况下,使工序尽量集中,以减少装配工装和设备重复使用的情况,避免产品装配迂回。

(5) 处于基准件同一方位的装配工序应尽可能集中连续安排,以防基准件多次转位和翻身。

(6) 电线、油气管路的安设应与相应工序同时进行,以便零部件反复拆卸。

(7) 含有易燃、易爆、易碎零部件的安装或有毒物质的安装,尽量放在最后。

4. 编写装配工艺规程文件

装配工艺规程设计完成后,须以文件的形式将其内容固定下来,即装配工艺文件,也称装配工艺规程。其主要包括的内容有:装配图(产品设计的装配总图)、装配工艺流程图、装配工艺过程卡或装配工序卡、装配工艺设计说明书等。装配工艺流程如图 12.10 所示。

由图 12.10 可看出其中部件的构成及其装配过程。部件的装配是由基础件开始的,沿水平线自左向右至装配成部件为止。进入部装的各级单元,依次是:一个零件,一个组件,三个零件,一个合件,一个零件。在过程中有两个检验工序。上述一个组件的构成及其装配过程也可以从图上看出。它是以基准件开始由一条向上的垂线一直引到装成组件为止,然后由组件再引垂线向上与部装水平线衔接。进入该组件装配的有一个合件、两个零件,在装配过程中有钻孔和攻

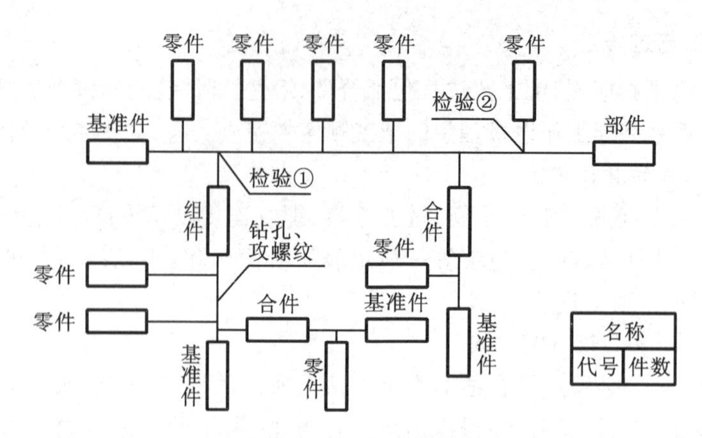

图 12.10　装配工艺流程

螺纹的工作。至于两个合件的组成及其装配过程也可明显地看出。

图上每一长方框中都需填写零件或装配单元的名称、代号和件数。格式可按图上右下方附图表示的形式,或按实际需要自定。

装配工艺流程图既可反映装配单元的划分,又可直观地表示装配工艺过程,它给确定装配工艺过程、指导装配工作、组织计划以及控制装配均提供了方便。

在单件小批生产条件下,一般只编写装配过程卡,也可以直接利用装配工艺流程来代替工序卡。对于重要工序,则可专门编写具有详细说明工序内容、操作要求以及注意事项的"装配指示卡"。

【思考与练习题 12】

一、简答题

1. 机械零件的精度包括哪些方面?
2. 什么是封闭环? 它有什么特征?
3. 什么是增环? 什么是减环? 各有什么特点?
4. 尺寸链的计算方法有哪两种? 各应用在什么场合?
5. 常用的装配工艺方法有哪些? 各适用于什么场合?

二、计算题

如图 12.11 所示,某零件加工时,图纸要求保证尺寸(6±0.1) mm,因这一尺寸不便直接测量,只好通过度量尺寸 L 来间接保证,试求工序尺寸 L 及其上下偏差。

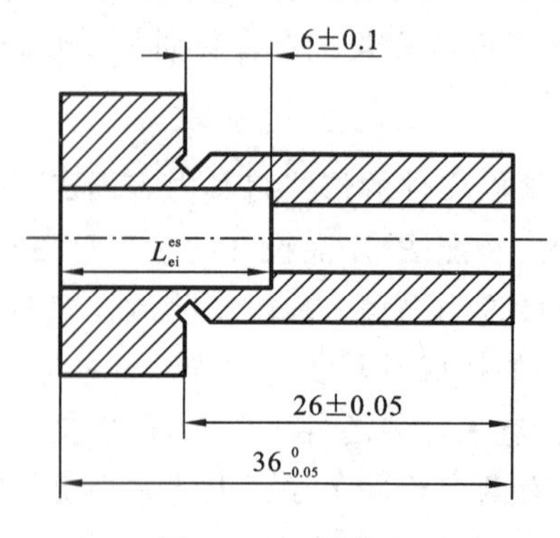

图 12.11　零件图

第 13 章 机械加工质量

13.1 加工精度与表面质量

一、加工精度与加工误差

1. 加工精度与加工误差的概念

所谓加工精度是指零件加工后的实际几何参数(尺寸、几何形状和各表面间的相互位置)与理想几何参数的符合程度。实际值愈接近理想值,加工精度就愈高。零件的加工精度包括尺寸精度、形状精度和位置精度三个方面的内容。

1) 尺寸精度

尺寸精度是指机械加工后的零件直径、长度和表面间距离等尺寸的实际值与理想值的接近程度。在机械加工中,获得尺寸精度的方法有试切法、调整法、定尺寸刀具法和自动控制法等。

(1) 试切法。通过对工件进行多次重复试切、测量及调整,使加工尺寸达到规定要求的方法称为试切法。采用试切法时生产率低,对操作者的技术水平要求高。该方法主要适用于单件、小批生产。

(2) 调整法。利用对刀块或样件预先调整好刀具和工件在机床上的相对位置,从而使加工尺寸达到规定要求的方法称为调整法。采用调整法时生产率较高,加工精度稳定可靠。该方法适用于成批、大量生产。

(3) 定尺寸刀具法。利用刀具尺寸来保证工件被加工部位尺寸精度的方法称为定尺寸刀具法。采用定尺寸刀具法时生产率较高,但刀具结构较复杂,工件的加工尺寸主要取决于刀具的制造质量和刃磨质量。该方法常用于孔、螺纹和成形表面的加工。

(4) 自动控制法。在自动机床、半自动机床和数控机床上,利用测量装置、进给机构和控制系统自动获得规定加工尺寸的方法称为自动控制法。采用自动控制法时生产率高,加工精度高,但装备较复杂。该方法适用于成批、大量生产。

2) 形状精度

形状精度是指机械加工后零件几何要素的实际形状与理想形状的接近程度。实际形状愈接近理想形状,形状精度就愈高。国家标准规定用直线度、平面度、圆度、圆柱度、线轮廓度和面轮廓度等项目来评定形状精度。

3) 位置精度

位置精度是指机械加工后零件几何要素的实际位置与理想位置的接近程度。实际位置愈接近理想位置,位置精度就愈高。国家标准规定用平行度、垂直度、同轴度、对称度、位置度、圆跳动和全跳动等项目来评定位置精度。

实际加工不可能把零件做得和理想零件完全一致，总会有大小不同的偏差，零件加工后的实际几何参数(尺寸、几何形状和各表面间的相互位置)相对于理想几何参数的偏离程度称为加工误差。加工误差愈小，加工精度就愈高，反之，加工误差愈大，加工精度就愈低。所以说，加工误差的大小反映了加工精度的高低，而生产中加工精度的高低，是用加工误差的大小来表示的。实际加工中采用任何加工方法所得到的实际几何参数都不会与理想几何参数完全相同。生产实践中，在保证机器工作性能的前提下，零件存在一定的加工误差是允许的，而且只要这些误差在规定的范围内，就认为是保证了加工精度。零件尺寸、形状和表面间相互位置所允许的变动范围，称为公差。机械制造人员的任务就是要使加工误差不超过图样上规定的公差。加工精度和加工误差是从两个不同的角度来评定加工零件的几何参数的，保证和提高加工精度的问题，实际上就是控制和减小加工误差的问题。研究加工精度的目的，就是要弄清各种原始误差对加工精度的影响规律，掌握控制加工误差的方法，从而找出减小加工误差、提高加工精度的途径。

零件表面的尺寸公差、形状公差和位置公差在数值上有一定的对应关系。零件表面的位置公差和形状公差一般应小于尺寸公差，例如，圆柱表面的圆度、圆柱度等形状公差应小于其尺寸公差；零件上两表面的平行度公差应小于两表面间的尺寸公差；位置公差和形状公差一般应为相应尺寸公差值的1/2～1/3；在同一几何要素上给出的形状公差值应小于位置公差值。通常，尺寸精度要求高时，相应的位置精度和形状精度要求也高。但在生产中也有形状精度和位置精度要求极高而尺寸精度要求较低的零件表面，例如，机床床身导轨面。

2. 加工经济精度

在加工过程中有很多因素都影响加工精度，所以采用同一种加工方法、在不同的工作条件下所能达到的精度是不同的。采用任何一种加工方法，只要精心操作，细心调整，并选用合适的切削参数进行加工，都能使加工精度得到较大的提高，但这样做会降低生产率，增加加工成本，是不经济的。

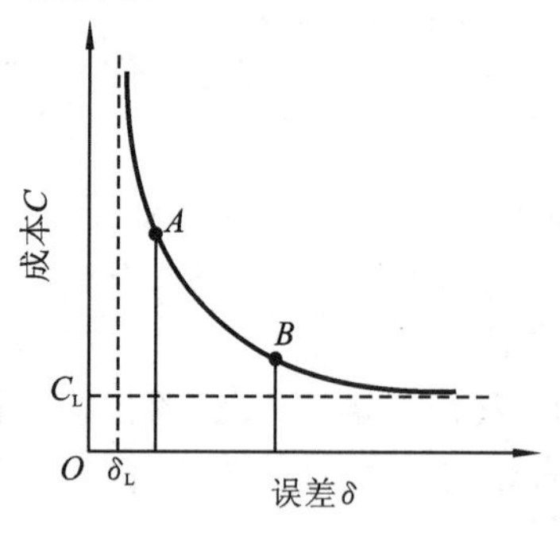

图 13.1　加工成本与加工误差之间的关系

对于同一种加工方法，加工误差与加工成本的关系如图13.1所示。由图13.1可知，加工误差δ与加工成本C成反比。用同一种加工方法，如获得较高的精度(即加工误差较小)，加工成本就会提高；反之，则加工成本就会降低。但上述关系只是在一定范围内才比较明显，如图13.1中AB段所示。而A点左侧曲线几乎与纵坐标平行，这时即使很细心地操作、很精心地调整，成本将提高很多，但精度提高却很少甚至不能提高。相反，B点右侧曲线几乎与横坐标平行，它表明用某种加工方法去加工工件时，加工成本并不因此无限制地降低，即使工件精度要求很低，也必须耗费一定的最低成本。通常所说的加工经济精度是指在正常加工条件下(采用符合质量标准的设备、工艺装备和标准技术等级的工人，不延长加工时间)所能保证的加工精度。

某种加工方法的加工经济精度一般指的是一个范围(如图13.1中AB段)，在这个范围内都可以说是经济的。外圆、孔、平面加工中各种加工方法所能达到的加工经济精度等级不同。当然，加工方法的经济精度并不是固定不变的，随着工艺技术的发展，设备及工艺装备的改进，以及生产中科学管理水平的不断提高等，各种加工方法的加工经济精度等级范围亦将随之不断提高。

二、表面质量

机械零件的加工质量中，除了加工精度之外，表面质量也至关重要，机器零件的破坏一般都是从表面层开始的。机械产品的使用性能如耐磨性、抗疲劳性以及耐蚀性等，除与材料和热处理有关外，主要取决于加工后的表面质量。随着用户对产品质量要求的不断提高，某些零件必须在高速、高温等特殊条件下工作，表面层的任何缺陷都会导致零件的损坏，因而表面质量问题显得更加突出和重要。

1. 加工表面质量的含义

采用任何机械加工方法所得到的表面都不可能是绝对理想的表面，总存在着各种各样的几何形状误差，这些误差大致有宏观几何形状误差（形状误差）、中间几何形状误差（表面波纹度）、微观几何形状误差（表面粗糙度），同时表面层金属材料在加工时还会产生物理、力学性能变化，在某些情况下还会产生化学性质变化。所谓机械加工表面质量，是指零件经过机械加工后表面层的物理、力学性能以及表面层的微观几何形状误差。

零件加工表面的实际形状，是由一系列不同高度和间距的峰谷组成的，表面层的几何形状误差主要包括表面粗糙度、表面波纹度、表面纹理方向和表面缺陷等部分。

(1) 表面粗糙度。表面粗糙度是指表面的微观几何形状误差，是切削运动后刀刃在被加工表面上形成的峰谷不平的痕迹，其波长 L 与波高 H 之比 $L/H<50$（见图 13.2）。

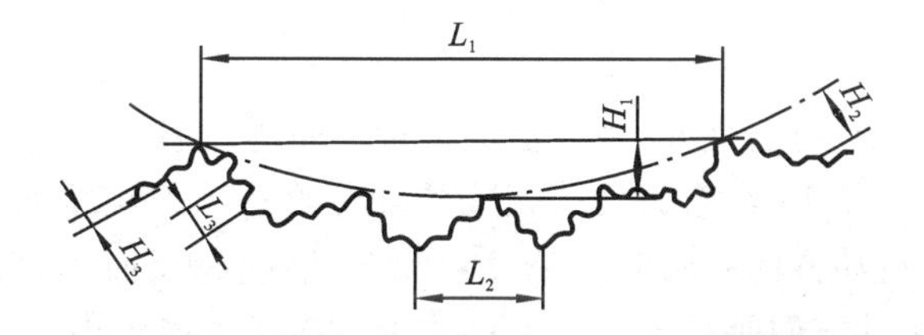

图 13.2 表面粗糙度和波纹度与宏观几何形状误差

(2) 表面波纹度。表面波纹度是指加工表面上波长 L 与波高 H 之比 $L/H=50\sim1000$ 的几何轮廓，它是由机械加工中的振动所引起的。加工表面上波长 L 与波高 H 之比 $L/H>1000$ 的几何轮廓称为宏观几何轮廓，它属于加工精度范畴。

(3) 表面纹理方向。表面纹理方向是指加工表面刀痕纹理的方向，它取决于表面形成过程中所采用的加工方法。

(4) 表面缺陷。表面缺陷包括加工表面上出现的砂眼、气孔、裂痕等缺陷。

2. 表面质量对零件使用性能的影响

表面质量对零件的使用性能，如耐磨性、抗疲劳性、耐蚀性、配合质量等，都有一定程度的影响。

1) 表面质量对耐磨性的影响

零件的耐磨性不仅与摩擦副的材料、热处理状况及润滑条件有关，而且还与摩擦副的表面质量有关。

(1) 表面粗糙度对耐磨性的影响。零件磨损一般可分为三个阶段，即初期磨损阶段、正常磨损阶段和急剧磨损阶段，如图 13.3 所示。一个刚加工好的摩擦副的两个接触表面之间，最初阶段只在表面粗糙度的峰部接触，实际接触面积远小于理论接触面积，在相互接触的峰部有非常大的单位压力,使实际接触面积处产生塑性变形、弹性变形和峰部之间的剪切破坏,引起严重磨损,因此初期磨损阶段(图 13.3 中的Ⅰ区)的时间较短。随着表面粗糙度的峰部不断被碾平和被剪切,实际接触面积不断加入,单位压力也逐断减小,摩擦副即进入正常磨损阶段(图 13.3 中Ⅱ区)。正常磨损阶段经历的时间较长。随着表面粗糙度的峰部不断被碾平与被剪切,接触面愈来愈大,零件间的金属分子亲和力增大,表面间机械咬合作用增大,磨损急剧增加,称为急剧磨损阶段(图 13.3 中Ⅲ区)。此时摩擦副不能正常进行工作。

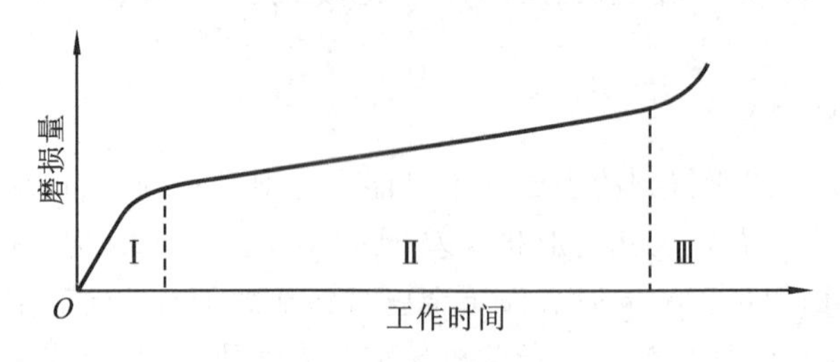

图 13.3　摩擦副的磨损过程

表面粗糙度对零件表面磨损的影响很大。一般来说表面粗糙度愈小,其耐磨性愈好。但表面粗糙度太小,润滑油不易储存,接触面之间容易发生分子黏结,磨损反而增加。因此,在一定条件下,摩擦副表面总是存在一个最佳表面粗糙度 Ra(为 0.32～1.25 μm),表面粗糙度过大或过小都会使起始磨损量增大,如图 13.4 所示。表面粗糙度的最佳值与零件的工作情况有关,工作载荷加大时,初期磨损量增大,表面粗糙度最佳值也加大。

(2) 表面纹理方向对零件耐磨性的影响。如图 13.5 所示,轻载时,摩擦副两个表面的纹理方向与相对运动方向一致时耐磨性好,两表面的纹理方向均与运动方向垂直时,耐磨性差,这是因为两个摩擦面在相互运动中,会磨去妨碍运动的加工痕迹。但在重载时,两相对运动零件表面的纹理方向均与相对运动方向一致时容易发生咬合,磨损量反而大,两相对运动零件表面的纹理方向相互垂直,且运动方向平行于下表面的纹理方向时磨损较小。

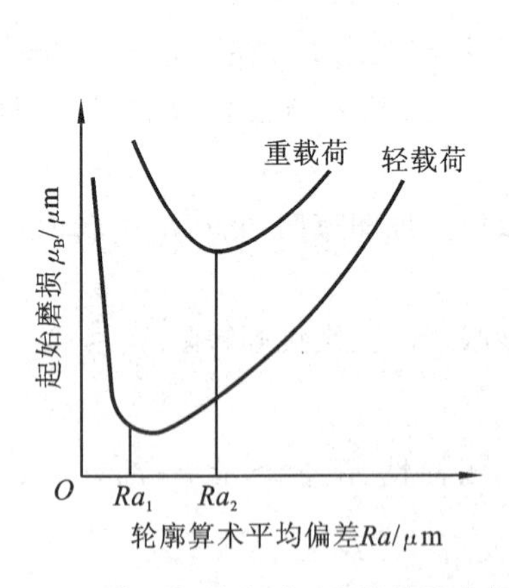

图 13.4　表面粗糙度对耐磨性的影响曲线

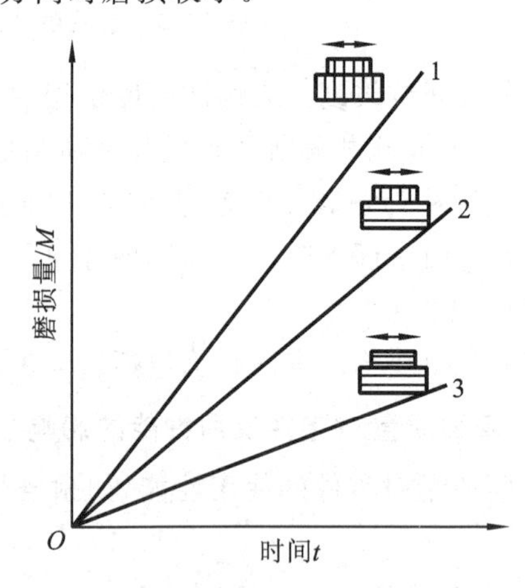

图 13.5　刀具纹理方向对耐磨性的影响

(3) 表面层金属的物理、力学性能对耐磨性的影响。加工表面冷作硬化将提高表面层的显微硬度,一般有利于提高耐磨性。但是,并非硬化程度越高耐磨性越好,过度的冷作硬化会使表面层金属组织变疏松,甚至出现裂纹,使耐磨性降低,如图 13.6 所示。

2) 表面质量对疲劳强度的影响

表面粗糙度对零件的疲劳强度影响很大。图 13.7 所示为表面粗糙度对疲劳强度的影响。

在交变应力作用下，表面粗糙度的凹谷部位容易引起应力集中，产生疲劳裂纹。表面粗糙度愈大，表面的纹痕愈深，纹底半径愈小，抗疲劳破坏的能力就愈差。表面层残余应力对疲劳强度的影响极大，疲劳破坏往往是由拉应力产生的疲劳纹引起的，并且是从表面开始的。表面层残余压应力会抵消一部分由交变载荷引起的拉应力，从而提高零件的抗疲劳强度。表面层残余拉应力会导致疲劳强度显著下降。适度的冷作硬化会使表面层金属得到强化，从而提高零件的抗疲劳强度。

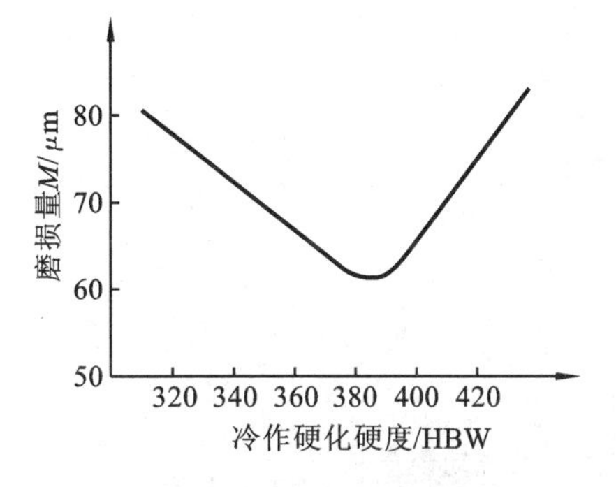

图 13.6　表面冷硬程度与耐磨性的关系

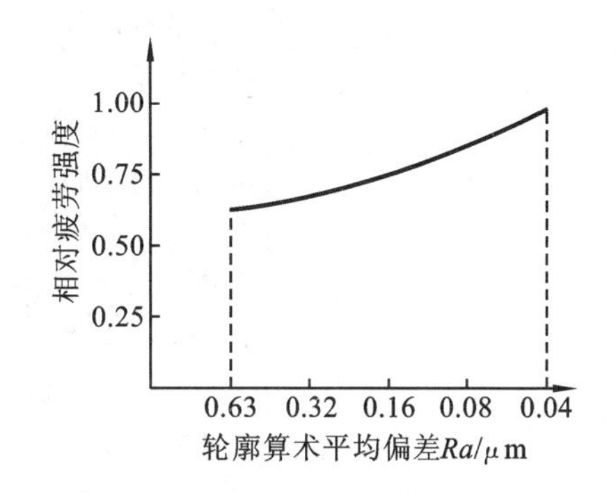

图 13.7　表面粗糙度对疲劳强度的影响

3）表面质量对耐蚀性的影响

零件的耐蚀性在很大程度上取决于表面粗糙度。空气中所含的气体和液体与零件接触时会凝聚在零件表面使表面腐蚀。零件表面粗糙度越大，加工表面与气体、液体接触面积越大，腐蚀作用就越强烈。

表面层的残余拉应力会产生应力腐蚀开裂，降低零件的抗腐蚀性，而残余压应力则能防止应力腐蚀开裂。

4）表面质量对配合性质的影响

表面粗糙度的大小将影响表面的配合质量。对于间隙配合，表面粗糙度越大，磨损越严重，而磨损会导致配合间隙增大，配合精度降低。对于过盈配合，装配过程中表面粗糙度较大部分的凸峰会被挤平，使实际过盈减小，从而降低配合件间的连接强度。

13.2　影响加工精度的因素

一、原始误差

由机床、夹具、刀具和工件构成的机械加工工艺系统简称工艺系统。由于工艺系统的各组成部分本身存在误差，同时加工中多方面的因素都会对工艺系统产生影响，从而造成各种各样的误差，这些误差都会引起工件的加工误差。工艺系统的各种误差称为原始误差。这些误差一部分与工艺系统本身的结构状态有关，一部分与切削过程有关。主要有工艺系统的几何误差、定位误差，工艺系统的受力变形引起的加工误差，工艺系统受热变形引起的加工误差，工件内应力重新分布引起的变形及原理误差、调整误差、测量误差等。原始误差引起加工误差的实质是，原始误差的存在，使工艺系统各组成部分偏离了正确的相对位置或速度，从而使工件产生了加工误差。

工艺系统的原始误差一般划分为工艺系统静误差和工艺系统动误差。机床、刀具和夹具的误差是在无切削负荷的情况下检验的,故将它们划分为工艺系统静误差;工艺系统受力变形、受热变形和刀具磨损是在有负荷情况下产生的,故将它们划分为工艺系统动误差。如果按加工进程划分,工艺系统的原始误差又划分为加工前就存在的、加工过程中产生的和加工后才出现的三类。工艺系统的原始误差划分如图13.8所示。

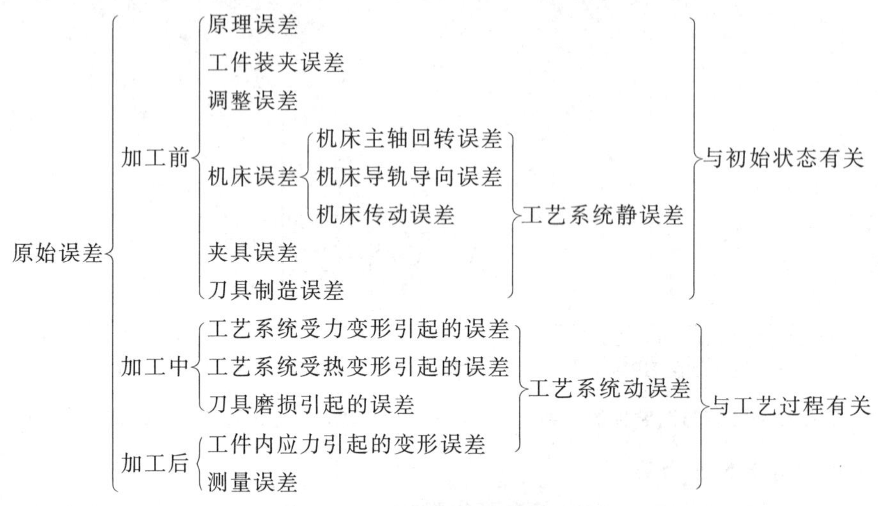

图13.8　工艺系统的原始误差

二、原理误差

加工原理误差是指由于采用了近似的加工方法、近似的成形运动或近似的刀具轮廓进行加工所产生的误差。为了获得规定的加工表面,刀具和工件之间必须实现准确的成形运动,机械加工中称这一原理为加工原理。理论上应采用理想的加工原理和完全准确的成形运动,以获得精确的零件表面。但实践中,完全精确的加工常常很难实现,有时加工效率很低;有时为实现所需的运动会使机床或刀具的结构极为复杂,制造困难,有时由于结构环节多,会造成机床传动中的误差增加,或使机床刚度和制造精度很难保证。因此,采用近似的加工原理以获得较高的加工精度是保证加工质量和提高生产率和经济性的有效工艺措施。

例如,齿轮滚齿加工用的滚刀就有两种原理误差:一是近似廓型原理误差,即由于制造上的困难,采用阿基米德基本蜗杆或法向直廓基本蜗杆代替渐开线基本蜗杆而带来的误差;二是由于滚刀刀刃数有限,所切出的齿形实际上是一条由微小折线组成的折线面,与理论上的光滑渐开线有差异,这样而产生的加工原理误差。又如用模数铣刀成形铣削齿轮,模数相同而齿数不同的齿轮,齿形参数是不同的。理论上,同一模数、不同齿数的齿轮就要用相应的锯齿形刀具加工。实际上,为精简刀具数量,常用一把模数铣刀加工某一齿数范围内的齿轮,即采用近似的刀刃轮廓,这同样会产生加工原理误差。

三、工艺系统静误差

1. 机床的几何误差

机械加工中刀具相对于工件的切削成形运动一般是通过机床完成的,因此工件的加工精度在很大程度上取决于机床的精度。机床的切削成形运动主要有两大类,即主轴的回转运动和移动件的直线运动。因此，机床的制造误差对工件加工精度影响较大的主要有主轴的回转运动误差、导轨的直线运动误差以及传动链误差。机床的磨损将使机床工作精度下降。

1) 主轴回转误差

机床主轴是用来装夹工件(或刀具)的基准，同时也将运动和动力传递给工件(或刀具)的重要零件。主轴的回转误差对工件的形状精度和位置精度有直接影响。主轴的回转误差是指主轴的实际回转轴线相对其理想回转轴线(一般用平均回转轴线来代替)的漂移或偏离量。

理论上，主轴回转时，其回转轴线的空间位置是固定不变的，即瞬时速度为零。而实际上，由于主轴部件在加工、装配过程中的各种误差和回转时的受力、受热等因素，将使主轴在每一瞬时回转轴线的空间位置处于变动状态，造成轴线相对于平均回转轴线的漂移，也即产生回转误差。

(1) 主轴回转误差的基本形式。主轴的回转误差可分为轴向圆跳动误差、径向圆跳动误差和角度摆动误差三种基本形式。

轴向圆跳动误差是指主轴实际回转轴线沿平均回转轴线方向的变动量，如图 13.9(a)所示。它主要影响端面形状和轴向尺寸精度。

径向圆跳动误差是指主轴实际回转轴线相对于平均回转轴线在径向的变动量，如图 13.9(b)所示。车外圆时它使加工面产生圆度和圆柱度误差。

角度摆动误差即主轴回转轴线相对于平均回转轴线产生倾斜引起的主轴回转误差，如图 13.9(c)所示。它主要影响工件的形状精度，车外圆时，会产生锥形；镗孔时，将使孔呈椭圆形。

主轴工作时，其回转运动误差常常是以上三种基本形式的运动误差的合成。

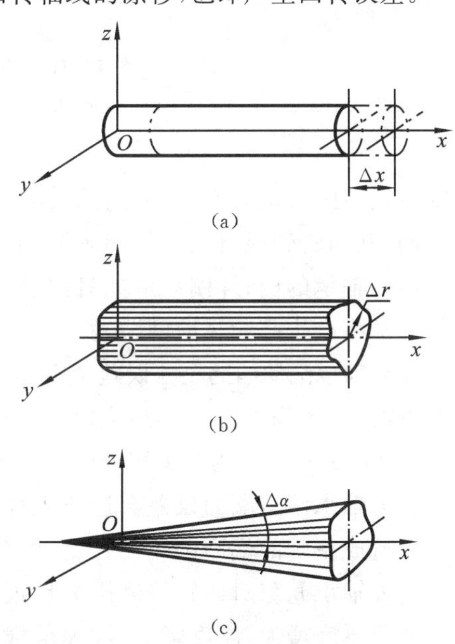

图 13.9 主轴回转误差的基本形式

(a) 轴向圆跳动 (b) 径向圆跳动 (c) 角度摆动

(2) 主轴回转误差的影响因素。影响主轴回转精度的主要因素是主轴颈的同轴度误差、轴承的误差、轴承的间隙、与轴承配合零件的误差及主轴系统的径向不等刚度和热变形等。

若机床主轴采用滑动轴承结构，轴承的误差主要是指主轴颈和轴承内孔的圆度误差和波纹度。对于工件回转类机床(如车床、磨床等)，切削力 $\boldsymbol{F}$ 的作用方向可认为是基本不变的，在切削力 $\boldsymbol{F}$ 的作用下，主轴颈以不同部位和轴承内孔的某一固定部位相接触。因此，影响主轴回转精度的因素主要是主轴颈的圆度误差和波纹度误差，而轴承孔的形状误差对主轴径向圆跳动的影响不大。如果主轴颈是椭圆形的，那么，主轴每回转一周，主轴回转轴线就发生径向圆跳动两次，如图 13.10(a)所示。主轴颈表面如有波纹度，主轴回转时将产生高频的径向圆跳动。对于刀具回转类机床(如镗床等)，由于切削力方向随主轴的回转而回转，主轴颈在切削力作用下总是以其某一固定部位与轴承内表面的不同部位接触。因此，对主轴回转精度影响较大的是轴承孔的圆度误差。如果轴承孔是椭圆形的，则主轴每回转一周，就发生径向圆跳动一次，如图 13.10(b)所示。轴承内孔表面如有波纹度，同样会使主轴产生高频径向圆跳动。

若主轴采用滚动轴承结构，轴承内、外圈滚道的圆度误差和波纹度对回转精度的影响与采用滑动轴承时的情况相似。分析时可视外圈滚道为轴承孔、内圈滚道为轴颈。因此：对工件回转类机床，滚动轴承内圈滚道圆度误差对主轴回转精度影响较大，主轴每回转一周，其回转轴线

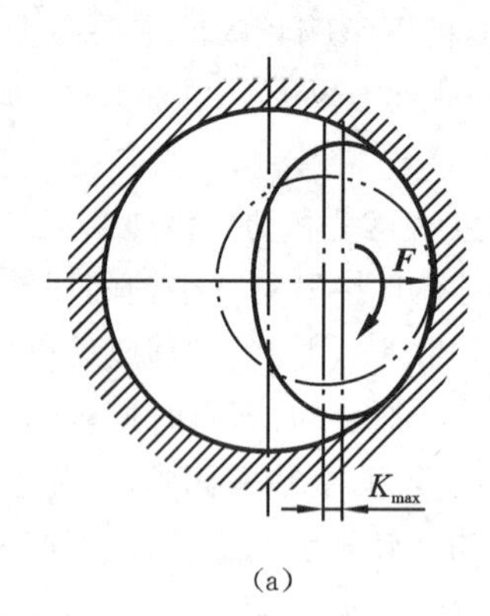

(a)

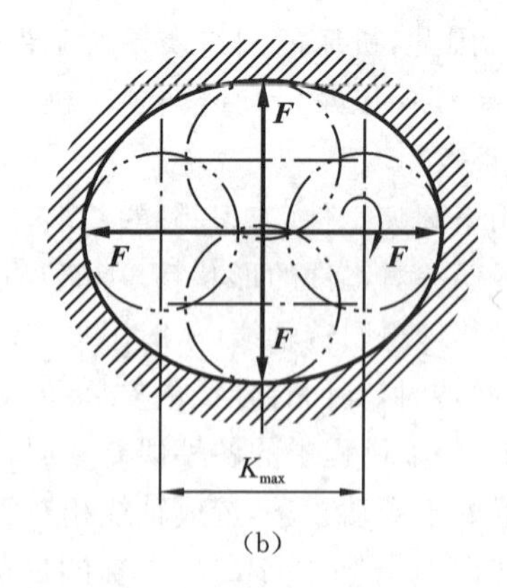

(b)

图 13.10 主轴采用滑动轴承的径向圆跳动

(a) 工件回转类机床 (b) 刀具回转类机床

注:K_{max}为最大跳动量

就发生径向圆跳动两次;对刀具回转类机床,外圆滚道圆度误差对主轴精度影响较大,主轴每回转一周,其回转轴线就发生径向圆跳动一次。

滚动轴承的内、外圈滚道如有波纹度,则不管是工件回转类机床还是刀具回转类机床,主轴回转时都将产生高频径向圆跳动。

滚动轴承滚动体的尺寸误差会引起主轴的径向圆跳动。最大的滚动体每通过承载区一次,就会使主轴回转轴线发生一次最大的径向圆跳动。回转轴线的跳动周期与保持架的转速有关。由于保持架的转速近似为主轴转速的 1/2,所以主轴每回转两周,主轴轴线就发生径向跳动一次。

推力轴承滚道端面误差会造成主轴的端面圆跳动。滚锥和向心推力轴承的内、外滚道的倾斜既会造成主轴的端面圆跳动,又会引起径向圆跳动和摆动。

主轴轴承间隙对回转精度影响也很大。特别是对于滑动轴承,过大的轴承间隙会使主轴工作时油膜厚度增大,刚度降低(油膜承载能力降低),当工作条件(如载荷、转速等)变化时,油膜厚度变化较大,主轴轴线的跳动量增大。

除轴承本身之外,与轴承相配的零件(如主轴、箱体孔等)的精度和装配质量都对主轴回转精度有重要影响。如主轴颈的尺寸和形状误差会使轴承内圈变形。主轴前、后轴颈之间,箱体前、后轴承孔之间的同轴度误差会使轴承内外圈滚道相对倾斜,引起主轴回转轴线的径向和轴向圆跳动。此外,轴承定位端面与轴线的垂直度误差、轴承端面之间的平行度误差等都会使主轴回转轴线产生轴向圆跳动。

(3) 提高主轴回转精度的措施。为了提高回转精度,主要可采取以下几方面措施:

① 提高主轴部件的精度。首先应提高轴承精度,选择相应的高精度轴承,其次是提高主轴颈、箱体支承孔、调整螺母等的尺寸精度和形状精度。这样可以减小影响回转精度的原始误差。

② 对滚动轴承进行预紧,以消除间隙,并产生微量过盈,既可增加轴承刚度,又能对轴承内外圈滚道和滚动体的误差起均化作用,从而可有效提高主轴的回转精度。

③ 使主轴回转精度不依赖于主轴部件。由于组成主轴部件的零件多、累积误差大,用进一步提高零件精度的方法来满足主轴高回转精度要求就比较困难。因此可以考虑使主轴部件的定位功能和驱动功能分开,以提高回转精度。例如,磨外圆时,工件由固定顶尖定位,主轴仅起驱动作用。由于用高精度的定位基准来满足回转精度要求,主轴部件的误差就不再产生影响;同时这种方法所用零件少,误差累积也小,所以能提高回转精度,但使用中须注意保持定位元件

的精度。又如，在镗床上加工箱体类零件上的孔时，可采用前、后导向套的镗模，刀杆与主轴采用浮动连接，刀杆的回转精度取决于刀杆和导向套本身的精度及其配合质量，而与机床主轴回转精度无关。

2）机床导轨误差

导轨是机床上确定某些主要部件相对位置的基准，也是某些主要部件的运动基准，它的各项误差直接影响被加工工件的精度。在机床的精度标准中，直线导轨的导向精度一般包括导轨在水平面内的直线度、在垂直面内的直线度，以及前、后导轨的平行度（扭曲）等几项主要内容。

机床安装得不正确、水平调整得不好，会使床身产生扭曲，破坏导轨原有的制造精度。特别是对于长床身机床，如龙门刨床、导轨磨床，以及重型、刚度低的机床，机床安装时要有良好的基础，否则将因基础下沉而造成导轨弯曲变形。

导轨误差的另一个重要因素是导轨磨损。在机床使用过程中，由于机床导轨磨损不均匀，导轨会产生直线度、扭曲度等误差，从而使溜板箱在水平面和垂直面内发生位移。

下面以卧式车床导轨为例，分析机床导轨误差对加工精度的影响。

(1) 导轨在水平面内的直线度误差对加工精度的影响。在水平面内，车床导轨的直线度误差或导轨对主轴轴线的平行度误差，会使被加工的工件呈鼓形或鞍形。图 13.11(a)所示为导轨在水平方向上的直线度误差；如图 13.11(b)所示，导轨的直线度误差使工件产生了鞍形误差。由图 13.11(b)知，这个鞍形误差与车床导轨上的直线度误差完全一致，即机床导轨在水平面的直线度误差将直接反映到被加工工件表面的法线方向（误差敏感方向）上，对加工精度的影响最大。

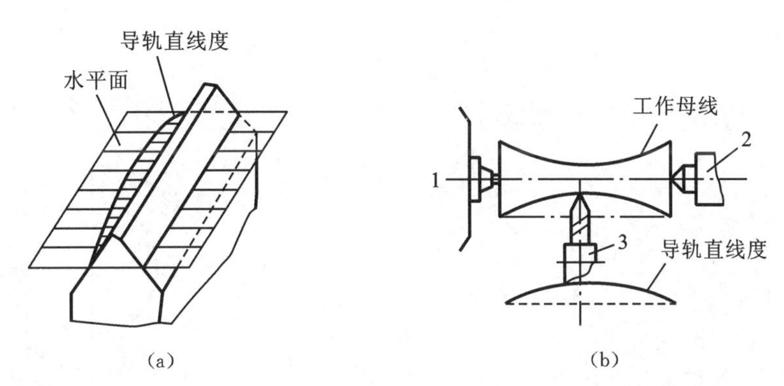

图 13.11 导轨在水平面内的直线度误差引起的加工误差

(a) 导轨在水平面内的直线度误差 (b) 工件的鞍形误差

1—床头；2—尾架；3—刀架

(2) 导轨在垂直平面内的直线度误差对加工精度的影响。在竖直平面内车床导轨的直线度误差，同样也能使工件产生直径方向的误差，但是这个误差不大（处在误差非敏感方向）。因为当刀尖沿切线方向偏移 ΔZ 时（见图 13.12），工件的半径由 R 增至 R'，其增加量为 $\Delta R'$。从图可知：

$$R' = \sqrt{R^2 + \Delta Z^2} \approx R + \frac{\Delta Z^2}{2R} \tag{13.1}$$

故

$$\Delta R = R' - R \approx \frac{\Delta Z^2}{2R} = \frac{\Delta Z^2}{D} \tag{13.2}$$

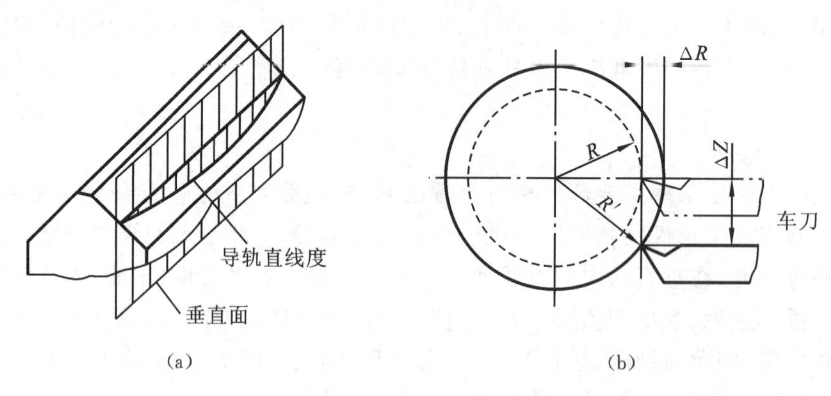

图 13.12　导轨在竖直平面内的直线度误差与刀尖偏移量

(a) 导轨在竖直平面内的直线度误差　(b) 刀尖偏移量

由于 ΔZ 很小，ΔZ^2 就更小，而 D 比较大，所以式(13.2)中 ΔR 是很小的，可以说对零件的形状精度影响很小，一般可忽略不计。但对平面磨床、龙门刨床及铣床等来说，导轨在垂直面的直线度误差会引起工件相对砂轮(刀具)的法向位移，其误差将直接反映到被加工零件上，形成形状误差，如图 13.13 所示。

(3) 导轨间的平行度误差对加工精度的影响。当前、后导轨在竖直平面内有平行度误差(扭曲误差)时，也会使刀尖相对工件产生偏移(在水平方向和竖直方向的位移)。如图 13.14 所示，设车床中心高为 H，导轨宽度为 B，则导轨扭曲量 Δ 引起的刀尖在工件径向的变化量为

$$\Delta d = 2\delta \approx \frac{2H}{B} \cdot \Delta \tag{13.3}$$

这一误差将使工件产生圆柱度误差。

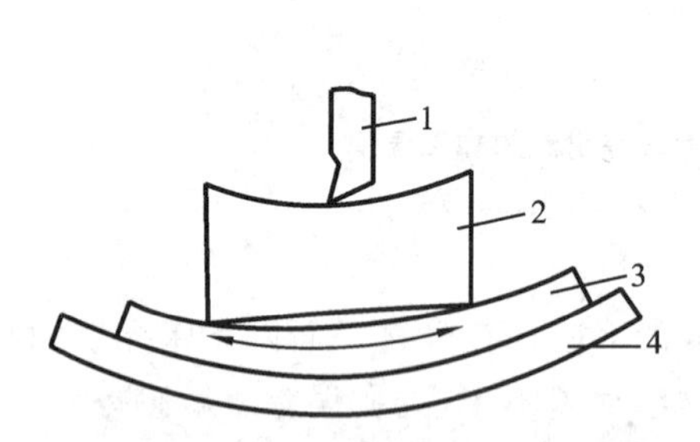

图 13.13　龙门刨床导轨在竖直平面内的直线度误差

1—刨刀；2—工件；3—工作台；4—床身导轨

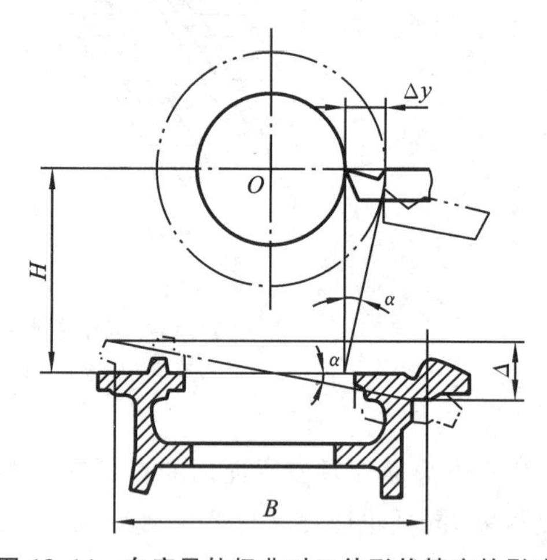

图 13.14　车床导轨扭曲对工件形状精度的影响

导轨磨损是造成机床精度下降的主要原因之一。选用合理的导轨形状和导轨组合形式，采用耐磨合金铸铁导轨、镶钢导轨、贴塑导轨、滚动导轨以及对导轨进行表面淬火处理等措施均可提高导轨的耐磨性。

3) 机床传动链误差

机床传动链误差是指内联传动链始、末两端传动元件间相对运动的误差。一般用传动链末

端元件的转角误差来衡量。对于圆柱表面和平面加工，传动链误差一般不影响其加工精度，但当工件和刀具运动有严格的内联系时，如车螺纹、滚齿等时，机床传动链误差是影响加工精度的主要因素之一。

为了减小传动误差，可采取以下措施。

(1) 尽量减少传动件数目，缩短传动链，使误差来源减少。

(2) 尽可能采用降速传动。因为在同样原始误差的情况下，采用降速传动时 $k_j<1$，传动误差将缩小，其对加工误差的影响也会变小。速度降得越多，对加工误差的影响越小。

(3) 提高传动元件，特别是末端件的制造精度和装配精度。如滚齿机工作台部件中作为末端传动件的分度蜗轮副的精度要比传动链中其他齿轮的精度高 1～2 级。

(4) 消除传动链中齿轮的间隙。各传动副零件间存在的间隙，会使末端件的瞬时速度不均匀、速比不稳定，从而产生传动误差。例如数控机床的进给系统，在反向时传动链间的间隙会使运动滞后于指令脉冲，造成反向死区而影响传动精度。

(5) 采用误差校正机构(如校正尺、偏心齿轮、行星校正机构、数控校正装置、激光校正装置等)对传动误差进行补偿。采用此方法时，根据实测准确的传动误差值，采用修正装置使机床产生附加的微量位移，其大小与机床传动误差相等，但方向相反，以抵消传动链本身的误差。在精密螺纹加工机床上都有此校正装置。

2. 刀具几何误差

刀具误差包括刀具制造、安装误差及刀具磨损等。刀具磨损对加工精度的影响虽属于工艺系统动误差，但为了表述方便起见，在这也一并介绍。刀具误差对加工精度的影响随刀具类型的不同而不同。机械加工中常用的刀具有一般刀具、定尺寸刀具、成形刀具以及展成刀具。

(1) 一般刀具(如普通车刀、单刃镗刀、面铣刀、刨刀等)的制造误差对加工精度没有直接影响，但对于用调整法加工的工件，刀具的磨损对工件尺寸或形状精度有一定影响。这是因为加工表面的形状主要是由机床精度来保证的，加工表面的尺寸主要由调整决定。

一般刀具的耐用度较低，在一次调整加工中的磨损量较显著，特别是在加工大型工件时，加工持续时间长的情况下更为严重。因此它对工件的尺寸及形状精度的影响是不可忽视的。如车削大直径的长轴、镗深孔和刨削大平面时，将产生较大的锥度和位置误差。在用调整法车削短小的轴类零件时，车刀的磨损对单个工件的影响可忽略不计，但在一批工件中，工件的直径将逐件增大，使整批工件的尺寸分散范围增大。

(2) 定尺寸刀具(如钻头、铰刀、圆孔拉刀、丝锥、板牙、键槽铣刀等)的尺寸误差和形状误差直接影响被加工工件的尺寸精度和形状精度。这类刀具两侧切削刃刃磨不对称，或安装有几何偏心时，可能引起加工表面的尺寸扩张(又称正扩切)。定尺寸刀具耐用度较高，在加工批量不大时磨损量很小，故其磨损量对加工精度的影响可忽略。但在加工余量过小或工件壁厚较薄的情况下，用磨钝了的刀具加工时，工件的加工表面会发生收缩现象(负扩切)。钝化的钻头还会使被加工孔的轴线偏斜、孔径扩张。

(3) 成形刀具(如成形车刀、成形铣刀、盘形齿轮铣刀、成形砂轮等)的形状误差将直接决定被加工面的形状精度。这类刀具的寿命亦较长，在加工批量不大时的磨损亦很小，对加工精度的影响也可忽略不计。成形刀具的安装误差所引起的工件形状误差是不可忽视的。如成形车刀安装高于或低于工件轴线时，就会产生较大的工件形状误差。

(4) 展成刀具(如齿轮滚刀、花键滚刀、插齿刀等)的刀刃形状必须是加工表面的共轭曲线，切削刃的几何形状及有关尺寸，以及其安装、调整不正确都会影响加工表面的形状精度。这类刀具在加工批量不大时的磨损也很小,可以忽略不计。

正确地选用刀具材料、合理地选择刀具几何参数和切削用量、正确地刃磨刀具、正确地使用切削液,均可有效地减少刀具的尺寸磨损。必要时还可采用补偿装置对刀具尺寸磨损进行自动补偿。

3. 夹具几何误差

夹具的作用是使工件相对于刀具和机床具有正确的位置,因此夹具的制造误差对工件的加工精度特别是位置精度有很大的影响。例如用镗模进行箱体的孔系加工时,箱体和镗杆的相对位置是由镗模来决定的,机床主轴只起传递动力的作用,这时工件上各孔的位置精度就完全依靠夹具(镗模)来保证。

夹具误差包括制造误差、定位误差、夹紧误差、夹具安装误差、对刀误差等。这些误差主要与夹具的制造和装配精度有关。所以在夹具的设计制造以及安装时,凡影响零件加工精度的尺寸和几何公差均应严格控制。

夹具的制造精度必须高于被加工零件的加工精度。精加工(IT6～IT8)时,夹具主要尺寸的公差一般可规定为被加工零件相应尺寸公差的1/2～1/3;粗加工(IT11以下)时,因工件尺寸公差较大,夹具的精度则可规定为零件相应尺寸公差的1/5～1/10。

在夹具使用过程中,定位元件、导向元件等工作表面的磨损、碰伤,会影响工件的定位精度和加工表面的形状精度。例如镗模上镗套的磨损,会使镗杆与镗套间的间隙增大并造成镗孔后的几何形状误差。因此,除了严格保证夹具的制造精度外,必须注意提高夹具易磨损件(如钻套、定位销等)的耐磨性,并定期检验、及时修复或更换磨损元件。

辅助工具,如各种卡头、芯轴、刀夹等的制造误差和磨损,同样也会引起加工误差。

4. 调整误差

在机械加工的每一个工序中,为了获得被加工表面的形状、尺寸和位置精度,需要对机床、夹具和刀具进行这样或那样的调整,而任何调整不会绝对准确,总会带来一定的误差,这种原始误差称为调整误差。采用不同的调整方式时,有不同的误差来源。

当用试切法加工时,影响调整误差的主要因素是测量误差和进给系统精度。在低速微量进给中,进给系统常会出现"爬行"现象,其结果会使刀具的实际进给量比刻度盘的数值要偏大或偏小些,造成加工误差。

在采用调整法加工时,如果用定程机构调整,调整精度取决于行程挡块、靠模及凸轮等机构的制造精度和刚度,以及与其配合使用的离合器、电器开关和控制阀等的灵敏度。当用样件或样板调整时,调整精度取决于样件或样板的制造、安装和对刀精度。

四、工艺系统动误差

1. 与工艺系统刚度相关的误差

1) 工艺系统刚度

机械加工工艺系统在切削力、传动力、惯性力、夹紧力以及重力等外力作用下,会产生相应的弹性变形和塑性变形,从而破坏刀具和工件之间已调整好的正确位置关系,使工件产生几何形状误差和尺寸误差。例如,在车削细长轴时,在切削力的作用下,工件会因弹性变形而出现"让刀"现象。随着刀具的进给,在工件全长上切削时,背吃刀量会由大变小,然后由小变大,使工件加工后产生腰鼓形(中间粗两头细)的圆柱度误差,如图13.15(a)所示。又如在内圆磨床上以横向切入法磨孔时，由于内圆磨头主轴的弹性变形，工件孔会出现带锥度的圆柱度误差，如图 13.15(b)所示。所以，工艺系统的受力变形是一项重要的原始误差，它严重影响加工精度和表面质量。

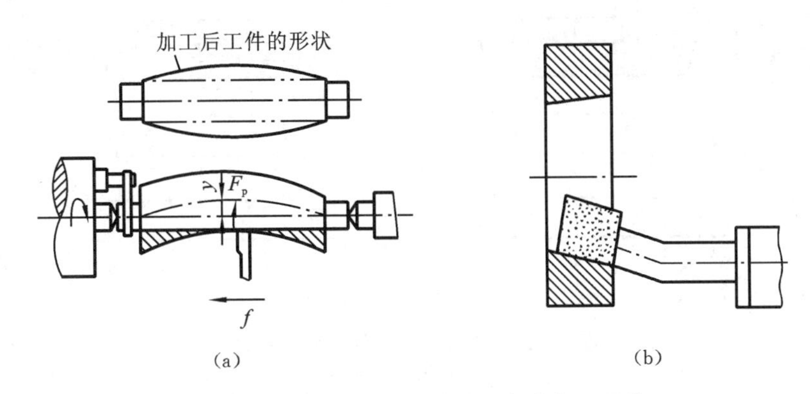

图 13.15　工艺系统受力变形引起的加工误差

(a) 车削细长轴　(b) 用切入法磨孔

工艺系统受力变形通常是弹性变形，一般来说，工艺系统反抗变形的能力越大，加工精度越高。可用刚度的概念来表达工艺系统抵抗变形的能力。

在材料力学中，物体的静刚度(简称刚度)k 是指加到系统上的作用力 $\boldsymbol{F}$ 的大小与由它所引起的在作用力方向上的变形量 y 的比值，即

$$k = F/y \tag{13.4}$$

式中：k——静刚度(N/mm)；

F——作用力(N)；

y——沿作用力方向的变形(mm)。

在机械加工中，在各种外力作用下，工艺系统各部分将在各个受力方向产生相应的变形。对于工艺系统受力变形，主要研究误差敏感方向，即在通过刀尖的加工表面的法线方向的位移。因此，工艺系统的刚度 $k_{系}$ 可定义为：工件和刀具的法向切削分力 $\boldsymbol{F}_p$ 与在总切削力的作用下，工件和刀具在该方向上的相对位移 $y_{系}$ 的比值，即

$$k_{系} = F_p/y_{系} \tag{13.5}$$

这里的法向位移是在总切削力的作用下工艺系统综合变形的结果。即在 $\boldsymbol{F}_c$、$\boldsymbol{F}_p$、$\boldsymbol{F}_f$ 共同作用下的 y 方向的变形。因此，有可能出现工艺系统的总变形方向($y_{系}$ 的方向)与 $\boldsymbol{F}_p$ 的方向不一致的情况，当 $y_{系}$ 与 $\boldsymbol{F}_p$ 方向相反时，即出现负刚度。负刚度现象对保证加工质量是不利的，如车外圆时，会造成车刀刀尖扎入工件表面，故应尽量避免，如图 13.16 所示。

工艺系统在切削力作用下，机床的有关部件、夹具、刀具和工件都有不同程度的变形，使刀具和工件在法线方向的相对位置发生变化，从而产生相应的加工误差。

工艺系统在某一处的法向总变形 $y_{系}$ 是各个组成环节在同一处的法向变形的叠加，即

$$y_{系} = y_{机床} + y_{夹具} + y_{刀具} + y_{工件} \tag{13.6}$$

当工艺系统某处受法向力 $\boldsymbol{F}_p$ 时，根据刚度定义，工艺系统各部件的刚度为

$$k_{机床} = F_p/y_{机床},k_{夹具} = F_p/y_{夹具},k_{刀具} = F_p/y_{刀具},k_{工件} = F_p/y_{工件} \tag{13.7}$$

式中：$y_{机床}$——机床的受力变形(mm)；

$y_{夹具}$——夹具的受力变形(mm)；

$y_{刀具}$——刀具的受力变形(mm)；

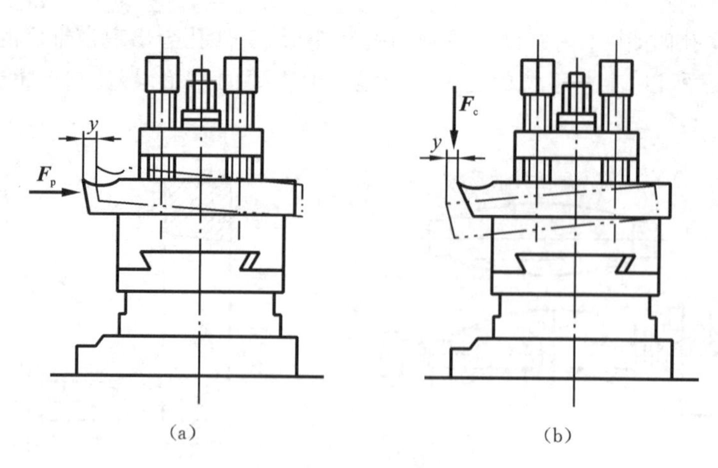

图 13.16 车削加工中的负刚度现象

(a) F_p导致的变形 (b) F_c导致的变形

$y_{工件}$——工件的受力变形(mm);

$k_{机床}$——机床的刚度(N/mm);

$k_{夹具}$——夹具的刚度(N/mm);

$k_{刀具}$——刀具的刚度(N/mm);

$k_{工件}$——工件的刚度(N/mm)。

将式(13.6)、式(13.7)代入式(13.5)得,工艺系统刚度的一般式为

$$k_{系} = \frac{1}{\frac{1}{k_{机床}} + \frac{1}{k_{夹具}} + \frac{1}{k_{刀具}} + \frac{1}{k_{工件}}} \tag{13.8}$$

式(13.8)表明,已知工艺系统各组成部分的刚度,即可求得工艺系统的总刚度。分析式(13.8)知,工艺系统刚度主要取决于薄弱环节的刚度。例如外圆车削时,车刀本身在切削力的作用下的变形对加工误差的影响很小,可忽略不计,这时计算式中可省去刀具刚度一项。再如镗孔时,镗杆的受力变形将严重地影响加工精度,而工件(如箱体零件)的刚度一般较大,其受力变形很小,可忽略不计。

工艺系统中如果工件(或刀具)刚度相对于机床、夹具、刀具(或工件)来说比较低,在切削力的作用下,工件(或刀具)由于刚度不足而引起的变形对加工精度的影响比较大,其最大变形量可按材料力学有关公式估算。夹具总是固定在机床上使用的,可将夹具视为机床的一部分。

2) 工艺系统刚度对加工精度的影响

(1) 加工过程中工艺系统刚度发生变化引起的加工误差。现以在车床前、后顶尖上车削光轴为例来说明这个问题。如图 13.17(a)所示,假定工件短而粗,同时车刀悬伸长度很短,即工件和刀具的刚度好,其受力变形比机床的变形小很多,可以忽略不计,也就是说,此时工艺系统的变形主要取决于机床的变形。假定工件的加工余量很均匀,并且机床变形造成的背吃刀量(切削深度)变化对切削力的影响也很小,即假定车刀切削过程中切削力保持不变。当车刀以径向力 F_p进给到图 13.17(a)所示的 x 位置时:车床主轴箱受作用力 F_A,相应的变形 $y_{主轴}=AA'$;尾座受作用力 F_B,相应的变形 $y_{尾座}=\overline{BB'}$;刀架受作用力 F_p,相应的变形 $y_{刀架}=CC'$,导致产生圆柱度误差,如图 13.18 所示。

工艺系统的刚度 $k_{系}$ 在不同的加工位置是各不相同的。工艺系统刚度在工件全长上的差别愈大,则工件在轴截面内的几何形状误差也愈大。可以证明,当主轴箱刚度与尾架刚度相等时,

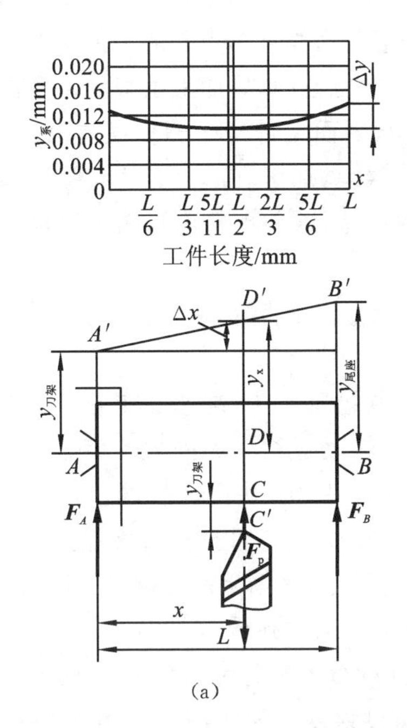

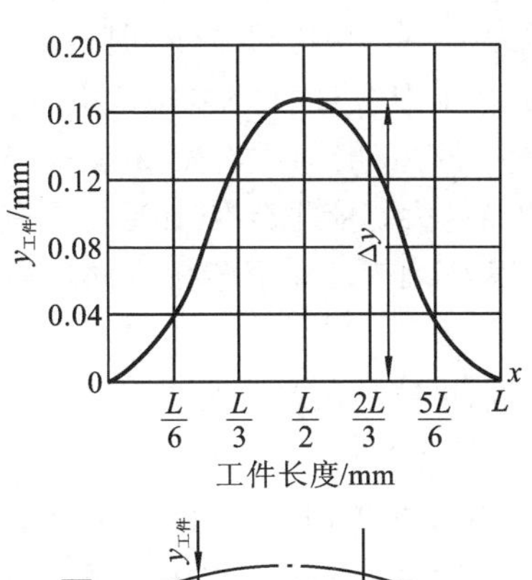

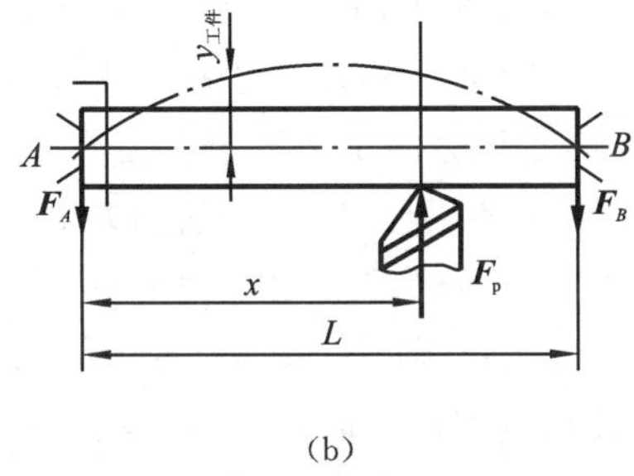

(a) (b)

图 13.17 工艺系统变形随切削力位置变化而变化

(a) 短粗轴 (b) 细长轴

工艺系统刚度在工件全长上的差别最小,工件在轴截面内的几何形状误差最小。

若在两顶尖间车削细长轴,如图 13.17(b)所示。由于工件细长、刚度小,在切削力作用下,其变形大大超过机床、夹具和刀具所产生的变形。因此,机床、夹具和刀具的受力变形可略去不计,工艺系统的变形完全取决于工件的变形。加工中车刀处于图示位置时,工件的轴线产生弯曲变形。加工后的工件呈鼓形。

(2) 由切削力大小变化引起的加工误差。被加工表面的几何形状误差导致的加工余量的变化、工件材料的硬度不均匀等因素会引起切削力变化,使工艺系统受力变形不一致,从而产生加工误差。

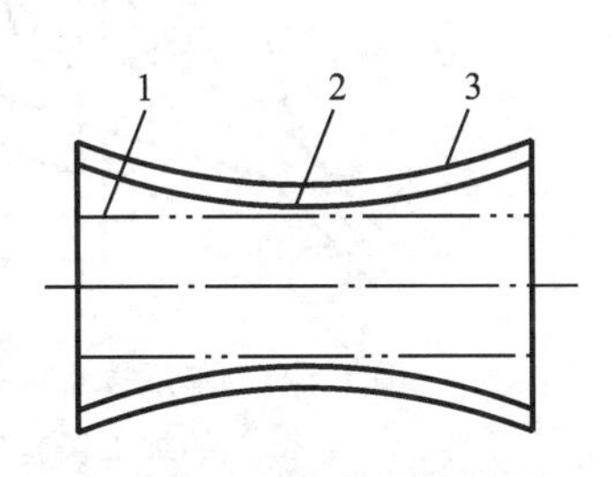

图 13.18 工件在顶尖上车削后的形状

1—机床不变形的理想情况;

2—考虑主轴箱、尾座变化的情况;

3—包括考虑刀架变形在内的情况

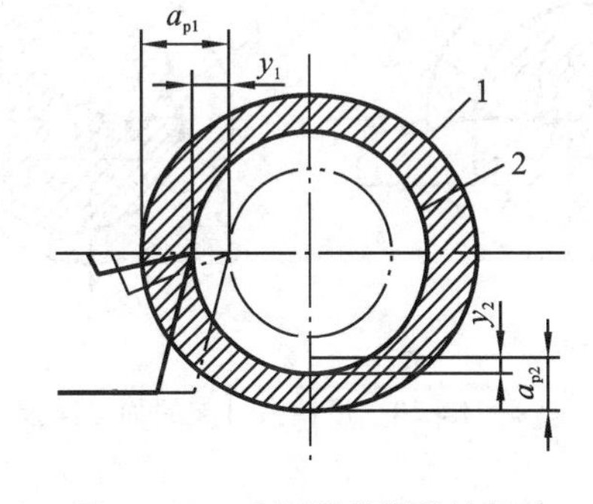

图 13.19 毛坯形状误差的复映

1—毛坯;2—工件

车削一具有椭圆形状误差的毛坯,将刀具预先调整到图 13.19 所示双点画线位置,毛坯椭圆长轴方向的背吃刀量为 a_{p1},短轴方向的背吃刀量为 a_{p2},车削时背吃刀量在 a_{p1} 与 a_{p2} 之间变化。因此,切削分力 F_p 也随切削深度 a_p 的变化而变化。当切削深度为 a_{p1} 时,产生的切削分力为 F_{p1},引起

的工艺系统变形为 y_1；当切削深度为 a_{p2} 时，产生的切削分力为 F_{p2}，引起的工艺系统变形为 y_2。由于背吃刀量不同，切削力不同，工艺系统产生的让刀变形也不同，故加工出来的工件2仍存在椭圆形状误差。由于毛坯存在的圆度误差 $\Delta_{毛坯}=a_{p1}-a_{p2}$，因而工件产生圆度误差 $\Delta_{工件}=y_1-y_2$，且 $\Delta_{毛坯}$ 越大，$\Delta_{工件}$ 也就越大。依此类推，如毛坯具有锥形误差，加工表面上必然有锥形误差。待加工面上有什么样的误差，加工面上必然出现同样性质的误差，这种现象称为加工过程中的误差复映现象。

增加走刀次数，可减小误差复映，提高加工精度，但生产率将降低；提高工艺系统刚度，对减小误差复映系数具有重要意义。

(3) 切削过程中受力方向变化引起的加工误差。切削加工中，高速旋转的零部件(含夹具、工件和刀具等)的不平衡会产生离心力 $\boldsymbol{F}_Q$。$\boldsymbol{F}_Q$ 在零部件转动过程中不断地改变方向，因此，它在 y 方向的分力大小的变化会使工艺系统的受力变形也随之变化，从而产生误差，如图13.20所示。车削一个不平衡工件，当离心力 $\boldsymbol{F}_Q$ 与切削力 $\boldsymbol{F}_p$ 方向相反时，将工件推向刀具，使背吃刀量增加；当 $\boldsymbol{F}_Q$ 与切削力 $\boldsymbol{F}_p$ 方向相同时，工件被拉离刀具，背吃刀量减小，其结果都会造成工件的圆度误差。

在车床或磨床上加工轴类零件时，常用单爪拨盘带动工件旋转，如图13.21所示，在拨盘转动一周的过程中，传动力 $\boldsymbol{F}$ 的方向是变化的，它在 y 方向的分力有时和切削力 F_P 同向，有时反向，因此，它所产生的加工误差和惯性力近似，造成工件的圆度误差。为此，在加工精密零件时改用双爪拨盘或柔性连接装置带动工件旋转。

3) 其他力对加工精度的影响

(1) 惯性力引起的加工误差。惯性力对加工精度的影响比传动力的影响易被人注意，因为它们与切削速度有密切的关系，并且常常引起工艺系统的受迫振动。

在高速切削过程中，工艺系统中如果存在高速旋转的不平衡构件，就会产生离心力，它和传动力一样，在 y 方向分力的大小随构件的转角变化呈周期性的变化，由它所引起的变形也相应地变化，而造成工件的径向跳动误差。

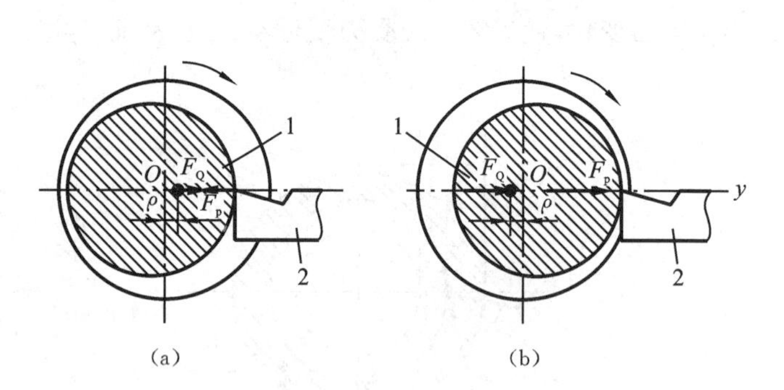

图13.20 惯性力引起的加工误差

(a) F_Q 与 F_p 反向时 (b) F_Q 与 F_p 同向时

1—工件；2—刀具

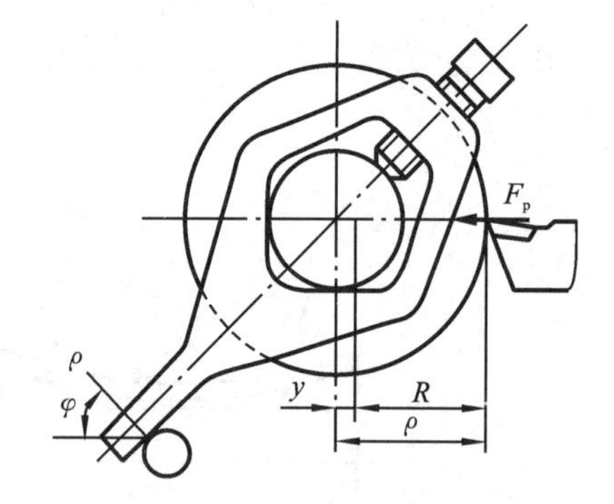

图13.21 单爪拨盘传动力引起的加工误差

因此，在机械加工中若遇到这种情况，为减小惯性力的影响，可在工件与夹具不平衡质量对称的方位配置一平衡块，使两者的离心力互相抵消。必要时还可适当降低转速，以减小离心力的影响。

(2) 夹紧力引起的加工误差。被加工工件在装夹过程中，如果刚度较低或夹紧力着力点位置不当，都会引起工件的变形，造成加工误差。特别是薄壁套、薄板等零件，更易于产生加工误差，如

图13.22所示。

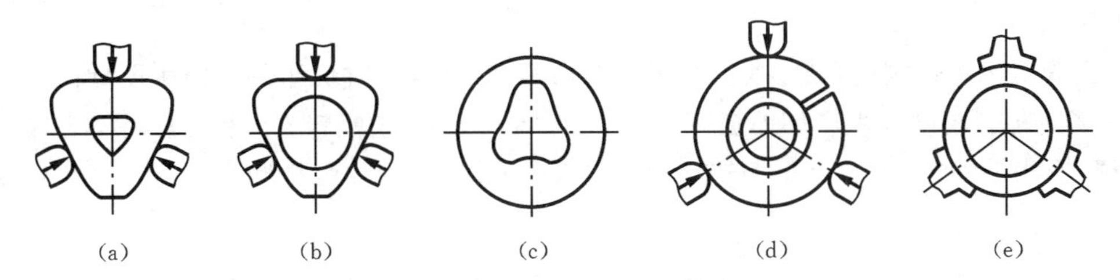

(a) (b) (c) (d) (e)

图13.22 零件夹紧力引起的误差

(a) 第一次夹紧 (b) 镗孔 (c) 松开后工件变形 (d) 采用开口过渡环 (e) 采用专用卡爪

(3) 机床部件和工件本身重量引起的加工误差。在工艺系统中，零部件的自重也会引起变形，如：大型立式车床、龙门铣床、龙门刨床的刀架横梁等，由于主轴箱或刀架的重力而产生变形；摇臂钻床的摇臂在主轴箱自重的影响下产生变形，造成主轴轴线与工作台不垂直；铣镗床镗杆伸长而下垂变形等。这样也会造成加工误差。

对于大型工件的加工，工件自重引起的变形有时是产生加工形状误差的主要原因。在实际生产中，装夹大型工件时，可恰当地布置支承以减小工件自重引起的变形，从而减小加工误差。

4) 减少工艺系统受力变形的途径

减小工艺系统受力变形是保证加工精度的有效途径之一。由工艺系统刚度表达式(13.5)知，提高工艺系统刚度和减小切削力及其变化，是减小工艺系统受力变形的有效途径。

(1) 提高工艺系统刚度。可采用以下几条措施来提高工艺系统刚度。

① 提高接触刚度。一般部件的接触刚度大大低于实体零件本身的刚度，所以提高接触刚度是提高工艺系统刚度的关键。常用的方法是改善工艺系统主要零件接触面的配合质量，如刮研机床导轨副、配研顶尖锥体与主轴和尾座套筒锥孔的配合面、多次修研加工精密零件用的中心孔等。改善配合表面的粗糙度和形状精度，使实际接触面积增加，从而有效提高接触刚度。

提高接触刚度的另一个措施是预加载荷，这样可消除配合面间的间隙，增加接触面积，减少受力后的变形，此方法常用于各类轴承的调整。

② 提高工件的刚度，减小受力变形。对刚度较低的工件，如叉架、细长轴等，提高工件的刚度是提高加工精度的关键。其主要措施是减小支承间的长度，如安装跟刀架或中心架。图13.23(a)所示是车削较长工件时采用中心架来增加支承；图13.23(b)所示是车细长轴时采用跟刀架来增加支承，以提高工件的刚度。

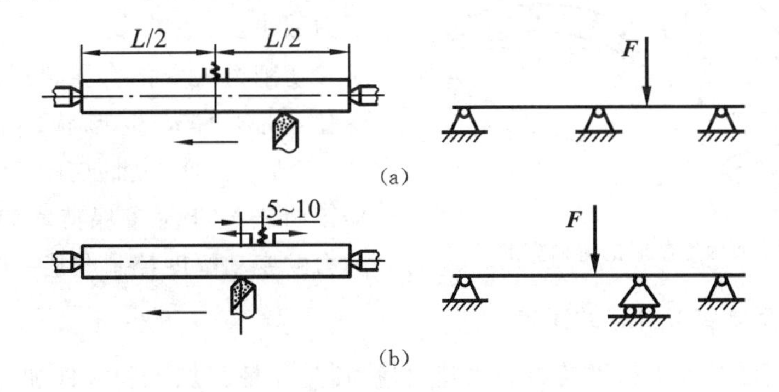

图13.23 增加支承以提高工件的刚度

(a) 采用中心架 (b) 采用跟刀架

③ 提高刀具的刚度。在钻孔加工和镗孔加工中,刀具刚度相对较弱,常用钻套或镗套来提高刀具刚度。

④ 提高机床部件刚度,减小受力变形。在切削加工中,有时机床部件因刚度低而产生变形和振动,影响加工精度和生产率的提高。图 13.24(a)所示是在转塔车床上采用固定导向支承套的情形,图 13.24(b)所示是采用转动导向支承套的情形,用加强杆和导向支承套来提高部件的刚度。

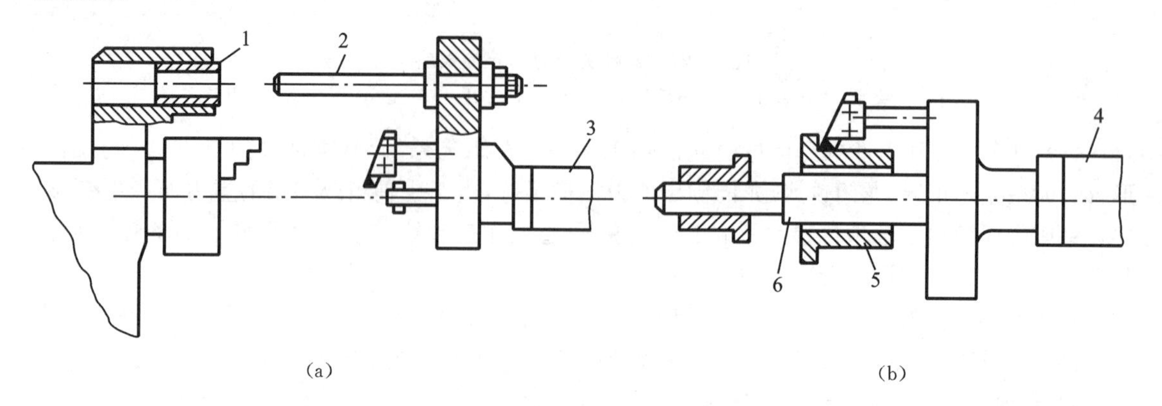

图 13.24 提高部件刚度的装置

(a) 采用固定导向支承套 (b) 采用转动导向支承套

1—固定导向支承套;2、6—加强杆;3、4—六角刀架;5—工件

⑤ 合理装夹工件,减小夹紧变形。对刚度较低的工件选择合适的夹紧方法,能减小夹紧变形,提高加工精度。如图 13.22 所示,薄壁套未夹紧前内外圆都是正圆形,由于夹紧方法不当,夹紧后套筒呈三棱形(见图 13.22(a)),镗孔后内孔呈正圆形(见图 13.22(b)),松开卡爪后镗孔的内孔又变为三棱形(见图 13.22(c))。为减小夹紧变形,应使夹紧力均匀分布,可采用开口过渡环(见图 13.22(d))或专用卡爪(见图 13.22(e))。

在夹具设计或工件的装夹中应尽量使作用力通过支承面或减小弯曲力矩,以减小夹紧变形。

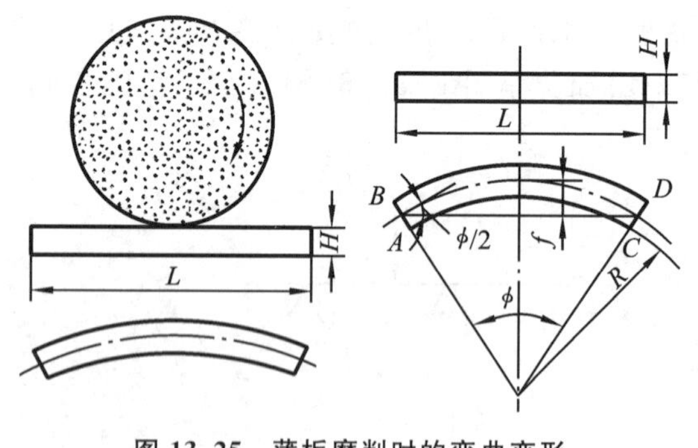

图 13.25 薄板磨削时的弯曲变形

(2) 减小切削力及其变化。合理地选择刀具材料、增大前角、对工件材料进行合理的热处理以改善材料的加工性能等,都可使切削力减小。

切削力的变化将导致工艺系统变形发生变化,使工件产生形状和位置误差,如图 13.25所示。使一批加工工件的加工余量和加工材料性能尽量保持均匀不变,就能使切削力的变动幅度控制在某一许可范围内。

2. 工艺系统受热变形引起的误差

工艺系统热变形对加工精度的影响比较大,特别是在精密加工和大件加工中,由热变形所引起的加工误差有时可占工件总误差的 40%～70%。高效、高精度、自动化加工技术的发展,使工艺系统热变形问题变得尤为突出,已成为机械加工技术进一步发展的重要研究课题。

机床、刀具和工件受到各种热源的作用，温度会逐渐升高，同时它们也通过各种传热方式向周围的物质或空间散发热量。当单位时间内传入的热量与其散发出的热量相等时，工艺系统就达到热平衡状态，而工艺系统的热变形也就达到某种程度的稳定。

1) 工艺系统的热源

引起工艺系统受热变形的热源大体分为内部热源和外部热源两大类。

内部热产生于工艺系统的内部，主要指切削热、摩擦热和动力装置能量损耗发出的热，其热量主要是以热传导的形式传递的。外部热主要是指工艺系统外部的、以对流传热为主要形式的环境热（它与气温变化、通风、空气对流和周围环境等有关）和各种辐射热（包括由太阳及照明、暖气设备等发出的辐射热）。

(1) 切削热。切削热是由于切削过程中，切削层金属的弹性、塑性变形及刀具与工件、切屑之间的摩擦而产生的，这些热量将传给工件、刀具、夹具、切屑、切削液和周围介质，其分配百分比随加工方法不同而异。在车削时，大量的切削热由切屑带走，传给工件的为10%～30%，传给刀具的为1%～5%。孔加工时，大量切屑滞留在孔中，使大量的切削热传入工件。磨削时，由于磨屑小，带走的热量很少，故大部分传入工件。

(2) 摩擦热和能量损耗。工艺系统因运动副（如齿轮副、轴承副、导轨副、螺母丝杠副、离合器等）相对运动产生摩擦和因动力源（如电动机、液压系统等）工作时的能量损耗而发热。尽管这部分热比切削热少，但它们有时会使工艺系统的某个关键部位产生较大的变形，破坏工艺系统原有的精度。

(3) 外部热。工艺系统的外部热源，主要是指周围的环境热通过空气的对流以及日光、照明灯具、取暖设备等热源通过热辐射对工艺系统造成的影响。如靠近窗口的机床受到日光照射的影响，不同的时间机床温升和变形就会不同，而日光照射通常是单面的或局部的，其受到照射的部分与未被照射的部分之间产生温度差，从而使机床产生变形，这对大型和精密工件的加工影响较大。

2) 工件热变形对加工精度的影响

机械加工过程中，工件的热变形主要是由切削热引起的，对于大型或精密零件，外部热如环境热、日光等辐射热的影响也不可忽视。加工方法不同，工件材料、形状和尺寸不同，工件的受热变形也不相同。可以分几种不同的情况来分析。

(1) 对于一些形状简单、对称的零件，如轴、套筒等，加工（如车削、磨削）时切削热能较均匀地传入工件，工件热变形量可按下式估算

$$\Delta L = \alpha L \Delta t \tag{13.9}$$

式中：α——工件材料的热膨胀系数（1/℃）；

L——工件在热变形方向的尺寸（mm）；

Δt——工件温升（℃）。

(2) 在精密丝杠加工中，工件的热伸长会产生螺距的累积误差。如在磨削长400 mm的丝杠螺纹时，每磨一次温度升高1℃，被磨丝杠将伸长

$$\Delta L = 1.17 \times 10^{-5} \times 400 \times 1 \text{ mm} = 4.68 \times 10^{-3} \text{ mm}$$

而5级丝杠的螺距累积误差在400 mm长度上不允许超过5 μm，因此热变形对工件加工精度影响很大。

(3) 在较长的轴类零件加工中，开始切削时，工件温升为零，随着切削加工的进行，工件温度逐渐升高而使直径逐渐增大，增大量被刀具切除，因此，加工完的工件冷却后将出现锥度误差。

3）刀具热变形引起的加工误差

刀具产生热变形的热源主要来自于切削热。传给刀具的热量虽不多，但由于刀具切削部分体积小而热容量小，切削部分仍会产生很高的温升。如高速钢刀具车削时刃部的温度可高达700～800 ℃，而硬质合金刀刃部温度可达1000 ℃以上。这样，刀具不但会因发生热变形影响加工精度，而且其硬度也会下降。

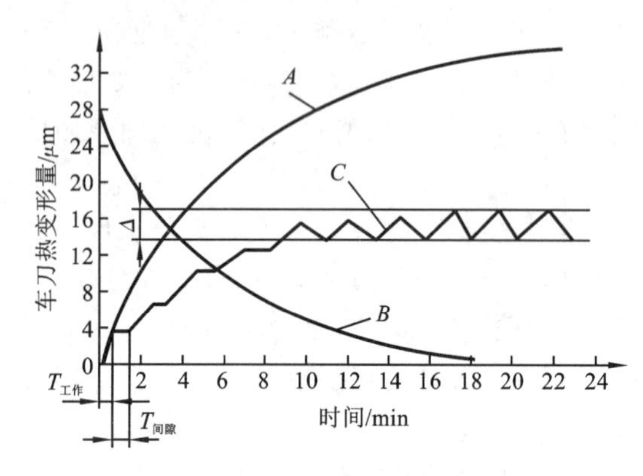

图 13.26　车刀热变形曲线

图13.26所示为车削时车刀的热变形量与切削时间的关系。连续车削时，车刀的热变形过程如曲线 A 所示，经过10～20 min即可达到热平衡，车刀热变形影响很小；当车刀停止车削后，刀具冷却变形过程如曲线 B 所示；当车削一批短小轴类工件时，加工时断时续（如装卸工件）间断切削，变形过程如曲线 C 所示。因此，在开始切削阶段，车刀热变形显著，而在达到热平衡后，热变形则不明显。

粗加工时，刀具热变形对加工精度的影响不明显，一般可忽略不计。精加工尤其是精密加工时，刀具热变形对加工精度的影响较显著，它会使加工表面产生尺寸误差或形状误差。

4）机床热变形引起的误差

由于机床热源分布的不均匀、机床结构的复杂性以及机床工作条件的变化很大等原因，机床各个部件的温升是不相同的，甚至同一零件的各个部分的温升也有差异，这就会破坏机床原有的相互位置关系。

不同类型的机床，其结构和工作条件相差很大，主要热源各不相同，热变形引起的加工误差也不相同。车、铣、钻、镗等类机床，主要热源是主轴箱轴承的摩擦热和主轴箱中油池的发热，它会使主轴箱及与它相连接部分的床身温度升高，从而引起主轴的升高和倾斜。图13.27所示为

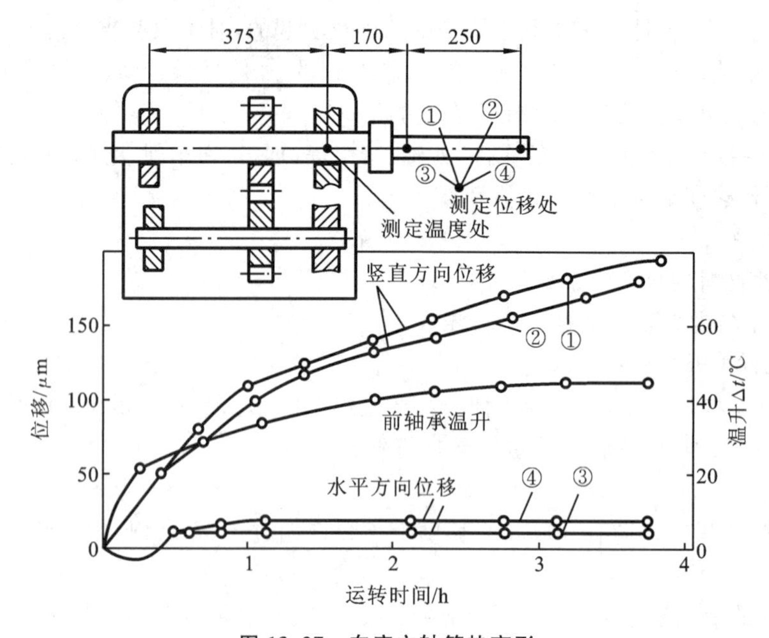

图 13.27　车床主轴箱热变形

车床空运转时主轴的温升和位移的测量结果。主轴在水平方向上的位移仅 10 μm，而在竖直方向上的位移可高达 180～200 μm。水平方向上的位移量虽很小，但对刀具水平安装的卧式车床来说属误差敏感方向，故对加工精度的影响就不能忽视。而竖直方向的上位移对卧式车床影响不大，但对刀具竖直安装的自动车床和转塔车床来说，加工精度受到的影响就严重。因此，最好将机床热变形控制在非误差敏感方向。

常见几种机床的热变形趋势如图 13.28 所示。

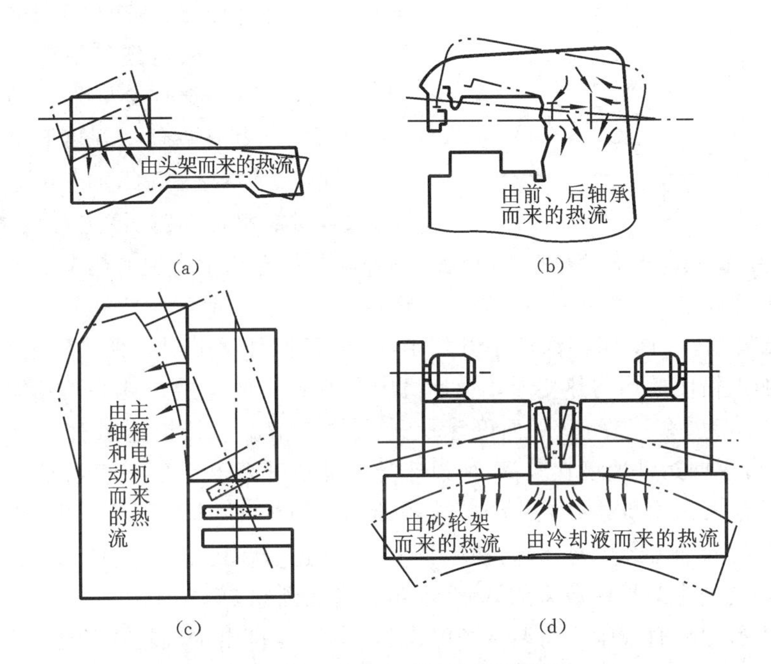

图 13.28　几种机床的热变形趋势

(a) 车床　(b) 磨床　(c) 平面磨床　(d) 双端面磨床

5) 减少和控制工艺系统热变形的主要途径

(1) 减少热源发热和隔离热源。没有热源就没有热变形，这是减少工艺系统热变形的根本措施。具体措施如下。

① 分离热源。凡能从机床分离出去的热源，如电动机、变速箱、液压系统、油箱等部件应尽可能移出机床主机之外。对于不能分离的热源，如主轴轴承、丝杠螺母副、高速运动的导轨副等零部件，可从结构和润滑等方面改善其摩擦特性，减少发热。还可采用隔热材料将发热部件和机床大件(如床身、立柱等)隔离开来。

② 减少切削热或磨削热。通过控制切削用量，合理选择和使用刀具来减少切削热，零件精度要求高时，还应注意将粗加工和精加工分开进行。

③ 减少机床各运动副的摩擦热。从运动部件的结构和润滑等方面采取措施，改善特性，以减少发热，如主轴部件采用静压轴承、低温动压轴承等，采用低黏度润滑油、润滑脂，进行循环冷却润滑、油雾润滑等，均有利于降低主轴轴承的温升。

(2) 加强散热能力。对发热量大的热源，既不便从机床内部移出，又不便隔热，则可采用有效的冷却措施，如增加散热面积或使用强制性的风冷、水冷、循环润滑等。

使用大流量切削液，或喷雾等方法冷却，可带走大量切削热或磨削热。在精密加工时，为增加冷却效果，控制切削液的温度是很必要的。如大型精密丝杠磨床采用恒温切削液淋浴工件，

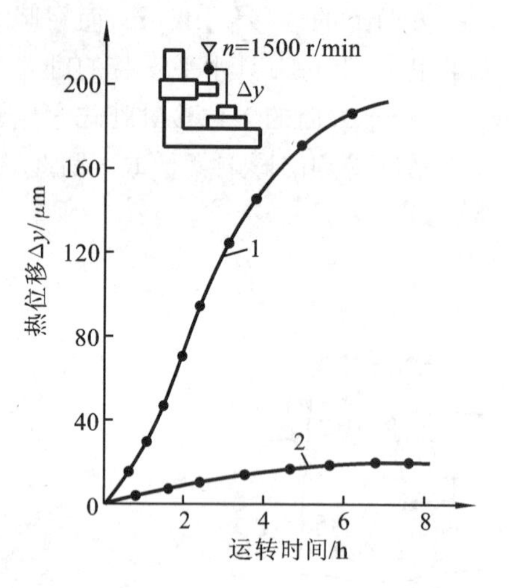

图 13.29　坐标镗床主轴箱强制冷却的试验曲线

1—没有采用强制冷却时；2—采用强制冷却时

机床的空心母丝杠也通入恒温油，以降低工件与母丝杠的温差，提高加工精度的稳定性。

采用强制冷却来控制热变形的效果是很显著的。图 13.29 所示为一台坐标镗床的主轴箱用恒温喷油循环强制冷却的试验结果。曲线 1 为没有采用强制冷却时的试验结果，机床运转 6 h 后，主轴轴线到工作台的距离产生了 190 μm 的热变形(竖直方向)，且尚未达到热平衡。当采用强制冷却措施后，上述热变形减少到 15 μm，如曲线 2，且工作不到 2 h 机床就已达到热平衡状态。

目前，大型数控机床、加工中心机床普遍采用冷冻机，对润滑油、切削液进行强制冷却，机床主轴轴承和齿轮箱中产生的热量可由恒温的切削液迅速带走。

(3) 均衡温度场。当机床零部件温升均匀时，机床本身就呈现一种热稳定状态，从而使机床产生不影响加工精度的均匀热变形。设计机床有关部件时，应注意考虑均衡温度场的问题。

图 13.30 所示为 M7150A 型平面磨床所采用的均衡温度场措施示意图。该机床床身较长，加工时工作台纵向运动速度比较高，所以床身上部温升高于下部，床身导轨会向上凸起。其改进措施是将油池搬出主机并做成一个单独的油箱。另外，在床身下部开出“热补偿油沟”，使一部分带有余热的回油流经床身下部，使床身下部的温度升高，这样可使床身上、下部分的温差降至 1～2 ℃，导轨的中凸量由原来的 0.0265 mm 降低到 0.0052 mm。

图 13.31 所示为端面磨床均衡温度场的措施，由风扇排出主轴箱内的热空气，经管道通向防护罩和立柱后壁的空间，然后排出。这样使原来温度较低的立柱后壁温度升高，促使立柱前、后壁的温度大致相等，以降低立柱的弯曲变形，使被加工零件的端面平行度误差降低为原来的 1/3～1/4。

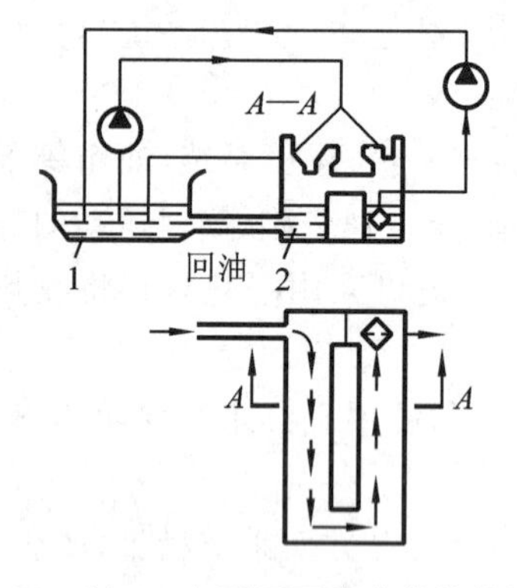

图 13.30　M7150A 型平面磨床的热补偿油沟

1—油池；2—热补偿油沟

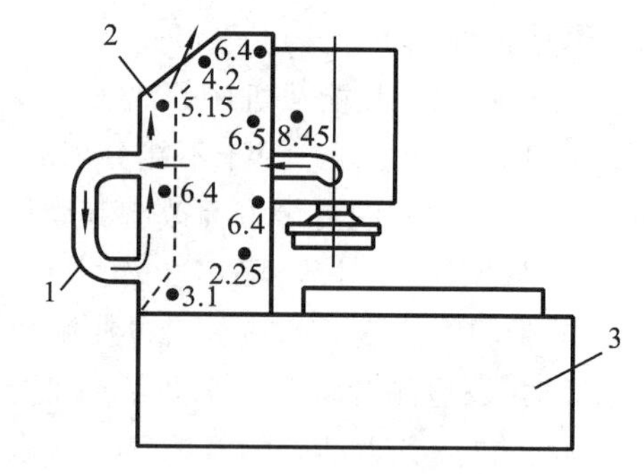

图 13.31　均衡立柱前、后壁的温度场(单位:℃)

1—软管；2—立柱；3—床身

(4) 改进机床布局和结构设计。主要可采用以下几种措施。

① 采用热对称结构。在变速箱中，将轴、轴承、传动齿轮等对称布置，可使箱壁温升均匀，箱体变形减小。

机床大件的结构和布局对机床的热态特性有很大影响。以加工中心机床为例，在热源影响下，单立柱结构会产生相当大的扭曲变形，而双立柱结构由于左右对称，仅产生竖直方向的热位移，很容易通过调整的方法予以补偿。因此，双立柱结构的机床主轴相对于工作台的热变形比单立柱结构的小得多。

② 合理选择机床零部件的安装基准。合理选择机床零部件的安装基准，尽量使热变形不在误差敏感方向上。如图 13.32(a)所示车床主轴箱在床身上的定位点 H 位于主轴轴线的下方，主轴箱产生热变形时，主轴孔在 z 方向上产生热位移，对加工精度影响较小。若采用如图 13.32(b)所示的定位方式，主轴除了在 z 方向上产生热位移以外，还会在误差敏感方向——y 方向上产生热位移，直接影响刀具与工件之间的正确位置，故会造成较大的加工误差。

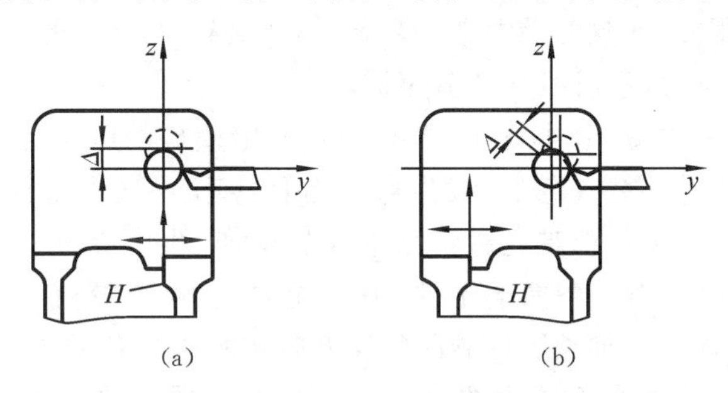

图 13.32　车床主轴箱定位面位置对热变形的影响

(a) 合理　(b) 不合理

(5) 加速达到热平衡状态。当工艺系统达到热平衡状态时，热变形趋于稳定，加工精度易于保证。因此，为了尽快使机床进入热平衡状态，可以在加工工件前，使机床作高速空运转，当机床在较短时间内达到热平衡之后，再将机床速度转换成工作速度进行加工。精密和超精密加工时，为使机床达到热平衡状态而高速空转的时间，可达数十小时。必要时，还可以在机床的适当部位设置控制热源，人为地给机床加热，使其尽快地达到热平衡状态。精密机床加工时应尽量避免中途停车。

(6) 控制环境温度。精密机床一般应安装在恒温车间，其恒温精度一般控制在±1 ℃以内，精密级的机床为±0.5 ℃，超精密级的机床为±0.01 ℃。恒温室平均温度一般为 20 ℃，冬季可取 17 ℃，夏季取 23 ℃。对精加工机床应避免阳光直接照射，布置取暖设备也应避免使机床受热不均匀。

(7) 热位移补偿。在对机床主要部件，如主轴箱、床身、导轨、立柱等受热变形规律进行大量研究的基础上，可通过模拟试验和有限元分析，寻求各部件热变形的规律。在现代数控机床上，根据试验分析可建立热变形位移数字模型并存入计算机中进行实时补偿。

3. 工件内应力重新分布引起的误差

内应力是指外部载荷去除后，仍残存在工件内部的应力，又称残余应力。零件中的内应力往往处于一种很不稳定的相对平衡状态，在常温下特别是在外界某种因素的影响下很容易失去原有状态，使内应力重新分布，零件产生相应的变形，从而破坏原有的精度。因此，必须采取措施消除内应力对零件加工精度的影响。

1) 工件内应力产生的原因

内应力是由金属内部的相邻组织发生了不均匀的体积变化而产生的，体积变化的原因主要来自热加工或冷加工。

(1) 毛坯制造和热处理过程中产生的内应力。在铸造、锻压、焊接及热处理过程中，由于零件壁厚不均匀，毛坯各部分热胀冷缩不均匀，同时，金相组织转变时会发生体积变化，这将使毛坯内部产生相当大的内应力。毛坯的结构越复杂，壁厚越不均匀，散热条件差别越大，毛坯内部产生的内应力也越大。具有内应力的毛坯，内应力暂时处于相对平衡状态，变形缓慢，但是，切除一层金属后，这种平衡被打破了，内应力重新分布，工件就明显地出现变形。

图 13.33(a)所示为一个内、外壁厚相差较大的铸件。在浇注后的冷却过程中，由于壁 A 和 C 比较薄，散热较易，所以冷却较快；壁 B 较厚，冷却较慢。当壁 A 和 C 从塑性状态冷却至弹性状态时(约 620 ℃)，壁 B 的温度还比较高，仍处于塑性状态，所以壁 A 和 C 收缩时，壁 B 不起阻止变形的作用，铸件内部不产生内应力。但当壁 B 冷却到弹性状态时，壁 A 和 C 的温度已经降低很多，收缩速度变得很慢，而这时壁 B 收缩较快，就受到壁 A 及 C 的阻碍。因此，壁 B 受到拉应力，壁 A 及 C 受到压应力，形成相互平衡的状态。

如果在壁 C 上切开一个缺口，如图 13.33(b)所示，则壁 C 的压应力消失。铸件在壁 B 和 A 的内应力作用下，壁 B 收缩，壁 A 膨胀，发生弯曲变形，直至内应力重新分布，达到新的平衡为止。推广到一般情况，各种铸件都难免由于冷却不均匀而产生内应力。

(2) 冷校直产生的内应力。弯曲的工件(原来无内应力)要校直，常采用冷校直的工艺方法。此方法是在一些长棒料或细长零件弯曲的反方向施加外力 $\boldsymbol{F}$，如图 13.34(a)所示。在外力 $\boldsymbol{F}$ 的作用下，工件内部内应力的分布如图 13.34(b)所示，在轴线以上产生压应力(用“－”表示)，在轴线以下产生拉应力(用“＋”表示)。在轴线和两条虚线之间是弹性变形区域，在虚线之外是塑性变形区域。当外力 $\boldsymbol{F}$ 去除后，外层的塑性变形区域阻止内部弹性变形的恢复，使内应力重新分布，如图 13.34(c)所示。这时，冷校直虽能减小弯曲，但工件却处于不稳定状态，如再次加工，又将产生新的变形。因此，对高精度丝杠，在加工中不允许用冷校直的方法来减小弯曲变形，而是用多次人工时效来消除残余内应力。

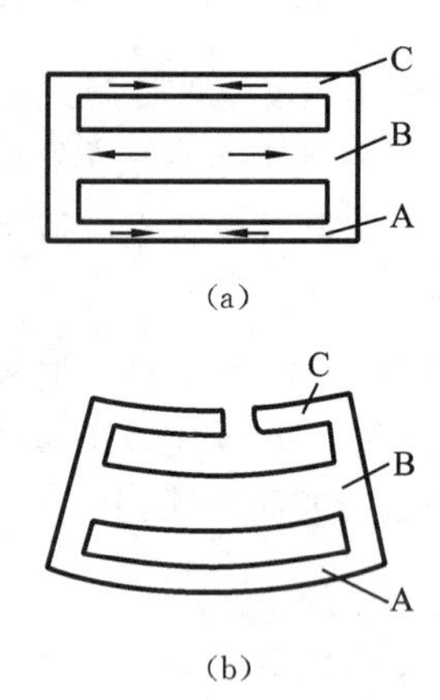

图 13.33 铸件内应力引起的变形

(a) 铸件内部产生内应力

(b) 切开缺口后内应力重新分布

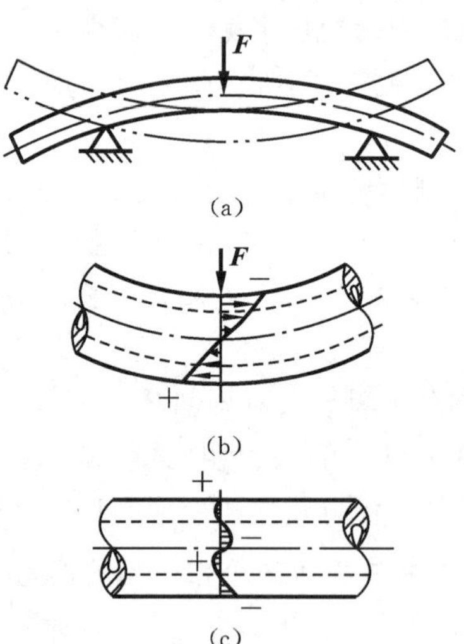

图 13.34 冷校直引起的内应力

(a) 反方向施加外力 (b) 内应力分布状况

(c) 内应力重新分布

(3) 切削加工产生的内应力。切削过程中产生的力和热，也会使被加工工件的表面层变形，产生内应力。这种内应力的分布情况由加工时的工艺因素决定。实践表明，具有内应力的工件，在加工过程中切去表面一层金属后，所引起的内应力的重新分布程度和变形程度最为强烈。因此，粗加工后，应将被夹紧的工件松开，从而使其内应力重新分布。

2）减小内应力的措施

(1) 合理设计零件结构。在零件的结构设计中，应尽量简化结构，使壁厚均匀，减小尺寸和壁厚差，增大零件的刚度，以减小在铸、锻毛坯制造中产生的内应力。

(2) 采取时效处理。时效处理方式包括自然时效处理、人工时效处理和振动时效处理。

自然时效处理，主要是在毛坯制造之后，或粗加工后、精加工之前，让工件停留一段时间，利用温度的自然变化，经过多次热胀冷缩，使工件内部组织产生微观变化，从而达到减少或消除内应力的目的。这种过程一般需要半年至五年时间，因周期长，所以除特别精密的零件外，一般较少使用。

人工时效处理是目前使用最广的一种方法，分高温时效和低温时效。高温时效一般适用于毛坯件或在工件粗加工后进行。低温时效一般在工件半精加工后进行。人工时效需要较大的投资，设备较大，能源消耗多。

振动时效是使工件受到激振器的敲击，或使工件在滚筒中回转互相撞击，亦即使工件处在一定的振动强度下，引起工件金属内部组织的转变，从而消除内应力。这种方法节省能源、简便、效率高，近年来发展很快，但有噪声污染。此方法适用于中小钢铁零件及有色金属件等。

(3) 合理安排工艺过程。机械加工时，应注意粗、精加工分开在不同的工序进行，使粗加工后有一定的间隔时间让内应力重新分布，以减少对精加工的影响。

切削时应注意减小切削力，如减小余量、减小背吃刀量或进行多次走刀，以避免工件变形。粗、精加工在一个工序中完成时，应在粗加工后松开工件，让其有自由变形的可能，然后再用较小的夹紧力夹紧工件后再进行精加工。

13.3 提高加工精度的措施

一、直接减小或消除原始误差法

直接减小或消除原始误差是提高加工精度的主要途径。它是指在查明产生加工误差的主要因素之后，设法消除或减少这些因素。例如当用三爪卡盘夹持薄壁套筒时，应在套筒外面加过渡环，避免产生由夹紧变形所引起的加工误差。再如车削细长轴时，因工件刚度低，容易产生弯曲变形和振动。为了减少因吃刀抗力使工件弯曲变形而导致的加工误差，除采用跟刀架外，还采用反向进给的切削方法（见图 13.35），使 $\boldsymbol{F}_x$（或称 $\boldsymbol{F}_f$）对细长轴起拉伸作用，同时应用弹性的尾座顶尖，不会把工件压弯；还可采用大进给量和较大的主偏角车刀，增大力 $\boldsymbol{F}_f$，工件在强有力的拉伸作用下，还能避免径向的颤动，使切削平稳。

二、误差补偿法

误差补偿法是指人为地造出一种新的误差，来抵消原来工艺系统中的原始误差，当原始误差为负值时人为的误差就取正值，反之就取负值，并尽量使两者大小相等；或者利用一种原始误差去抵消另一种原始误差，也是尽量使两者大小相等、方向相反，从而达到减小加工误差、提高加工精度的目的。误差补偿技术在机械制造中的应用十分广泛。例如，龙门铣床的横梁在横梁自重和立铣头自重的共同影响下会产生下凹变形，使加工表面产生平面度误差，若在刮研横梁

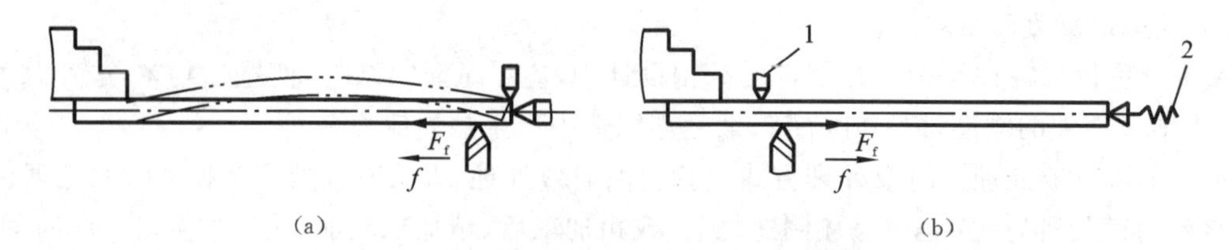

图 13.35 顺、反向进给车细长轴的比较

(a) 顺向进给时 F_f 起压缩作用 (b) 反向进给时 F_f 起拉伸作用

1—跟刀架;2—回转顶尖

导轨时故意使导轨面产生向上凸起的几何误差(见图 13.36),则在装配后就可补偿因横梁和立铣头的重力作用而产生的下凹变形。

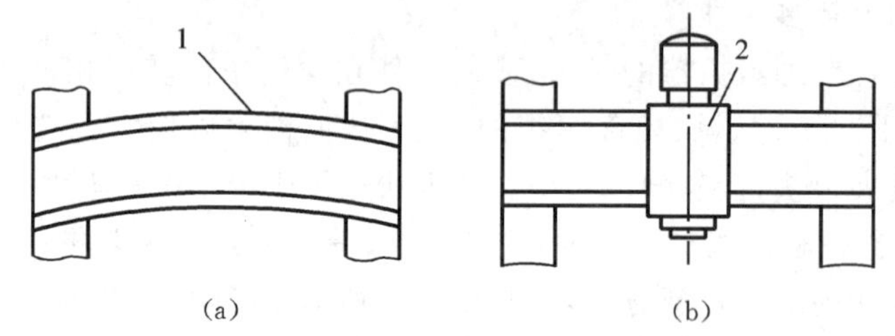

图 13.36 通过制作凸形横梁导轨补偿因自重而引起的横梁下凹变形

1—横梁;2—立铣头

三、误差转移法

误差转移法实质上是把原始误差转移到误差非敏感方向上,也就是改变表现误差的数值。如当机床精度达不到零件加工要求时,常常不是一味提高机床精度,而是从工艺上或在夹具方面想办法,创造条件,使机床的几何误差转移到不影响加工精度的方向去。如磨削主轴锥孔保证其和轴颈的同轴度,不是靠机床主轴的回转精度来保证同轴度,而是靠夹具保证。当机床主轴与工件之间用浮动连接时,机床主轴的原始误差就被转移。

四、误差分组法

当上道工序的加工误差太大,使得本道工序不能保证工序技术要求,而提高上道工序的加工精度又不经济时,可采用误差分组的办法。将上道工序加工后的工件分为 n 组,使每组工件的误差分散范围缩小为原来的 $1/n$,然后按组调整刀具与工件的相对位置,或选用合适的定位元件以减小上道工序加工误差对本道工序加工精度的影响。例如,在精加工齿形时,为保证加工后齿圈与内孔的同轴度,应尽量减小齿轮内孔与心轴的配合间隙,为此可将齿轮内孔尺寸分为 n 组,然后配以相应的 n 根不同直径的心轴,一根心轴相应加工一组孔径的齿轮,可显著提高齿圈与内孔的同轴度。

五、就地加工法

在加工和装配中有些精度问题,牵涉到零件或部件间的相互关系,相当复杂,如果一味地提高零、部件本身的精度,有时很困难,甚至不可能,而采用就地加工法(也称自身加工修配法),就可能很方便地解决看起来非常困难的精度问题。就地加工法在机械零件加工中常作为保证零件加工精度的有效措施。

例如，在转塔车床制造中，必须保证转塔上六个装刀具的孔的轴线和机床主轴旋转轴线重合，而六个平面又必须与主轴轴线垂直。如果按传统的精度分析与精度保证方法，单个地确定各自的制造精度，就会使原始误差小到难以制造的程度，而且装配后的表现误差仍将达不到要求。因此，生产中采用就地加工法。方法是对这些重要表面在装配之前不进行精加工，等转塔装配到机床上后，再在机床上对这些表面作精加工，即在自身机床主轴上装上镗刀杆和能作径向进给的小刀架对这些表面做精加工，保证所需的精度。

这种“自干自”的就地加工法在不少场合中都有应用。如为了使龙门刨床、牛头刨床的工作台面分别对横梁和滑枕保持平行的位置关系，都是在装配后在机床上进行“自刨自”的精加工。平面磨床的工作台面也是在装配后做“自磨自”的最终加工。再如在车床上修正花盘平面的平面度和修正卡爪与主轴的同轴度等时，也都是采用在机床上“自车自”或“自磨自”的加工。

六、误差平均法

此法是利用有密切联系的表面之间的相互比较和相互修正或者利用互为基准进行加工，以达到很高的加工精度。

13.4 定位误差分析

一、定位误差的概念

用夹具装夹工件时，各个工件所占据的位置不可能完全一致，会导致加工后的工件产生误差，这种只与工件定位有关的加工误差，称为定位误差，用 Δ_D 表示，其大小等于工序基准相对于限位基准的位移量。定位误差包括基准不重合误差与基准位移误差。

二、定位误差的分析

1. 基准不重合误差

工件在夹具中定位时，由于所采用的定位基准与工序基准不重合而造成的定位误差，称为基准不重合误差，以符号 Δ_B 表示。其大小等于两基准沿工序尺寸方向上各关联尺寸的公差之和。Δ_B 具有方向性，它是一个矢量。如图 13.37 所示，工件钻 $D^{+\delta_d}_{0}$ 孔时，要求保证的工序尺寸是 $A^{+\delta_a}_{0}$。

若以 M 面作为基准，则

$$\Delta_B = \delta_b + 2\delta_c \tag{13.10}$$

若以 N 面作为定位基准，则

$$\Delta_B = \delta_b \tag{13.11}$$

若以 K 面作为基准，则

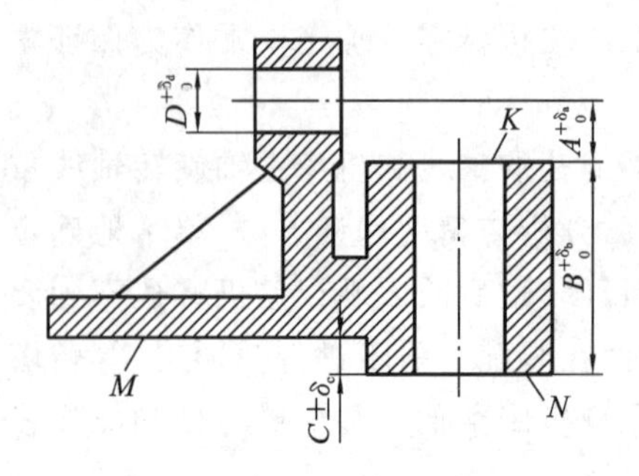

图 13.37 误差 Δ_B 的分析图

$$\Delta_B = 0 \tag{13.12}$$

但是,若选择 K 面作为基准,虽然定位误差为零,但夹具的结构会很复杂,工件安装困难又不稳定。若选 M 面或 N 面作为定位基准,便能避免上述缺点,虽然存在 Δ_B,但只要在允许的范围内仍可认为是合理的。所以,在具体设计夹具时,定位基准如何选择,要综合分析。

2. 基准位移误差 Δ_Y

工件基面与夹具上定位元件限位基面的制造公差和配合间隙的影响,导致定位基准与限位基准不能重合,从而使各个工件上的位置不一致所造成的加工尺寸误差,称为基准位移误差,用 Δ_Y 表示。

如图 13.38(a)所示,欲在圆柱面上铣键槽宽度为 B,加工尺寸为 A 和 B。图 13.38(b)、(c)为加工示意图。工件定位时以直径为 D 的内孔在圆柱心轴上定位,O 是限位基准,C 是对刀尺寸。从定位基准的选择可以看出,定位基准与设计基准重合,基准不重合误差为零。但是在加工一批零件时,零件的内孔表面和心轴的圆柱面有制造公差和配合间隙,并且都不尽相同,这使得定位基准与限位基准不能重合,定位基准相对于限位基准下移了一段距离。由于调整大加工中,刀具的位置在一批工件加工中不再变动,所以定位基准的位置变动将影响到尺寸 A,造成 A 的误差,就是基准位移误差。

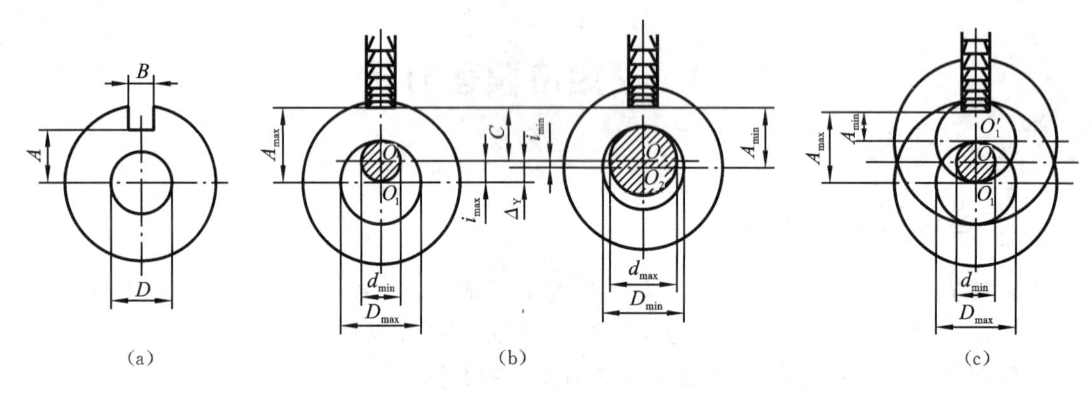

图 13.38 基准位移误差

(a) 加工尺寸 (b) 心轴水平放置加工 (c) 心轴竖直放置加工

基准位移误差与定位基准和限位基准不重合造成的工序尺寸的最大变动量有关。如图 13.38(c)所示,定位基准的最大变动量 Δ_i 应为

$$\Delta_i = A_{max} - A_{min} \tag{13.13}$$

式中:A_{max}——最大工序尺寸;

A_{min}——最小工序尺寸。

因此基准位移误差的大小为

$$\Delta_Y = \Delta_i \tag{13.14}$$

当定位基准变动方向与加工尺寸方向之间有一夹角 α 时,基准位移误差为

$$\Delta_Y = \Delta_i \cos\alpha \tag{13.15}$$

13.5 加工精度综合分析简介

前面已对影响加工精度的众多原始误差进行了分析，也提出了一些保证加工精度的措施，但从分析方法讲属于单因素法。在生产实际中，影响加工精度的原始误差很多，这些原始误差往往是综合地交错在一起对加工精度产生影响，且其中不少原始误差的影响带有随机性。对于一个受多个随机性原始误差影响的工艺系统，只有用数理统计方法来进行研究，才能得出正确的符合实际的结果。

一、加工误差的性质

从加工一批工件时所出现的误差规律的性质来看，加工误差可分为系统性误差和随机性误差两大类。

1. 系统性误差

在顺序加工一批工件时，若误差的大小和方向保持不变，或者按一定规律变化，该误差即为系统性误差。大小和方向保持不变的误差称为常值系统性误差，按一定规律变化的误差称为变值系统性误差。

加工原理误差，机床、刀具、夹具、量具的制造误差，一次调整误差，工艺系统受力变形引起的误差等都是常值系统性误差。例如，铰刀本身直径偏大 0.02 mm，则加工一批工件时所有的直径都比规定的尺寸大 0.02 mm(在一定条件下，忽略刀具磨损影响)，这种误差就是常值系统性误差。

工艺系统(特别是机床、刀具)的热变形、刀具的磨损均属于变值系统性误差。例如，车削一批短轴，由于刀具磨损，所加工的轴的直径一个比一个大，而且直径尺寸按一定规律变化。可见，刀具磨损引起的误差属于变值系统性误差。

2. 随机性误差

在顺序加工一批工件时，若误差的大小和方向的变化是无规律的(时大时小、时正时负等)，这类误差称为随机性误差。如毛坯误差(余量大小不一、硬度不均匀等)的复映、定位误差(基准面精度不一、间隙影响等)、夹紧误差、内应力引起的误差、多次调整的误差等都是随机性误差。随机性误差从表面上看似乎没有什么规律，但应用数理统计方法，可以找出一批工件加工误差的总体规律。

在不同的场合下，误差的表现性质也有不同。例如，机床在一次调整中加工一批零件时，机床的调整误差是常值系统性误差。但是，当多次调整机床时，每次调整时发生的调整误差就不可能是常值，变化也无一定规律，因此对于经多次调整所加工出来的大批工件，调整误差所引起的加工误差又是随机性误差。

对于常值系统性误差，若能掌握其大小和方向，可以通过调整消除；对于变值系统性误差，若能掌握其大小和方向随时间变化的规律，可通过自动补偿消除；对于随机性误差，只能缩小其变动范围，而不可能完全消除误差。

在生产实际中，常用统计分析法研究加工精度。统计分析法就是以生产现场对工件进行实际测量所得的数据为基础，应用数理统计的方法，分析一批工件的情况，从而找出产生误差的原因以及误差性质,以便提出解决问题的方法。

在机械加工中,经常采用的统计分析法主要有分布图分析法和点图分析法。

二、加工误差的统计分析

1. 工艺过程的分布图分析

加工一批工件,由于随机性误差和变值系统性误差的存在,加工尺寸的实际数值是各不相同的,这种现象称为尺寸分散。在一批零件的加工过程中,测量各零件的加工尺寸,把测得的数据记录下来,按尺寸大小将整批工件进行分组,每一组中的零件尺寸处在一定的间隔范围内。同一尺寸间隔内的零件数量称为频数,频数与该批零件总数之比称为频率。以工件尺寸为横坐标,以频数或频率为纵坐标,即可作出该工序工件加工尺寸的实际分布图——直方图,如图13.39所示,再作出分布曲线。

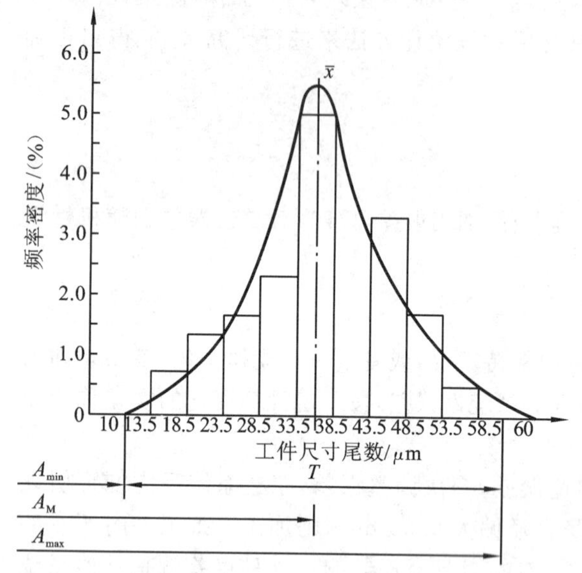

图13.39 直方图

如在无心磨床上磨活塞销,设计图样规定直径为 $\phi28_{-0.01}^{-0.001}$ mm。加工后测量工件尺寸,并按尺寸段分组。根据各个尺寸段里的零件数量与本批零件总数的比值(称为频率)作分布图,如图13.40所示。

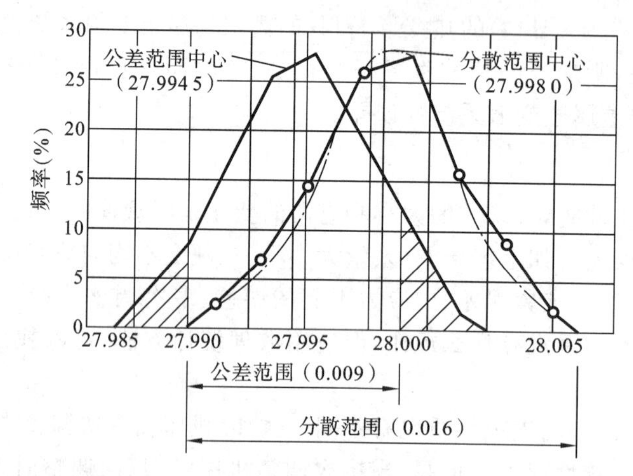

图13.40 尺寸分布曲线(横坐标单位为mm)

由分布图可以看出:①实际尺寸分散范围中心与公差带中心不重合,说明加工过程存在系统性误差;②尺寸分散范围0.016 mm,比公差带大0.007 mm。即使把尺寸分散范围中心调至公差带中点27.994 mm,也还是要科生不合格品(图中阴影部分),说明加工过程的随机性误差过大。要解决此项精度问题,不但要把系统误差减少,而且还要设计减小随机误差。

由上例可知,根据分布曲线的形状和范围可以判断误差的性质,除上述两种特征外,平顶分布曲线说明存在变值系统误差(如刀具磨损),多峰分布曲线说明存在阶跃变值系统误差。根据尺寸分散范围和公差带的大小的关系，可以判断加工工艺的工艺能力。

2. 工艺过程的点图分析

用点图来评价工艺过程稳定性采用的是顺序样本，样本是由工艺系统在一次调整中，按顺序加工的工件组成的。这样的样本可以提供在时间上与工艺过程运行同步的有关信息，反映加工误差随时间变化的趋势。而分布图分析法采用的是随机样本，不考虑加工顺序，而且是对加工好的一批工件有关数据进行处理后才能作出分布曲线。因此，采用点图分析法可以避免分布图分析法的缺点。

1）点图的基本形式

点图有多种形式，这里仅介绍单值点图和 $\overline{x}$、R 点图。

（1）单值点图。如果按照加工顺序逐个测量一批工件的尺寸，以工件序号为横坐标，以工件尺寸为纵坐标，就可作出单值点图，如图13.41所示。

上述点图反映了每个工件的尺寸（或误差）变化与加工时间的关系，故称为单值点图。假如把点图上的上、下极限点包络成两根平滑的曲线，如图13.42所示，就能较清楚地揭示加工过程中误差的性质及其变化趋势。平均值曲线 CC' 表示每一瞬时的分散中心，其变化情况反映了变值系统性误差随时间变化的规律。其起始点 C 则可反映出常值系统性误差的影响。上、下限 AA' 和 BB' 间的宽度表示每一瞬时尺寸的分散范围，也就是反映了随机性误差的大小，其变化情况反映了随机性误差随时间变化的规律。

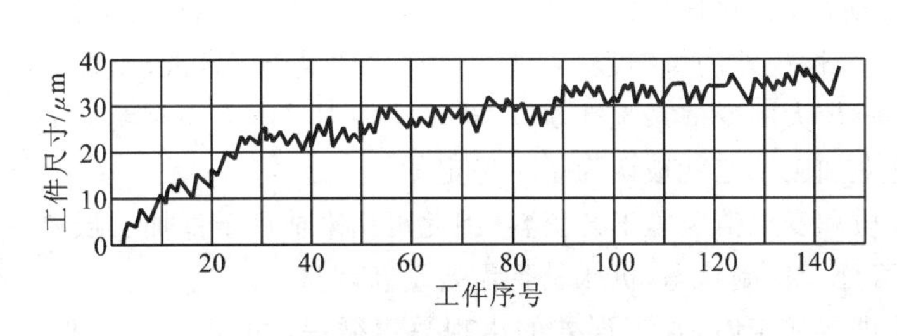

图13.41 单值点图

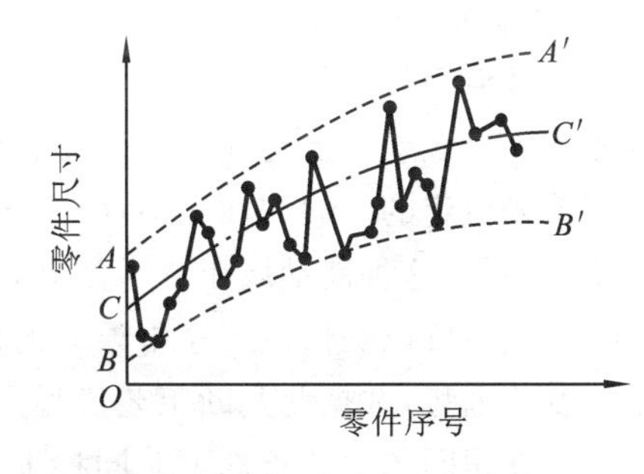

图13.42 个值点图反映误差变化趋势

（2）$\overline{x}$、R 点图。为了能直接反映加工中系统性误差和随机性误差随加工时间的变化趋势，实际生产中常用样组点图来代替单值点图。样组点图的种类很多，目前最常用的样组点图是 $\overline{x}$、R 点图。$\overline{x}$、R 点图是将每一小样本组的平均值 $\overline{x}$ 控制图和极差 R 控制图联合使用时所得到的点图。其中，$\overline{x}$ 为各小样本组的平均值，R 为各小样本组的极差，前者控制工艺过程质量指标的分布中心，后者控制工艺过程质量指标的分散程度。

2）$\overline{x}$、R 点图的分析与应用

绘制 $\overline{x}$、R 点图是以小样本顺序随机抽样为基础的。在工艺过程进行中，每隔一定时间抽取容量 $m=5\sim10$ 件的一个小样本，求出小样本的平均值 $\overline{x}$ 和极差 R。设以顺次加工的 m 个工件为一组，那么该样本组的平均值 $\overline{x}$ 和极差 R 分别为

$$\overline{x}=\frac{1}{m}\sum_{i=1}^{m}x_i \qquad (13.16)$$

$$R=x_{\max}-x_{\min}$$

式中：$x_{\max}$、$x_{\min}$——同一样组中工件的最大尺寸和最小尺寸。

经过若干时间后，就可取得若干组（如 k 组，通常取 $k=25$）小样本。这样，以样组序号为横

坐标,分别以 $\overline{x}$ 和 R 为纵坐标,就可分别作出 $\overline{x}$ 点图和 R 点图,如图 13.43 所示。

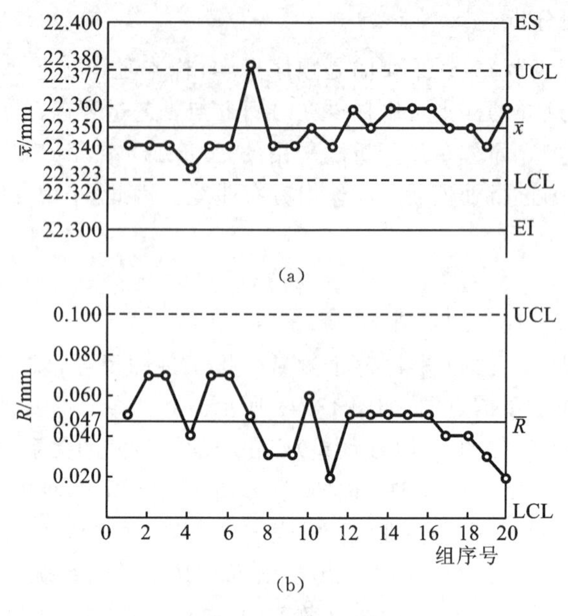

图 13.43　$\overline{x}$、R 点图

(a) $\overline{x}$ 点图　(b) R 点图

任何一批工件的加工尺寸都有波动性,因此各样组的平均值 $\overline{x}$ 和极差 R 也都有波动性。假如加工误差主要是随机性误差,且系统性误差的影响很小,那么这种波动属于正常波动,加工工艺是稳定的。假如加工中存在着影响较大的变值系统性误差,或随机性误差的大小有明显的变化,那么这种波动属于异常波动,这个加工工艺就被认为是不稳定的。

点图可以提供该工序中误差的性质和变化情况等工艺资料,因此可用来估计工件加工误差的变化趋势,并据此判断工艺过程是否处于控制状态,机床是否需要重新调整。

在相同的生产条件下对同种工件进行加工时,加工误差的出现总遵循一定的规律。因此,成批大量生产中可以运用数理统计原理,在加工过程中定时地从连续加工的工件中抽查若干个工件(一个样组),并观察加工过程的进行情况,以便及时检查、调整机床,达到预防废品产生的目的。

13.6　影响表面质量的因素

研究表面质量的目的就是要掌握机械加工中各种工艺因素对表面质量影响的规律,以便应用这些规律控制加工过程,最终达到提高表面质量、提高产品性能的目的。

一、影响表面粗糙度的因素

1. 切削加工中影响表面粗糙度的因素

1) 刀具几何形状的复映

刀具相对工件作进给运动时,在加工表面上遗留下来的切削层残留,其形状是刀具几何形状的复映，如图13.44所示。切削层残留面积愈大，表面粗糙度值就愈高。影响表面粗糙度的主要因素有刀尖圆弧半径 r_ε、主偏角 κ_r、副偏角 κ_r' 及进给量 f 等。

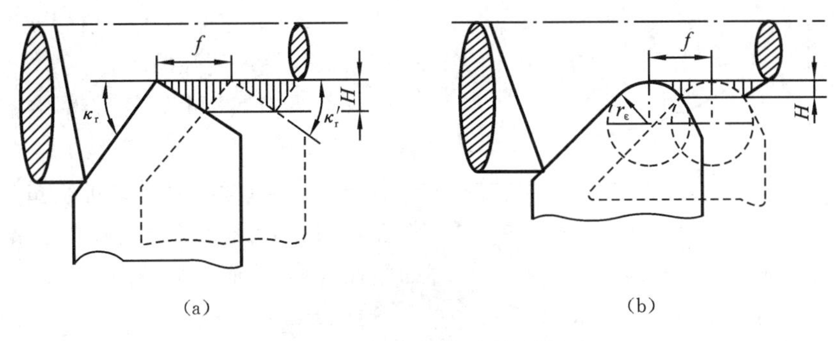

图13.44 切削层残留面积

(a) 背吃刀量较小 (b) 背吃刀量较大

对车削来说，如果背吃刀量较大，主要是以切削刃的直线部分形成表面粗糙度，此时可不考虑切削刃圆弧半径 r_ε 的影响，按图13.44(a)所示的几何图形可得切削层残留面积高度为

$$H = \frac{f}{\cot\kappa_r + \cot\kappa'_r} \tag{13.17}$$

式中：H——残留面积高度；

f——进给量；

κ_r——主偏角；

κ_r'——副偏角。

如果背吃刀量较小，工件的表面粗糙度则主要由切削刃的圆弧部分形成，切削层残留面积高度为

$$H \approx \frac{f^2}{8r_\varepsilon} \tag{13.18}$$

式中：r_ε——刀尖圆弧半径。

由上述公式可知，减小进给量，减小刀具的主、副偏角，增大刀尖圆弧半径等，可减小切削层残留面积的高度。

此外，适当增大刀具的前角以减小切削时的塑性变形程度，合理选择切削液和提高刀具刃磨质量以减小切削时的塑性变形和抑制积屑瘤、鳞刺的生成，也是减小表面粗糙度的有效途径。

2）工件材料的性质

切削加工后表面粗糙度的实际轮廓形状一般都与由纯几何因素形成的理想轮廓有较大的差别，主要是由于切削过程塑性变形的影响。

加工塑性材料时，金属材料在刀具的挤压下产生塑性变形，加之刀具迫使切屑与工件分离的撕裂作用，使加工表面粗糙度加大。工件材料韧性愈好，所发生的塑性变形愈大，加工表面就愈粗糙。中碳钢和低碳钢材料的工件，在加工或精加工前常安排调质或正火处理，就是为了改善切削性能，减小表面粗糙度。

加工脆性材料时，其切屑呈碎粒状，由于切屑的崩碎而在加工表面留下许多麻点，使表面粗糙。

3）切削用量

切削速度对表面粗糙度的影响很大。加工塑性材料时，若切削速度处在产生积屑瘤和鳞刺

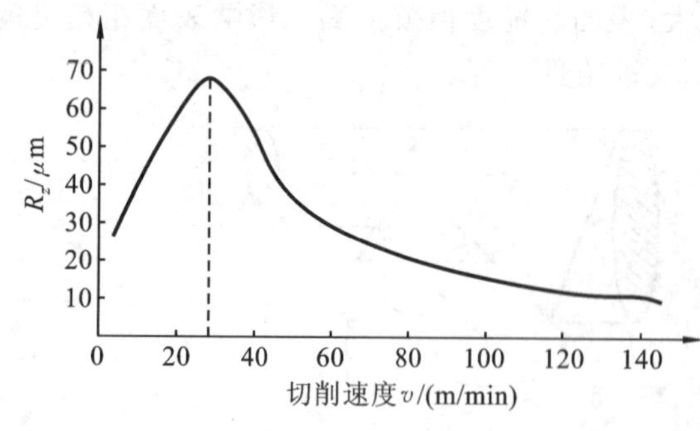

图 13.45　加工塑性材料时切削速度对表面粗糙度的影响

的范围内,加工表面将很粗糙,如图 13.45 所示。若将切削速度选在积屑瘤和鳞刺产生区域之外,如选择低速宽刃车刀精切或高速精切,则可使表面粗糙度明显减小。

进给量对表面粗糙度的影响甚大,参见式(13.40)和式(13.41)。背吃刀量对表面粗糙度也有一定影响,背吃刀量或进给量过小,将使刀具在被加工表面上发生挤压和打滑,形成附加的塑性变形,从而增大表面粗糙度。

2. 磨削中影响表面粗糙度的因素

磨削加工表面粗糙度的形成也是由几何因素和材料的塑性变形决定的。但是,磨削加工与切削加工有许多不同之处。在几何因素方面,砂轮上的磨粒形状很不规则,分布很不均匀,而且会随着砂轮的修整、磨料消耗状态的变化而不断改变。在塑性变形方面,磨削速度比一般切削加工速度高得多,磨料大多为副前角的,磨削区温度很高,工件表层金属易产生相变和烧伤。所以,磨削过程的塑性变形要比一般切削过程大得多。磨削中影响表面粗糙度的因素可从以下三个方面考虑。

(1) 砂轮方面。主要是砂轮的粒度、硬度和砂轮的修整质量等。砂轮的粒度小,有利于减小表面粗糙度。但粒度过小,砂轮容易堵塞,反而使表面粗糙度增大,还易引起烧伤。砂轮硬度应大小合适,半钝化期越长越好。砂轮过硬或过软,都不利于减小表面粗糙度。砂轮的修整质量是减小表面粗糙度的重要因素。修整质量与所用工具和修整砂轮时的纵向进给量有关。

(2) 工件材质方面。包括材料的硬度、塑性和导热性等。工件材料(如铝、铜合金、耐热合金等)硬度越小、塑性越大、导热性越差、磨削性越差,则磨削后的表面粗糙度越大。

(3) 加工条件方面。包括磨削用量、冷却条件、机床的精度和抗振性等。磨削用量包括砂轮速度、工件速度、磨削深度和纵向进给量。提高砂轮速度有利于减小表面粗糙度。工件速度、磨削深度和纵向进给量增大,均会使表面粗糙度增大。采用切削液可以降低磨削区温度,减少烧伤,从而有利于减小表面粗糙度。但必须选择合适的冷却液和切实可行的冷却方法。

二、影响表面物理力学性能的因素

在切削加工过程中,由于切削力和切削热的作用,工件表面金属层的物理力学性能会发生很大的变化,导致表面层金属和基体材料的性能有很大的差异。其影响因素主要表现在三个方面。

1. 表面层金属材料的加工硬化

切削(磨削)过程中产生的塑性变形,会使表层金属的晶格发生畸变,晶粒间产生剪切滑移,晶粒被拉长,甚至破碎,从而使表层金属的硬度和强度提高,这种现象称为加工硬化。加工硬化的程度取决于塑性变形的程度。

影响加工硬化的因素如下。

(1) 切削力越大,塑性变形越大,硬化程度也越大。因此,当进给量、背吃刀量增大,刀具前角减小时,都会因切削力增大而使加工硬化程度增大。

(2) 切削温度高,会使加工硬化作用减小。如切削速度增大,会使切削温度升高,加工硬化程度将会减小。

(3) 被加工工件材料的硬度越低、塑性越大时，加工硬化现象愈严重。

2. 表层金属金相组织变化

当切削热使加工表面的温度超过工件材料的相变温度时，其金相组织将会发生相变。对一般切削加工来说，表层金属的金相组织没有质的变化。而磨削加工时所消耗的能量绝大部分要转化为热，且有 70% 以上的热量传给工件，使加工表层金属金相组织发生变化，造成表层金属的强度和硬度降低，并产生残余应力，甚至会出现微观裂纹，这种现象称为磨削烧伤。磨削淬火钢时，表层金属会产生三种类型的烧伤。

(1) 淬火烧伤。如果工件表面层温度超过了相变温度，在切削液激冷作用下，表层金属将发生二次淬火，所得组织的硬度会高于原来的回火马氏体的硬度，里层金属则由于冷却速度慢，出现硬度比原先的回火马氏体低的回火组织，这种烧伤称为淬火烧伤。

(2) 回火烧伤。如果工件表面层温度超过马氏体转变温度而未超过相变临界温度，这时工件表层金属的金相组织将由原来的马氏体转变为硬度较低的回火索氏体或托氏体，这种烧伤称为回火烧伤。

(3) 退火烧伤。如果工件表层温度超过相变温度，而此时没有切削液，表层金属形成退火组织，硬度急剧下降，这种现象称为退火烧伤。

磨削烧伤严重影响零件的使用性能，必须采取措施加以控制。磨削热是造成磨削烧伤的根源。控制磨削烧伤有两个途径：一是尽可能减少磨削热的产生；二是改善冷却条件，尽量减少传入工件的热量。另外采用硬度稍小的砂轮，适当减小磨削深度和磨削速度，适当增加工件的回转速度和轴向进给量，采用高效冷却方式(如高压大流量冷却、喷雾冷却、内冷却)等措施，都能较好地降低磨削区温度，防止磨削烧伤。

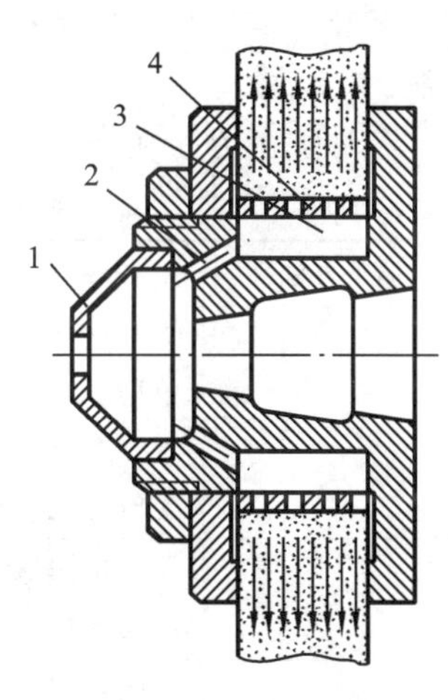

图 13.46 内冷却砂轮结构

1—法兰套；2—引流孔；3—中心腔；4—套

图 13.46 所示为内冷却砂轮结构。经过过滤的冷却液通过中空主轴法兰套引入砂轮的中心腔内，由于离心力的作用，冷却液通过砂轮内部的孔隙甩出，直接进入磨削区进行冷却，可解决外部浇注冷却液时冷却液进不到磨削区的难题。

3. 表面层金属残余应力

1) 产生残余应力的原因

切削过程中，当表层金属组织发生形状、体积或金相组织变化时，在表层金属与基体之间将产生相互平衡的残余应力。残余应力有以下三种。

(1) 冷态塑性变形引起的残余应力。切削过程中，加工表面受到切削刃钝圆部分与后刀面的挤压与摩擦，将产生塑性变形。由于塑性变形只在表面层产生，表面层金属比容增大，体积膨胀，但受到与它相连的里层金属的牵制，故表层金属产生残余压应力，里层产生残余拉应力。

(2) 热态塑性变形引起的残余应力。切削加工中，切削区会有大量的切削热产生，工件表面的温度往往很高，此时金属基体温度较低，因此表层产生热压应力。切削过程结束后，表层温度下降、体积缩小，因表层已产生热塑性变形，其收缩要受到基体的牵制，从而产生残余拉应力，里层则产生残余压应力。磨削温度越高，热塑性变形越大，残余拉应力也越大，有时甚至会导致裂纹的产生。

(3) 金相组织变化引起的残余应力。切削时的高温会使表面层金属的金相组织发生变化。不同的金相组织有不同的密度,表面层金属金相组织变化引起的体积变化,必然受到基体金属的限制,从而产生残余应力。当表面层金属体积膨胀时,表层金属产生残余压应力,里层金属产生残余拉应力;当表面层金属体积缩小时,表层金属产生残余拉应力,里层金属产生残余压应力。磨削淬火钢时,如果表面层产生回火,其金相组织将由马氏体转化为索氏体或托氏体,表层金属密度增大而体积缩小,表面层就会产生残余拉应力,里层则产生残余压应力。

实际切削加工后表面层的残余应力是上述三方面原因的综合结果。当冷态塑性变形占主导地位时,表面层会产生残余压应力;当热塑性变形占主导地位时,表面层会产生残余拉应力。

2) 零件主要工作表面最终工序加工方法的选择

零件主要工作表面最终工序加工方法的选择至关重要,因为最终工序在该工作表面留下的残余应力将直接影响机器零件的使用性能。

选择零件主要工作表面最终工序加工方法,须考虑该零件主要工作表面的具体工作条件和可能的破坏形式。

在交变载荷作用下,机器零件表面上的局部微观裂纹会因拉应力的作用而扩大,最后导致零件断裂。从提高零件抵抗疲劳破坏的角度考虑,应选择能在该表面产生残余压应力的加工方法。

各种加工方法在加工表面上残留的残余应力情况如表13.1所示。

表13.1 各种加工方法在工件表面上产生的残余应力

加工方法	残余应力的符号	残余应力值 σ/MPa	残余应力层深度 h/mm
车削	一般情况下,表面受拉,里层受压; $v_c>500$ m/min 时,表面受压,里层受拉	200～800,刀具磨损后可达1000	一般情况下 $h=0.05\sim0.1$,当用大负前角($\gamma=-30°$)车刀且 v_c 很大时,h 可达0.65
磨削	一般情况下,表面受压,里层受拉	200～1000	0.05～0.30
铣削	同车削	600～1500	
碳钢淬硬	表面受压,里层受拉	400～750	
钢珠滚压钢件	表面受压,里层受拉	700～800	
喷丸强化钢件	表面受压,里层受拉	1000～1200	
渗碳淬火	表面受压,里层受拉	1000～1100	
镀铬	表面受压,里层受拉	400	
镀铜	表面受压,里层受拉	200	

13.7 提高表面质量的措施

机械加工中影响表面质量的因素很多,对于一些直接影响产品性能、寿命的重要零件,为了获得所要求的加工表面质量,必须采用合适的加工方法,并对切削参数进行适当控制。

一、减小表面粗糙度的措施

由于表面粗糙度与切削刀具之间的特殊关系，现就切削加工和磨削加工分别叙述减小表面粗糙度的工艺措施。

1. 切削加工

1）选择合理的刀具几何参数

减小主偏角、副偏角，增大刀尖圆弧半径，都可减小表面粗糙度。但主偏角太小、刀尖圆弧半径太大，易引起振动。减小副偏角是减小表面粗糙度的有效措施。采用修光刃也是减小残留面积高度的有效措施，但修光刃太宽易引起振动。

适当增大前角、后角，有利于减小表面粗糙度，但后角过大易引起振动。

采用正值刃倾角，使切屑流向工件待加工表面，并采取卷屑、断屑措施，可防止切屑划伤已加工表面。

另外，刀具刃磨后，进行研磨，减小刀具的表面粗糙度，及时刃磨刀具或更换新刀，使刀具保持锐利状态，有利于减小工件表面粗糙度。

2）改善工件材料的性能

塑性材料的塑性越大，表面粗糙度越大。工件金相组织的晶粒越细，加工后表面的粗糙度越小。因此，可采用热处理工艺改善材料的切削性能，从而减小表面粗糙度。

3）选择合理的切削用量

选择较低或较高的切削速度，不出现积屑瘤，有利于减小表面粗糙度。

进给量增大，表面粗糙度将增大。但进给量太小，切削刃不锋利时，切削刃不能切削而形成挤压，表面粗糙度也会增大。

背吃刀量 $a_p<0.03$ mm 时，刀具会经常与工件发生挤压与摩擦，使工件表面粗糙度增大。

4）选择合适的切削液

切削液的冷却和润滑作用均对减小表面粗糙度有利，其中更直接的作用是润滑作用。当切削液中含有表面活性物质如硫、氯等的化合物时，润滑性能增强，将使切削区金属材料的塑性变形程度下降，从而可减小加工表面的表面粗糙度。

5）选择合适的刀具材料

不同的刀具材料，由于化学成分的不同，在加工时刀面的硬度及刀面粗糙度的保持性，刀具材料与被加工材料金属分子的亲和程度，以及刀具前、后刀面与切屑和加工表面的摩擦因数均有所不同。

6）防止或减小工艺系统振动

工艺系统的低频振动，一般会使工件的加工表面产生表面波纹度，而工艺系统的高频振动将对表面粗糙度产生影响。为了减小表面粗糙度，应采取相应措施防止加工中、高频振动的产生。

2. 磨削加工

磨削加工中，提高砂轮速度、降低工件速度、选择小的磨削深度有利于减小表面粗糙度。

选择适当粒度的砂轮，精细修整砂轮工作表面也有利于减小表面粗糙度。

二、减小表面层冷作硬化的措施

（1）合理选择刀具的几何参数，采用较大的前角和后角，并在刃磨时尽量减小其切削刃的圆弧半径；

(2) 使用刀具时,应合理限制其后刀面的磨损程度;

(3) 合理选择切削用量,采用较高的切削速度和较小的进给量;

(4) 加工时采用有效的切削液。

三、减小表面层残余应力的措施

当零件表面存在残余应力时,其疲劳强度会明显下降,特别是对有应力集中或在有腐蚀性介质中工作的零件,影响更为突出。为此,应尽可能在机械加工中减小或避免产生残余应力。影响残余应力产生的因素较为复杂,总的说来,凡能减小塑性变形和降低切削温度的因素都能使已加工表面的残余应力减小。

【思考与练习题13】

一、简答题

1. 什么是加工误差?它与公差有何区别?
2. 加工误差包括哪几个方面?原始误差与加工误差有何关系?
3. 什么是误差复映?如何减少误差复映的影响?
4. 零件的加工质量与加工精度有何关系?
5. 何为误差敏感方向?
6. 工艺系统的几何误差包括哪些方面?
7. 车削细长轴应采用什么主偏角的车刀?
8. 产生残余应力的原因有哪些?
9. 什么是残余应力?如何减少或消除残余应力?
10. 什么是定位误差?什么是基准不重合误差?什么是基准位置误差?
11. 什么是分布曲线法?什么是点图法?各有何作用?
12. 什么是表面质量?表面质量如何影响零件的使用性能?

二、分析题

1. 车削细长轴时,工人在车削一刀后,把后顶尖松一下,再车削下一刀。试分析其原因。
2. 试分析加工如图13.47所示细长轴时,会产生什么形状误差,并分析原因。

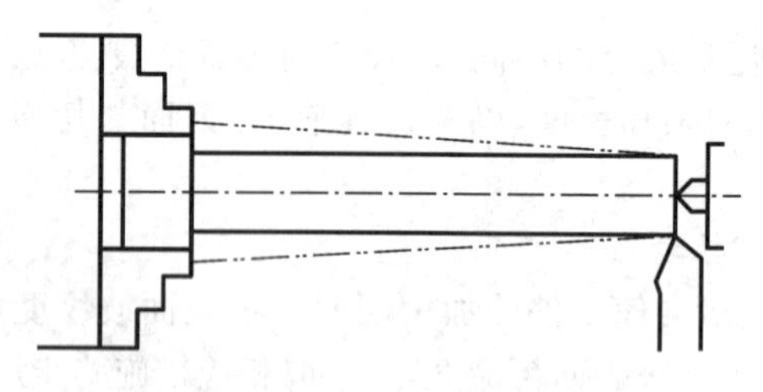

图13.47 细长轴

第 14 章 典型零件加工工艺

14.1 轴类零件加工工艺

一、概述

1. 轴的功能与结构特点

轴类零件主要用来支承传动零件和传递转矩。轴类零件是回转体零件，其长度大于直径，一般由内、外圆柱面、圆锥面、螺纹、花键及键槽等组成。

2. 轴的技术要求

(1) 尺寸精度及表面粗糙度。轴的尺寸精度主要指外圆的直径尺寸精度，一般为 IT6～IT9，表面粗糙度 Ra 为 0.4～6.3 μm。

(2) 几何形状精度。轴颈的几何形状精度(如圆度、圆柱度等)应限制在直径公差范围之内。对几何形状精度要求较高时，应在零件图上规定其允许的偏差值。

(3) 相互位置精度。轴的相互位置精度主要有轴颈之间的同轴度、定位面与轴线的垂直度、键槽对轴的对称度等。

3. 轴的材料及热处理

对于不重要的轴，可采用普通碳素钢(如 Q235A、Q255A、Q275A 等)，不进行热处理。对于一般的轴，可采用优质碳素结构钢(如 35、40、45、50 钢等)，并根据不同的工作条件进行不同的热处理(如正火、调质、淬火等)，以获得一定的强度、韧度和耐磨性。对于重要的轴，当精度、转速较高时，可采用合金结构钢 40Cr、轴承钢 GCr15、弹簧钢 65Mn 等，进行调质和表面淬火处理，以获得较高的综合力学性能和耐磨性。

4. 轴的毛坯

对于光轴和直径相差不大的阶梯轴，一般采用圆钢作为毛坯。对于直径相差较大的阶梯轴及比较重要的轴，应采用锻件作为毛坯。其中大批、大量生产采用模锻件，单件、小批生产采用自由锻件。对于某些大型的、结构复杂的异形轴，可采用球墨铸铁作为毛坯。

二、轴的加工过程

(1) 预备加工，包括校直、切断、端面加工和钻中心孔等。

(2) 粗车，粗车直径不同的外圆和端面。

(3) 热处理，对质量要求较高的轴，在粗车后应进行正火、调质等热处理。

(4) 精车，修研中心孔后精车外圆、端面及螺纹等。

(5) 其他工序,如铣键槽、花键及钻孔等。

(6) 热处理,耐磨部位的表面热处理。

(7) 磨削工序,修研中心孔后磨外圆、端面。

三、轴类零件的加工工艺过程举例

如图14.1所示的某挖掘机减速器的中间轴,在中批生产条件下,制定该轴的加工工艺过程。

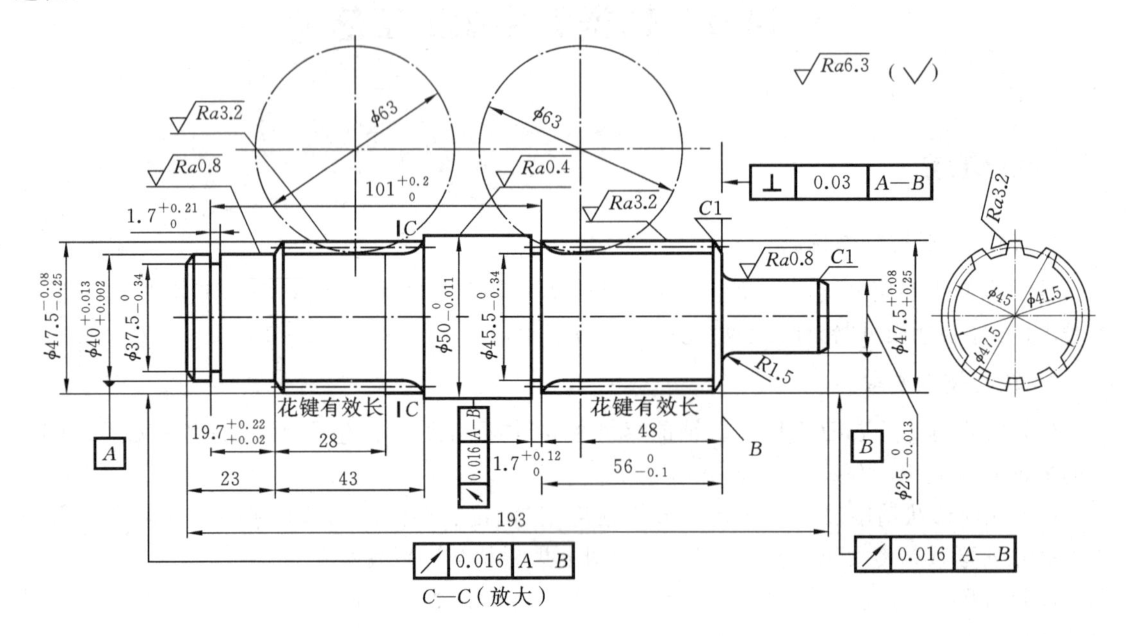

图14.1 某挖掘机减速器中间轴简图

1. 零件各部分的技术要求

(1) 在轴中有花键的两段外圆轴径对轴线 $A—B$ 的径向圆跳动的公差为0.016 mm;直径为 ϕ50h5 mm段的轴径对轴线 $A—B$ 的公差为0.016 mm;端面对轴线 $A—B$ 的径向圆跳动公差为0.03 mm。

(2) 零件材料为20CrMnMo40,渗碳淬火处理,渗碳层深度为0.8～1.2 mm,淬火硬度为58～62 HRC。

2. 工艺分析

该零件的各配合表面除本身有一定的精度和表面粗糙度要求外,对轴线还有径向圆跳动的要求。

根据各表面的具体要求,可采用如下的加工方案:粗车→精车→铣花键→热处理→磨削加工。

3. 基准选择

在粗加工时,为提高生产率选用较大的切削用量,选一外圆与一中心孔为定位基准。在精加工时,为保证各配合表面的位置精度,用轴两端的中心孔为粗、精加工的定位基准。这样符合基准统一和基准重合的原则。为保证定位基准的精度和表面粗糙度,在精加工之前、热处理后应修整中心孔。

4. 工艺过程

该轴的毛坯为 20CrMnMo40 钢料。在中批生产条件下,其工艺过程可按表 14.1 安排。

表 14.1 某挖掘机减速器中间轴的加工工艺过程

序号	工序内容	工序简图	定位基准	机床设备
1	切割下料	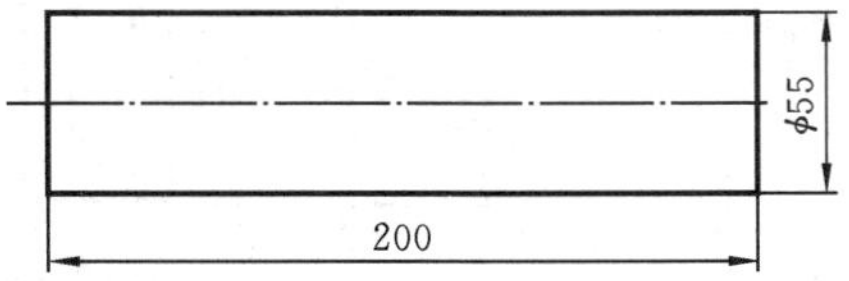 200; $\phi55$		锯床
2	热处理(调质)			热处理炉
3	铣两端面,打中心孔	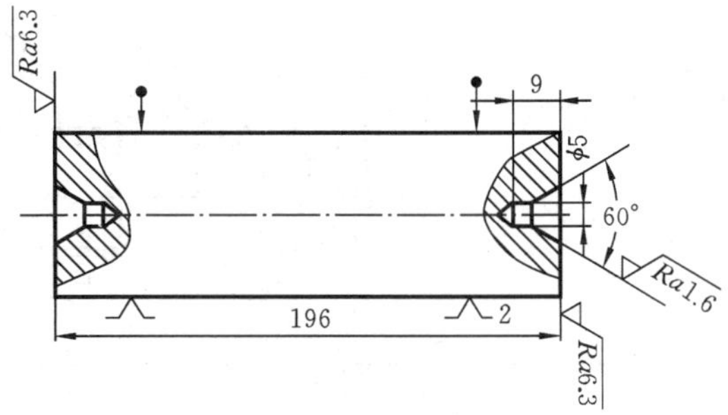 Ra6.3; 9; $\phi5$; 60°; Ra1.6; 196; 2; Ra6.3	毛坯外圆	打中心孔孔专用机床
4	粗车右端外圆: (1) 粗车 $\phi25$ 轴径 (2) 粗车 $\phi47.5$ 轴径 (3) 粗车 $\phi50$ 轴径	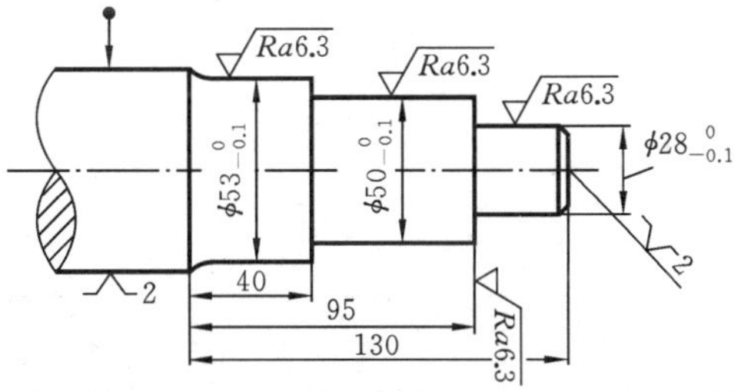 Ra6.3; Ra6.3; Ra6.3; $\phi53_{-0.1}^{0}$; $\phi50_{-0.1}^{0}$; $\phi28_{-0.1}^{0}$; 2; 40; 95; 130; Ra6.3	右端外圆及顶尖孔	卧式车床 1
5	粗车左端外圆: (1) 粗车 $\phi40$ 轴径 (2) 粗车 $\phi47.5$ 轴径 (3) 切长度 $101_{-0.1}^{0}$ (4) 切长度 193	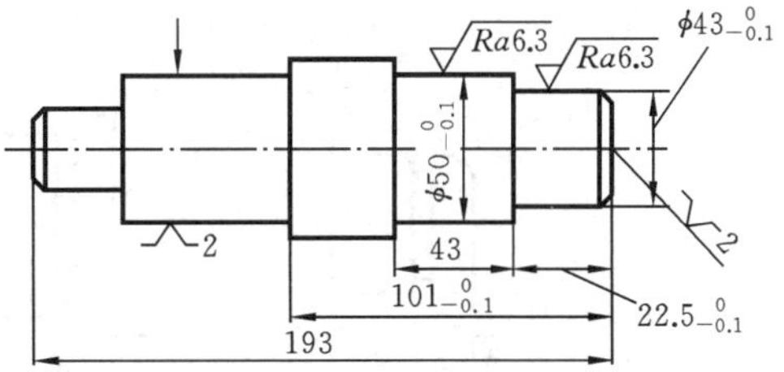 Ra6.3; Ra6.3; $\phi43_{-0.1}^{0}$; $\phi50_{-0.1}^{0}$; 2; 43; $101_{-0.1}^{0}$; $22.5_{-0.1}^{0}$; 193	左端外圆及顶尖孔	卧式车床 2
6	修整顶尖孔	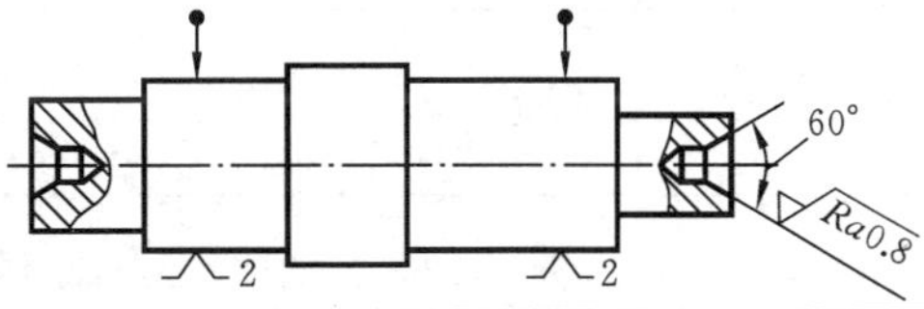 60°; Ra0.8; 2	外圆	卧式车床 3
7	精车左端外圆 (1) 精车 $\phi40$ 轴径 (2) 精车 $\phi47.5$ 轴径 (3) 精车 $\phi50$ 轴径 (4) 切槽宽 $B=1.7_{0}^{+0.12}$ (5) 倒角	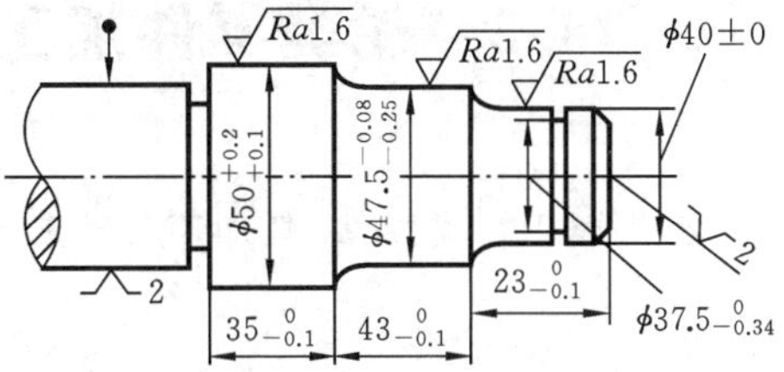 Ra1.6; Ra1.6; Ra1.6; $\phi40\pm0$; $\phi50_{+0.1}^{+0.2}$; $\phi47.5_{-0.25}^{-0.08}$; 2; $23_{-0.1}^{0}$; $35_{-0.1}^{0}$; $43_{-0.1}^{0}$; $\phi37.5_{-0.34}^{0}$	左端外圆及顶尖孔	卧式车床 4

续表

序号	工序内容	工序简图	定位基准	机床设备
8	精车右端外圆 (1) 精车 ϕ25h6 轴径 (2) 精车 ϕ47.5 花键轴径 (3) 切各段长度 $l_1=56$，$l_2=36$ (4) 倒角	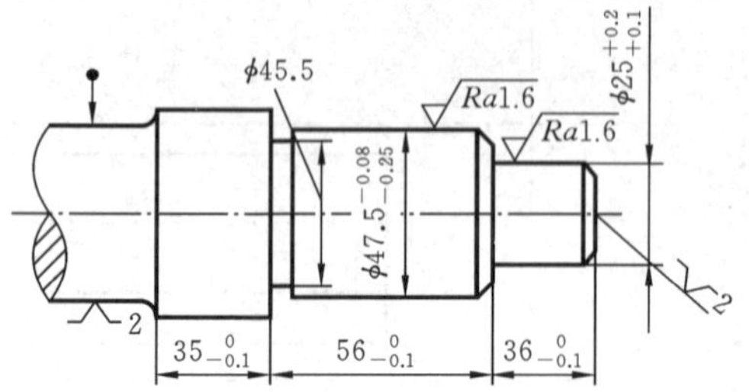 ϕ45.5；$\phi 47.5^{-0.08}_{-0.25}$；$\phi 25^{+0.2}_{+0.1}$；Ra1.6；Ra1.6；$35_{-0.1}^{0}$；$56_{-0.1}^{0}$；$36_{-0.1}^{0}$	右端外圆及顶尖孔	卧式车床 5
9	铣花键槽： (1) 铣左端花键底径 $\phi 41.5_{-0.1}^{0}$ (2) 铣右端花键底径 $\phi 41.5_{-0.1}^{0}$	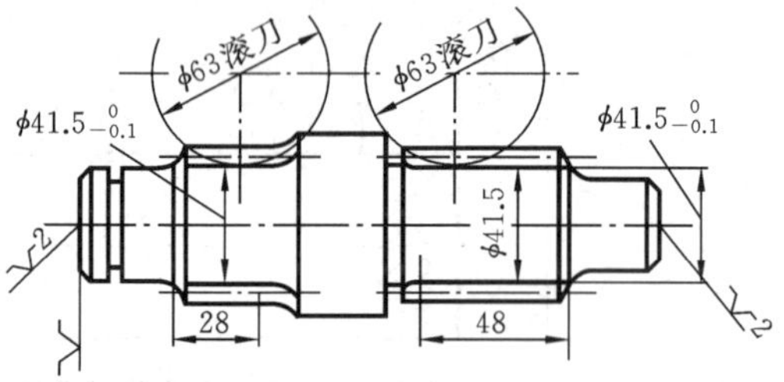 ϕ63滚刀；ϕ63滚刀；$\phi 41.5_{-0.1}^{0}$；$\phi 41.5_{-0.1}^{0}$；ϕ41.5；28；48	两端顶尖孔	花键铣床
10	去毛刺			
11	中间检查			
12	热处理 (渗碳淬火)			热处理炉 1
13	研磨顶尖			钻床
14	磨各轴径外圆 (1) 磨 $\phi 25_{-0.013}^{0}$ 轴径 (2) 磨 $\phi 40_{+0.002}^{+0.013}$ 轴径 (3) 磨 $\phi 50_{-0.011}^{0}$ 轴径	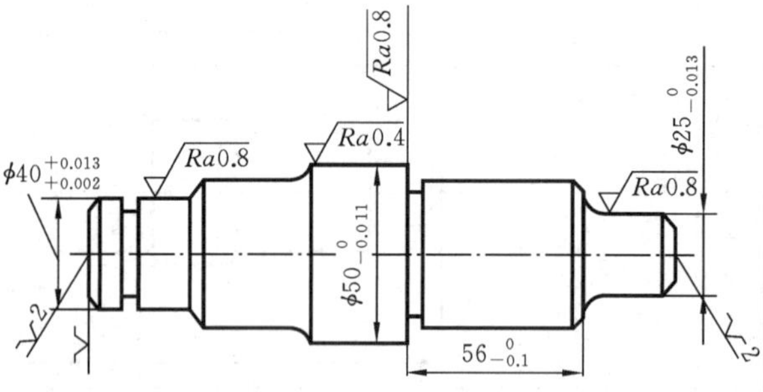 Ra0.8；Ra0.4；Ra0.8；Ra0.8；$\phi 40_{+0.002}^{+0.013}$；$\phi 50_{-0.011}^{0}$；$\phi 25_{-0.013}^{0}$；$56_{-0.1}^{0}$	两端顶尖孔	外圆磨床
15	清洗			
16	终检			

14.2 轮类零件加工工艺

飞轮、齿轮、带轮、套类都属于轮类零件，其加工过程较相似。为此不妨以齿轮为例来分析这类零件的加工工艺。

一、齿轮零件的结构特点

虽然由于功能不同，齿轮具有各种不同的形状与尺寸，但从工艺观点仍可将其看成是由齿圈和轮体两部分构成。齿圈的结构形状和位置是评价齿轮结构工艺性的一项重要指标。如图 14.2 所示，单联齿轮圈齿轮（见图 14.2(a)）的结构工艺性最好。双联与三联（见图 14.2(b)、图 14.2(c)）的多齿圈齿轮，由于轮缘间的轴向距离较小，小齿圈不便于刀具或砂轮切削，因此加工方法受限制（一般只能选插齿加工）。当齿轮精度要求较高时，即需要剃齿或磨齿时，通常将多齿圈结构的齿轮看成单齿圈齿轮的组合结构（见图 14.2(c)）。

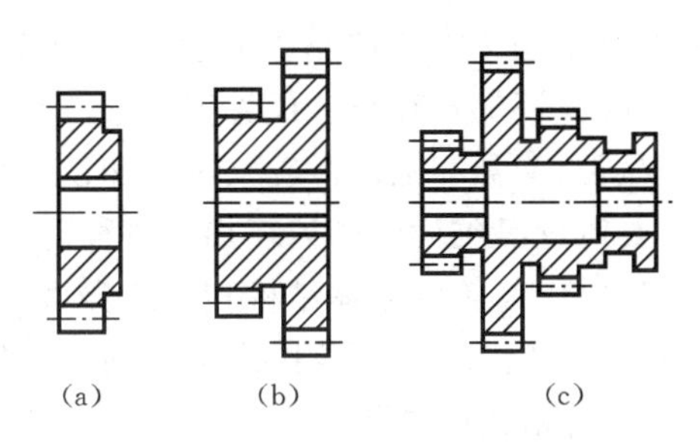

图 14.2 圆柱齿轮的结构形式

(a) 单齿轮 (b) 双联齿轮 (c) 多联齿轮

二、机械加工的一般工艺过程

加工一个精度较高的圆柱齿轮，大致经过如下工艺路线：毛坯制造及热处理→齿坯加工→齿形加工→齿端加工→轮齿热处理→定位面的精加工→齿形精加工。

1. 齿轮的材料及热处理

齿轮的材料及热处理对齿轮的加工性能和使用性能都有很大的影响，选择时要考虑齿轮的工作条件和失效形式。对速度较高的齿轮传动，齿面易点蚀，应选用硬层较厚的高硬度材料；对有冲击载荷的齿轮传动，轮齿易折断，应选用韧度较好的材料；对低速重载的齿轮传动，齿既易折断又易磨损，应选用强度大、齿面硬度高的材料。当前生产中常用的材料及热处理方法大致如下。

(1) 中碳结构钢（如 45 钢）进行调质或表面淬火。这种钢经正火或调质热处理后，改善了金相组织，提高了材料的可加工性。但这种材料可淬透性较差，一般只用于齿面的表面淬火。它常用于低速、轻载或中载的普通精度齿轮。

(2) 中碳合金结构钢（如 40Cr）进行调质或表面淬火。这种材料经热处理后综合力学性能好，热处理变形小，适用于制造速度较高、载荷较大、精度高的齿轮。

(3) 渗碳钢（如 20Cr、20CrMnTi 等）经渗碳淬火，齿面硬度可达 58～63 HRC，而心部又有较好的韧度，既能耐磨又能承受冲击载荷，这些材料适合于制作高速、小载荷或具有冲击载荷的齿轮。

(4) 铸铁以及非金属材料（如夹布胶木与尼龙等）的强度低，容易加工，适用于制造轻载荷的传动齿轮。

2. 毛坯制造

齿轮毛坯的制造形式取决于齿轮的材料、结构形状、尺寸大小、使用条件及生产类型等因素。齿轮毛坯形式有棒料、锻件和铸件。

(1) 尺寸较小、结构简单而且对强度要求不高的钢制齿轮可采用轧棒作为毛坯。

(2) 强度、耐磨性和耐冲击要求较高的齿轮多采用锻件,生产批量小或尺寸大的齿轮采用自由锻件,批量较大的中、小齿轮则采用模锻件。

(3) 尺寸较大(直径＞400～600 mm)且结构复杂的齿轮,常采用铸造方法制造毛坯。小尺寸而形状复杂的齿轮,可以采用精密铸造或压铸方法制造毛坯。

3. 齿坯加工

齿形加工前的齿轮加工称为齿坯加工。齿坯的外圆、端面或内孔经常作为齿形加工、测量和装配的基准,所以齿坯的精度对于整个齿轮的精度有着重要的影响。另外,齿坯加工在齿轮加工总工时中占较大的比例,因此齿坯加工在整个齿轮加工中占有重要地位。齿坯加工的主要内容包括:齿坯的孔加工(对于盘类、套类和圆形齿轮)、端面和顶尖孔加工(对于轴类齿轮)及齿圈外圆和端面的加工。以下主要讨论盘类齿轮的齿坯加工过程。

齿坯的加工工艺方案主要取决于齿轮的轮体结构和生产类型。

(1) 大批、大量生产加工中等尺寸齿坯时,采用"钻→拉→多刀车"的工艺方案如下。

① 以毛坯外圆及端面定位进行钻孔或扩孔。

② 以端面支承进行拉孔。

③ 以内孔定位在多刀半自动车床上粗、精车外圆、端面、切槽及倒角等。

(2) 成批生产齿坯时,常采用"车→拉"的工艺方案如下。

① 以齿坯外圆或轮毂定位,粗车外圆、端面和内孔。

② 以端面支承拉出内孔(或花键孔)。

③ 以内孔定位精车外圆及端面等。

这种方案可由普通车床或转塔车床及拉床实现,它的特点是加工品质稳定,生产效率较高。

单件、小批生产齿轮时,一般齿坯的孔、端面及外圆的粗、精加工都在通用车床上经两次安装完成,但必须注意将内孔和基准面的精加工放在一次安装内完成,以保证相互间的位置精度。

4. 齿形加工

齿形加工是整个齿轮加工的核心与关键。齿形加工方案的选择,主要取决于齿轮的精度等级、结构形状、生产类型和齿轮的热处理方法及生产厂家的现有条件,对于不同精度的齿轮,常用的齿形加工方案如下。

(1) IT8 精度以下的齿轮。用滚齿或插齿方法就能满足要求。对于淬硬齿轮可采用"滚(插)齿→齿端加工→淬火→校正内孔"的加工方案,但在淬火前齿形加工精度应提高一级。

(2) IT6～IT7 精度齿轮。对于齿面不需淬硬的 IT6～IT7 精度齿轮,采用"滚(插)齿→齿端加工→剃齿"的加工方案。

对于淬硬齿面的 IT6～IT7 精度齿轮,可采用"滚(插)齿→齿端加工→剃齿→表面淬火→校正基准→珩齿"的加工方案。这种加工方案生产率低,设备复杂,成本高,一般只用于单件、小批生产。

(3) IT5 以上精度的齿轮。对于 IT5 以上高精度齿轮,一般采用"粗滚齿→精滚齿→齿端加工→淬火→校正基准→粗磨齿→精磨齿"的加工方案。

5. 齿端加工

齿轮的齿端加工的方式有倒圆、倒尖及倒棱等(见图 14.3),经倒圆、倒尖及倒棱加工后的齿轮，在沿轴向移动时容易进入啮合。倒棱后齿端去除锐边，防止了在热处理时因应力集中而产生微裂纹。

齿端倒圆应用最广，图 14.4 所示为采用指状铣刀倒圆的原理图。

齿端加工必须安排在齿形淬火之前，通常在滚(插)齿之后进行。

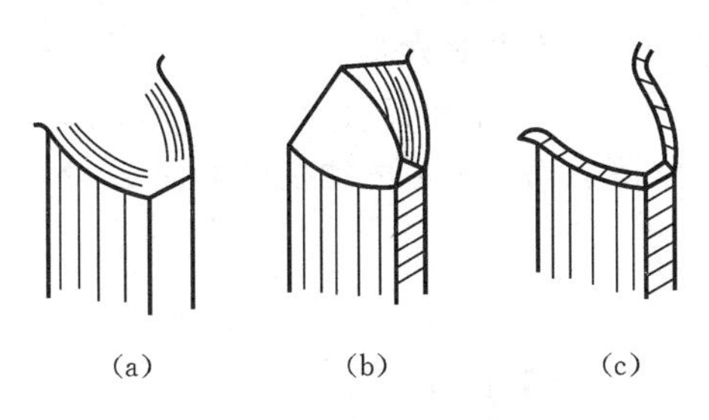

图 14.3 齿端加工后的形状
(a) 倒圆 (b) 倒尖 (c) 倒棱

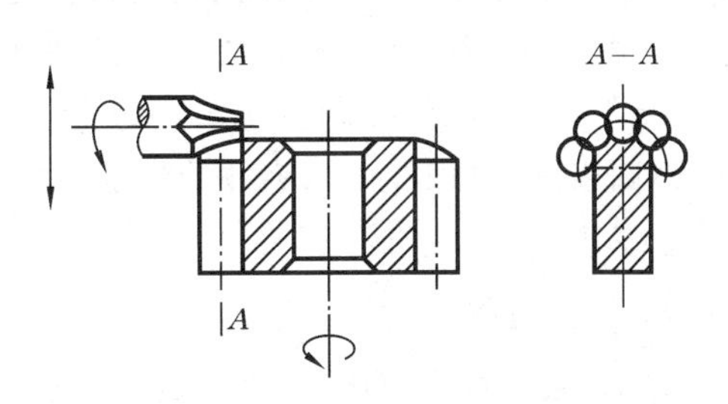

图 14.4 齿端倒圆原理图

6. 齿轮的热处理

齿轮的热处理可分为齿坯的预备热处理和轮齿的表面淬硬热处理。齿坯的热处理通常为正火和调质，正火一般安排在粗加工之前，调质则安排在齿坯加工之后。为延长齿轮寿命，常常对轮齿进行表面淬硬热处理，根据齿轮材料与技术要求不同，常安排渗碳淬火和表面淬硬热处理。

7. 精基准校正

轮齿淬火后其内孔常发生变形，内孔直径可缩小 0.01～0.05 mm，为确保齿形的加工品质，必须对基准孔加以修整。修整的方法一般采用拉孔和磨孔。

8. 齿轮精加工

以磨过(修正后)的内孔定位，在磨齿机上磨齿面或在珩齿机上珩齿。

三、盘状圆柱齿轮加工工艺过程举例

盘状圆柱齿轮如图 14.5 所示。在单件、小批生产的条件下，制订该齿轮的加工工艺过程。

1. 零件的技术要求

(1) 齿轮外径 ϕ64h8 mm 对孔 ϕ20H7 mm 轴线的径向圆跳动公差为 0.025 mm。

(2) 端面对 ϕ20H7 mm 轴线的径向圆跳动公差为 0.01 mm。

(3) 齿轮的精度等级为 IT7；齿轮的模数 m=2，齿数 z=30；零件材料为 HT200。

2. 工艺分析

该零件属于单件、小批生产，根据本身的尺寸要求，齿坯可采用“粗车→精车→钻→粗镗→半精镗→精镗”的工艺方案。

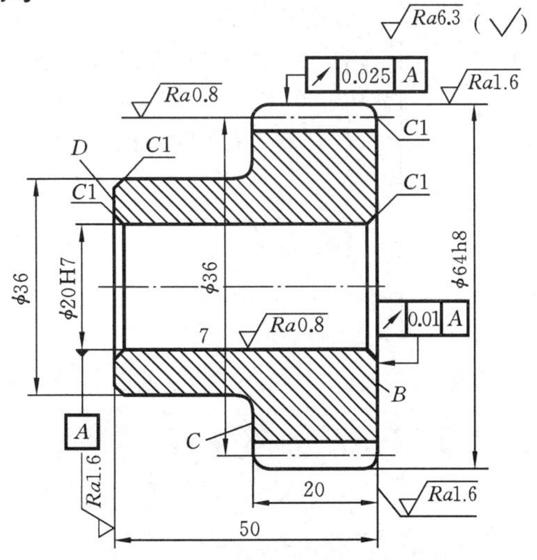

材料HT200，精度7级，模数m=2，齿数z=30

图 14.5 圆柱齿轮

其轮齿加工可采用“滚齿→齿端加工→剃齿”的工艺方案。

3. 基准的选择

由零件的各表面的位置精度要求可知，外圆表面 ϕ64h8 mm 及端面 B 都与孔 ϕ20H7 mm 轴线有位置精度的要求，要保证它们的位置精度，只要在一次装夹内完成外圆表面 ϕ64h8 mm、端面 B 和孔 ϕ20H7 mm 轴线的精加工，所以要以 ϕ36 mm 外圆表面为基准，粗车大外圆、端面 B，精镗孔。ϕ36 mm 外圆表面要作为精基准，就要以 ϕ64h8 mm 外圆表面为粗基准来加工 ϕ36 mm 外圆表面，所以加工该零件的粗基准是 ϕ64h8 mm 外圆表面。轮齿的加工以端面 B 及内孔为基准。

4. 工艺过程

在单件、小批生产中，该齿轮的工艺过程可按表 14.2 进行安排。

表 14.2 单件、小批生产时齿轮加工工艺过程

序号	工序	工 序 内 容	加 工 简 图	加工设备
1	铸造	造型、浇注和清理	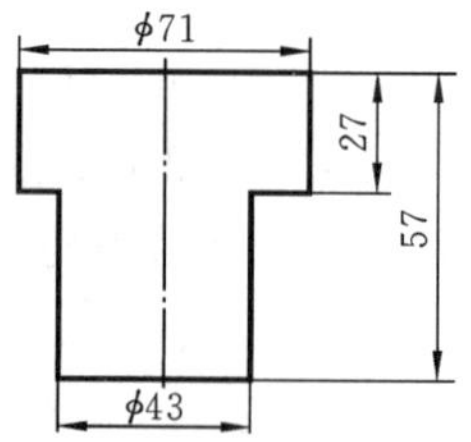 ϕ71, 27, 57, ϕ43	
2	车	(1) 粗车、半精车小头外圆面和端面至 36×30 (2) 倒角(小头) (3) 倒头，粗车、半精车大头外圆面和端面至 65×22 (4) 钻孔至 18 (5) 粗镗孔至 19 (6) 精车大头外圆面和端面，保证尺寸 ϕ64h8、50 及 20 (7) 半精镗孔、精镗孔至 ϕ20H7	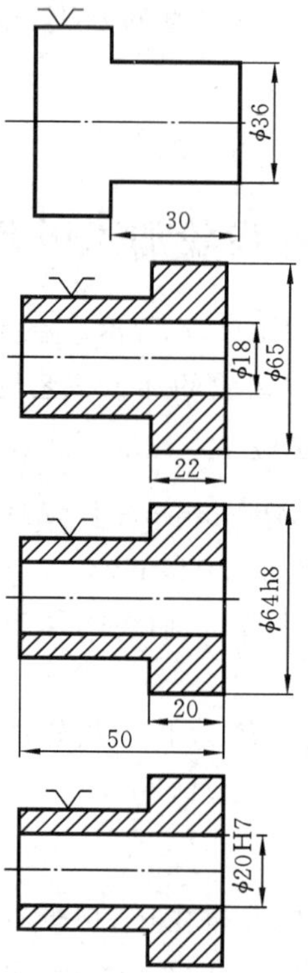 ϕ36, 30 ϕ18, ϕ65, 22 ϕ64h8, 20, 50 ϕ20H7	车床

续表

序号	工序	工序内容	加工简图	加工设备
3	滚齿	滚齿余量为 0.03～0.05		滚齿机
4	倒角	倒角		
5	剃齿	剃齿保证轮齿的精度为 IT7		剃齿机

【思考与练习题 14】

一、简答题

1. 外圆表面的加工方法有哪些？加工方案有哪些？

2. 内孔表面的加工方法有哪些？加工方案有哪些？

3. 平面的加工方法有哪些？加工方案有哪些？

4. 成形表面有哪些加工方法？

5. 插齿和滚齿各适用于何种齿轮的加工？

6. 剃齿、珩齿和磨齿各适用于什么场合？

二、分析题

1. 下面外圆表面用何种方案加工比较合理？45 钢轴，ϕ50h6，*Ra* 为 0.2 μm，表面淬火 40～50HRC。

2. 下面平面用何种加工方案加工比较合理？单件小批生产中，铸铁机座的底面，$L\times B=$ 40 mm×200 mm，*Ra* 为 3.2 μm。

3. 七级精度的齿轮，要求淬火，请分析齿形的加工方案。

三、制订加工工艺规程

1. 如图 14.6 所示的零件为减速箱输出轴的零件图，该轴的主要技术要求为：该轴以两个 $\phi35^{+0.025}_{+0.008}$ mm 的轴颈及 ϕ48 mm 轴肩确定其在减速箱中的径向和轴向位置，轴颈处安装滚动轴承。径向圆跳动为 0.012 mm，端面圆跳动为 0.02 mm。ϕ40r6 mm 是安装齿轮的表面，采用基孔制过盈配合。ϕ30r6 mm 轴颈是安装联轴器的。配合面粗糙度直接影响配合性质，所以，不同的表面有不同的粗糙度要求。一般与滚动轴承相配合的表面要求 *Ra* 为0.2～0.8 μm，与齿轮孔、联轴器孔配合的表面要求 *Ra* 为0.8～1.6 μm。调质处理后的硬度不低于 224 HBS。材料也可选用 45 钢或球铁。生产批量为单件、小批。试制订其加工工艺规程。

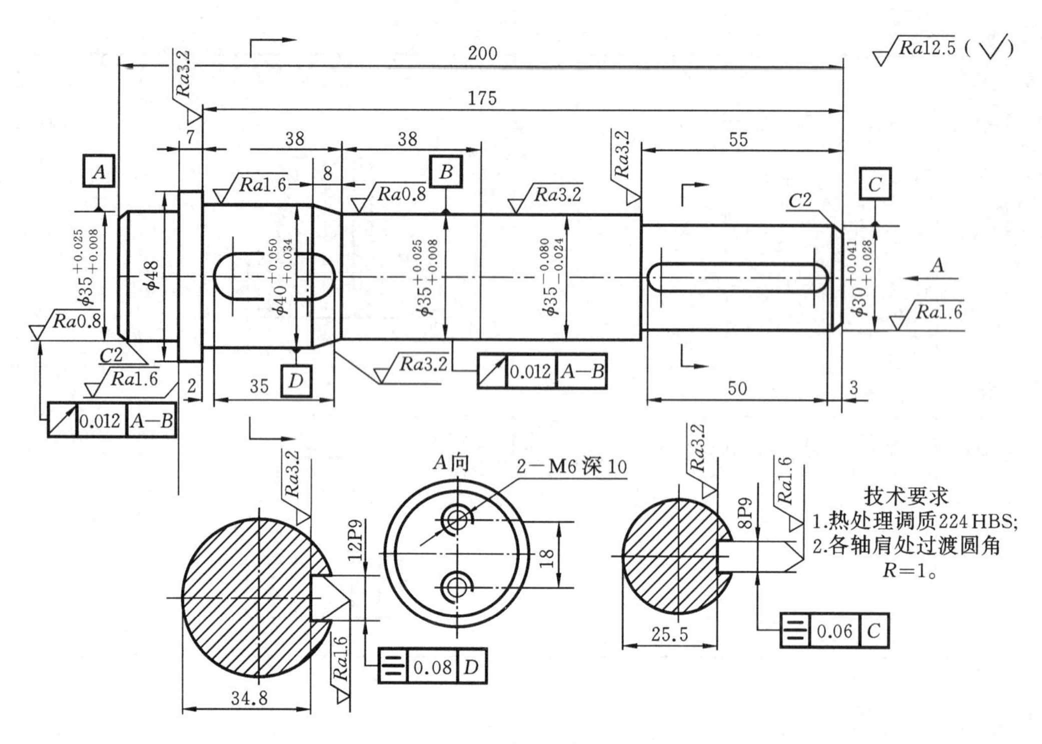

图 14.6 减速箱输出轴

2. 图14.7所示为车床主轴箱齿轮,在小批生产条件下:(1) 试确定毛坯的生产方法及热加工工艺方法;(2) 试制订机械加工工艺规程。

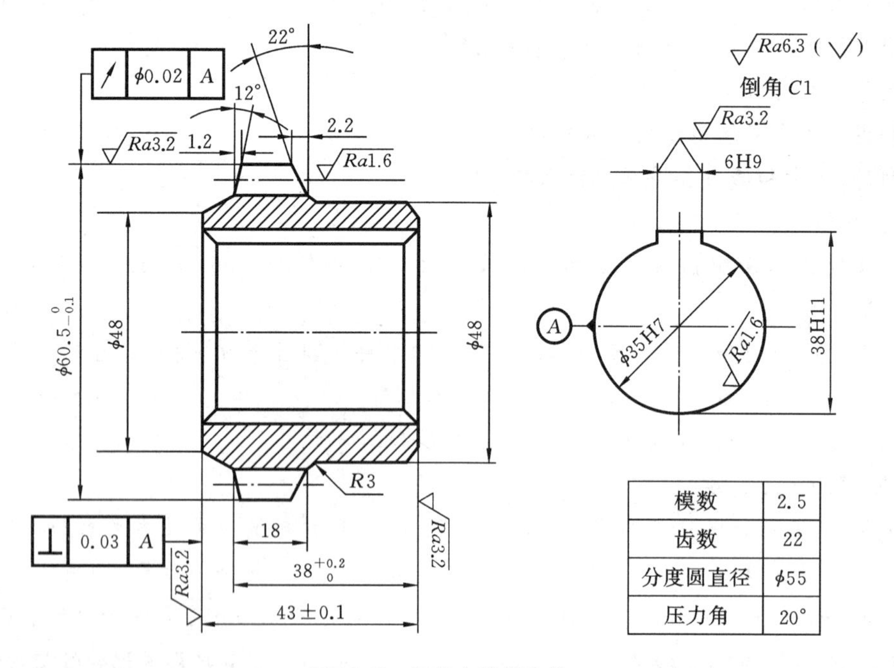

模数	2.5
齿数	22
分度圆直径	ϕ55
压力角	20°

图 14.7 车床主轴箱齿轮

实训 5 制订装配工艺系统图

一、实训题目

制订如图 14.8 所示齿轮轴的装配工艺过程和装配系统图。该齿轮轴为减速器中的输出轴组件。

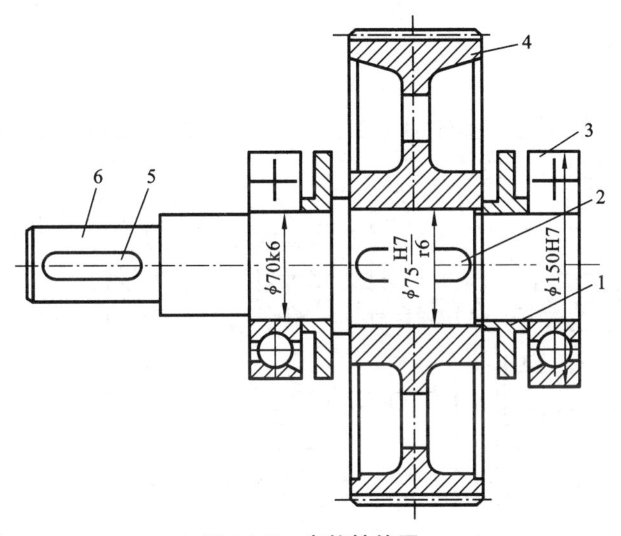

图 14.8 齿轮轴简图

1—挡油环；2、5—键；3—轴承；4—齿轮；6—轴

二、实训目的

了解制订装配工艺的方法和步骤、组件的装配工艺过程、装配系统的绘制。

三、实训过程

根据图 14.9 所示齿轮轴的装配关系，齿轮轴组件的装配过程如下：将挡油环 1 和键 5 装入轴 6；再将齿轮 4 和键 2 装入轴 6；将轴承油煮加热到 200 ℃装入轴 6 形成齿轮轴组件 001。将所有的部件、组件和零件总装就可得到减速器。

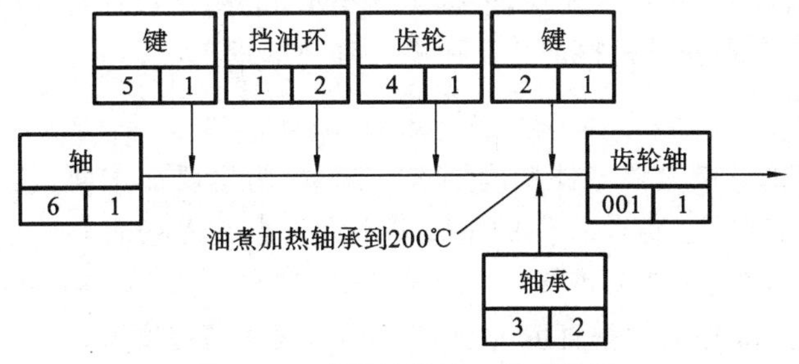

图 14.9 齿轮轴装配工艺系统图

四、实训总结

通过实训,初步掌握了制订装配工艺的方法和步骤,明确了组件的装配工艺过程,并且可以根据自己画出的装配系统图进行装配。

实训6　编制零件加工工艺过程

一、实训题目

编制如图14.10所示挂轮架轴的加工工艺过程。工件材料为45钢;小批量生产;$35^{+0.15}_{0}$及方头处表面淬火,45HRC~50HRC。

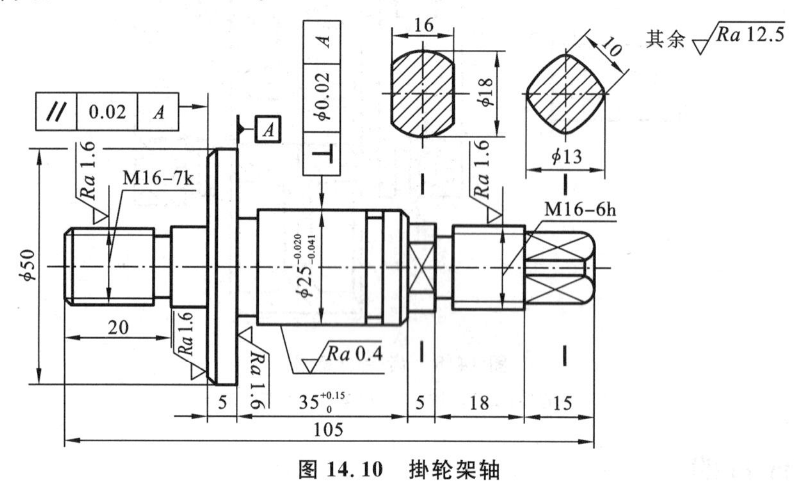

图14.10　挂轮架轴

二、实训目的

根据制订工艺规程的方法、原则和步骤,参考有关实例,结合具体零件要求,学会编制工艺规程。

三、实训内容

分析轮架轴的结构特点和技术要求,根据生产类型,选择合适的毛坯、定位基准、加工方法、加工方案和加工设备;合理安排机械加工工序顺序和热处理工序。

1. 主要技术要求

(1) $\phi25^{-0.02}_{-0.04}$ mm的外圆是该零件精度要求最高处,为主要加工面,其精度为1T7级,表面粗糙度Ra为0.4 μm;其轴心线与A面的垂直度不大于ϕ0.02 mm。

(2) ϕ50两端面虽然尺寸精度要求不高,但位置精度要求高:两端面平行度要求为0.02 mm,与$\phi25^{-0.02}_{-0.04}$ mm外圆的垂直度为ϕ0.02 mm;表面精糙度Ra为1.6 μm。

2. 结构特点

该轴的结构特点是轴颈尺寸相差大,最大轴颈为ϕ50 mm,而最小处为ϕ13 mm。

3. 毛坯的选择

虽然该轴的强度要求不高，但由于轴颈尺寸相差大，所以毛坯应选锻。结合生产类型为小批生产，可以选自由锻件。

4. 定位基准的选择

轴类常用的定位基准是两顶尖孔，该轴用两顶尖孔定位，可以方便地加工所有表面，因此，精基准选两顶尖孔，先以外圆为粗基准，加工两顶尖孔。

5. 加工方法

$\phi25_{-0.04}^{-0.02}$ mm 外圆的精度为 IT7 级，表面粗糙度 Ra 为 0.4 μm，需要经过粗车—精车—磨，由于与 A 面有垂直度要求，所以在磨外圆时靠磨 A 面。$\phi50$ mm 的左端面与 A 面要求平行，因此磨削 A 面后再调头磨削左端面。

6. 热处理工序的安排

由于毛坯为锻件，因此在粗加工前安排正火处理，以改善切削性能。

又因零件要求及方头处表面淬硬 45HRC～50HRC，所以在精车后安排表面淬硬处理。

综上所述，制订的轮架轴加工工艺过程如表 14.3 所示。

表 14.3　挂轮架轴加工工艺过程

序号	工序名称	工序内容	定位	机床
1	锻	自由锻造		
2	热处理	正火		
3	车	车左端面，钻顶尖孔，车外圆	外圆	C620
		调头，夹车过的外圆，车右端面（取长度），钻顶尖孔	外圆	
4	车	车外圆 $\phi50$ mm 至尺寸，车 M16-7h 大径及侧面，留加工余量 0.2 mm，倒角	顶尖孔	C620
		调头，车 $\phi25_{-0.04}^{-0.02}$ mm 留 0.3 mm 加工余量，车 $\phi50$ mm 侧面留 0.2 mm 加工余量，车 $\phi18$ mm 及 M16-6h 大径和 $\phi13$ mm 外圆，倒角，车三处槽，车右端螺纹均至图纸要求		
		调头，车槽，车左端螺纹至图纸要求		
5	铣	铣四方至图纸要求	外圆、顶尖孔、分度头	X62W
		铣扁至图纸要求		
		去毛刺		
6	热处理	$35^{+0.15}_{0}$ 及方头处表面淬火		
7	磨	磨 $\phi25_{-0.04}^{-0.02}$ mm 与 $\phi50$ mm 侧面至图纸要求	顶尖孔	M131
		调头，磨 $\phi50$ mm 的另一侧面		
8	检验	按图纸检验入库		

四、实训总结

制订零件的加工工艺前，必须先了解零件的结构特点、技术要求和生产类型。通过此实践训练，应能掌握制订零件加工工艺规程的方法及注意事项。另外，工艺过程不是唯一的。

模块 5

现代制造技术简介

第15章 机械制造技术的发展

15.1 加工精度的发展

不断地提高加工精度和加工表面质量，是现代制造业的永恒追求，其目的是提高产品的性能、质量以及可靠性。精密加工、超精密加工等加工技术是精加工的重要手段，在提高机电产品的性能、质量和发展高新技术方面都有着至关重要的作用。

通常，按加工精度划分，机械加工可分为一般加工、精密加工、超精密加工、纳米加工，如表15.1所示。

表15.1 机械加工精度划分

	加工精度/μm	表面粗糙度 Ra/μm
一般加工	10左右	0.3～0.8
精密加工	10～0.1	0.3～0.03
超精密加工	0.1～0.01	0.03～0.05
纳米加工	>0.001	<0.005

一、精密加工

1. 精密加工的基本概念

精密加工是指加工精度为1～0.1 μm，表面粗糙度 Ra 为0.1～0.01 μm的加工技术，这个界限是随着加工技术的进步不断变化的，今天的精密加工可能就是明天的一般加工。精密加工所要解决的问题有两个：一是加工精度问题，包括几何公差、尺寸精度及表面状况，有时有无表面缺陷也是这一问题的核心；二是加工效率问题，有些加工可以取得较好的加工精度，却难以取得高的加工效率。

精密加工包括微细加工和超微细加工、光整加工等加工技术。

2. 精密加工的方法和特点

传统的精密加工方法有砂带磨削、精密切削、珩磨、精密研磨与抛光等。

1）砂带磨削

砂带磨削是指用粘有磨料的混纺布为磨具对工件进行加工，属于涂覆磨具磨削加工的范畴，有生产率高、表面质量好、使用范围广等特点。

2）精密切削

精密切削也称金刚石刀具切削，是用高精密的机床和单晶金刚石刀具进行的切削加工方法，主要用于铜、铝等不宜磨削加工的软金属的精密加工。如用于加工计算机用的磁鼓、磁盘及大功率激光用的金属反光镜等，比一般切削加工精度要高 1～2 个等级。

3）珩磨

珩磨是采用油石、砂条组成的珩磨头，在一定压力下沿工件表面往复运动加工零件的方法。加工后的表面粗糙度 Ra 可达 0.4～0.1 μm，最好可达到 0.025 μm，主要用来加工铸铁及钢，不宜用来加工硬度小、韧性好的有色金属。

4）精密研磨

精密研磨是采用介于工件和工具间的磨料及加工液，使工件与研具做相互机械摩擦，从而使工件达到所要求的尺寸与精度的加工方法。精密研磨与抛光对于金属和非金属工件都可以达到其他加工方法所不能达到的精度和表面粗糙度，被研磨表面的粗糙度 $Ra \leqslant 0.025$ μm，加工变质层很薄，表面质量高，精密研磨的设备简单。该方法主要用于平面、圆柱面、齿轮齿面及有密封要求的配偶件的加工，也可用于量规、量块、喷油嘴、阀体与阀芯的光整加工。

5）抛光

抛光是利用机械、化学、电化学的方法对工件表面进行的一种微细加工方法，主要用来减小工件表面粗糙度。常用的方法有：手工或机械抛光、超声波抛光、化学抛光、电化学抛光及电化学机械复合加工等。手工或机械抛光加工后工件表面粗糙度 $Ra \leqslant 0.05$ μm，可用于平面、柱面、曲面及模具型腔的抛光加工。超声波抛光加工精度 0.01～0.02 μm，表面粗糙度 Ra 可达 0.1 μm。化学抛光加工的表面粗糙度 Ra 一般不大于 0.2 μm。电化学抛光 Ra 可提高到 0.1～0.08 μm。

二、超精密加工

1. 超精密加工的概念

超精密加工是指加工精度为 1～0.1 μm，表面粗糙度 Ra 为 0.1～0.01 μm 的加工技术。精密和超精密只是一个相对的概念，其概念随时间的推移不断变化。超精密加工是指加工精度和表面质量达到极高程度的精密加工工艺。

随着加工技术的发展，精密加工技术指标也在不断变化。超精密加工技术综合应用了机械技术发展的新成果及现代光电技术、计算机技术、测量技术和传感技术的先进技术。同时，作为现代高科技的基础技术和重要的组成部分，它推动着现代机械、半导体技术、传感技术、电子技术、测量技术以及光学、材料科学的发展进步，是衡量一个国家科学技术发展水平的重要标志。

2. 超精密加工技术方法和特点

超精密加工主要包括超精密切削（车、铣），超精密磨削，超精密研磨（机械研磨、机械化学研磨、研抛、非接触式浮动研磨、弹性发射加工等），超精密特种加工（电子束加工、离子束加工、等离子加工，激光加工以及电加工等）以及最新研发的纳米技术。

1）超精密切削加工

超精密切削加工主要是指金刚石刀具的超精密车削，主要用于加工铜、铝等非铁金属及其合金，以及光学玻璃、大理石和碳素纤维等非金属材料的球面、非球面和平面的反射镜等高精度、表面高度光洁的零件。在超精密车床上用经过精细研磨的单晶金刚石车刀进行微量车削时，切削厚度仅 1 μm 左右。金刚石刀具的优点在于其与有色金属的亲和力小，硬度、耐磨性以及导热性都非常优越，且能刃磨得非常锋利，其刃口圆弧半径可小于 0.01 μm，实际应用的一般为 0.05 μm，可加工出表面粗糙度 $Ra<0.01$ μm 的表面。此外，超精密切削加工还采用了高精度的基础元部件（如空气轴承、气浮导轨等）以及高分辨率的微量进给机构和高精度的定位检测元件（如

光栅、激光检测系统等)。机床本身采取恒温、防振以及隔振等措施,还要有防止污染的装置。

2) 超精密磨削加工

超精密磨削是用精确修整过的砂轮在精密磨床上进行的微量磨削加工,金属的去除可在亚微米级甚至更小,可以达到很高的尺寸精度、几何精度和很低的表面粗糙度。但磨削加工后,被加工表面在磨削力及磨削热的作用下金相组织要发生变化,易产生加工硬化、淬火硬化,出现热应力层、残余应力层和磨削裂纹等缺陷。其加工对象主要是玻璃、陶瓷等硬脆材料。

超精密磨削不仅要得到镜面级的表面粗糙度,还要保证能够获得精确的几何形状和尺寸。目前超精密磨削加工的目标是3～5 nm的平滑表面,也就是通过磨削加工而不需要抛光即可达到要求的表面粗糙度。在超精密磨削技术中,砂轮的修整是超硬磨料砂轮使用中的一个技术难题,它直接影响被磨工件的加工质量、生产效率和生产成本。目前砂轮的修整方法主要有车削法、磨削法、喷射法、电解在线修锐法以及电火花修整法。

3) 超精密研磨

超精密研磨包括机械研磨、化学机械研磨、浮动研磨以及磁力研磨等加工方法。研磨加工,通常是使用1 μm至十几微米大小的氧化铝和碳化硅等磨粒,填充到铸铁等硬质材料的研具之间并借助机床提供的复杂运动,实现零件的表面加工。由于工件、磨位、研具和研磨液等的不同,不同研磨方法的研磨表面状态也不一样。例如,研磨玻璃、单晶硅等所谓硬脆性材料,需要修整由微小破碎痕迹构成的无光泽的加工面。工件材料质量的不同,研磨面状态也各不相同。总之,研磨表面的形成,是在产生切屑、研具磨损和磨粒破碎等综合因素作用下进行的。超精密研磨可解决大规模集成电路基片的加工和高精度硬磁盘的加工等难题。其加工出的表面粗糙度 Ra 可达0.003 μm。

4) 超精密特种加工

当加工精度要求到达纳米级,甚至达到原子单位(原子晶格距离为0.1～0.2 nm)时,切削加工的方法就已经不能符合加工精度的要求了,这时就需要借助特种加工的方法,即应用化学能、热能、电能或者电化学能等,使这些能量超越原子间的结合能,从而去除工件表面的部分原子,或使晶格变形,达到超精密加工的目的。常用的方法有电子束加工、离子束加工、激光束加工及微细电火花加工等。

3. 超精密加工的环境要求

超精密加工的工作环境是达到其加工质量的必要条件,主要有温度、湿度、净化和防震与隔振方面的要求。

(1) 恒温要求,环境温度可根据加工要求控制在±(1～0.02) ℃。

(2) 恒湿要求,一般相对湿度应保持在35%～45%范围内。

(3) 净化条件,通常洁净度要求为10000级至100级。

(4) 防震与隔振要求,超精密加工设备要安放在带防震沟和隔振器的防震地基上,并可使用弹簧(垫)来隔离低频振动。

三、微细加工

随着微/纳米科学与技术的发展,以形状尺寸微小或操作尺度极小为特征的微机械技术已成为人们在微观领域认识和改造客观世界的一种高新技术。微机械由于具有能够在狭小空间内进行作业而又不扰乱工作环境和对象的特点,在航空航天、精密仪器、生物医疗等领域有着广阔的应用潜力，受到世界各国的高度重视。微机械涉及的基本技术领域主要有：微机械设计、微机械材料、微细加工、集成技术、微装配和封接、微测量、微能源、微系统控制等领域。

1. 微细加工的概念

所谓微细加工技术就是指能够制造微小尺寸零件（通常是 1 mm 以下的零件）的加工技术的总称。

广义地讲，微细加工技术包含了各种传统精密加工方法和与其原理截然不同的新方法，如微细切削磨料加工、微细特种加工、半导体工艺等。狭义地讲，微细加工技术是在半导体集成电路制造技术的基础上发展起来的，微细加工技术主要是指半导体集成电路的微细制造技术，如气相沉积、热氧化、光刻、离子束溅射、真空蒸镀等。

2. 微细加工的特点

1）微细加工与常规尺寸加工的区别

微细加工与常规尺寸加工的机理是截然不同的。微细加工与一般尺度加工的主要区别体现在以下方面。

（1）加工精度的表示方法不同。在一般尺度加工中，加工精度常用相对精度表示；在微细加工中，其加工精度用绝对精度表示。

（2）加工机理存在很大的差异。由于在微细加工中加工单位急剧减小，此时必须考虑晶粒在加工中的作用。

（3）加工特征明显不同。一般加工以尺寸、形状、位置精度为特征；微细加工则由于其加工对象的微小型化，目前多以分离或结合原子、分子为特征。

2）微细加工的特点

微细加工作为精密加工领域中的一个极重要的关键技术，其特点主要表现为微细加工和超微细加工是涉及多学科的制造系统工程，是多学科综合的高新技术；微细加工技术和精密加工技术互补，与自动化技术联系紧密，通常都实现了加工检测一体化。

3. 微细加工的机理

微细切削加工为微量切削，又可称为极薄切削，机理与一般普通切削有很大的区别。在微细切削时，由于工件尺寸很小，从强度和刚度上不允许有大的吃刀量，同时为保证工件尺寸精度的要求，最终精加工的表面切除层厚度必须小于其精度值，因此切屑极小，吃刀量可能小于晶粒的大小，切削就在晶粒内进行，晶粒被作为一个一个的不连续体来进行切削，这时切削力一定要超过晶体内部非常大的原子、分子结合力，刀刃上所承受的切应力就急速地增加，从而在单位面积上会产生很大的热量，使刀刃尖端局部区域的温度极高，因此要求采用耐热性好、高温硬度高、耐磨性强、高温强度好的刀刃材料，即超高硬度材料，最常用的是金刚石等。

根据加工机理的不同，微细加工方法可大致分为三大类。

（1）分离加工。这是将材料的某一部分分离出去的加工方式，如切削、分解、刻蚀、溅射等。大致可分为切削加工、磨料加工、特种加工及复合加工等。

（2）结合加工。这是将同种或不同种材料通过不同方式相互结合而实现加工的加工方式，如蒸镀、沉积、生长、渗入等。可分为附着、注入和接合三类。附着是指在材料基体上附加一层材料；注入是指对材料表层进行处理，使之产生物理、化学、力学性能的改变的加工方式，也可称为表面改性；接合则是指焊接、胶接等。

（3）变形加工。这是使材料形状发生改变的加工方式，如塑性变形加工、流体变形加工等。

15.2 加工速度的发展

一、高速加工的概念与特点

1. 高速加工的定义及内涵

高速加工是指采用超硬材料刀具，利用能可靠地实现高速运动的高精度、高自动化和高柔性的制造设备，以提高切削速度来达到提高材料切除率、加工精度和加工质量的先进加工技术。

高速切削技术中的“高速”是一个相对概念，对于不同的加工方法和工件材料与刀具材料，高速切削加工时应用的速度并不相同。高速加工的切削速度范围因工件材料、切削方式的不同而异。从加工方法的角度来说，车削加工的高速切削速度范围是700～7000 m/min，铣削加工的高速切削速度范围是300～6000 m/min，钻削加工的高速切削速度范围是200～1100 m/min，磨削加工的高速切削速度范围是150～360 m/min。从材料的角度来说，目前铝合金的高速切削范围是2000～7500 m/min，铸铁的高速切削范围是800～4500 m/min，普通钢的高速切削范围是600～3000 m/min。

依据目前在工业中的应用，机床主轴转速达到15000～40000 r/min，进给速度达到15～60 m/min，快速进给速度达到30～90 m/min，这样的机床称为高速机床。

2. 高速加工的特点

与常规切削相比，高速加工技术的突出优越性主要表现在以下几个方面。

(1) 加工效率高。高速切削加工切削速度和进给速度都比传统切削加工高数倍，这样，使单位时间材料切除率也得到相应提高。资料显示，采用高速切削加工可使零件加工时间缩减到原来的1/3，特别是对镍基合金和钛合金等难加工材料的切削加工，在这方面表现出了很强的优势。

(2) 切削力小。与传统切削加工相比，高速切削加工的切削力至少可降低30%。在加工那些刚度较差的零件(如细长轴、薄壁件)时，这有利于减小加工变形、提高零件的加工精度。同时，这也有利于延长刀具使用寿命。

(3) 热变形小。高速切削加工过程极为迅速，95%以上的切削热被切屑迅速带走而来不及传给零件，因而零件不会由于温升导致弯翘或膨胀变形。因此高速切削特别适合于加工那些容易发生热变形的零件。

(4) 加工精度高、表面质量好。由于高速切削加工的切削力较小、切削热较少，故刀具和零件的变形较小，零件表面的残余应力低，从而容易保证工件的尺寸精度。同时，由于切屑被飞快地切离零件，可以使零件具备较好的表面质量。另外由于高速旋转刀具切削加工时的激振频率已经远远高出了工艺系统的固有频率，不会造成工艺系统振动，因而加工过程平稳，有利于提高加工精度和表面质量。

二、高速加工对刀具和机床的要求

1. 高速切削对刀具的要求

在高速切削技术的发展过程中，刀具技术起到了非常关键的作用。近几十年，高速切削对刀具的性能不断提出新的要求，而刀具技术的发展，又有力地促进了高速切削技术的发展和应用。

1）刀具材料

在高速切削时，产生的切削热和对刀具的磨损比以普通速度切削时要高得多，因此，高速切削对刀具材料有更高的要求，主要有硬度、强度高，耐磨性好，韧度高，抗冲击能力强，热硬性和化学稳定性好，抗热冲击能力强等。目前国内外适用于高速切削的刀具主要有陶瓷刀具、金刚石刀具、立方氮化硼刀具和涂层刀具等。

2）刀具结构和几何参数

正确选择刀具结构、切削刃的几何参数对高速切削的效率、加工表面质量、刀具寿命以及切削热的产生等都有很大影响。对于高速切削刀具，选择刀具参数时，除了使刀具保持切削刃锋利和保证足够的强度外，重要的是要能形成足够厚度的切屑，让切屑成为切削过程中的散热片，把切削热尽可能多地传给切屑，并利用高速切离的切屑将切削热迅速带走。

3）高速切削对刀具系统的其他要求

（1）提高切削刚度。在高速加工中，支承工件的夹具应该稳固地安装在工作台上，夹具和工作台应该具有足够的质量和阻尼，以免引起刀具的振动，从而提高刀具的寿命。

（2）必须考虑刀具承受的离心力。使用的刀具在高速运转时产生的离心力不能超过允许的极限转速，以免发生致命的事故。使用嵌入式刀具时，应特别注意这一点。

（3）增加特殊的安全设施。在高速加工时，刀片万一脱落下来，就会像子弹一样射出，这是非常危险的，必须使用非常安全可靠的保护措施。

2. 高速切削对机床的要求

高速机床是实现高速切削加工的前提和关键。普通机床的传动与结构设计已不能适应高速切削技术的要求，对高速切削加工机床必须进行全新设计。相对于普通机床，高速切削技术对机床提出了许多新的要求：机床结构要有优良的静、动态特性和热态特性；主轴单元能够提供高转速、大功率、大扭矩；进给单元能够提供大进给量（快速行程速度）；主轴和进给单元都要能够提供高的加（减）速度。具有高精度的高转速主轴、具有控制精度高的高轴向进给速度和进给加速度的轴向进给系统，又是高速机床的关键所在。

15.3 特种加工技术

一、基本概念

1. 特种加工的概念

特种加工是指那些不属于传统加工工艺范畴的加工方法，它不同于使用刀具、磨具等直接利用机械能切除多余材料的传统加工方法。特种加工是近几十年发展起来的新工艺，是直接利用电能、热能、声能、光能、化学能和电化学能，有时也结合机械能对工件进行的加工。它是对传统加工工艺方法的重要补充与发展，目前仍处在继续研究开发和改进中。特种加工中以采用电能为主的电火花加工和电解加工应用较广，泛称电加工。

2. 特种加工的特点

（1）不利用机械能，与加工对象的力学性能无关，有些加工方法，如激光加工、电火花加工、等离子加工、电化学加工等,是利用热能、化学能、电化学能等,这些加工方法与工件的硬度强度等力学性能无关,故可加工各种硬、软、脆、热敏、耐蚀、高熔点、高强度、特殊性能的金属和非金属材料。

(2) 非接触加工,不一定需要工具,有的虽使用工具,但与工件不接触,因此,工件不承受大的作用力,工具硬度可低于工件硬度,故使刚度极低元件及弹性元件得以加工。

(3) 微细加工,工件表面质量高,有些特种加工,如超声波、电化学、水喷射、磨料流加工等,加工余量都是微细的,故不仅可加工尺寸微小的孔或狭缝,还能获得高精度、极低粗糙度的加工表面。

(4) 不存在加工中的机械应变或大面积的热应变,可获得较小的表面粗糙度,其热应力、残余应力、冷作硬化等均比较小,尺寸稳定性好。

(5) 两种或两种以上的不同类型的能量可相互组合形成新的复合加工,其综合加工效果明显,且便于推广使用。

(6) 特种加工对简化加工工艺、变革新产品的设计及零件结构工艺性等有积极的影响。

二、电火花成形加工

1. 电火花成形加工的概念

电火花加工是在绝缘工作液中,靠工件和工具两极之间的脉冲放电来蚀除导电材料的电加工方法,又称为放电加工、电蚀加工、电脉冲加工等。

按工具电极的形状、工具电极和工件相对运动的方式和用途的不同,大致可分为电火花穿孔成形加工、电火花线切割加工、电火花磨削和镗磨、电火花展成加工(同步共轭回转加工)、电火花表面强化与刻字。前四类属于电火花成形、尺寸加工,是用于改变零件形状或尺寸的加工方法;最后一类则属于表面加工方法,用于改善或改变零件表面性质。以上加工方法中以电火花穿孔成形加工和电火花线切割应用最为广泛。

2. 电火花成形加工的应用与设备

电火花穿孔成形加工是利用火花放电腐蚀金属的原理,用工具电极对工件进行复制加工的工艺方法,是一种最常见的电火花成形加工方法。

电火花成形加工机床主要由主机(包括自动调节系统的执行机构)、脉冲电源、自动进给调节系统、工作液净化及循环系统几部分组成。

三、线切割加工

1. 线切割加工的概念

电火花线切割加工,又称线切割,是利用连续移动的细金属丝(称为电极丝)做电极,对工件进行脉冲火花放电蚀除金属、切割成形,从而完成工件的加工的方法。

2. 电火花线切割加工的特点

1) 电火花线切割加工与电火花成形加工相同的特点

线切割加工的电压、电流波形与电火花成形加工的基本相似。单个脉冲也有多种形式的放电状态,如开路、正常火花放电、短路等。

线切割加工的加工机理、生产率、表面粗糙度等工艺规律,材料的可加工性等也都与电火花成形加工的基本相似,可以加工硬质合金等一切导电材料。

2) 线切割加工与电火花成形加工不同的特点

(1) 以金属丝作为电极工具,不需要制造特定形状的电极。

(2) 虽然加工的对象主要是平面,但是除了有由金属丝直径决定的内侧角部位的最小半径 R 这样的限制外,任何复杂的形状都可以加工。

(3) 轮廓加工所需加工的余量少,能有效地节约贵重的材料。

(4) 可无视电极丝损耗,加工精度高。

(5) 电极与工件之间存在着“疏松接触”式轻压放电现象。

(6) 采用乳化液或去离子水的工作液,不必担心发生火灾,可以昼夜无人连续加工。

(7) 一般没有稳定电弧放电状态。

(8) 任何复杂形状的零件,只要能编制加工程序就可以进行加工。

(9) 依靠微型计算机控制电极丝轨迹和实现间隙补偿功能,同时加工凹、凸两种模具时,间隙可任意调节。

(10) 由于电极工具是直径较小的细丝,故脉冲宽度、平均电流等不能太大,加工工艺参数的范围较小,属中、精正极性电火花加工,工件常接脉冲电源正极。

3. 电火花线切割加工的原理

电火花线切割加工的基本原理与电火花成形加工一样,也是利用工具电极对工件进行脉冲放电时产生的电腐蚀现象来进行加工的。但是,电火花线切割加工不需要制作成形电极,而是用运动着的金属丝(钼丝或铜丝)做电极,利用电极丝和工件在水平面内的相对运动切割出各种形状的工件。若使电极丝相对工件进行有规律的倾斜运动,还可以切割出带锥度的工件。工件接脉冲电源的正极,电极丝接负极。

如图 15.1 所示,电极丝以一定的速度往复运动,它不断地进入和离开放电区。在电极丝和工件之间注入一定量的液体介质。步进电动机带工作台和工件在水平面内作相对运动,电极丝和工件之间发生脉冲放电,通过控制电极丝和工件之间的相对运动轨迹和进给速度,就可以切割出具有一定形状和尺寸的工件。

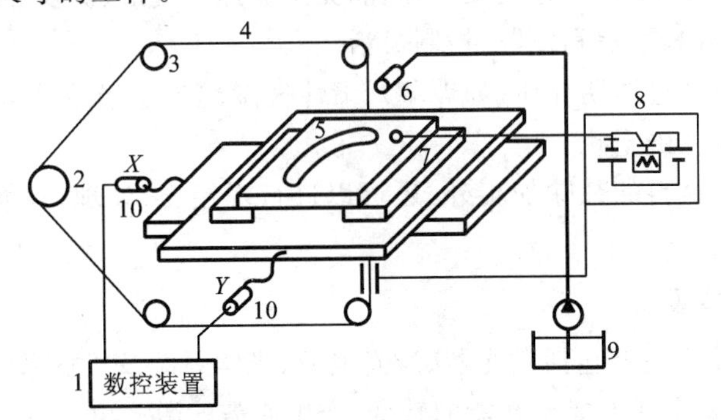

图 15.1 电火花线切割示意图

1—数控装置;2—贮丝筒;3—导轮;4—电极丝;5—工件;6—工作液供给装置;
7—工作台;8—脉冲电源;9—工作液箱;10—步进电动机

4. 线切割加工的过程

对零件进行工艺分析后可用软件自动编程或手工编程,程序输入数控装置后通过功放单元自动控制步进电动机,带动机床工作台和工件相对电极丝沿 X、Y 方向移动,完成平面形状的加工。数控装置在自动控制工件和电极丝之间的相对运动轨迹的同时,检测放电间隙大小和放电状态信息,经变频后反馈给数控装置,以控制进给速度,使进给速度与工件材料的蚀除速度相平衡,维持正常的稳定加工。

四、激光加工

1. 激光加工的概念与原理

激光加工是利用能量密度很高的激光束使工件材料熔化、蒸发和气化而予以去除的高能束加工。该方法几乎可以用于加工任何高强度工程材料,加工热影响区小,而且可对工件实施非接触性加工、微细加工。

激光除具有普通光的共性(如能发生反射、折射、绕射的特性和相干特性)外,还具有单色性好、相干性好、方向性好和能量密度高等特性。

图 15.2 所示为固体激光器加工的原理。

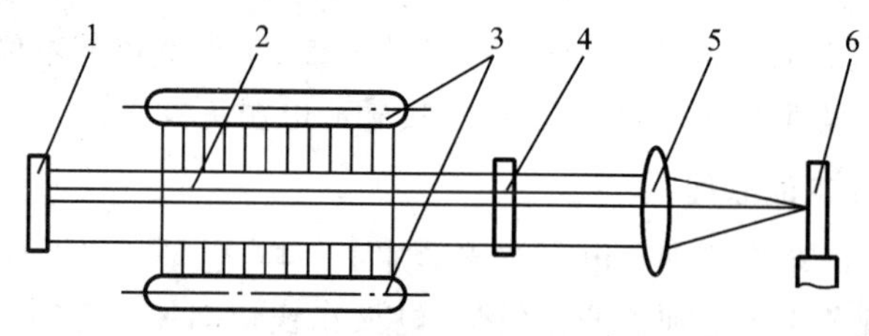

图 15.2　固体激光器加工原理示意图

1—全反射镜;2—光泵(激励脉冲氙灯);3—激光工作物质;4—部分反射镜;5—透镜;6—工件

2. 激光加工的特点

(1) 激光的功率密度高,加工的热作用时间很短,热影响区小,几乎可以加工任何材料,如各种金属材料、非金属材料(陶瓷、金刚石、立方氮化硼、石英等)。透明材料(如玻璃)只要采取一些色化、打毛措施,即可采用激光加工。

(2) 激光加工不需要工具,不存在工具损耗,无机械加工变形、更换和调整等问题。

(3) 激光束易于导向、聚焦和发散,控制灵活。

(4) 可在真空中或透过透明介质(如玻璃)、惰性气体、空气甚至某些液体对工件进行加工。

(5) 激光加工不受电磁干扰。

(6) 激光除可用于材料的蚀除加工外,还可以进行焊接、热处理、表面强化或涂覆、引发化学反应等加工。

3. 激光加工的基本设备

激光加工的基本设备主要包括激光器、激光电源、光学系统及机械系统等四大部分。

(1) 激光器,作用是实现电能至光能的转变,产生所需的激光束。

(2) 激光电源,电源为激光器提供所需的能量。

(3) 光学系统,将激光束聚焦并观察和调整焦点位置,由导光系统(包括折反镜、分光镜、光导纤维及耦合元件等)、观察系统及改善光束性能的装置(如匀光系统)等部分组成。其特性直接影响激光加工的性能。

(4) 机械系统,主要包括床身、工件定位夹紧装置、机械运动系统、工件的上下料装置等,用来确定工件相对于加工系统的位置。

五、超声波加工

1. 超声波加工的概念与原理

人耳能直接感受到的声波频率为 16～16000 Hz，超过 16000 Hz 的称为超声波。

超声波的典型应用是利用超声频作小振幅振动的工具，带动工件和工具间的磨料悬浮液，促使游离于液体中的磨料对被加工表面产生捶击作用，使工件材料表面逐步破碎，以达到加工目的。超声波常用于穿孔、切割、焊接、套料和抛光。

超声波加工使用的磨料：超声波加工塑性材料时用刚玉磨料，加工脆性材料时用碳化硅磨料，加工硬质合金时用碳化硼磨料，加工金刚石时则用金刚石粉磨料。

超声波加工原理如图 15.3 所示。

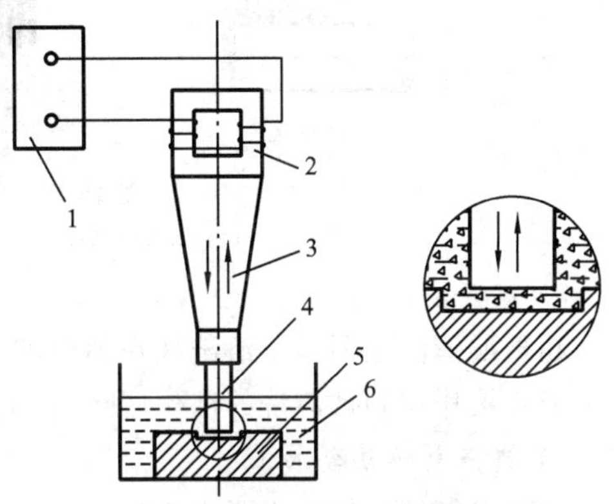

图 15.3　超声波加工原理示意图

1—超声波发生器；2—超声换能器；3—振幅扩大器；4—工具；5—工件；6—磨料悬浮液

2. 超声波加工的特点

(1) 加工范围广。可加工一些传统难加工的金属与非金属材料；适合深小孔、薄壁件、细长杆等低刚度零件的加工；适合具有高精度、小表面粗糙度等特点的精密零件的精密加工。

(2) 切削力小、切削功率消耗低。由于超声波加工主要靠瞬时的局部冲击作用，故工件表面的宏观切削力很小，切削应力、切削热更小。

(3) 工件加工精度高、表面粗糙度小。

(4) 易于加工各种复杂形状的型孔、型腔和成形表面等。

(5) 工具可用较软的材料做成较复杂的形状。

(6) 超声波加工设备结构一般比较简单，操作维修方便。

3. 超声波加工的应用

1) 型孔和型腔的加工

采用超声波可加工各种型孔和型腔，如图 15.4 所示。

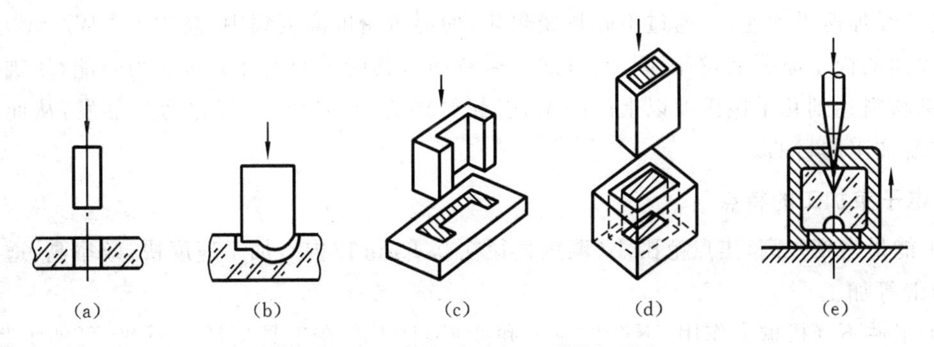

图 15.4　采用超声波加工型孔和型腔

(a) 加工圆孔　(b) 加工型腔　(c) 加工异形孔　(d) 套料加工　(e) 加工微细孔

2）超声波切割加工

超声波切割加工的应用如图15.5所示。

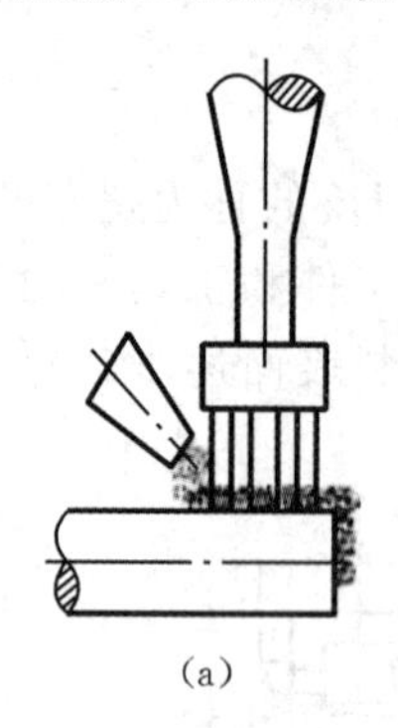

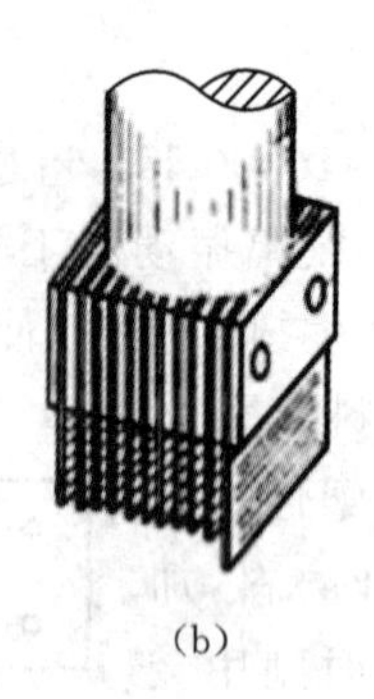

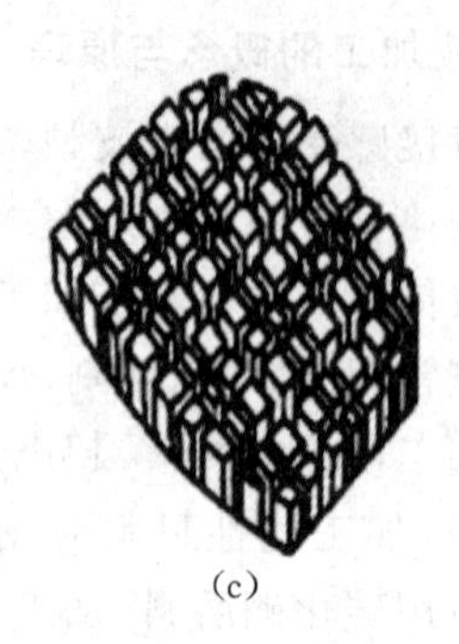

(a)　　(b)　　(c)

图15.5　超声波切割加工的应用

(a) 切割单晶硅片　(b) 刀具　(c) 切割成的陶瓷模块

3）超声波清洗

超声波清洗主要基于清洗液在超声波作用下产生空化效应的原理。空化效应产生的强烈冲击液直接作用到被清洗的部位，使污物遭到破坏，并从清洗表面脱落下来。

4）超声电解复合加工

超声电解复合加工主要用于难加工材料的表面光整及深小孔加工。

5）超声波焊接

振动通过焊接工作件传给结合面，振动和摩擦产生热能，使塑胶熔化，振动会在熔融状态物质到达接合面时停止，短暂保持压力，这样可以使熔融物质在结合面固化时产生强分子键，整个周期通常不到1 s内完成，但焊缝强度却接近其所毗连材料的强度。

六、电子束加工

1. 电子束加工的概念与原理

电子束加工是利用能量密度很高的高速电子流，在一定真空度的加工舱中使工件材料熔化、蒸发和气化而予以去除的高能束加工，

电子束加工是在真空条件下，利用电流加热阴极发射电子束，带负电荷的电子束高速飞向阳极，途中经加速极加速，并通过电磁透镜聚焦，使能量密度高度集中(高达10^9 W/cm^2)后冲击到工件表面的极小面积上，在瞬间(几分之一微秒内)，其能量的大部分转变为热能，使被冲击部分的局部材料达到几千摄氏度以上的高温，引起材料的局部熔化和气化乃至蒸发，从而去除材料，而实现加工的目的。

2. 电子束加工的特点

(1) 能量密度很高，焦点范围小(聚焦直径在0.1 μm以内)，加工速度快，效率高，适于精微深孔、窄缝等加工。

(2) 工件不受机械力作用，不产生应力和变形，且不存在工具损耗。因此，可加工脆性、韧性材料和导体、非导体及半导体材料，特别适合于加工热敏材料。

(3) 可以通过磁场或电场对电子束的强度、位置、聚焦等进行直接控制，实现自动化。其位置精度能精确到0.1 μm左右，强度和束斑尺寸可达到1%的控制精度。

七、水射流加工

1. 水射流加工的概念与原理

经过二十多年的开发，现已发展成为能够切削复杂的三维形状的工艺方法。水射流加工特别适合于各种软质有机材料的去毛刺和切割等加工，是一种“绿”色加工方法。

水射流加工是利用水或加入添加剂的水液体，经水泵至储液蓄能器使泵压液体流动平稳，再经增压器增压，使其压力达到70～400 MPa，最后由人造蓝宝石喷嘴形成300～900 m/s的高速液体流速，喷射到工件表面，从而达到去除材料的加工目的。高速液体流束的能量密度可达10^{10} W/mm^2，流量为7.5 L/min，这种液体的高速冲击具有固体的加工作用。

2. 水射流加工的特点

采用水射流加工时，工件材料不会受热变形，切缝很窄(0.075～0.40 mm)，材料利用率高，加工精度一般可达0.075～0.1 mm。

高压水束永不会变“钝”，各个方向都有切削作用，使用水量不多。加工开始时不需要进刀槽、孔，工件上任意一点都能开始和结束切削，可加工小半径的内圆角。与数控系统相结合，可以进行复杂形状的自动加工。

加工区温度低，切削中不产生热量，无切屑、毛刺、烟尘、渣土等，加工产物混入液体排出，故无灰尘、无污染，适合木材、纸张、皮革等易燃材料的加工。

3. 水射流加工的应用

水射流加工的流束直径为0.05～0.38 mm，最大加工厚度可达100 mm。除大理石、玻璃外，还可以加工很薄、很软的金属和非金属材料。已广泛应用于普通钢、装甲钢板、不锈钢、铝、铅、铜、钛合金板，以至塑料、陶瓷、胶合板、石棉、石墨、混凝土、岩石、地毯、玻璃纤维板、橡胶、棉布、纸、塑料、皮革、软木、纸板、蜂巢结构、复合材料等近80种材料的切削。

15.4 先进制造的一些模式

一、绿色制造

1. 绿色制造的概念

目前对绿色制造的定义为：绿色制造是一个综合考虑环境影响和资源利用效率的现代制造模式，其目标是使得产品在从设计、制造、包装、运输、使用到报废处理的整个产品生命周期中，对环境的负面影响极小，资源利用效率极高，并使企业经济效益和社会利益协调优化。

该定义体现出一个基本观点：制造系统中导致环境污染的根本原因是资源消耗和废物的产生，因而绿色制造的定义体现了资源和环境两者不可分割的关系。可以看出，绿色制造涉及三个方面的问题：一是制造问题；二是环境保护问题；三是资源优化利用问题。绿色制造就是为了解决这三个方面的问题。

传统意义上的制造是制造过程，主要表现为机械加工过程，即通常所称的“小制造”。绿色制造是一种现代制造模式，涉及制造业中的产品设计、物料选择、生产计划、生产过程、质量保证、经营管理、市场营销和报废处理等一系列环节,因此绿色制造是“大制造概念”。

2. 绿色制造技术的特点

绿色制造从“大制造”的概念来讲,涉及生命周期的全过程,包括产品设计、工艺规划、材料选择、生产制造、包装运输、使用和报废处理等阶段,在每个阶段都要考虑绿色制造。于是,就产生了相应的绿色制造技术。

1) 绿色设计技术

绿色设计又称为面向环境的设计(DFE),就是实现产品绿色要求的设计。其目的是克服传统设计主要考虑产品的基本属性,如功能、质量、寿命、成本等,而很少考虑环境属性的不足,使所设计的产品具有绿色产品的特征。

2) 绿色材料选择技术

绿色产品首先要求构成产品的材料具有绿色特性,即在产品的整个生命周期内,这类材料应有利于降低能耗,环境负荷最小。

3) 绿色工艺规划技术

与传统工艺规划所不同的是,绿色工艺规划就是要根据实际制造系统,尽量采用物料和能源消耗少、废弃物少、对环境污染小的工艺方案。

4) 绿色包装技术

绿色包装是指采用对环境和人体无污染、可回收重用或可再生的包装材料及其制品的包装。

5) 绿色处理技术

所谓绿色处理,理论上讲应以对环境影响最小为目标,但回收处理需要成本,绿色处理成本可能会更高。另外,为实现绿色处理,产品从设计开始,其用材、结构(具有可拆卸性)等都必须考虑有利于产品报废后的回收处理,这同时也有可能加大产品的开发成本。这都要求在设计、选材、加工、包装过程中优先考虑回收处理的方法及成本。

二、敏捷制造

1. 敏捷制造的内涵及定义

敏捷制造(AM)的基本内涵是通过把灵活的企业动态联盟、先进和实用的柔性制造技术及高素质的劳动者三者有机地结合起来,从而使企业能够从容应付快速和不可预测的市场需求,获得企业的长期经济效益。敏捷性能使企业以更快的速度、更低的成本及更优质的服务来赢得市场竞争。敏捷制造改变了传统的企业设计与制造方式,其设计、制造过程对用户透明,用户可参与从设计到销售业务等各个方面的活动中。

对敏捷制造的定义和解释,至今尚无统一公认的定义,比较确切和完整的定义是:不断采用最新的标准化和专业化的网络及专业手段,以高素质、协同良好的工作人员为核心,在信息集成及共享的基础上,以分布式结构动态联合各类组织,构成优化的敏捷制造环境,快速、高效地实现企业内、外部资源合理集成及生产符合用户要求的产品。

2. 敏捷制造(企业)的主要特征

(1) 与传统的大批量生产方式相比,敏捷制造的主要特征如下:① 全新的企业合作关系——动态联盟(虚拟企业);② 高度柔性的、模块化的、可伸缩的生产制造系统;③ 为订单而设计和制造的生产方式;④ 大范围的通信基础结构;⑤ 柔性化、模块化的产品设计方法;⑥ 在整个产品生命周期内使用户满意的产品;⑦ 具有高素质的劳动者;⑧ 基于信任的雇佣关系;⑨ 基于任务的组织与管理;⑩ 要全面消除企业生产给社会造成的负面影响,企业必须完全服务于社会。

(2) 与其他先进制造模式(如精益生产等)相比,敏捷制造的主要特征如下:① 以满足敏捷性用户需求,获得利润为目标;② 以竞争能力和信誉为依据,选择组成动态联盟(公司)的合作伙伴;③ 基于合作间的相互信任、分工协作、共同目标来有力地增强整体实力;④ 信息技术有力地支持敏捷制造,基于开放式计算机网络的信息集成框架是敏捷制造的重要内容;⑤ 把知识、技术、信息投入最底层生产线。

三、快速原型制造

1. 快速原型制造的概念

1) 原型

原型是指用来建造未来模型或系统基础的一个初始模型或系统,原型可以分为物理原型和分析原型。物理原型是实际存在的,可以进行检测和试验,在视觉和触觉上都类似于产品。分析原型是产品的非有形表示,实际中分析原型不会被制造出来,它们是以仿真、视觉图像、方程或分析结果表示的。

2) 快速原型制造

原型制造是设计、建造原型的过程。原型制造与物体成形相类似,分为三类方式:去除成形、添加成形和净尺寸成形。

去除成形指从标准工件中除去多余部分而达到设计要求的零部件的形状和尺寸,如车削、铣削、刨削、磨削、切割、钻削以及电火花加工、激光切割、激光打孔等加工方法都是去除成形。去除成形是目前最主要的成形方式,均已实现了数控化。

添加成形又称堆积成形,是通过逐步连接原材料颗粒、丝杠、层板等,或通过使流体(熔体、液体或气体)在指定位置凝固、定形来达到目的的加工方式,如连接与焊接、安装、涂覆、固化等,其最大特点是不受成形零件复杂程度的限制。

净尺寸成形又称受迫成形,是利用材料的可成形性(如塑性等),在特定外围约束(边界约束或外力约束)下将半固化的流体材料挤压成形,再通过硬化、定形或挤压固体材料而达到要求的加工方式,如铸造、锻压、冲压粉末冶金、注塑、改性等,多用于毛坯成形、特种材料或特种结构成形、零件直接最终成形等。

快速原型制造技术又称快速成形技术(RPM),该技术根据计算机上构造的三维模型,采用“分层制造、逐层叠加”的原理,不需任何传统的加工机床、刀具和工模具,即可在很短的时间内制造出实体零件、产品样品或模具。

2. 快速原型制造的原理

快速原型制造是一种借助计算机辅助设计(CAD),或用实体反求方法采集得到有关原型或零件的几何形状、结构和材料的组合信息,从而获得目标原型的概念并以此建立数字化描述模型,之后将这些信息输出到计算机控制的机电集成制造系统,逐点、逐面进行材料的“三维堆砌”成形,再经过必要的处理,使产品在外观、强度和性能等方面达到设计要求,从而快速、准确地制造原型或实际零、部件的现代化方法。

快速原型制造的一般步骤为:建立三维数据模型;寻找可加工、应用的材料(如流体、粉末、丝线、板材或块体);使用不同物理原理的高度集成化设备进行原型或零件的堆砌制造;原型或零件的后处理。

四、精良生产

1. 精良生产的技术内涵

精良生产是相对于大量生产而言的一种新型生产方式。其核心思想是从生产操作、组织管理、经营方式等各个方面,找出所有不能使产品增值的活动或人员并加以革除。这种生产方式综合了单件生产和大量生产的优点,既可避免单件生产的高成本,又能避免大量生产僵化、不灵活的缺陷。精良生产的目标是要求产品“尽善尽美”,因此要在生产中“精益求精”,故称为精益生产,其中“精”表示精良、精确、精美,“益”表示利益、效益,就是不断降低成本,力求做到无废品、零库存、无设备故障等。

2. 精良生产的技术特点

(1) 以“人”为中心,建立管理制度,强调发挥人的作用。在精良生产中,特别强调不断地提高职工的技能,充分发挥他们的积极性和创造性以及他们在知识、经验和脑力方面的作用,从而产生效益。例如实行总装线上工人集体负责制,生产线上的每一个工人在生产出现故障时都有权拉铃让一个工区的生产停下来,并立即与小组成员一起查找故障原因,以消除故障。

(2) 以“简化”为手段排除生产中一切不产生价值的工作。

① 简化组织机构和产品开发过程;

② 简化与协作厂的关系,总装厂与协作厂之间不再是以价格谈判为基础的委托和被委托关系,而是相互依赖,息息相通;

③ 简化生产过程,减少非生产性费用,在精良生产中,凡不直接使产品增值的环节和工作岗位都被看成是浪费,企业采用准时制生产方式,即基本没有中间存贮(中间库)的、不停流动的、无阻力的生产方式;

④ 简化产品检验环节,强调一体化的质量保证。

(3) 不断改进,以“尽善尽美”为最终目标。精良生产所追求的目标是尽善尽美,就是在提高企业整体效益方针的指导下,持续不断地改进生产及其管理方式,不断地降低成本。例如从组织安排上为工人提供全面了解工厂信息的手段,从而可以使每个工人都有机会为工厂解决需要解决的问题。

五、数字化制造

1. 数字化制造技术的含义

数字化制造就是指制造领域的数字化,它是制造技术、计算机技术、网络技术与管理科学的交叉、融合、发展与应用的结果,也是制造企业、制造系统与生产过程、生产系统不断实现数字化的必然趋势。其核心内容包含三个层面:首先是以产品设计制造为中心的数字制造;其次是以生产过程控制为中心的数字制造;最后是以生产经营管理为中心的数字制造。

2. 数字化制造的关键技术

1) 制造过程的建模与仿真

数字化制造的核心技术是建模与仿真。即在计算机上用解析或数值的方法表达或建立和模拟制造过程。建模通常基于制造工艺本身的物理和化学知识,并为实验所验证。仿真和建模最重要的工作是优化工艺参数，以确保用最高的质量价格比制造符合设计要求的产品。

2）网络化设计与制造

网络化设计与制造在广义上表现为使用网络的企业可以实现跨地域的协同设计、协同制造、信息共享、远程监控及远程服务，以及产品供应、销售和服务等。网络化设计与制造重点发展领域应包括：敏捷信息基础结构及合作企业模型、企业信息基础结构及其标准、跨企业的敏捷设计与制造的信息基础结构及其集成方法、基于供应商的设计与制造、面向设计的合作支持技术、跨企业合作管理技术、敏捷产品设计技术、敏捷工艺设计技术、基于网络的产品研发、敏捷生产技术等。

3）虚拟产品开发

虚拟产品开发就是在不生产实物产品的情况下，利用计算机技术在虚拟状态下构思、设计、制造、测试和分析产品，以有效解决那些反映在时间、成本、质量等方面的问题。采用这一技术，工程师可以在计算机上建立产品模型，对模型进行分析，然后改进产品设计方案，用数字模型代替原来的实物原型，进行分析、试验，改进原有的设计。这样常常只需制作一次最终的实物原型，使新产品开发一次获得成功。

数字化制造的其他支撑技术还包括数字化设计技术、数字化加工技术、数字化分析技术以及资源管理技术等。设计不同的产品时考虑的问题不一样，不同产品的制造过程和管理也不一样，因此，产品运行和加工制造过程的分析技术也可能不一样。因此，如何将人类知识通过计算机智能化地应用于设计制造的过程中，以改造传统产业产品设计制造过程是这一技术重要的研究课题之一。

【思考与练习题 15】

简答题

1. 简述精密、超精密和纳米加工的概念。
2. 电火花加工的特点、应用各是什么？
3. 简述电解加工的机理、特点及应用。
4. 激光加工的原理、特点及应用范围各是什么？
5. 简述水射流加工的基本原理与特点。
6. 先进制造的模式有哪些？

参考文献 CANKAOWENXIAN

[1] 中国机械工业教育协会组. 机械制造基础[M]. 北京:机械工业出版社,2008.
[2] 孙大涌. 先进制造技术[M]. 北京:机械工业出版社,2000.
[3] 李华. 机械制造技术[M]. 4 版. 北京:高等教育出版社,2015.
[4] 卢秉恒. 机械制造技术基础[M]. 北京:机械工业出版社,2003.
[5] 张永贵. 机械制造技术基础[M]. 武汉:华中科技大学出版社,2013.
[6] 陈爱荣,望守忠. 机械制造技术[M]. 北京:北京理工大学出版社,2010.
[7] 姜晶,刘华军,刘金萍. 机械制造技术[M]. 北京: 人民邮电出版社,2010.
[8] 任佳隆. 机械制造技术[M]. 北京:机械工业出版社,2012.
[9] 倪小丹,杨继荣,熊运昌. 机械制造技术基础[M]. 北京:清华大学出版社,2007.
[10] 周世权. 机械制造工艺基础[M]. 2 版. 武汉:华中科技大学出版社,2010.
[11] 赵黎. 机械加工工艺与夹具设计[M]. 武汉:华中科技大学出版社,2013.
[12] 傅水根. 机械制造工艺基础[M]. 2 版. 北京:清华大学出版社,2005.
[13] 翁世修,吴振华. 机械制造技术基础[M]. 上海:上海交通大学出版社,1999.
[14] 王荣,王维昌. 机械制造技术[M]. 北京:北京理工大学出版社,2010.
[15] 肖继德,陈宁平. 机械夹具设计[M]. 北京:机械工业出版社,2011.
[16] 唐一平. 先进制造技术[M]. 北京:科学出版社,2012.
[17] 张世昌. 机械制造技术基础[M]. 北京:高等教育出版社,2007.
[18] 赵雪松. 机械制造技术基础[M]. 2 版. 武汉:华中科技大学出版社,2010.
[19] 蔡安江. 机械制造技术基础[M]. 武汉:华中科技大学出版社,2014.
[20] 黄健求. 机械制造技术基础[M]. 北京:机械工业出版社,2010.
[21] 李智勇,谢玉莲. 机械装配技术基础[M]. 北京:科学出版社,2009.
[22] 巩亚东,原所先,史家顾. 机械制造技术基础[M]. 北京:科学出版社,2010.
[23] 韩秋实,王红军. 机械制造技术基础[M]. 北京:机械工业出版社,2010.